普通高等教育“十三五”规划教材

流体仿真与应用

——基于 Fluent 仿真计算与应用实例

刘国勇　编著

北　京
冶 金 工 业 出 版 社
2024

内容提要

本书既重视实例操作及应用，也兼顾 CFD 的基础理论知识介绍。本书采用 Gambit 前处理几何建模和网格生成、Fluent 设置和求解以及 Tecplot 后处理等完整的 CFD 仿真算例操作过程及步骤。实例操作包括网格生成、流场、温度场、多相流仿真及 Tecplot 后处理应用等。通过本书的学习，可使学生较容易掌握 CFD 的相关基础理论知识，也能快速、熟练掌握 Fluent 流体仿真基本操作，更重要是能够利用 Fluent 软件进行流体流动与传热相关问题的分析及研究。

本书配有丰富的数字化资源，通过扫描二维码获得本书的基础知识 PPT、Gambit 建模及 Fluent 求解实例的操作视频、实例操作生成相关软件算例文件。以便读者更好了解及学习 CFD 的基础理论知识、Fluent 软件实例仿真的一般过程。

本书既可以作为高等院校相关专业本科生的教学用书，也可供从事流体仿真计算相关专业的技术人员参考。

图书在版编目(CIP)数据

流体仿真与应用：基于 Fluent 仿真计算与应用实例／刘国勇编著．—北京：冶金工业出版社，2017.1（2024.7 重印）
普通高等教育“十三五”规划教材
ISBN 978-7-5024-7408-9

Ⅰ.①流…　Ⅱ.①刘…　Ⅲ.①流体力学—工程力学—计算机仿真—应用软件—高等学校—教材　Ⅳ.①TB126-39

中国版本图书馆 CIP 数据核字(2017)第 002924 号

流体仿真与应用——基于 Fluent 仿真计算与应用实例

出版发行　冶金工业出版社　**电　话**　(010)64027926
地　　址　北京市东城区嵩祝院北巷 39 号　**邮　编**　100009
网　　址　www. mip1953. com　**电子信箱**　service@ mip1953. com

责任编辑　戈　兰　夏小雪　美术编辑　彭子赫　版式设计　彭子赫
责任校对　石　静　责任印制　窦　唯
北京富资园科技发展有限公司印刷
2017 年 1 月第 1 版，2024 年 7 月第 3 次印刷
787mm×1092mm　1/16；16. 75 印张；400 千字；254 页
定价 49. 00 元

投稿电话　(010)64027932　投稿信箱　tougao@cnmip. com. cn
营销中心电话　(010)64044283
冶金工业出版社天猫旗舰店　yjgycbs. tmall. com
（本书如有印装质量问题，本社营销中心负责退换）

前　　言

气体及液体统称为流体，具备流动的特性。研究流体运动规律的主要方法有：实验研究、理论分析及数值模拟。实验研究以实验为研究手段，耗费巨大，面临部分实验实现较困难或无法实现的难题；理论分析利用简单流动模型假设，只有极少数的简化模型可以通过数学方法获得理论分析解，对于较复杂的非线性流动现象目前还无能为力。20 世纪 70 年代以来，由于高速计算机以及相应的数值计算技术的快速发展，计算流体动力学（CFD）对实验研究及理论分析都起到了促进作用，也为简化流动模型提供了更多的依据。CFD 应用计算流体力学理论与方法，利用具有超强数值运算能力的计算机，编制计算机运行程序，数值求解满足不同种类流体的运动、传热传质规律及附加的各种模型方程所组成的非线性偏微分方程组，得到确定边界条件下的数值解。它兼有理论性和实践性的双重特点，为现代科学中许多复杂流动与传热问题提供了有效的解决方法。

Fluent 是目前国际上比较流行的商用 CFD 软件包，流体、热传递和化学反应等相关的工业均可使用。它具有丰富的物理模型、先进的数值方法和强大的前后处理功能，在水利、环境、航空航天、气象、冶金、工业制造、土木工程、造船（潜水艇）、能源及化工等方面有着广泛的应用。

本书向读者简要介绍流计算体力学发展过程及基本理论，通过典型示例介绍 Fluent 应用。本书共 12 章，第 1 章 ~ 第 6 章介绍了 CFD 基础理论；第 7 章 ~ 第 8 章介绍了 Fluent 基础知识及软件界面；第 9 章 ~ 第 11 章为 Fluent 应用示例，第 9 章为速度场计算示例，第 10 章温度场计算示例；第 11 章多相流模型基础知识及应用示例；第 12 章介绍 Tecplot 软件界面及应用示例。本书配套光盘附有各章的示例，可以参考学习。

本书的主要内容在北京科技大学大学工程相关专业的本科生学位课中讲授多次。读者通过本书的阅读，可以系统地掌握 CFD 的基本原理与主要求解方法，通过示例的参考可以去解决工程应用中各种具体问题。

本书可作为相关专业本科生及研究生的教学参考书，也可作为从事流体相关等工程技术人员的参考书。

作者在编写本书的过程中，参考了部分文献，在此对这些文献的作者表示衷心感谢。北京科技大学张少军教授及青岛科技大学尹凤福研究员对本书给出了宝贵建议，在此表示诚挚的感谢。

由于编者水平所限，加之计算流体力学内容丰富且发展日新月异，书中的失误与疏漏在所难免，恳请广大读者批评指正。

作　者

2016年8月于北京科技大学

目　　录

1 计算流体力学发展概述

教学目的：

(1) 了解计算流体力学（Computational Fluid Dynamics，CFD）概念及思想。

(2) 了解 CFD 发展及动向。

(3) 了解并掌握控制方程离散方法。

(4) 理解数值模拟的优点及局限性。

第1章课件

1.1 计算流体力学概述

1.1.1 计算流体力学发展

研究流体传统方法有实验方法（17 世纪法国和英国）与分析方法（18 世纪和 19 世纪欧洲），自从计算机问世以来，进而发展成为计算机数值方法。

计算流体力学（Computational Fluid Dynamics，CFD）是一门用数值计算方法直接求解流动主控方程（Euler 或 Navier - Stokes 方程）以发现各种流动现象规律的学科。它综合了计算数学、计算机科学、流体力学、科学可视化等多种学科。广义的 CFD 包括计算水动力学、计算空气动力学、计算燃烧学、计算传热学、计算化学反应流动，甚至数值天气预报也可列入其中。

计算流体力学的基本思想：把原来在时间域及空间域上连续的物理量用一系列有限个离散点上的变量值的集合来代替，通过一定的原则和方式对流动基本方程进行离散，建立起离散点上变量值之间关系的代数方程组，然后求解代数方程组获得变量的近似值。

CFD 的发展主要是围绕着流体力学计算方法（或称计算格式）这条主线不断进步的。

计算流体力学是一门由多领域交叉而形成的一门应用基础学科，它涉及流体力学理论、计算机技术、偏微分方程的数学理论、数值方法等学科。一般认为计算流体力学是从 20 世纪 60 年代中后期逐步发展起来的，大致经历了四个发展阶段：无黏性线性、无黏性非线性、雷诺平均的 N - S 方程以及完全的 N - S 方程。

自 20 世纪 60 年代以来 CFD 技术得到飞速发展，其原动力是不断增长的工业需求，而航空航天工业自始至终是最强大的推动力。传统飞行器设计方法，试验昂贵、费时，所获信息有限，迫使人们需要用先进的计算机仿真手段指导设计，大量减少原型机试验，缩短研发周期，节约研究经费。1970 年，CFD 运用在二维流动模型中。1990 年，已经可以进行三维流场模拟。

四十年来，CFD 在湍流模型、网格技术、数值算法、可视化、并行计算等方面取得飞速发展，并给工业界带来了革命性的变化。如在汽车工业中，CFD 和其他计算机辅助工程（CAE）工具一起，使原来新车研发需要上百辆样车减少为目前的十几辆车；国外飞机厂商用 CFD 取代大量实物试验，如美国战斗机 YF－23 采用 CFD 进行气动设计后比前一代 YF－17 减少了 60% 的风洞试验量。目前在航空、航天、汽车等工业领域，利用 CFD 进行的反复设计、分析、优化已成为标准的必经步骤和手段。

当前 CFD 问题的规模为：机理研究方面如湍流直接模拟，网格数达到了 10^9（十亿）量级，在工业应用方面，网格数最多达到了 10^7（千万）量级。现在 CFD 发展到完全可以分析三维黏性湍流及旋涡运动等复杂问题。

近十年来，CFD 有了很大的发展，所有涉及流体流动、热质交换、分子输运等现象的问题，几乎都可以通过 CFD 的方法进行分析和模拟。CFD 不仅作为一个研究工具，而且还作为设计工具应用在航空航天、汽车和发动机、工业制造、土木工程、环境工程和造船（潜水艇）、食品工程、海洋结构工程等领域。典型的应用场合及相关的工程问题包括：水轮机、风机和泵等流体机械内部的流体流动；飞机和航天器等飞行器的设计；汽车流线外形对性能的影响；洪水波及河口潮流计算；风载荷对高层建筑物稳定性及结构性能的影响；温室及室内的空气流动及环境分析；电子元件的冷却；换热器性能分析及换热器片形状的选取；河流中污染物的扩散；汽车尾气对街道环境的污染；食品中细菌的转移；离心泵的空化模拟。

空化现象会造成流体机械的振动、噪声、气蚀，影响产品的性能和寿命。现在 CFD 技术可以有效地预测空化现象，帮助改善原有设计，减少空化的损害。

随着计算机技术的发展和所需要解决的工程问题的复杂性的增加，计算流体力学已经发展成为以数值手段求解流体力学物理模型、分析其流动机理为主线，包括计算机技术、计算方法、网格技术和可视化后处理技术等多种技术的综合体。目前，计算流体力学主要向两个方向发展：一方面是研究流动非定常稳定性以及湍流流动机理，开展高精度、高分辨率的计算方法和并行算法等的流动机理与算法研究；另一方面是将计算流体力学直接应用于模拟各种实际流动，解决工业生产中的各种问题。

计算流体力学研究工作的优势、存在的问题和困难如下：

（1）优势。“数值实验”比“物理实验”具有更大的自由度和灵活性，例如“自由”地选取各种参数等。“数值实验”可以进行“物理实验”不可能或很难进行的实验，例如：天体内部的温度场数值模拟，可控热核反应的数值模拟；“数值实验”的经济效益极为显著，而且将越来越显著。

（2）问题与不足。流动机理不明的问题，数值工作无法进行；数值工作自身仍然有许多理论问题有待解决；离散化不仅引起定量的误差，同时也会引起定性的误差，所以数值工作仍然离不开实验的验证。

CFD 面临的挑战及主要任务：（1）多尺度复杂流动的数学模型化，湍流的计算模型，转捩的预测模型，燃烧及化学反应模型，噪声模型等。（2）可处理间断及多尺度流场的高分辨率、强鲁棒性、高效数值方法；高精度激波捕捉法；间断有限元法等。（3）可处理复杂外形、易用性强的算法；复杂外形——网格生成工作量大，多块分区算法；无网格法及粒子算法。

1.1.2　数值模拟过程

数值模拟是在计算机上实现的一个特定的计算，通过数值计算和图像显示履行一个虚拟的物理实验——数值实验（P. J. Roache，1983）。

具体过程如下：

（1）建立反映工程问题或物理问题本质的数学模型。

（2）寻求高效率、高精确度的计算方法。

（3）编制程序和进行计算。

（4）显示计算结果。

其数值模拟过程框图如图 1－1 所示。

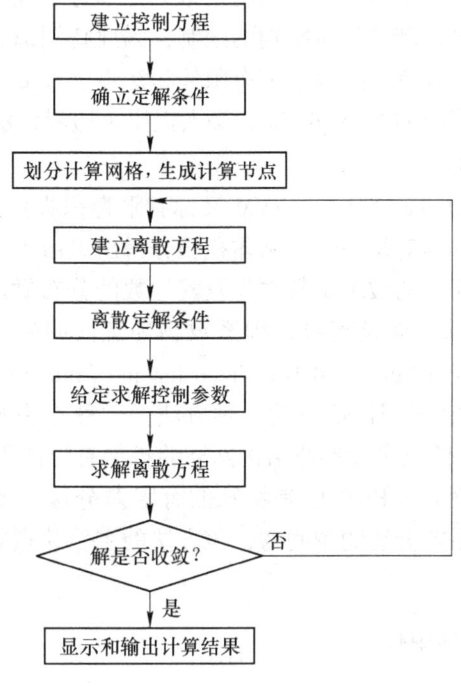

图 1－1　数值模拟过程框图

1.1.3　控制方程的离散方法

1.1.3.1　有限差分法

有限差分法（Finite Difference Method，FDM）是应用最早、最经典的数值方法，它是将求解区域划分为矩形或正交曲线网格（或称为差分网格），将控制方程中的每一个微商用差商来代替，从而将连续函数的微分方程离散为网格节点上定义的差分方程，每个方程中包含了本节点及其附近一些节点上的待求函数值，通过求解这些代数方程就可获得所需的数值解。较多用于求解双曲形和抛物形问题。

有限差分法的优点是它建立在经典的数学逼近理论的基础上，容易为人们理解和接受；有限差分法的主要缺点是对于复杂流体区域的边界形状处理不方便，处理得不好将影响计算精度。

在此发展基础上有：PIC(Particle - in - Cell)、MAC(Marker - and - Cell)、美籍华人陈景仁提出的有限分析法（Finite Analytic Method，FAM）。

1.1.3.2 有限元法

有限元法（Finite Element Method，FEM）是20世纪80年代开始应用的一种数值解法，它吸收了有限差分法中离散处理的内核，又采用了变分计算中“选择逼近函数对区域进行积分”的合理方法。

有限元法的基本原理是把适定的微分问题的解域进行离散化，将其剖分成相联结又互不重叠的具有一定规则几何形状的有限个子区域（如：在二维问题中可以划分为三角形或四边形；在三维问题中可以划分为四面体或六面体等），这些子区域称之为单元，单元之间以节点相联结。函数值被定义在节点上，在单元中选择基函数（又称插值函数），以节点函数值与基函数的乘积的线性组合成单元的近似解来逼近单元中的真解。有限元法的主要优点是对于求解区域的单元剖分没有特别的限制，因此特别适合处理具有复杂边界流场的区域。有限元法求解速度较有限差分法和有限体积法慢，在CFD中运用不是很广泛。

在有限元法基础上，英国的C. A. Brebbia等人提出了边界元法和混合元法等。

1.1.3.3 有限体积法

有限体积法（Finite Volume Method，FVM又称有限容积法）是将计算区域划分为一系列控制体积，将待解微分方程对每一个控制体积积分得出离散方程。它的关键是在导出离散方程过程中，需要对界面上的被求函数本身及其导数的分布做出某种形式的假定。用它导出的离散方程具有守恒性，而且离散方程系数物理意义明确，计算量相对较小。1980年，S. V. Patanker在其专著《Numerical Heat Transfer and Fluid Flow》中对有限体积法进行全面阐述。FVM目前是CFD应用最广泛的一种方法。这种方法的研究和扩展也在不断进行，如P. Chow提出适用于任意多边形非结构网格的扩展有限体积法等。

就划分和求解的结果而言，FVM就是特殊的有限差分法。就离散方法而言，有限体积法可视作有限元法和有限差分法的中间物，该方法的主要缺点是不便对离散方程进行数学特性分析。

1.1.4 数值模拟的优点及局限性

相对实验流体力学而言，数值模拟的优点有：

(1) 数值模拟可以大幅减少新设计所需的时间和成本。

(2) 能研究难以进行或不可能进行受控实验的系统。

(3) 能超出通常的行为极限，研究危险条件下的系统。

(4) 比实验研究更自由、更灵活。

(5) 可以无限量地提供研究结果的细节，便于优化设计。

(6) 具有很好的重复性，条件容易控制。

数值模拟的局限性：

(1) 数值模拟要有准确的数学模型（非线性偏微分方程数值解现有理论尚不充分，还没有严格的稳定性分析、误差分析或收敛性证明）。

(2) 数值试验不能代替物理试验或理论分析。数值模拟只有在网格尺度为零的极限条件下才能获得原方程的精确解。即使有了可靠的理论方程，数值模拟的可靠性仍需要得到实践的验证，必须在一定范围内获得实验数据以提供边界条件。

（3）计算方法的稳定性和收敛性问题。

（4）数值模拟受到计算机条件的限制。直接用湍流的雷诺平均 N－S 方程数值模拟湍流还不可能，由于网格最小尺度难以达到湍流的最小尺度，目前只能就几个简单的情形进行模拟。

总之，关于一次模拟的精确度的绝对保证还没有，需要经常地、严格地验证其结果的有效性。成功的数值模拟来自对流体流动物理及数值算法基础的透彻的理解和经验，没有这些，就不能得到最好的结果。

寻找高效率、高准确度的计算方法和发展高容量、高性能的计算机系统是计算流体力学近期需要解决的问题。

1.2 计算流体力学软件的结构

计算流体力学软件的结构包括三个环节：前处理、求解和后处理，与之相对应的程序模块称为前处理器、求解器和后处理器。

1.3 常用的计算流体力学软件

由于流动问题的复杂性及计算机软硬件条件的多样性，使得用户各自的应用程序往往缺乏通用性，而流动问题本身又有其鲜明的系统性和规律性，因而比较适合于被制成通用性的商用软件。自从 1981 年来，出现了如 PHOENICS、CFX、STAR－CD、Fluent、FINE 及 Fire 等软件，这些软件的显著特点（见表 1－1）如下：

（1）功能比较全面，适用性强，几乎可以解决工程上的各种复杂问题。

（2）具有比较易用的前后处理系统，以及与其他 CAD 及其他 CFD 软件的接口能力，便于用户快速完成造型、网格划分等工作，还可让用户扩展自己的开发模块。

（3）具有比较完备的容错机制和操作界面，稳定性高。

（4）可在多种计算机、多种操作系统，包括并行环境下运行。

表 1－1 各种 CFD 软件

名称	离散方法	所属公司	功能特点	备　注
PHOENICS	FVM	英国 CHAM	开放性；CAD 接口；运动物体功能；多种模型选择；双重算法选择；多模块选择	第一套 CFD 商用软件，1981 年发布第一个正式版本；可在 Windows、Linux/Unix 环境下运行
CFX	FVM	英国 AEA Technology（2003 年被 ANSYS 收购）	除可以使用有限体积法之外，还可使用基于有限元的有限体积法，吸收了有限元法的数值精确性；是第一个发展和使用全隐式多网格耦合求解技术的商用软件；可自动对边界网格加密、流场变化区域局部加密、分离流模拟	除了常用的湍流模型外，最先使用大涡模拟（LES）和分离涡模拟（DES）等高级湍流模型；1995 年 CFX 推出了专业的旋转机械设计与分析模块——CFX TASCflow，可在 Windows、Linux/Unix 环境下运行

续表 1－1

名称	离散方法	所属公司	功能特点	备　注
STAR－CD	FVM	英国 CD－adapco	将前处理、求解器和后处理器集成；非牛顿流体的计算；较强的CAD 建模功能和数据接口；尤其是内燃机中流场分析	适应复杂计算区域的能力具有一定的优势，可以处理滑移网格的问题；用户可根据需要编制 Fortran 子程序，并通过 STAR－CD 提供的接口函数来达到预期的目的
Fluent	FVM	美国 FLUENT 公司（2006 年被 ANSYS 收购）	提供非常灵活的网格特性，使用结构网格或非结构网格或它们的混合来解决复杂外形的流动；定义多种边界条件，且边界条件可随时间和空间变化；提供用户自定义子程序功能，可自行设定相关方程或组分输运方程的体积源项；C 语言编写程序，可实现动态内存分配及高数据结构	1983 年推出，继 PHOENICS 之后第二个投放市场的商用流体软件；Fluent 使用 Client/Server 结构，可在 Windows、Linux/Unix 环境下运行，支持并行处理；还包括：FIDAP、POLYFLOW、ICEPAK、MIXSIM、AIRPAK 等
FINE	FVM	比利时尤迈克（NUMECA）公司	求解流动与传热问题的 CFD 软件，尤其是叶轮机械的设计优化和仿真	
Fire	FVM	奥地利 AVL（李斯特内燃机及测试设备公司）	Fire 能解决所有和发动机有关的 CFD 问题	

注：PHOENICS 是 Parabolic Hyperbolic or Elliptic Numerical Integration Code Series 的缩写，由著名学者 D. B. Spalding 和 S. V. Patankar 提出。CHAM 是 Concentration Heat and Momentum Limited 的缩写。

ANSYS CFD 软件包括 Fluent、CFX、专门用于聚合物流动模拟的 POLYFLOW 及后处理 CFD－Post 等。

习　题

1－1　CFD 发展的方向及局限性？

1－2　主流 CFD 软件控制方程离散方法？

2 流体力学基础知识

教学目的：

(1) 了解流体的属性，尤其是黏性及流体分类。

(2) 了解研究流体运动的方法。

(3) 了解流体运动的描述，理解流线、迹线及层流、湍流概念。

(4) 了解并掌握流体运动的方程：连续性方程、运动（动量）方程、能量方程。

(5) 牛顿型流体的控制方程（N－S方程、伯努利方程）。

(6) 流体流动控制方程的定解条件。

第2章课件

2.1 流体力学基本概念

2.1.1 流体的属性

气体与液体总称为流体，相比固体而言，流体分子间作用力较小。

2.1.1.1 流体的密度、重度和比重

流体的密度：$\rho=\dfrac{M}{V}$或$\rho=\lim\limits_{\Delta V\to 0}\dfrac{\Delta M}{\Delta V}$，它随温度和压强的变化而变化。

流体的重度：$\gamma=\rho g$（单位：N/m^3）。

流体的比重：流体的密度与4℃时水的密度之比。

2.1.1.2 流体的黏性

流体的黏性：阻止流体剪切变形或角变形运动的一种量度。

由牛顿平板实验知道，所有流体满足牛顿内摩擦定律。

流体内摩擦力的大小与流体的性质有关，与流体的速度梯度和接触面积成正比，即切应力与剪切变形速度成正比，其关系图如图2－1所示，关系式由式（2－1）来表示。

$$\tau=\frac{F}{A}=\mu\frac{U}{Y}=\mu\frac{\mathrm{d}u}{\mathrm{d}y} \tag{2-1}$$

式中，F为外力；U为速度。

式（2－1）为牛顿黏性公式，式中$\mu=\dfrac{\tau}{\mathrm{d}u/\mathrm{d}y}$称为黏性系数，或绝对黏度，或动力黏度，简称为流体的黏度（单位：$Pa\cdot s$或$N\cdot s/m^2$）。

运动黏度：$\nu=\frac{\mu}{\rho}$（单位：m^2/s）。

依据黏度的特性，可将流体分为以下几类：

（1）牛顿流体：绝对黏度不随变形率改变的流体。

（2）理想流体：内部没有摩擦的流体，即黏性为零（如图2－2所示）。

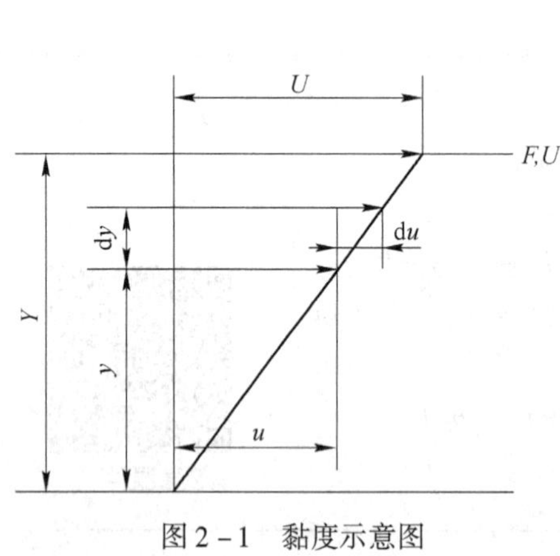

图2－1　黏度示意图

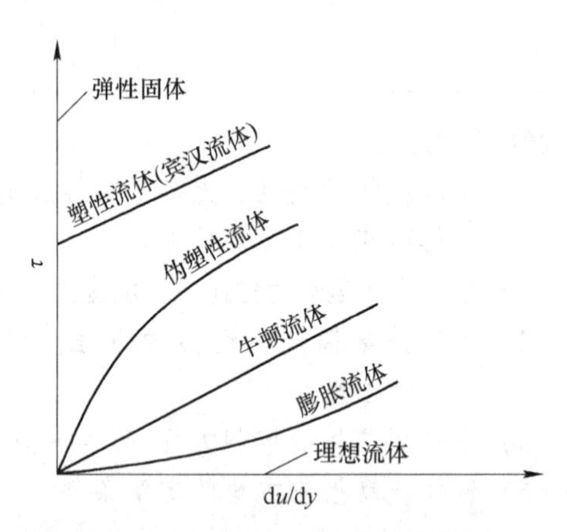

图2－2　应力与速度梯度的关系

（3）非牛顿流体：除牛顿流体之外的其他流体，即绝对黏度随变形率改变的流体，如图2－2中塑性流体、伪塑性流体及膨胀流体等，例：油漆、乳胶、泥浆等。塑性流体是特殊的非牛顿流体，例如牙膏，其满足$\tau=\tau_0+\mu\frac{du}{dy}$。

2.1.1.3　流体的压缩性

流体的压缩性指在外界条件变化时，其密度和体积发生了变化。

可压缩流体与不可压缩流体：严格意义来讲没有不可压缩流体，只是流体在较小压强作用时，流体的密度变化较小，不影响计算的精度，可视为不可压缩流体。

流体的等温压缩率：$$\beta=-\frac{\Delta V/V}{\Delta p}$$

流体的体积膨胀系数：$$\alpha=\frac{\Delta V/V}{\Delta T}$$

2.1.1.4　液体的表面张力

液面上的分子受液体的内部分子吸引而使液面趋于收缩，表面为液面任何两部分之间具有拉应力，称为表面张力，其方向和液面相切，并与两部分的分界线相垂直。单位长度上的表面张力用σ表示，单位是N/m。例如：细玻璃管插入水中，能自动将管中的液柱提升高度h（如图2－3所示），可由式（2－2）表达如下（附：20℃水的表面张力为0.073N/m）：

$$h=\frac{2\sigma\cos\theta}{\rho gr}=\frac{2\sigma\cos\theta}{\gamma r} \tag{2-2}$$

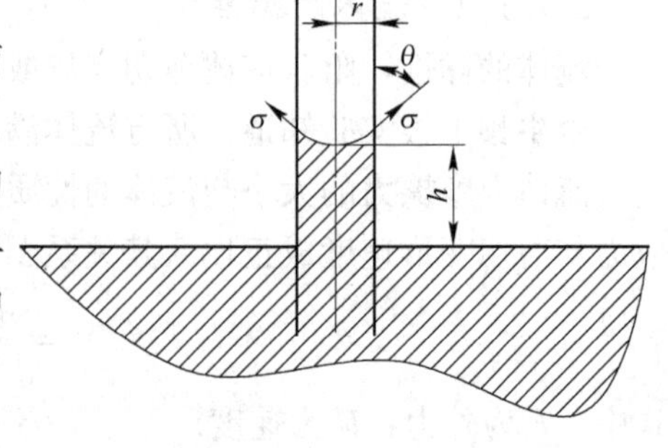

图2－3　表面张力与水柱上升高度示意图

式中，θ为浸湿角，干净管$\theta=0$。

2.1.2 流体力学的力与压强

2.1.2.1 质量力与表面力

质量力：与流体微团质量大小有关且集中作用在微团质量中心上的力称为质量力。例如：重力、惯性力。

表面力：大小与表面面积有关而且分布作用在流体表面上的力称为表面力。按其作用方向可以分为两种：沿表面内法线方向的压力，称为正压力；沿表面切向方向的摩擦力，称为切向力。

作用在静止流体上的表面力只有沿表面内法线上的正压力。单位面积上所受的表面力称为这一点的静压强。静压强有两个特征：（1）静压强的方向垂直指向作用面；（2）流场质点只受到正压力，没有切向力。

对于黏性流体流动，流体质点所受到的力既有正压力，也有切向力。

2.1.2.2 绝对压强、相对压强与真空度

标准大气压的压强是760mmHg，相当于101325Pa，通常用p_{atm}表示。

如果压强大于大气压，则以此压强为计算基准得到的压强称为相对压强，也称表压强，用p_r表示。如果压强小于大气压，则压强低于大气压的值就称为真空度，通常用p_v表示。如以压强0Pa为计算的标准，则把这个压强就称为绝对压强，通常用p_s表示。三者的关系（如图2－4所示）如下：

$$p_r = p_s - p_{atm}$$

$$p_v = p_{atm} - p_s$$

压强的单位是N/m^2，即Pa（帕斯卡），也用单位bar（巴）。

$1bar = 10^5Pa$。

$1p_{atm} = 760mmHg = 10.33mH_2O = 101325Pa$。

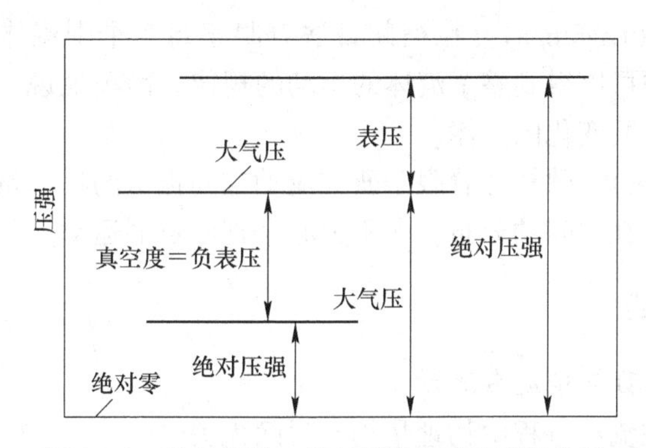

图2－4 绝对压强、相对压强与真空度的关系

2.1.2.3 静压、动压和总压

静止状态下的流体只有静压强。由伯努利（Bernoulli）方程，式（2－3）为：

$$\frac{p}{\rho g} + \frac{v^2}{2g} + z = H \tag{2-3}$$

对应项$\frac{p}{\rho g}$称为压强水头，也是压能项；$\frac{v^2}{2g}$称为速度水头，也是动能项；z为位置水头，也是重力势能项。这三项是流体质点的总的机械能。

式（2－3）转化为：

$$p + \frac{1}{2}\rho v^2 + \rho gz = \rho gH$$

式中，p 为静压；$\frac{1}{2}\rho v^2$ 为动压；ρgH 为总压。

2.1.3　亚音速与超音速流动

2.1.3.1　音速与流速

音速：当把流体视为可压缩流体时，扰动波在流体中的传播速度。

音速微分方程式：$c = \sqrt{\frac{\mathrm{d}p}{\mathrm{d}\rho}}$。

音速在气体中传播过程是一个等熵过程。将等熵方程式 $p = c\rho^k$ 带入上式，并由理想状态方程 $p = \rho RT$ 得到音速方程为：$c = \sqrt{kRT}$。

对于空气来说，$k = 1.4$、$R = 287\text{J/(kg·K)}$，得到空气中的音速为：$c = 20.1\sqrt{T}$。

流速：流体流动的速度，而音速是扰动波的传播速度，两者之间的关系为：$v = Ma \cdot c$。

2.1.3.2　马赫数与马赫锥

流体流动速度与当地音速 c 之比称为马赫数，用 Ma 表示：$Ma = \frac{v}{c}$。

当 $Ma < 1$ 时的流动称为亚音速流动；$Ma > 1$ 时的流动称为超音速流动；$Ma > 3$ 时的流动称为高超音速流动。

对于超音速流动，扰动波传播范围只能充满在一个锥形的空间内，这就是马赫锥。

2.1.4　研究流体运动的方法

（1）拉格朗日法（Lagrange）。拉格朗日法着眼于每个个别流体质点的研究，综合所有流体质点的运动后便可以得到整个流体的运动的规律。简单地说，就是研究各个流体质点的运动及物理量随时间变化的规律。

（2）欧拉法（Euler）。欧拉法着眼于研究流动空间点上的物理量变化规律。即欧拉法着眼于不同瞬时物理量在空间的分布，而不关心个别质点的运动。

2.1.5　流体运动的描述

2.1.5.1　定常流动与非定常流动

定常流动：流体在流动过程中物理量均与时间无关。

非定常流动：流体在流动过程中某个物理量或某些物理量与时间有关。

2.1.5.2　流线与迹线

迹线：随着时间的变化，空间某一点处的流体质点在流动过程所留下的痕迹称为迹线。

流线：在同一个时刻，由不同的无数多个流体质点组成的一条曲线，曲线上每点处的切点与该点处流体质点的运动方向平行。

对于定常流动，流线不随时间变化，而且流体质点的迹线与流线重合；实际流场中一般情况下，流线不能相交，不能突然转折。

2.1.5.3　流量与净通量

流量：单位时间内流过某一控制面的流体体积（或质量）称为该控制面的体积（或质量）流量。

净通量：在流场的控制体，流出的流体减去流入的流体，所得的流量称为流过全部控制面（控制体上封闭面）的净通量。

2.1.5.4　层流与湍流

层流：当流体的流速很低时，流体的各个微团沿着平行的层流动，流体层与层之间相互没有任何干扰，层与层之间既没有质量的传递也没有动量的传递。

湍流：当流体的流速较大后，流体的各个微团相互掺混，层与层之间相互干扰，而且干扰的力度还会随着流动而加大，层与层之间既有质量的传递也有动量的传递。

雷诺数：
$$Re = \frac{Lv\rho}{\mu} = \frac{Lv}{\nu}$$

式中，v 为截面的平均速度；L 为特征长度。

（1）对于圆管内流动，特征长度 L 取圆管的直径 d。一般认为临界雷诺数为2320，即：$Re = \frac{vd}{\nu}$。

（2）对于异型管道内的流动，特征长度取水力直径 d_H，则雷诺数的计算式：$Re = \frac{vd_H}{\nu}$。

异型管管道水力直径的定义：
$$d_H = 4\frac{A}{S}$$

式中，A 为过流断面的面积；S 为过流断面上流体与固体接触的周长。

几种管道的临界雷诺数见表2－1。

表2－1　几种管道的临界雷诺数

管道断面形状	正方形	正三角形	偏心缝隙
d_H	a	$\frac{a}{\sqrt{3}}$	$D-d$
临界雷诺数 Re_c	2070	1930	1000

2.2　流体力学基本方程及边界条件

2.2.1　连续性方程

质量守恒定律在流场中的数学表达，称为连续方程。

在流场中任取一控制体积为 V 的控制体，其控制面的面积为 S。$\boldsymbol{n}$ 为微元面积矢量 dS 外法线的单位向量，设 $\boldsymbol{U}$ 为微元表面 dS 上流体的速度。

质量守恒定律：单位时间内通过控制面流入的质量之和等于单位时间内控制体中质量的增量。

控制体的流体质量可用微元质量在控制体内的体积积分表示，即$\int_V \rho \mathrm{d}V$（$\iiint_V \rho \mathrm{d}V$的简化表示），则控制体内流体在单位时间的变化量即对时间的变化率应表示为：$\frac{\partial}{\partial t}\int_V \rho \mathrm{d}V$。

单位时间通过控制面流入控制体的净质量之和为$\oint_S \rho(\boldsymbol{n}\cdot\boldsymbol{U})\mathrm{d}S$（$\oiint_S \rho(\boldsymbol{n}\cdot\boldsymbol{U})\mathrm{d}S$的简化表示，即流出质量减流入质量）。

由质量守恒定律：

$$\frac{\partial}{\partial t}\int_V \rho \mathrm{d}V = -\oint_S \rho(\boldsymbol{n}\cdot\boldsymbol{U})\mathrm{d}S \tag{2-4}$$

即：

$$\frac{\partial}{\partial t}\int_V \rho \mathrm{d}V + \oint_S \rho(\boldsymbol{n}\cdot\boldsymbol{U})\mathrm{d}S = 0 \tag{2-5}$$

根据高斯（Gauss）定理，若在封闭的区域中，被积函数$\rho\boldsymbol{U}$连续并一阶可导，则：

$$\oint_S \rho(\boldsymbol{n}\cdot\boldsymbol{U})\mathrm{d}S = \int_V \mathrm{div}(\rho\boldsymbol{U})\mathrm{d}V \tag{2-6}$$

则式（2-5）可改写成：

$$\int_V \left[\frac{\partial \rho}{\partial t} + \mathrm{div}(\rho\boldsymbol{U})\right]\mathrm{d}V = 0 \tag{2-7}$$

由于式（2-7）对任意控制体均成立，故上式被积函数必然恒为0，即：

$$\frac{\partial \rho}{\partial t} + \mathrm{div}(\rho\boldsymbol{U}) = 0 \tag{2-8}$$

在直角坐标系中，式（2-8）可改写成：

$$\frac{\partial \rho}{\partial t} + \frac{\partial(\rho u)}{\partial x} + \frac{\partial(\rho v)}{\partial y} + \frac{\partial(\rho w)}{\partial z} = 0 \tag{2-9}$$

或用张量形式表示为：

$$\frac{\partial \rho}{\partial t} + \frac{\partial(\rho u_i)}{\partial x_i} = 0 \tag{2-10}$$

式中，下标i可取值为1、2、3，以表示3个空间坐标。

式（2-5）为积分形式的连续方程，式（2-8）~式（2-10）为微分形式的连续方程。

2.2.2 运动（动量）方程

动量守恒定律在流场中的数学表达，称为运动（动量）方程。

动量守恒定律：作用在控制体上外力的合力与单位时间内通过控制面流入控制体内的动量之和等于单位时间内控制体中流体动量的增量。

在流场中任取一控制体积为V的控制体，其控制面的面积为S。若设控制体内某A流体的密度为ρ，速度设为$\boldsymbol{U}$，单位质量流体所受到的质量力为$\boldsymbol{f}$，微元面积$\mathrm{d}S$外法线的单位向量为$\boldsymbol{n}$，微元面积矢量$\mathrm{d}S$的应力张量为$\prod$，分量为σ_{ij}，其中$\boldsymbol{p}_x = (\sigma_{xx} \quad \sigma_{xy} \quad \sigma_{xz}) =$

$(\sigma_{11}\quad\sigma_{12}\quad\sigma_{13})$，则该控制体受到的总质量力为$\int_V \rho\boldsymbol{f}\mathrm{d}V$，表面力为$\oint_S \prod\cdot\boldsymbol{n}\mathrm{d}S$，流体具有的总动量为$\int_V \rho\boldsymbol{U}\mathrm{d}V$。则动量守恒定律的数学表达式为：

$$\int_V \frac{\partial(\rho\boldsymbol{U})}{\partial t}\mathrm{d}V = \int_V \rho\boldsymbol{f}\mathrm{d}V + \oint_S \prod\cdot\boldsymbol{n}\mathrm{d}S - \oint_S(\boldsymbol{n}\cdot\boldsymbol{U})\rho\boldsymbol{U}\mathrm{d}S \tag{2-11}$$

即：

$$\int_V \frac{\partial(\rho\boldsymbol{U})}{\partial t}\mathrm{d}V + \oint_S(\boldsymbol{n}\cdot\boldsymbol{U})\rho\boldsymbol{U}\mathrm{d}S = \int_V \rho\boldsymbol{f}\mathrm{d}V + \oint_S \prod\cdot\boldsymbol{n}\mathrm{d}S \tag{2-12}$$

对于x方向的动量守恒，有：

$$\int_V \frac{\partial(\rho u)}{\partial t}\mathrm{d}V + \oint_S(\boldsymbol{n}\cdot\boldsymbol{U})\rho u\mathrm{d}S = \int_V \rho f_x\mathrm{d}V + \oint_S \boldsymbol{p}_x\cdot\boldsymbol{n}\mathrm{d}S \tag{2-13}$$

根据高斯（Gauss）定理，有：

$$\int_V\left[\frac{\partial(\rho u)}{\partial t} + \mathrm{div}(\rho\boldsymbol{U}u) - \rho f_x - \mathrm{div}\boldsymbol{p}_x\right]\mathrm{d}V = 0 \tag{2-14}$$

由于上式对任意控制体均成立，故上式被积函数必然恒为0，即：

$$\frac{\partial(\rho u)}{\partial t} + \mathrm{div}(\rho\boldsymbol{U}u) - \rho f_x - \mathrm{div}\boldsymbol{p}_x = 0 \tag{2-15}$$

同理，在y、z方向的运动方程为：

$$\frac{\partial(\rho v)}{\partial t} + \mathrm{div}(\rho\boldsymbol{U}v) - \rho f_y - \mathrm{div}\boldsymbol{p}_y = 0 \tag{2-16}$$

$$\frac{\partial(\rho w)}{\partial t} + \mathrm{div}(\rho\boldsymbol{U}w) - \rho f_z - \mathrm{div}\boldsymbol{p}_z = 0 \tag{2-17}$$

用直角坐标系中的张量形式可表示为：

$$\frac{\partial(\rho u_i)}{\partial t} + \frac{\partial(\rho u_i u_j)}{\partial x_j} = \rho f_i + \frac{\partial}{\partial x_j}\sigma_{ij}\quad(i=1,2,3) \tag{2-18}$$

式（2-12）为积分形式的运动方程，式（2-15）~式（2-18）为微分形式的运动方程。

2.2.3　能量方程

在流场中任取一控制体积为V的控制体，其控制面的面积为S。该控制体内流体与外界的能量交换有：在控制面上表面力所做的功，质量力对控制体内流体所做的功，以及流体流进和流出控制体所引起的与外界的能量交换。控制体内与外界的热量交换。这些都是引起控制体内流体能量变化的因素，该变化应满足能量守恒定律。

能量守恒定律：单位时间内由外界给予控制体的热量、功及控制面流入控制体的能量之和等于单位时间内控制体中流体能量的增加。

设流体的密度为ρ，速度为$\boldsymbol{U}$，单位质量流体所受到的质量力为$\boldsymbol{f}$，具有的动能为$\frac{1}{2}U^2$，内能为e，单位质量流体内热源单位时间内的发热量为q，微元面积$\mathrm{d}S$外法线的单位向量为$\boldsymbol{n}$，微元面积矢量$\mathrm{d}S$的应力张量为$\prod$，单位时间内通过该微元表面的热流密度为$\lambda\mathrm{grad}T$，则质量力所做的功为$\int_V \rho\boldsymbol{f}\cdot\boldsymbol{U}\mathrm{d}V$，表面力所做的功为$\oint_S \prod\cdot\boldsymbol{n}\cdot\boldsymbol{U}\mathrm{d}S$，与外界热

交换所获得的能量为 $\oint_S \lambda \,\mathrm{grad}T \cdot \boldsymbol{n}\mathrm{d}S$（这里忽略了热辐射的影响），内热源发热所获得的能量为 $\int_V \rho q \mathrm{d}V$，控制体内的流体的总能量为 $\int_V \rho\left(\frac{1}{2}U^2 + e\right)$。

能量守恒定律的数学表达式：

$$\int_V \frac{\partial}{\partial t}\left[\rho\left(\frac{1}{2}U^2 + e\right)\right]\mathrm{d}V = \int_V \rho \boldsymbol{f} \cdot \boldsymbol{U}\mathrm{d}V + \oint_S \prod \cdot \boldsymbol{n} \cdot \boldsymbol{U}\mathrm{d}S + \int_V \rho q \mathrm{d}V + \oint_S \lambda \,\mathrm{grad}T \cdot \boldsymbol{n}\mathrm{d}S - \oint_S (\boldsymbol{\rho} \cdot \boldsymbol{U})\rho\left(\frac{1}{2}U^2 + e\right)\mathrm{d}S \quad (2-19)$$

根据高斯（Gauss）定理，有：

$$\frac{\partial}{\partial t}\left[\rho\left(\frac{1}{2}U^2 + e\right)\right] + \mathrm{div}\left[\rho\left(\frac{1}{2}U^2 + e\right)\boldsymbol{U}\right] - \rho(\boldsymbol{f} \cdot \boldsymbol{U} + q) - \mathrm{div}\left(\prod \cdot \boldsymbol{U} + \lambda \,\mathrm{grad}T\right) = 0 \quad (2-20)$$

用直角坐标系中的张量形式表示为：

$$\frac{\partial}{\partial t}\left[\rho\left(\frac{1}{2}U^2 + e\right)\right] + \frac{\partial}{\partial x_j}\left[\rho\left(\frac{1}{2}U^2 + e\right)u_j\right] = \rho(f_i u_i + q) + \frac{\partial}{\partial x_j}\left(\sigma_{ij}u_i + \lambda\frac{\partial T}{\partial x_j}\right) \quad (2-21)$$

式（2-19）为积分形式的连续方程，式（2-20）、式（2-21）为微分形式的连续方程。

2.2.4 组分质量守恒方程

在一个特定的系统中，可能存在质的交换，或存在多种化学成分，每一种组分都遵守组分质量守恒定律。根据质量守恒定律，采用推导连续性方程的方法，可得出组分 s 质量守恒方程为：

$$\int_V \frac{\partial(\rho c_s)}{\partial t}\mathrm{d}V + \oint_S [\boldsymbol{n} \cdot D_s \mathrm{grad}(\rho c_s)]\mathrm{d}S + \int_V S_s \mathrm{d}V = 0 \quad (2-22)$$

$$\frac{\partial(\rho c_s)}{\partial t} + \mathrm{div}(\rho U c_s) = \mathrm{div}[D_s \mathrm{grad}(\rho c_s)] + S_s \quad (2-23)$$

用直角坐标系中的张量形式表示为：

$$\frac{\partial(\rho c_s)}{\partial t} + \frac{\partial(\rho c_s u_f)}{\partial x_j} = \frac{\partial}{\partial x_j}\left[D_s\frac{\partial(\rho c_s)}{\partial x_j}\right] + S_s \quad (2-24)$$

式中，c_s 为组分的体积浓度；ρc_s 为组分的质量浓度；D_s 为组分的扩散系数；S_s 为系统内部单位时间内单位体积通过化学反应产生的该组分的质量，即生产率。

因此，各组分质量守恒方程之和就是总的连续方程。如果系统共有 z 个组分，那么只有 $z-1$ 个独立的组分质量守恒方程。

式（2-22）为积分形式的连续方程，式（2-23）、式（2-24）为微分形式的连续方程。

一种组分质量守恒方程实际上就是一个浓度传输方程。当流体中含有污染物时，污染物在流动情况下除有扩散外还会随流体传输，即传输过程包括对流和扩散两个部分，污染物的浓度随时间和空间而变化。因此，组分质量守恒方程在有些情况下称为浓度传输方程，或称为浓度方程。

2.2.5 牛顿型流体的控制方程

要将上述的控制方程应用到某种流场的计算，就必须引入流体的本构关系（即其应力张量与变形速率张量之间的关系）。因多数工程涉及的流体是牛顿流体，故主要介绍牛顿流体流动的控制方程。

斯托克斯对牛顿流体本构关系提出了3条假设：

（1）流体静止时，切应力为0，正应力为流体的静压强p，即热力学平衡态压强。

（2）流体的物理性质仅随空间位置的改变而变化，与方位无关，即流体具有各向同性的性质。

（3）流体的应力张量（用符号$\prod$表示，张量的标法则表示为σ_{ij}）与变形速率张量呈线性关系。

结合牛顿摩擦定律，可以将牛顿流体的本构关系表示为：

$$\sigma_{ij} = -\left(p + \frac{2}{3}\mu \mathrm{div}\boldsymbol{U}\right)\delta_{ij} + 2\mu e_{ij} \tag{2-25}$$

式中 p——流体压强；

μ——流体的动力黏度；

δ_{ij}——“Kronecker”张量（当$i=j$时，$\delta_{ij}=1$；当$i\neq j$时，$\delta_{ij}=0$）；

e_{ij}——流体的变形速率张量，其定义为：$e_{ij} = \frac{1}{2}\left(\frac{\partial u_i}{\partial x_j} + \frac{\partial u_j}{\partial x_i}\right)$。

将式（2-25）代入式（2-18）得：

$$\frac{\partial(\rho u_i)}{\partial t} + \frac{\partial(\rho u_i u_j)}{\partial x_j} = \rho f_i + \frac{\partial}{\partial x_j}\left[-\left(p + \frac{2}{3}\mu\frac{\partial u_k}{\partial u_k}\right)\delta_{ij} + \mu\left(\frac{\partial u_i}{\partial x_j} + \frac{\partial u_j}{\partial x_i}\right)\right]$$

$$\frac{\partial(\rho u_i)}{\partial t} + \frac{\partial(\rho u_i u_j)}{\partial x_j} = \rho f_i - \frac{\partial p}{\partial x_i} + \frac{\partial}{\partial x_j}\left(\mu\frac{\partial u_i}{\partial x_j}\right) + \frac{1}{3}\frac{\partial}{\partial x_i}\left(\mu\frac{\partial u_k}{\partial x_k}\right) \tag{2-26}$$

对于不可压缩流体，根据连续方程，有$\frac{\partial u_k}{\partial x_k}=0$，则式（2-26）可简化为：

$$\frac{\partial(\rho u_i)}{\partial t} + \frac{\partial(\rho u_i u_j)}{\partial x_j} = \rho f_i - \frac{\partial p}{\partial x_i} + \frac{\partial}{\partial x_j}\left(\mu\frac{\partial u_i}{\partial x_j}\right) \tag{2-27}$$

式（2-26）和式（2-27）是不可压缩牛顿流体运动方程，又称为Navier-Stokes方程，简称为N-S方程。

描述黏性不可压缩牛顿流体动量守恒的运动方程，简称N-S方程。因1821年由C. L. M. H. 纳维和1845年由G. G. 斯托克斯分别导出而得名。其直角坐标系下形式为：

$$\begin{cases} f_x - \frac{1}{\rho}\frac{\partial p}{\partial x} + \nu\left(\frac{\partial^2 u}{\partial x^2} + \frac{\partial^2 u}{\partial y^2} + \frac{\partial^2 u}{\partial z^2}\right) = \frac{\partial u}{\partial t} + u\frac{\partial u}{\partial x} + v\frac{\partial u}{\partial y} + w\frac{\partial u}{\partial z} \\ f_y - \frac{1}{\rho}\frac{\partial p}{\partial y} + \nu\left(\frac{\partial^2 v}{\partial x^2} + \frac{\partial^2 v}{\partial y^2} + \frac{\partial^2 v}{\partial z^2}\right) = \frac{\partial v}{\partial t} + u\frac{\partial v}{\partial x} + v\frac{\partial v}{\partial y} + w\frac{\partial v}{\partial z} \\ f_z - \frac{1}{\rho}\frac{\partial p}{\partial z} + \nu\left(\frac{\partial^2 w}{\partial x^2} + \frac{\partial^2 w}{\partial y^2} + \frac{\partial^2 w}{\partial z^2}\right) = \frac{\partial w}{\partial t} + u\frac{\partial w}{\partial x} + v\frac{\partial w}{\partial y} + w\frac{\partial w}{\partial z} \end{cases}$$

后人在此基础上又导出适用于可压缩流体的N-S方程。N-S方程反映了黏性流体（又称真实流体）流动的基本力学规律，在流体力学中有十分重要的意义。它是一个非线性偏微分方程，求解非常困难和复杂，目前只有在某些十分简单的流动问题上能求得精确解。

将式（2-25）代入式（2-21），有：

$$\left.\begin{aligned}&\frac{\partial}{\partial t}\left[\rho\left(\frac{1}{2}U^2+e\right)\right]+\frac{\partial}{\partial x_j}\left[\rho\left(\frac{1}{2}U^2+e\right)u_j\right]\\&=\rho(f_iu_i+q)+\frac{\partial}{\partial x_j}\left[-\left(p+\frac{2}{3}\mu\frac{\partial u_k}{\partial x_k}\right)\delta_{ij}u_i+\mu\left(\frac{\partial u_i}{\partial x_j}+\frac{\partial u_j}{\partial x_i}\right)u_i+\lambda\frac{\partial T}{\partial x_j}\right]\\&\frac{\partial}{\partial t}\left[\rho\left(\frac{1}{2}U^2+e\right)\right]+\frac{\partial}{\partial x_j}\left[\rho\left(\frac{1}{2}U^2+e\right)u_j\right]\\&=\left[\rho f_i-\frac{\partial p}{\partial x_i}+\frac{\partial}{\partial x_j}\left(\mu\frac{\partial u_i}{\partial x_j}\right)+\frac{1}{3}\frac{\partial}{\partial x_i}\left(\mu\frac{\partial u_k}{\partial x_k}\right)\right]u_i+\frac{\partial}{\partial x_j}\left(\lambda\frac{\partial T}{\partial x_j}\right)+\rho q+\rho\Phi\end{aligned}\right\}\quad(2-28)$$

其中，$\Phi=\frac{1}{\rho}\left[-\frac{\partial p}{\partial x_i}+\mu\frac{\partial u_i}{\partial x_j}\left(\frac{\partial u_i}{\partial x_j}+\frac{\partial u_j}{\partial x_i}\right)-\frac{2}{3}\mu\frac{\partial u_i}{\partial x_i}\cdot\frac{\partial u_k}{\partial x_k}\right]$，称为耗散函数。

式（2－26）两边乘以 u_i，有：

$$u_i\frac{\partial(\rho u_i)}{\partial t}+u_i\frac{\partial(\rho u_iu_j)}{\partial x_j}=\left[\rho f_i-\frac{\partial p}{\partial x_i}+\frac{\partial}{\partial x_j}\left(\mu\frac{\partial u_i}{\partial x_j}\right)+\frac{1}{3}\frac{\partial}{\partial x_i}\left(\mu\frac{\partial u_k}{\partial x_k}\right)\right]u_i$$

代入式（2－28），得：

$$\frac{\partial(\rho e)}{\partial t}+\frac{\partial(\rho eu_j)}{\partial x_j}=\frac{\partial}{\partial x_j}\left(\frac{\lambda}{c_V}\cdot\frac{\partial e}{\partial x_j}\right)+\rho q+\rho\Phi\quad(2-29)$$

由内能与温度的关系：$e=c_VT$，即：

$$\frac{\partial(\rho T)}{\partial t}+\frac{\partial(\rho Tu_j)}{\partial x_j}=\frac{\partial}{\partial x_j}\left(\frac{\lambda}{c_V}\cdot\frac{\partial T}{\partial x_j}\right)+\frac{\rho q}{c_V}+\frac{\rho\Phi}{c_V}\quad(2-30)$$

式（2－29）为内能表示的能量方程，式（2－30）是用温度表示的能量方程。

2.2.6 流体流动制方程的通用形式

流体流动与传热基本方程组中各方程可采用共同的形式来表达，这种形式称为流动与传热的通用微分方程。使用通用变量 ϕ，通用微分方程为：

$$\frac{\partial(\rho\phi)}{\partial t}+\frac{\partial(\rho u_j\phi)}{\partial x_j}=\frac{\partial}{\partial x_j}\left(\Gamma_\phi\frac{\partial\phi}{\partial x_j}\right)+S_\phi\quad(2-31)$$

式中，第一项为瞬变项或时间项；第二项为对流项；第三项为扩散项，Γ_ϕ 为对应于变量 ϕ 的扩散系数；末项 S_ϕ 为源项。

通用方程的对应关系见表 2－2。

表 2－2　通用方程的对应关系

方程名称	ϕ	Γ_ϕ	S_ϕ
连续方程	1	0	0
运动方程（x 方向）	u	μ	$\rho f_x-\frac{\partial p}{\partial x}$
运动方程（y 方向）	v	μ	$\rho f_y-\frac{\partial p}{\partial y}$
运动方程（z 方向）	w	μ	$\rho f_z-\frac{\partial p}{\partial z}$
能量方程	T	$\frac{\lambda}{c_V}$	$\frac{\rho(q+\phi)}{c_V}$
组分质量守恒方程	c_s	ρD_s	S_s

液体与低速流动的气体可以作为不可压缩流体来处理，即忽略流体密度的变化。一般采用连续性方程与运动方程联立求解流体的速度场及压强分布，如涉及传热，可将解出的流场参数代入用温度表示的能量方程中求解。

从通用流动与传热方程可以看出，它是一个二阶非线性非常系数的多变量偏微分方程组。按照数学物理方程的分类，二阶偏微分方程可以按解的性质分为双曲型、抛物型和椭圆型3类，其求解方法及对定解条件的依赖程度是不相同的。当某些项缺失，或某些项的数量级明显偏低时，方程将呈现不同的性质。

2.2.7 初始条件和边界条件

对于流动和传热问题的求解，除了使用上述介绍的控制方程以外，还要指定边界条件，对于非定常问题还要指定初始条件。

2.2.7.1 初始条件

初始时刻 $t=t_0$ 时，流体运动所具有的初始状态可用常见物理量及其导数形式表示，如 $u=u(t_0)$，$T=T(t_0)$ 等。

对于非稳态问题，所有计算变量在开始计算以前都应该有一个初始值，这样才有可能根据时间步长计算场变量随时间的变化，这就是初始条件。对数值计算来讲，初始条件的给定并不影响计算过程的实施，给定初始值即可，一般不需另外的处理。因此，这里不对初始条件进行深入的讨论。

2.2.7.2 边界条件

边界条件就是在流体运动边界上控制方程应该满足的条件，一般会对数值计算产生重要的影响。即使对于同一个流场的求解，随着方法的不同，边界条件和初始条件的处理方式也是不同的。下面结合 Fluent 对边界条件进行详细的讨论。

Fluent 提供了以下10种类型的流动进、出口条件。

（1）速度入口：给出入口速度和需要计算的标量值。

（2）压力入口：给出入口的总压和其他需要计算的入口标量值。

（3）质量流动入口：主要用于可压缩流动，给出入口的质量流量；对于不可压缩流动，没有必要给出该边界条件，因为密度是常数，可以用速度入口条件。

（4）压力出口：给定流动出口的静压。对于有回流的出口，该边界条件比 outflow 边界条件更容易收敛。

（5）压力远场：该边界条件只对可压缩流动适合。

（6）outflow：该边界条件用于模拟前无法知道出口速度或者压力的情况；出口流动符合发展完全条件，出口处，除了压力之外，其他参数梯度为0。该边界条件不适合可压缩流动。

（7）inlet vent：入口通风条件需要给定一个损失系数、流动方向、环境总压和总温。

（8）intake fan：入口风扇条件需要给定降压、流动方向、环境总压和总温。

（9）outlet vent：出口通风条件给定损失系数、环境静压和静温。

（10）exhaust fan：排气扇给定降压、环境静压。

下面对上述常用边界条件详细地进行介绍。

A 入口边界条件

入口边界条件就是指定入口处流动变量的值。常见的入口边界条件有速度入口边界条件、压力入口边界条件和质量流动入口边界条件。

速度入口边界条件：用于定义流动速度和流动入口的流动属性相关的标量。这一边界条件适用于不可压缩流体，如果用于可压缩流体会导致非物理结果，这是因为它允许驻点条件浮动。应注意不要让速度入口靠近固体妨碍物，因为这会导致流动入口驻点属性具有太高的非一致性。

压力入口边界条件：用于定义流动入口的压力和其他标量属性。适用于可压缩流和不可压缩流。压力入口边界条件可用于压力已知但是流动速度或速率未知的情况。可用于浮力驱动的流动等许多实际情况。压力入口边界条件也可用来定义外部或无约束流的自由边界。

质量入口边界条件：用于已知入口质量流速的可压缩流动。在不可压缩流动中不必指定入口的质量流率，因为密度为常数时，速度入口边界条件就确定了质量流条件。当要求达到的是质量和能量流速而不是流入的总压时，通常就会使用质量入口边界条件。

调节入口总压可能会导致解的收敛速度较慢，当压力入口边界条件和质量入口边界条件都可以接受时，应该选择压力入口边界条件。

B 出口边界条件

压力出口边界条件：压力出口边界条件需要在出口边界处指定表压（Gauge Pressure）。表压值的指定只用于亚声速流动。如果当地流动变为超声速，就不再使用指定表压了，此时压力要从内部流动中求出，包括其他的流动属性。在求解过程中，如果压力出口边界条件处的流动是反向的，回流条件也需要指定。如果对于回流问题指定了比较符合实际的值，收敛性困难问题就会不明显。

压力远场边界条件：Fluent 中使用的压力远场条件用于模拟无穷远处的自由流条件，其中自由流马赫数和静态条件被指定。这一边界条件值适用于密度规律与理想气体相同的情况，对于其他情况要有效地近似无限远处的条件，必须将其放到所关心的计算物体的足够远处。例如，在机翼升力计算中远场边界一般都要设到20倍弦长的圆周之外。

质量出口边界条件：当流动出口的速度和压力在解决流动问题之前是未知时，Fluent 会使用质量出口边界条件来模拟流动，不需要定义流动出口边界条件的任何条件（除非模拟辐射热传导、粒子的离散相或者分离质量流），Fluent 会从内部推导所需要的信息。然而重要的是要清楚这一边界条件类型所受的限制。

需要注意的是，如果模拟可压缩流体或者包含压力出口时，不能使用质量出口边界条件。

C 固体壁面边界条件

对于黏性流动问题，Fluent 默认设置是壁面无滑移条件，但也可以指定壁面切向速度分量（壁面平移或者旋转运动时），给出壁面切应力，从而模拟壁面滑移。可以根据当地流动情况，计算壁面切应力和与流体换热的情况。壁面热边界条件包括固定热通量、固定温度、对流换热系数、外部辐射换热、对流换热等。

下面介绍固壁条件下换热计算边界条件。

如果给定壁面温度，则壁面向流体换热量为：

$$q^n = h_f(T_w - T_f) + q_{rad}^n \tag{2-32}$$

对流换热系数是根据当地流场计算得到的（湍流水平、温度和速度曲线）。

向固体壁面里面传热的方程为：

$$q^n = \frac{K_s}{\Delta n}(T_w - T_s) + q^n_{rad} \tag{2-33}$$

如果给定热通量，则根据流体换热和固体换热计算出的壁面温度分别为：

$$T_w = \frac{q^n - q^n_{rad}}{h_f} + T_f \tag{2-34}$$

$$T_w = \frac{(q^n - q^n_{rad})\Delta n}{K_s} + T_s \tag{2-35}$$

如果是对流换热边界条件（给定对流换热系数 h_{ext}），则：

$$q^n = h_f(T_w - T_f) + q^n_{rad} = h_{ext}(T_{ext} - T_w) \tag{2-36}$$

如果是辐射换热边界条件，给定辐射系数 ε_{ext}，则：

$$q^n = h_f(T_w - T_f) + q^n_{rad} = \varepsilon_{ext}\sigma(T^4_\infty - T^4_w) \tag{2-37}$$

如果同时考虑对流和辐射，则：

$$q^n = h_f(T_w - T_f) + q^n_{rad} = h_{ext}(T_{ext} - T_w) + \varepsilon_{ext}\sigma(T^4_\infty - T^4_w) \tag{2-38}$$

流体侧的换热系数根据如下公式计算：

$$q^n = k_f \left.\frac{\partial T}{\partial n}\right|_{wall} \tag{2-39}$$

D　对称边界条件

对称边界条件应用于计算的物理区域（或者流动或传热场）是对称的情况。在对称轴或者对称平面上，没有对流通量，因此垂直于对称轴或者对称平面的速度分量为零。在对称轴或对称平面上，没有扩散通量，即垂直方向上的梯度为零。因此在对称边界上，垂直边界的速度分量为零，任何量的梯度为零。

计算时不需要给定任何参数，只需要确定合理的对称位置。该边界条件可以用于黏性流中的运动边界处理。

E　周期性边界条件

如果流动的几何边界、流动和换热是周期性重复的，则可以采用周期性边界条件。Fluent 提供了两种周期性边界类型：一类是流体经过周期性重复后没有降压（Cyclic）；另一类则有降压（Periodic）。Fluent 在周期性边界条件处理流动就像反向周期性平面，和前面的周期性边界直接相邻一样。当计算流过邻近流体单元的周期性边界时，就会使用与反向周期性平面相邻的流体单元的流动条件。

习　题

2－1　研究流体运动的方法及区别？

2－2　流体分类？非牛顿流体特点？

2－3　试推导直角坐标系定常、不可压缩条件下连续方程表达式？

2－4　以动量守恒定律推导出通用运动（动量）方程与 N－S 方程区别与联系？

2－5　以能量守恒定律推导出能量方程与伯努利方程区别与联系？

3 湍流的数学模型

教学目的：

(1) 了解并掌握牛顿流体不可压缩流体的基本控制方程组。

(2) 湍流模型引入原因及分类。

(3) 理解湍流 $\kappa-\varepsilon$ 两方程模型特点及适用范围。

(4) 近壁区使用 $\kappa-\varepsilon$ 模型的问题及对策。

(5) 了解并掌握雷诺应力模型（RSM）输运方程、模型特点及适应范围。

(6) 了解大涡模拟（LES）模型思想、特点。

(7) 湍流数值计算方法分类。

第3章课件

湍流的研究是当今物理学乃至自然科学中重要的问题之一。湍流是极为普遍的流动现象，自然界的流动绝大多数都是湍流。由于湍流的复杂性，在一个很长的历史时期中，人们对湍流的认识在不断地深化，理解也逐渐地全面。19 世纪，一般都认为湍流是一种完全不规则的随机运动，Reynolds 最初将这种流动现象称之为摇摆流（sinuous motion），其后 Kelvin 将其改名为湍流（turbulence），这个名字一直沿用至今。

湍流由各种不同尺度的涡旋叠加而成，其中最大涡尺度与流动环境密切相关，最小涡尺度由黏性确定；流体在运动过程中，涡旋不断破碎、合并，流体质点轨迹不断变化；在某些情况下，流场做完全随机的运动，在另一些情况下，流场随机运动和拟序运动并存。

“随机”和“脉动”是湍流流场重要的物理特征，至今还不能用简单的空间和时间函数对湍流流场进行全面的描述，但从统计学的角度，湍流流动的各种物理量都存在确定的统计平均值。

现有的湍流数值模拟方法有 3 种：直接数值模拟、雷诺平均模拟和大涡数值模拟。

直接数值模拟不需要对湍流建立模型，采用数值计算直接求解流动的控制方程。由于湍流是多尺度的不规则流动，要获得所有尺度的流动信息，需要很高的空间和时间分辨率，也就是需要巨大的计算机内存和耗时很大的计算量。目前，直接数值模拟只能计算雷诺数较低的简单湍流运动，例如槽道或圆管湍流，它还不能作为复杂湍流运动的预测方法。

工程中广泛应用的湍流数值模拟方法采用雷诺平均模型，这种方法将流动的质量、动量和能量输运方程进行统计平均后建立模型。雷诺平均模型不需要计算各种尺度的湍流脉动，它只计算平均运动，因此它的空间分辨率要求低，计算工作量小。雷诺平均模型的主要缺点是它只能提供湍流的平均信息，这对于近代自然环境的预报和工程设计是远远不够的；雷诺平均模型的致命弱点是它的模型没有普适性。

20 世纪 70 年代，一种新的湍流数值模拟方法问世，即大涡数值模拟。它的主要思想是：大尺度湍流直接使用数值求解，只对小尺度湍流脉动建立模型。所谓小尺度，习惯上是指小于计算网格的尺度，而大于网格尺度的湍流脉动通过数值模拟获得。这种新方法的优点是：对空间分辨率的要求远小于直接数值模拟方法；在现有的计算机条件下，可以模拟较高雷诺数和较复杂的湍流运动；另一方面，它可以获得比雷诺平均模拟更多的湍流信息，例如，大尺度的速度和压强脉动，这些动态信息对于自然环境预报和工程设计是非常重要的。

随着计算机的发展，大涡数值模拟有可能在不远的将来成为预测实际流动的手段。从 20 世纪 90 年代开始，大涡数值模拟方法已成为湍流数值模拟的热门课题，与湍流问题有关的广大科技工作者纷纷应用大涡数值模拟方法预测湍流，甚至流体计算的商业软件中也增设了大涡数值模拟的模块。

3.1 湍流的基本方程

牛顿流体不可压缩流体的基本控制方程组为：

连续性方程：
$$\frac{\partial(u_i)}{\partial x_i} = 0 \tag{3-1}$$

运动方程：
$$\frac{\partial(\rho u_i)}{\partial t} + \frac{\partial(\rho u_i u_j)}{\partial x_j} = \rho f_i - \frac{\partial p}{\partial x_i} + \frac{\partial}{\partial x_j}\left(\mu\frac{\partial u_i}{\partial x_j}\right) \tag{3-2}$$

把湍流的运动看成是时均运动与随机运动的叠加，将物理量瞬时值 ϕ 表示为：
$$\phi = \bar{\phi} + \phi' \tag{3-3}$$

按照 Reynolds 平均法，任一变量 ϕ 的时间平均值定义为：
$$\bar{\phi} = \frac{1}{\Delta t}\int_t^{t+\Delta t}\phi(t)\,\mathrm{d}t \tag{3-4}$$

平均值与脉动值之和为流动变量的瞬时值，即：
$$u_i = \bar{u}_i + u'_i \tag{3-5}$$

对瞬时状态下的连续方程式（3－1）和式（3－2）取平均时间，得到湍流时均控制方程，即：
$$\frac{\partial(\bar{u}_i)}{\partial x_i} = 0 \tag{3-6}$$
$$\frac{\partial(\rho\bar{u}_i)}{\partial t} + \frac{\partial(\rho\bar{u}_i\bar{u}_j)}{\partial x_j} = \rho f_i - \frac{\partial\bar{p}}{\partial x_i} + \frac{\partial}{\partial x_j}\left(\mu\frac{\partial\bar{u}_i}{\partial x_j}\right) + \left[-\frac{\partial(\rho\overline{\mu'_i\mu'_j})}{\partial x_j}\right] \tag{3-7}$$

对于其他变量 ϕ 的输运方程做类似的处理，可得：
$$\frac{\partial(\rho\bar{\phi})}{\partial t} + \frac{\partial(\rho\bar{\phi}\bar{u}_j)}{\partial x_j} = \frac{\partial}{\partial x_j}\left(\Gamma_\phi\frac{\partial\bar{\phi}}{\partial x_j}\right) + \left[-\frac{\partial(\rho\overline{\phi'\mu'_j})}{\partial x_j}\right] + S_\phi \tag{3-8}$$

如果去掉时均符号“－”，则不可压缩湍流的控制方程组可写成：

连续性方程：
$$\frac{\partial(u_i)}{\partial x_i} = 0 \tag{3-9}$$

运动方程：
$$\frac{\partial(\rho u_i)}{\partial t} + \frac{\partial(\rho u_i u_j)}{\partial x_j} = \rho f_i - \frac{\partial p}{\partial x_i} + \frac{\partial}{\partial x_j}\left(\mu\frac{\partial u_i}{\partial x_j}\right) + \left[-\frac{\partial(\rho\overline{\mu'_i\mu'_j})}{\partial x_j}\right] \tag{3-10}$$

式（3－9）是时均连续性方程，式（3－10）是时均运动的运动方程。由于采用的是 Reynolds 时均运动方程或雷诺方程，则雷诺应力：

$$\tau_{ij} = -\rho \overline{\mu'_i \mu'_j} \tag{3-11}$$

雷诺应力对应了 6 个不同的雷诺应力项，即 3 个正应力和 3 个切应力。

式（3－9）和式（3－10）构成的方程组为不可压缩流体湍流流动的基本方程，共有 4 个方程，10 个未知量（u、v、w 和 p，6 个雷诺应力 τ_{ij}），方程组不封闭。

对于可压缩流动，细微的密度变化并不会对流动造成明显影响。因此忽略密度脉动的影响，考虑平均密度的变化，可写出可压缩流体湍流流动的控制方程组：

$$\frac{\partial \rho}{\partial t} + \frac{\partial}{\partial x_i}(\rho u_i) = 0 \tag{3-12}$$

$$\frac{\partial}{\partial t}(\rho u_i) + \frac{\partial}{\partial x_j}(\rho u_i u_j) = \rho f_i - \frac{\partial p}{\partial x_i} + \frac{\partial}{\partial x_j}\left(\mu \frac{\partial u_i}{\partial x_j} - \rho \overline{\mu'_i \mu'_j}\right) \tag{3-13}$$

$$\frac{\partial(\rho\phi)}{\partial t} + \frac{\partial(\rho\phi u_j)}{\partial x_j} = \frac{\partial}{\partial x_j}\left(\Gamma_\phi \frac{\partial \phi}{\partial x_j} - \rho \overline{\phi' \mu'_j}\right) + S_\phi \tag{3-14}$$

可以看到，可压缩流体必需将连续性方程、运动方程和能量方程等联立求解，5 个方程要求解 14 个未知量（u、v、w、ϕ、p，6 个雷诺应力 τ_{ij}，3 个与 $-\rho \overline{\phi' \mu'_j}$ 有关的脉动迁移量），方程组不封闭。

3.2 湍流时均运动控制方程组封闭性方法介绍

不可压缩时均运动控制方程组之所以出现方程组不封闭（需求解的未知函数较方程数多），在于方程中出现了湍流脉动值的雷诺应力项 $\tau_{ij} = -\rho \overline{\mu'_i \mu'_j}$。要使方程组封闭，必须对雷诺应力做出某些假定，即建立应力的表达式（或者引入新的湍流方程），通过此表达式把湍流的脉动值与时均值等联系起来。基于某些假定所得出的湍流控制方程，称为湍流模型。

根据对雷诺应力做出的假定或处理方式的不同，目前常用的湍流模型可分为雷诺应力类模型和湍动黏度类模型。

3.2.1 雷诺应力类模型

这个模型的特点是直接构建表示雷诺应力的补充方程，然后联立求解湍流时均运动控制方程组。

雷诺应力类模型有雷诺应力方程模型及代数应力方程模型。

通常情况下，雷诺应力方程是微分形式的，称为雷诺应力方程模型。若将雷诺应力方程的微分形式简化为代数方程的形式，则称为代数应力方程模型。

3.2.2 湍动黏度类模型

这类模型的处理方法不直接处理雷诺应力项，而是引入湍动黏度（Turbulent Viscosity）或涡黏系数（Eddy Viscosity），然后把湍流应力表示成为湍动黏度的函数，整个计算关键词在于确定这种湍动黏度。

湍动黏度的提出来源于 Boussinesq 提出的涡黏假定，该假定建立了雷诺应力与平均速度梯度的关系，即：

$$-\rho \overline{\mu'_i \mu'_j} = \mu_t \left(\frac{\partial u_i}{\partial x_j} + \frac{\partial u_j}{\partial x_i} \right) - \frac{2}{3} \left(\rho \kappa + \mu \frac{\partial u_i}{\partial x_i} \right) \delta_{ij} \tag{3-15}$$

式中，μ_t 为湍动黏度（是空间坐标的函数，取决于流动状态，不是物性参数）；u_i 为时均速度；κ 为湍动能（Turbulent Kinetic Energy），其定义为：

$$\kappa = \frac{\overline{\mu'_i \mu'_i}}{2} = \frac{1}{2} (\overline{u'^2} + \overline{v'^2} + \overline{w'^2}) \tag{3-16}$$

3.2.2.1　零方程模型

零方程模型是指不使用微分方程，而使用代数关系式，把湍动黏度与时均值联系起来的模型。最著名是 Prandtl 提出的混合长度模型（Mixing Length Model）。Prandtl 假定湍动黏度 μ_t 与时均速度 u_i 的梯度和混合长度 l_m 的乘积成正比。例如在二维问题中，有：

$$u_t = l_m^2 \left| \frac{\partial u}{\partial y} \right| \tag{3-17}$$

湍流切应力表示为：

$$-\rho \overline{u'v'} = \rho l_m^2 \left| \frac{\partial u}{\partial y} \right| \frac{\partial u}{\partial y} \tag{3-18}$$

式中，l_m 由经验公式或实验确定。

混合长度理论的优点是简单直观，对于如射流、混合层、扰动和边界层等带有薄的剪切层的流动比较有效，但只有在简单流动中才比较容易给定 l_m 值，对于复杂流动则很难确定 l_m 值，而且不能用于模拟带有分离回流的流动。因此，零方程模型在复杂的实际工程中很少使用。

3.2.2.2　一方程模型

零方程模型实质上是一种局部平衡的概念，忽略了对流和扩散的影响。为了弥补混合长度假定的局限性，人们建议在湍流时均控制方程的基础上，再建立一个湍动能 κ 的输运方程，而将 u_t 表示成 κ 的函数，从而使方程组封闭。湍动能输运方程表示为：

$$\frac{\partial(\rho\kappa)}{\partial t} + \frac{\partial(\rho\kappa u_i)}{\partial x_i} = \frac{\partial}{\partial x_j} \left[\left(\mu + \frac{\mu_t}{\sigma_k} \right) \frac{\partial \kappa}{\partial x_j} \right] + \mu_t \left(\frac{\partial u_i}{\partial x_j} + \frac{\partial u_j}{\partial x_i} \right) \frac{\partial u_i}{\partial x_j} - \rho C_D \frac{\kappa^{3/2}}{l} \tag{3-19}$$

上式从左至右，方程中各项依次为瞬时项、对流项、扩散项、产生项和耗散项。

由 Kolmogorov - Prandtl 表达式，有：

$$\mu_t = \rho C_\mu \sqrt{\kappa l} \tag{3-20}$$

式中，l 为长度比尺；σ_k、C_D、C_μ 为经验常数，多数文献 $\sigma_k = 1$，$C_\mu = 0.09$，而 C_D 的取值在不同的文献结果中不同，从 0.07 ~ 0.38 不等。

式（3-19）和式（3-20）联合构成一方程模型。一方程模型考虑到湍流的对流输运和扩散输运，因此比零方程模型更为合理。但是，一方程模型中如何确定长度比尺仍是不容易决定的问题，因此在实际工程计算中很少应用。

3.2.2.3　两方程模型

两方程模型是指补充两个微分方程使湍流时均控制方程组封闭的一类处理方法。目前，两方程模型中标准 $\kappa-\varepsilon$ 模型及各种改进模型在工程中获得了最广泛的应用。

3.3　湍流 $\kappa-\varepsilon$ 两方程模型

3.3.1　标准 $\kappa-\varepsilon$ 两方程模型

标准 $\kappa-\varepsilon$ 模型（standard $\kappa-\varepsilon$ model）由 Launder 和 Spalding 于 1972 年提出。

在模型中，κ 由式（3-16）定义；ε 表示湍动能耗散率（Turbulent Dissipation Rate），定义式为：

$$\varepsilon = \frac{\mu}{\rho}\overline{\frac{\partial u'_i}{\partial x_k}\frac{\partial u'_i}{\partial x_k}} = \nu\overline{\frac{\partial u'_i}{\partial x_k}\frac{\partial u'_i}{\partial x_k}} \tag{3-21}$$

$$\mu_t = \rho C_\mu \frac{\kappa^2}{\varepsilon} \tag{3-22}$$

式中，C_μ 为经验常数。

在标准 $\kappa-\varepsilon$ 模型中，κ 和 ε 是两个基本的未知量，与之相对应的输运方程为：

$$\frac{\partial(\rho\kappa)}{\partial t} + \frac{\partial(\rho\kappa u_i)}{\partial x_i} = \frac{\partial}{\partial x_j}\left[\left(\mu + \frac{\mu_t}{\sigma_k}\right)\frac{\partial\kappa}{\partial x_j}\right] + G_k + G_b - \rho\varepsilon - Y_M + S_k \tag{3-23}$$

$$\frac{\partial(\rho\varepsilon)}{\partial t} + \frac{\partial(\rho\varepsilon u_i)}{\partial x_i} = \frac{\partial}{\partial x_j}\left[\left(\mu + \frac{\mu_t}{\sigma_\varepsilon}\right)\frac{\partial\varepsilon}{\partial x_j}\right] + C_{1\varepsilon}\frac{\varepsilon}{\kappa}(G_k + C_\mu G_b) - C_{2\varepsilon}\rho\frac{\varepsilon^2}{\kappa} + S_\varepsilon \tag{3-24}$$

式中，G_k 为由于平均速度梯度引起的湍动能 κ 的产生项；G_b 为由于浮力引起的湍动能 κ 的产生项；Y_M 为可压缩湍流中脉动扩张的贡献；$C_{1\varepsilon}$、$C_{2\varepsilon}$、C_μ 为经验常数；σ_k、σ_ε 为与湍动能 κ 和耗散率 ε 对应的 Prandtl 数；S_k、S_ε 为用户根据计算工况定义的源项。

在标准 $\kappa-\varepsilon$ 模型中，根据 Launder 等推荐值及后来的实验验证，模型常数取值见式（3-25）：

$$C_{1\varepsilon} = 1.44,\quad C_{2\varepsilon} = 1.92,\quad C_\mu = 0.09,\quad \sigma_k = 1.0,\quad \sigma_\varepsilon = 1.3 \tag{3-25}$$

对于可压缩流体的流动计算中与浮力相关的系数 C_μ，当主流方向与重力方向平行时，有 $C_\mu=1$；当主流方向与重力方向垂直时，有 $C_\mu=0$。

采用标准 $\kappa-\varepsilon$ 模型求解流动与传热问题时，控制方程包括连续性方程、运动方程、能量方程、κ 方程和 ε 方程以及式（3-22）。这些方程仍然可以表示为式（3-26）的通用形式：

$$\frac{\partial(\rho\phi)}{\partial t} + \frac{\partial(\rho\mu_j\phi)}{\partial x_j} = \frac{\partial}{\partial x_j}\left(\Gamma_\phi\frac{\partial\phi}{\partial x_j}\right) + S_\phi \tag{3-26}$$

使用散度和梯度符号以式（3-27）来表示，则：

$$\frac{\partial(\rho\phi)}{\partial t} + \mathrm{div}(\rho u_j\phi) = \mathrm{div}(\Gamma_\phi \mathrm{grad}\phi) + S_\phi \tag{3-27}$$

标准 $\kappa-\varepsilon$ 模型通用方程的对应关系见表 3-1。

表 3-1　标准 $\kappa-\varepsilon$ 模型通用方程的对应关系

方程名称	ϕ	扩散系数 Γ_ϕ	源项 S_ϕ
连续方程	l	0	0
运动方程（x 方向）	u	$\mu_{\mathrm{eff}} = \mu + \mu_t$	$-\frac{\partial p}{\partial x} + \frac{\partial}{\partial x}\left(\mu_{\mathrm{eff}}\frac{\partial u}{\partial x}\right) + \frac{\partial}{\partial y}\left(\mu_{\mathrm{eff}}\frac{\partial v}{\partial x}\right) + \frac{\partial}{\partial z}\left(\mu_{\mathrm{eff}}\frac{\partial w}{\partial x}\right) + S_u$
运动方程（y 方向）	v	$\mu_{\mathrm{eff}} = \mu + \mu_t$	$-\frac{\partial p}{\partial y} + \frac{\partial}{\partial x}\left(\mu_{\mathrm{eff}}\frac{\partial u}{\partial y}\right) + \frac{\partial}{\partial y}\left(\mu_{\mathrm{eff}}\frac{\partial v}{\partial y}\right) + \frac{\partial}{\partial z}\left(\mu_{\mathrm{eff}}\frac{\partial w}{\partial y}\right) + S_v$

续表 3-1

方程名称	ϕ	扩散系数 Γ_ϕ	源项 S_ϕ
运动方程（z 方向）	w	$\mu_{\text{eff}} = \mu + \mu_t$	$-\frac{\partial p}{\partial z} + \frac{\partial}{\partial x}\left(\mu_{\text{eff}}\frac{\partial u}{\partial z}\right) + \frac{\partial}{\partial y}\left(\mu_{\text{eff}}\frac{\partial v}{\partial z}\right) + \frac{\partial}{\partial z}\left(\mu_{\text{eff}}\frac{\partial w}{\partial z}\right) + S_w$
能量方程	T	$\frac{\mu}{Pr} + \frac{\mu_t}{\sigma_T}$	S 按实际问题而定
湍动能方程	k	$\mu + \frac{\mu_t}{\sigma_k}$	$G_k - \rho\varepsilon$
耗散率方程	ε	$\mu + \frac{\mu_t}{\sigma_\varepsilon}$	$\frac{\varepsilon}{\kappa}\left(C_{1\varepsilon}G_k - C_{2\varepsilon}\rho\varepsilon\right)$

标准 $\kappa-\varepsilon$ 模型的适应性如下：

（1）模型中的相关系数，主要根据一些特定条件下的试验结果来确定的。

（2）给出的 $\kappa-\varepsilon$ 模型是针对湍流发展非常充分的湍流运动来建立的。即是针对高 Re 湍流模型，而当 Re 较低时（例如近壁区流动），湍流发展不充分，湍流的脉动影响可能不如分子黏性影响大，在近壁面可能再现层流。常用解决壁面流动方法有：一种是壁面函数法；另一种是采用低 Re 的 $\kappa-\varepsilon$ 模型。

（3）标准 $\kappa-\varepsilon$ 模型在解决大部分工程问题时，得到了广泛的检验和成功应用，但用于强旋流、绕弯曲壁面流动或弯曲流线运动时，会产生一定的失真。

在标准 $\kappa-\varepsilon$ 模型中，对于雷诺应力的各个分量，假定湍动黏度 μ_t 是相同的，即是各向同性的标量。但在弯曲流线的情况下，湍流是各向异性的。

3.3.2　RNG $\kappa-\varepsilon$ 模型

RNG $\kappa-\varepsilon$ 模型是由 Yakhot 及 Orzag 提出的，该模型中的 RNG 是 Renormalization Group 的缩写，译成重正化群。

RNG $\kappa-\varepsilon$ 模型中，通过在大尺度运动项和修正后的黏度项中体现小尺度的影响，而使这些小尺度运动系统地从控制方程中除去。所得到的 κ 方程和 ε 方程，与标准 $\kappa-\varepsilon$ 模型非常相似：

$$\frac{\partial(\rho\kappa)}{\partial t} + \frac{\partial(\rho\kappa u_i)}{\partial x_i} = \frac{\partial}{\partial x_j}\left[\alpha_k\mu_{\text{eff}}\frac{\partial\kappa}{\partial x_j}\right] + G_k - \rho\varepsilon \tag{3-28}$$

$$\frac{\partial(\rho\varepsilon)}{\partial t} + \frac{\partial(\rho\varepsilon u_i)}{\partial x_i} = \frac{\partial}{\partial x_j}\left[\alpha_\varepsilon\mu_{\text{eff}}\frac{\partial\varepsilon}{\partial x_j}\right] + C_{1\varepsilon}^{*}\frac{\varepsilon}{\kappa}G_k - C_{2\varepsilon}\rho\frac{\varepsilon^2}{\kappa} \tag{3-29}$$

式中，$\mu_{\text{eff}} = \mu + \mu_t$，$\mu_t = \rho C_\mu\frac{\kappa^2}{\varepsilon}$，$C_\mu = 0.0845$；$\alpha_k = \alpha_\varepsilon = 1.39$；$C_{1\varepsilon}^{*} = C_{1\varepsilon} - \frac{\eta(1-\eta/\eta_0)}{1+\beta\eta^3}$，

$C_{1\varepsilon} = 1.42$；$C_{2\varepsilon} = 1.68$；$\eta = (2E_{ij}\cdot E_{ij})^{1/2}\frac{\kappa}{\varepsilon}$，$E_{ij} = \frac{1}{2}\left(\frac{\partial u_i}{\partial x_j} + \frac{\partial u_j}{\partial x_i}\right)$；$\eta_0 = 4.377$；$\beta = 0.012$。

与标准 $\kappa-\varepsilon$ 模型相比，RNG $\kappa-\varepsilon$ 模型的主要变化有：

（1）通过修正湍动黏度，考虑了平均流动中的旋转及旋流流动情况。

（2）在 ε 方程中的产生项增加了一项，从而反映了主流时均应变率 E_{ij}。这样，RNG $\kappa-\varepsilon$ 模型中产生项不仅与流动情况有关，而且在同一问题中也还是空间坐标的函数。

从而，RNG $\kappa-\varepsilon$ 模型可以更好地处理高应变率及流线弯曲程度较大的流动。

需要注意的是，RNG $\kappa-\varepsilon$ 模型仍是针对充分发展的湍流，而对近壁区内的流动及雷

诺数低的流动，必须使用壁面函数法或采用低 Re 的 $\kappa-\varepsilon$ 模型来模拟。

3.3.3 Realizable $\kappa-\varepsilon$ 模型

有文献指出，标准 $\kappa-\varepsilon$ 模型对时均应变率特别大的情形，有可能导致负的正应力。为了使流动符合湍流的物理定律，需要对正应力进行某种数学上的约束。为了保证这种约束的实现，有关专家认为湍动黏度计算式中的系数 C_μ 应与应变率联系起来。从而，提出了 Realizable（可实现）$\kappa-\varepsilon$ 模型。Realizable $\kappa-\varepsilon$ 模型中关于 κ 方程和 ε 输运方程式分别见式（3－30）和式（3－31）：

$$\frac{\partial(\rho\kappa)}{\partial t}+\frac{\partial(\rho\kappa u_i)}{\partial x_i}=\frac{\partial}{\partial x_j}\left[\left(\mu+\frac{\mu_t}{\sigma_k}\right)\frac{\partial\kappa}{\partial x_j}\right]+G_k-\rho\varepsilon \tag{3-30}$$

$$\frac{\partial(\rho\varepsilon)}{\partial t}+\frac{\partial(\rho\varepsilon u_i)}{\partial x_i}=\frac{\partial}{\partial x_j}\left[\left(\mu+\frac{\mu_t}{\sigma_\varepsilon}\right)\frac{\partial\varepsilon}{\partial x_j}\right]+\rho C_1E\varepsilon-\rho C_2\frac{\varepsilon^2}{\kappa+\sqrt{\nu\varepsilon}} \tag{3-31}$$

式中，$\sigma_k=1.0$，$\sigma_\varepsilon=1.2$，$C_2=1.9$，$C_1=\max\left(0.43,\ \frac{\eta}{\eta+5}\right)$，$\eta=(2E_{ij}\cdot E_{ij})^{1/2}\frac{\kappa}{\varepsilon}$，$E_{ij}=\frac{1}{2}\left(\frac{\partial u_i}{\partial x_j}+\frac{\partial u_j}{\partial x_i}\right)$。

式（3－30）中：

$$\mu_t=\rho C_\mu\frac{\kappa^2}{\varepsilon} \tag{3-32}$$

$$C_\mu=\frac{1}{A_0+A_sU^*\dfrac{\kappa}{\varepsilon}} \tag{3-33}$$

式中，$A_0=4.0$，$A_s=\sqrt{6}\cos\phi$，$\phi=\frac{1}{3}\cos^{-1}(\sqrt{6}W)$，$W=\frac{E_{ij}E_{jk}E_{kj}}{(E_{ij}E_{ij})^{1/2}}$，$U^*=\sqrt{E_{ij}E_{ij}+\widetilde{\Omega}_{ij}\widetilde{\Omega}_{ij}}$，$\widetilde{\Omega}_{ij}=\Omega_{ij}-2\varepsilon_{ijk}\omega_k$，$\Omega_{ij}=\widetilde{\Omega}_{ij}-\varepsilon_{ijk}\omega_k$。

$\widetilde{\Omega}_{ij}$是从角速度为 ω_k 的参考系观察到的时均转动速率张量。

与标准 $\kappa-\varepsilon$ 模型相比，Realizable $\kappa-\varepsilon$ 模型的主要变化有：

（1）湍动黏度计算公式发生了变化，引入了旋转和曲率有关的内容。

（2）ε 方程发生了很大变化，方程中的产生项，即式（3－31）右端的第二项，不再包括含有 κ 方程中的产生项 G_k。

（3）ε 方程右端的第三项不具有任何奇异性，即使 κ 很小或为零，分母也不会为零。这与标准 $\kappa-\varepsilon$ 模型和 RNG $\kappa-\varepsilon$ 模型有很大的区别。

Realizable $\kappa-\varepsilon$ 模型已被有效地用于多种不同类型的流动模拟，包括旋转均匀剪切流、包含有射流和混合流的自由流动、管道内流动、边界层流动，以及带有分离的流动等。

3.4 近壁区使用 $\kappa-\varepsilon$ 模型的问题及对策

3.4.1 近壁区流动的特点

大量的实验研究表明，对于有固体壁面的充分发展的湍流流动，沿壁面法线的不同距离上，可将流动分为壁面区（或称内区、近壁区）和核心区（或称为外区）两个部分。对于核心区可看作完全湍流区，这里只讨论壁面区的流动。

壁面区可分为3个子层：

（1）黏性底层。是靠近固体壁面的极薄层，其中黏性力在动量、热量及质量交换中起主导作用，雷诺切应力可以忽略。所以，流动几乎是层流流动，平行壁面的速度分量沿壁面法线方向为线性分布。

（2）过渡层。处于黏性底层的外面，其中黏性力与雷诺切应力的作用相当，流动状况比较复杂，很难用一个公式或定律来描述。由于过渡层的厚度极小，所以在工程中通常不明显划出，归入对数律层。

（3）对数律层。处于最外面，其中黏性力的影响不明显，雷诺切应力占主要地位，流动处于充分发展的湍流状态，流速分布接近对数律。

3.4.2 近壁区使用 $\kappa-\varepsilon$ 模型的问题

标准 $\kappa-\varepsilon$ 模型及各种改进模型（RNG $\kappa-\varepsilon$ 模型、Realizable $\kappa-\varepsilon$ 模型）都是针对充分发展的湍流才有效，即高雷诺数的湍流模型。而在壁面区，流动情况变化很大，特别是在黏性底层，流动是层流，湍流几乎不起作用。

3.4.2.1 壁面函数法

壁面函数法（Wall Function）实际上是一组半经验公式，用于将壁面上的物理量与湍流核心区内待求的未知量直接联系起来。它必须与高 Re 的 $\kappa-\varepsilon$ 模型配合使用。

壁面函数法的基本思想是：对于湍流核心区的流动用 $\kappa-\varepsilon$ 模型求解，而在壁面区不进行求解，直接使用半经验公式将壁面上的物理量与湍流核心区内求解变量联系起来。这样，不需要对壁面区内的流动进行求解，就可直接得到与壁面相邻控制体积的节点变量值。

在划分网格时，使用壁面函数法，不需要在壁面区加密，只需把第一个内节点布置在对数律成立的区域内，即配置到湍流充分发展的区域，如图3－1(a) 所示。图中阴影部分是壁面函数公式有效的区域，在阴影区以外的网格区域是使用高 Re 的 $\kappa-\varepsilon$ 模型进行求解。也可对壁面区网格加密，以得到近壁区物理量分布，如图3－1(b) 所示。

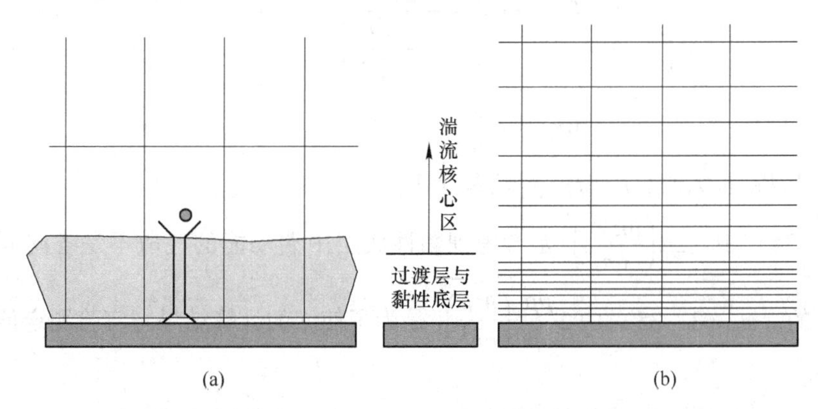

图3－1 求解壁面区流动的两种途径所对应的计算网格

(a) 不划网格；(b) 划网格

3.4.2.2 低 Re 的 $\kappa-\varepsilon$ 模型

为了使基于 $\kappa-\varepsilon$ 模型的数值计算从 Re 区域一直进行到固体壁面上（该处 $Re=0$），有许多学者提出了 $\kappa-\varepsilon$ 模型的修正模型，以自动适应不同 Re 的区域。这里只介绍 Jones 和 Launder 提出的低 Re 的 $\kappa-\varepsilon$ 模型。

Jones 和 Launder 认为，低 Re 的流动主要体现在黏性底层中，流体的分子黏性起着绝对支配的作用。为此，对高 Re 的 $\kappa-\varepsilon$ 模型进行以下三方面的修改，才能使其通用。

（1）为体现分子黏性的影响，控制方程的扩散系数必须同时包括湍流扩散系数与分子扩散系数两部分。

（2）控制方程的有关系数必须考虑不同流态的影响，即在系数计算公式中引入湍流雷诺数 $Re_t\left(Re_t=\rho\frac{\kappa^2}{\eta\varepsilon}\right)$。

（3）在 κ 方程中考虑壁面函数湍动能的耗散不是各向同性的这一因素。

Jones 和 Launder 提出的低 Re 的 $\kappa-\varepsilon$ 模型的输运方程表述为式（3-34）和式（3-35）：

$$\frac{\partial(\rho\kappa)}{\partial t}+\frac{\partial(\rho\kappa u_i)}{\partial x_i}=\frac{\partial}{\partial x_j}\left[\left(\mu+\frac{\mu_t}{\sigma_k}\right)\frac{\partial\kappa}{\partial x_j}\right]+G_k-\rho\varepsilon-\left|2\mu\left(\frac{\partial\kappa^{1/2}}{\partial n}\right)^2\right| \tag{3-34}$$

$$\frac{\partial(\rho\varepsilon)}{\partial t}+\frac{\partial(\rho\varepsilon u_i)}{\partial x_i}=\frac{\partial}{\partial x_j}\left[\left(\mu+\frac{\mu_t}{\sigma_\varepsilon}\right)\frac{\partial\varepsilon}{\partial x_j}\right]+C_{1\varepsilon}\frac{\varepsilon}{\kappa}G_k\left|f_1\right|-C_{2\varepsilon}\rho\frac{\varepsilon^2}{\kappa}\left|f_2\right|+\left|2\frac{\mu\mu_t}{\rho}\left(\frac{\partial^2 u}{\partial n^2}\right)^2\right| \tag{3-35}$$

其中

$$\mu_t=\rho\,|\,f_\mu\,|\,C_\mu\frac{\kappa^2}{\varepsilon} \tag{3-36}$$

式中，n 为壁面法向坐标；u 为与壁面平行的流速。

在实际计算中，方向 n 可以取为 x、y、z 最近似的一个，速度 u 也做类似处理。$C_{1\varepsilon}$、$C_{2\varepsilon}$、$C_{3\varepsilon}$、σ_k、σ_ε 及产生项 G_k 与标准 $\kappa-\varepsilon$ 模型相同。式（3-34）~式（3-36）中符号“| |”是低 Re 的 $\kappa-\varepsilon$ 模型区别于高 Re 的 $\kappa-\varepsilon$ 模型的部分。

$$\left.\begin{aligned}f_1&=1.0\\f_2&=1.0-0.3\exp(-Re_t^2)\\f_\mu&=\exp\left[-\frac{2.5}{1+\frac{Re_t}{50}}\right]\\Re_t&=\rho\frac{k^2}{\eta\varepsilon}\end{aligned}\right\} \tag{3-37}$$

显然，当 Re_t 很大时，f_1、f_2、f_μ 均趋于 1。

式（3-34）中 $-2\mu\left(\frac{\partial\kappa^{1/2}}{\partial n}\right)^2$ 是考虑到黏性底层中湍动能的耗散不是各向同性的这一因素而加入的。式（3-35）中 $2\frac{\mu\mu_t}{\rho}\left(\frac{\partial^2 u}{\partial n^2}\right)^2$ 是为了使 k 的计算结果与实验测定值更好地符合而加入的。

在使用低 Re 的 $\kappa-\varepsilon$ 模型进行流动计算时，充分发展的湍流核心区及黏性底层均用同一套公式计算，且由于黏性底层的速度梯度大，因而黏性底层的网格密。

当局部湍流的 Re_t 数小于 150 时，就应该使用低 Re 的 $\kappa-\varepsilon$ 模型。

3.5　雷诺应力模型

两方程模型难以考虑旋转流动及流线曲率变化的影响。为了克服这些弱点，有人提出直接对 Reynolds 方程中湍流脉动应力直接建立微分方程，并进行求解，这种方法称为雷诺应力模型（Reynolds Stress Equation Model，RSM）。一种是雷诺应力方程模型，另一种是代数应力方程模型。

3.5.1　雷诺应力输运方程

Reynolds 应力输运方程，实质上是关于 $\overline{u_i'u_j'}$ 的输运方程。根据时均化法，则 $\overline{u_i'u_j'}=\overline{u_iu_j}-\overline{u_i}\ \overline{u_j}$，只要得到 $\overline{u_iu_j}$ 和 $\overline{u_i}\ \overline{u_j}$ 的输运方程，就自然得到关于 $\overline{u_i'u_j'}$ 的输运方程。为此从瞬时速度变量的 N－S 方程出发，按以下步骤生成关于 $\overline{u_i'u_j'}$ 的输运方程。

第一步，建立 $\overline{u_iu_j}$ 的输运方程。首先，将 u_j 乘以 u_i 的 N－S 方程与 u_i 乘以 u_j 的 N－S 方程相加，得到 u_iu_j 的方程，再对此方程作 Reynolds 时均、分解，即得到 $\overline{u_iu_j}$ 的输运方程（这里 u_i 和 u_j 均指瞬时速度，非时均速度）。

第二步，建立 $\overline{u_i}\ \overline{u_j}$ 的输运方程。$\overline{u_j}$ 乘以 $\overline{u_i}$ 的 Reynolds 时均方程与 $\overline{u_i}$ 乘以 $\overline{u_j}$ 的 Reynolds 时均方程相加，即得到 $\overline{u_i}\ \overline{u_j}$ 的输运方程。

将上面两方程相减后，得到 $\overline{u_i'u_j'}$ 的输运方程，即 Reynolds 应力输运方程。整理后的 Reynolds 应力方程可写成式（3－38）：

$$
\begin{aligned}
\frac{\partial(\rho\,\overline{u_i'u_j'})}{\partial t}+\underbrace{\frac{\partial(\rho u_k\,\overline{u_i'u_j'})}{\partial x_k}}_{C_{ij}}=&\underbrace{\frac{\partial}{\partial x_k}(\rho\,\overline{u_i'u_j'u_k'}+\overline{p'u_i'}\delta_{kj}+\overline{p'u_j'}\delta_{ik})}_{D_{T,ij}}+\\
&\underbrace{\frac{\partial}{\partial x_k}\left[\mu\frac{\partial}{\partial x_k}(\overline{\mu_i'\mu_j'})\right]}_{D_{L,ij}}-\underbrace{\rho\left(\overline{\mu_i'\mu_k'}\frac{\partial u_j}{\partial x_k}+\overline{\mu_j'\mu_k'}\frac{\partial u_i}{\partial x_k}\right)}_{P_{ij}}-\\
&\underbrace{\rho\beta(g_i\,\overline{u_j'\theta}+g_j\,\overline{u_i'\theta})}_{G_{ij}}\underbrace{p'\left(\frac{\partial u_i'}{\partial x_j}+\frac{\partial u_j'}{\partial x_i}\right)}_{\phi_{ij}}-\underbrace{2\mu\frac{\overline{\partial u_i'u_j'}}{\partial x_k\partial x_k}}_{\varepsilon_{ij}}-\\
&\underbrace{2\rho\Omega_k(\overline{u_j'u_m'}e_{ikm}+\overline{u_i'u_m'}e_{jkm})}_{F_{ij}}
\end{aligned}
\tag{3-38}
$$

式中，C_{ij} 为对流项；$D_{T,ij}$ 为湍动扩散项；$D_{L,ij}$ 为分子黏性扩散项；P_{ij} 为剪应力产生项；G_{ij} 为浮力产生项；ϕ_{ij} 为压力应变项；ε_{ij} 为黏性耗散项；F_{ij} 为系统旋转产生项，方程中第一项为瞬态项。

上式各项中，C_{ij}、$D_{T,ij}$、P_{ij}、F_{ij} 均只包含二阶关联项，不必进行处理。其他项 $D_{L,ij}$、G_{ij}、ϕ_{ij}、ε_{ij} 包含未知关联项，必须与前面的构造 κ 方程和 ε 方程一样，构造其合理的表达式，即给出各项的模型，才能得到真正有意义的 Reynolds 应力输运方程。

e_{ijk} 为张量转换符号（Alternating Symble），或称为排列符号。

当 i、j、k 3 个指标不同，并符合正序排列时，$e_{ijk}=1$；当 3 个指标不同，并符合逆序排列时，$e_{ijk}=-1$；当 3 个指标有重复时，$e_{ijk}=0$。

$$\begin{aligned}\frac{\partial(\rho\overline{u_i'u_j'})}{\partial t}+\frac{\partial(\rho u_k\overline{u_i'u_j'})}{\partial x_k}=&\frac{\partial}{\partial x_k}\left(\frac{\mu_t}{\sigma_\kappa}\frac{\overline{u_i'u_j'}}{\partial x_k}+\mu\frac{\overline{u_i'u_j'}}{\partial x_k}\right)-\rho\left(\overline{u_i'u_k'}\frac{\partial u_j}{\partial x_k}+\overline{u_j'u_k'}\frac{\partial u_i}{\partial x_k}\right)-\\&\beta\frac{\mu_t}{Pr_t}\left(g_i\frac{\partial T}{\partial x_j}+g_j\frac{\partial T}{\partial x_i}\right)-C_1\rho\frac{\varepsilon}{\kappa}\left(\overline{u_i'u_i'}-\frac{2}{3}\kappa\delta_{ij}\right)-C_2\left(P_{ij}-\frac{2}{3}P_{RR}\delta_{ij}\right)+\\&C_1'\rho\frac{\varepsilon}{\kappa}\left(\overline{u_k'u_m'}\,n_kn_m\delta_{ij}-\frac{3}{2}\overline{u_j'u_k'}\,n_jn_k-\frac{3}{2}\overline{u_j'u_k'}\,n_in_k\right)\frac{\kappa^{3/2}}{C_l\varepsilon d}+\\&C_2'\left(\phi_{km,2}n_kn_m\delta_{ij}+\frac{3}{2}\phi_{ik,2}n_in_k\right)\frac{\kappa^{3/2}}{C_l\varepsilon d}-\frac{2}{3}\rho\varepsilon\delta_{ij}-\\&2\rho\Omega_k(\overline{u_j'u_m'}\,e_{ikm}+\overline{u_i'u_m'}\,e_{jkm})\end{aligned}\quad(3-39)$$

式（3－39）是 Fluent 等大多数 CFD 软件所使用的广义的 Reynolds 应力输运方程，它体现了各种因素对湍流流动的影响，包括浮力、系统旋转和固体壁面的反射等。

若不考虑浮力的作用（即 $G_{ij}=0$）及旋转的影响（$F_{ij}=0$），同时压力应变项不考虑壁面反射（$\phi_{ij,w}=0$），这样 Reynolds 应力输运方程的简化形式为：

$$\begin{aligned}\frac{\partial(\rho\overline{u_i'u_j'})}{\partial t}+\frac{\partial(\rho u_k\overline{u_i'u_j'})}{\partial x_k}=&\frac{\partial}{\partial x_k}\left(\frac{\mu_t}{\sigma_\kappa}\frac{\overline{u_i'u_j'}}{\partial x_l}+\mu\frac{\overline{u_i'u_j'}}{\partial x_l}\right)-\rho\left(\overline{u_i'u_k'}\frac{\partial u_j}{\partial x_k}+\overline{u_j'u_k'}\frac{\partial u_i}{\partial x_k}\right)-\\&C_1\rho\frac{\varepsilon}{\kappa}\left(\overline{u_i'u_j'}-\frac{2}{3}\kappa\delta_{ij}\right)-C_2\left(P_{ij}-\frac{2}{3}P_{RR}\delta_{ij}\right)-\frac{2}{3}\rho\varepsilon\delta_{ij}\end{aligned}\quad(3-40)$$

如果将 RSM 只用于没有系统转动的不可压缩流动，则可以选择这种比较简单的雷诺应力输运方程。

3.5.2 RSM 的控制方程及其解法

在上述的 Reynolds 应力输运方程中，包含有湍动能 κ 和耗散率 ε。为此在使用 RSM 时，需要补充 κ 和 ε 方程。补充 κ 和 ε 方程如下：

$$\frac{\partial(\rho\kappa)}{\partial t}+\frac{\partial(\rho\kappa u_i)}{\partial x_i}=\frac{\partial}{\partial x_j}\left[\left(\mu+\frac{\mu_t}{\sigma_k}\right)\frac{\partial\kappa}{\partial x_j}\right]+\frac{1}{2}(P_{ij}+G_{ij})-\rho\varepsilon\quad(3-41)$$

$$\frac{\partial(\rho\varepsilon)}{\partial t}+\frac{\partial(\rho\varepsilon u_i)}{\partial x_i}=\frac{\partial}{\partial x_j}\left[\left(\mu+\frac{\mu_t}{\sigma_\varepsilon}\right)\frac{\partial\varepsilon}{\partial x_j}\right]+C_{1\varepsilon}\frac{1}{2}(P_{ij}+C_{3\varepsilon}G_{ij})-C_{2\varepsilon}\rho\frac{\varepsilon^2}{\kappa}\quad(3-42)$$

式中，$\mu_t=\rho C_{3\varepsilon}\dfrac{\kappa^2}{\varepsilon}$；$C_{1\varepsilon}$、$C_{2\varepsilon}$、$C_{3\varepsilon}$、$\sigma_k$、$\sigma_\varepsilon$ 为经验常数，$C_{1\varepsilon}=1.44$，$C_{2\varepsilon}=1.92$，$C_{3\varepsilon}=0.09$，$\sigma_k=0.82$，$\sigma_\varepsilon=1.0$。

这样，由时均连续性方程式（3－9）、雷诺方程式（3－10）、应力方程式（3－38）、κ 方程式（3－41）和 ε 方程式（3－42）等，共 12 个方程构成了封闭的三维湍流流动问题的基本控制方程组，可通过 SIMPLE 等算法求解。

对于以上的方程组，需要做以下两点说明：

（1）如果需要对能量或组分等进行计算，需要建立针对标量型变量（如温度、组分浓度）的脉动量的控制方程。

（2）由于从 Reynolds 应力输运方程的三个正应力项可以得出脉动动能，即 $\kappa=\dfrac{\overline{\mu_i'\mu_i'}}{2}=$

$\frac{1}{2}(\overline{u'^2}+\overline{v'^2}+\overline{w'^2})$。因此，曾有文献不把 κ 作为独立变量，也不引入 κ 方程，但大多数文献把 κ 方程列入控制方程之一，与本书所采用的方式一样。

3.5.3 对 RSM 适用性的讨论

与标准 $\kappa-\varepsilon$ 模型一样，RSM 是针对湍流发展非常充分的湍流运动来建立的。即是针对高 *Re* 湍流模型，而当 *Re* 较低时，上述方程不再适用。常用解决壁面流动方法有：一种是壁面函数法；另一种是采用低 *Re* 的 RSM 模型。

低 *Re* 的 RSM 模型基本思想是修正高 *Re* 的 RSM 模型耗散函数（扩散项）及压力应变重新分配项的表达式，以使 RSM 模型方程可以直接应用到壁面区域。

尽管 RSM 比 $\kappa-\varepsilon$ 模型应用范围广，包含更多的物理机理，但它仍有很多缺陷。计算实践表明，RSM 虽然能考虑一些各向异性效应，但并不一定比其他模型效果好，在计算突扩流动分离区和计算湍流输运各向异性较强的流动时，RSM 优于两方程模型，采用 RSM 意味着要多解 6 个雷诺应力的微分方程，计算量大，对计算机的要求高。因此，RSM 不如 $\kappa-\varepsilon$ 模型应用更广泛，但许多文献认为 RSM 是一种更有潜力的湍流模型。

3.6 大涡模拟

湍流中包含了不同时间与长度尺度的涡旋。最大长度尺度通常为平均流动的特征长度尺度，最小尺度为 Komogrov 尺度。

大涡模拟（Lerge Eddy Simulation，LES）的基本假设是：(1) 动量、能量、质量及其他标量主要由大涡输运；(2) 流动的几何和边界条件决定了大涡的特性，而流动特性主要在大涡中体现；(3) 小尺度涡旋受几何和边界条件影响较小，并且各向同性。大涡模拟过程中，直接求解大涡，小尺度涡旋用模型来封闭，从而使得网格要求比 DNS（Direct Numenrical Simulation）低。

3.6.1 大涡模拟的控制方程

LES 的控制方程是对 Navier - Stokes 方程在波数空间或者物理空间进行过滤得到的。过滤的过程是去掉比过滤宽度或者给定物理宽度小的涡旋，从而得到大涡旋的控制方程。

过滤变量（上横线）定义为：

$$\overline{\phi}(x)=\int_D \phi(x')G(x,x')\mathrm{d}x' \tag{3-43}$$

式中，*D* 表示流体区域；*G* 是决定涡旋大小的过滤函数。

在 Fluent 中，有限控制体离散本身暗中包括了过滤运算，即：

$$\overline{\phi}(x)=\frac{1}{V}\int_V \phi(x')\mathrm{d}x' \quad x'\in V \tag{3-44}$$

其中 *V* 是计算控制体体积，过滤函数为：

$$G(x,x')=\begin{cases}1/V & x'\in V\\ 0 & x'\notin V\end{cases} \tag{3-45}$$

目前，大涡模拟对不可压缩流动问题得到较多应用，但在可压缩问题中的应用还很少，因此这里涉及的理论都是针对不可压缩流动的大涡模拟方法。在 Fluent 中，大涡模拟只能针对不可压缩流体的流动。

过滤不可压缩 Navier - Stokes 方程后，可以得到 LES 控制方程：

$$\frac{\partial \rho}{\partial t} + \frac{\partial \rho \overline{u_i}}{\partial x_i} = 0 \tag{3-46}$$

$$\frac{\partial}{\partial t}(\rho \overline{u_i}) + \frac{\partial}{\partial x_j}(\rho \overline{u_i}\,\overline{u_j}) = \frac{\partial}{\partial x_j}\left(\mu \frac{\partial \overline{u_i}}{\partial x_j}\right) - \frac{\partial \overline{p}}{\partial x_i} - \frac{\partial \tau_{ij}}{\partial x_j} \tag{3-47}$$

其中，τ_{ij}为亚网格应力，定义为：

$$\tau_{ij} = \rho \overline{u_i u_j} - \rho \overline{u_i} \cdot \overline{u_j} \tag{3-48}$$

很明显，上述方程与雷诺平均方程很相似，只不过大涡模拟中的变量是过滤过的量，而非时间平均量，并且湍流应力也不同。

3.6.2 亚网格模型

由于 LES 中亚网格应力项是未知的，并且模拟时需要方程组封闭。目前，采用比较多的亚网格模型为涡旋黏性模型，形式为：

$$\tau_{ij} - \frac{1}{3}\tau_{kk}\delta_{ij} = -2\mu_t \overline{S_{ij}} \tag{3-49}$$

式中，μ_t 是亚网格湍流黏性系数；$\overline{S_{ij}}$是求解尺度下的应变率张量，定义为：

$$\overline{S_{ij}} = \frac{1}{2}\left(\frac{\partial \overline{u_i}}{\partial x_j} + \frac{\partial \overline{u_j}}{\partial x_i}\right) \tag{3-50}$$

求解亚网格湍流黏性系数μ_t 时，Fluent 提供了两种方法：第一，Smagorinsky - Lilly 模型；第二，基于重整化群的亚网格模型。

最基本的亚网格模型是 Smagorinsky 最早提出的，Lilly 把它进行了改善，就是 Smagorinsky - Lilly 模型。该模型的涡黏性计算方程为：

$$\mu_t = \rho L_s^2 |\overline{S}| \tag{3-51}$$

式中，L_s 是亚网格的混合长度；$|\overline{S}| \equiv \sqrt{2\overline{S_{ij}}\,\overline{S_{ij}}}$。$C_s$ 是 Smagorinsky 常数，则亚网格混合长度 L_s 可以用下式计算：

$$L_s = \min(kd, C_s V^{1/3}) \tag{3-52}$$

式中，$k=0.42$；d 是到最近壁面的距离；V 是计算控制体体积。

Lilly 通过对均匀各向同性湍流惯性子区湍流分析，得到了 $C_s=0.23$。但是研究中发现，对于有平均剪切或者过渡流动中，该系数过高估计了大尺度涡旋的阻尼作用。因此，对于比较多的流动问题，$C_s=0.1$ 有比较好的模拟结果，该值是 Fluent 的默认设置值。

再来看看基于重整化群思想的亚网格模型，人们用重整化群理论推导出了亚网格涡旋黏性系数，该方法得到的是亚网格有效黏性系数，$\mu_{\text{eff}}=\mu+\mu_t$，而：

$$\mu_{\text{eff}} = \mu\left[1 + H\left(\frac{\mu_s^2 \mu_{\text{eff}}}{\mu^3} - C\right)\right]^{1/3} \tag{3-53}$$

式中，$\mu_s=(C_{\text{rng}}V^{1/3})^2\sqrt{2\overline{S_{ij}}\,\overline{S_{ij}}}$，$V$ 是计算控制体体积，重整化群常数 $C_{\text{rng}}=0.157$，而常

数 $C=100$；H(x) 是 Heaviside 函数：

$$H(x) = \begin{cases} x & x > 0 \\ 0 & x \leqslant 0 \end{cases} \tag{3-54}$$

对于高雷诺数流动（$\mu_t \gg \mu$），$\mu_{eff} \approx \mu_t$。基于重整化群理论的亚网格模型就与 Smagorinsky - Lilly 模型相同，只是模型常数有区别。在流动场的低雷诺数区域，上面的函数就小于零，从而只有分子黏性起作用。所以，基于重整化群理论的亚网格模型对流动转捩和近壁流动问题有较好的模拟效果。

3.6.3 大涡模拟的边界条件

对于给定进口速度边界条件，速度等于各个方向分量与随机脉动量的和，即：

$$\overline{u_i} = \langle u_i \rangle + I\psi |\overline{u}|$$

其中，I 是脉动强度；ψ 是高斯随机数，满足 $\overline{\psi}=0$，$\sqrt{\overline{\psi'}}=1$。

如果网格足够密并可以求解层流底层的流动的话，壁面切应力采用线性应力应变关系，即：

$$\frac{\overline{u}}{u_\tau} = \frac{\rho u_\tau y}{\mu} \tag{3-55}$$

如果网格不够密，则假定与壁面邻近网格质心落在边界层对数区内，则：

$$\frac{\overline{u}}{u_\tau} = \frac{1}{k}\ln E\left(\frac{\rho u_\tau y}{\mu}\right) \tag{3-56}$$

其中，$k=0.418$；$E=9.793$。

习　　题

3-1　流体的湍流与层流流动状态怎么判别？

3-2　湍流基本方程组有哪些？请写出不可压及可压缩流体基本方程组，并说明这些方程组封闭性。

3-3　对湍流基本方程组进行时均后产生问题？

3-4　湍流模型的分类？

3-5　标准 $\kappa-\varepsilon$ 模型与 RNG $\kappa-\varepsilon$ 模型、Realizable $\kappa-\varepsilon$ 模型的区别及适用范围？

3-6　雷诺应力模型（RSM）、大涡模拟（LES）基本思想？

3-7　近壁区使用湍流模型的问题及对策？

4 有限体积法

教学目的：

(1) 掌握稳态扩散问题的有限体积法节点划分、方程离散。

(2) 掌握非稳态扩散问题的有限体积法节点划分、方程离散。

(3) 了解线性方程组的求解方法（TDMA 算法、迭代法）。

(4) 掌握稳态及非稳态对流－扩散问题的有限体积法。

(5) 掌握离散格式的性质。

(6) 掌握中心差分格式、迎风格式、混合格式、幂指数格式、对流－扩散问题的高阶差分格式——QUICK 格式。

(7) 了解边界条件的处理。

第4章课件

4.1 扩散问题的有限体积法

流动与传热问题守恒形式的输运方程，其通用形式如下：

$$\frac{\partial(\rho\phi)}{\partial t} + \mathrm{div}(\rho \boldsymbol{U}\phi) = \mathrm{div}(\Gamma \mathrm{grad}\phi) + S_\phi \tag{4-1}$$

式中，第一项为瞬变项或时间项；第二项为对流项；第三项为扩散项，Γ 为对应于变量 ϕ 的扩散系数（如流体的黏性系数或导热系数）；末项 S_ϕ 为源项。

在应用有限体积法（也称控制容积法）进行数值求解时，通常首先将式（4－1）在一个容积上进行积分，将微分方程转化为积分方程，然后采用不同的近似方式在控制容积的边界上对积分项进行处理，从而得到不同的差分格式。

对式（4－1）在一个控制容积（Control Volume，记 CV）上积分：

$$\int_{CV} \frac{\partial(\rho\phi)}{\partial t}\mathrm{d}V + \int_{CV} \mathrm{div}(\rho \boldsymbol{U}\phi)\mathrm{d}V = \int_{CV} \mathrm{div}(\Gamma \mathrm{grad}\phi)\mathrm{d}V + \int_{CV} S_\phi \mathrm{d}V \tag{4-2}$$

应用高斯定理把体积积分化为面积积分，则：

$$\int_{CV} \mathrm{div}(\boldsymbol{a})\mathrm{d}V = \int_A \boldsymbol{n}\cdot\boldsymbol{a}\mathrm{d}A$$

因此，式（4－2）中对流项与扩散项改写为：

$$\int_{CV} \mathrm{div}(\rho \boldsymbol{U}\phi)\mathrm{d}V = \int_A \boldsymbol{n}\cdot(\rho\phi\boldsymbol{U})\mathrm{d}A$$

$$\int_{CV} \mathrm{div}(\Gamma \mathrm{grad}\phi)\mathrm{d}V = \int_A \boldsymbol{n}\cdot(\Gamma \mathrm{grad}\phi)\mathrm{d}A$$

则式（4－2）变为：

$$\frac{\partial}{\partial t}\int_{CV}(\rho\phi)\mathrm{d}V+\int_{A}\boldsymbol{n}\cdot(\rho\phi\boldsymbol{U})\mathrm{d}A=\int_{A}\boldsymbol{n}\cdot(\Gamma\mathrm{grad}\phi)\mathrm{d}A+\int_{CV}S_{\phi}\mathrm{d}V \tag{4-3}$$

式（4－3）中，第一项的物理意义是流体的待求量 ϕ 在控制体积内的总的变化率；第二项中 $\boldsymbol{n}\cdot(\rho\phi\boldsymbol{U})$ 表示流体沿控制体的外法线方向的对流通量（流出控制体的），该项的物理意义表示控制体中 ϕ 因对流而引起的净减少量；$\boldsymbol{n}\cdot(-\Gamma\mathrm{grad}\phi)\mathrm{d}A$ 表示流体沿控制体的外法线方向的扩散通量（流出控制体的），所以 $\boldsymbol{n}\cdot(\Gamma\mathrm{grad}\phi)\mathrm{d}A=-\boldsymbol{n}\cdot(-\Gamma\mathrm{grad}\phi)\mathrm{d}A$ 表示流体沿控制体的内法线方向的扩散通量（流进控制体的），该项的物理意义表示控制体中 ϕ 因扩散而引起的净增加量；最后一项表示控制体内的源项引起的 ϕ 的增加率。

稳态时，式（4－3）为：

$$\int_{A}\boldsymbol{n}\cdot(\rho\phi\boldsymbol{U})\mathrm{d}A=\int_{A}\boldsymbol{n}\cdot(\Gamma\mathrm{grad}\phi)\mathrm{d}A+\int_{CV}S_{\phi}\mathrm{d}V \tag{4-4}$$

非稳态时，必须对一个时间段进行积分。输运方程最通用的形式的积分方程如下：

$$\int_{\Delta t}\frac{\partial}{\partial t}\int_{CV}(\rho\phi)\mathrm{d}V\mathrm{d}t+\int_{\Delta t}\int_{A}\boldsymbol{n}\cdot(\rho\phi\boldsymbol{U})\mathrm{d}A\mathrm{d}t=\int_{\Delta t}\int_{A}\boldsymbol{n}\cdot(\Gamma\mathrm{grad}\phi)\mathrm{d}A\mathrm{d}t+\int_{\Delta t}\int_{CV}S_{\phi}\mathrm{d}V\mathrm{d}t \tag{4-5}$$

稳态的纯扩散问题可简化为：

$$\mathrm{div}(\Gamma\mathrm{grad}\phi)+S_{\phi}=0 \tag{4-6}$$

将该方程在一个控制容积上积分，得：

$$\int_{CV}\mathrm{div}(\Gamma\mathrm{grad}\phi)\mathrm{d}V+\int_{CV}S_{\phi}\mathrm{d}V=0 \tag{4-7}$$

应用高斯定理把体积积分化为面积积分，则：

$$\int_{A}\boldsymbol{n}\cdot(\Gamma\mathrm{grad}\phi)\mathrm{d}A+\int_{CV}S_{\phi}\mathrm{d}V=0 \tag{4-8}$$

4.1.1 一维稳态扩散问题的有限体积法

一维稳态扩散问题的方程可由式（4－1）写成以下形式：

$$\frac{\mathrm{d}}{\mathrm{d}x}\left(\Gamma\frac{\mathrm{d}\phi}{\mathrm{d}x}\right)+S=0 \tag{4-9}$$

4.1.1.1 节点划分

有限体积法的第一步是把求解域划为离散的控制容积。控制容积和节点如图4－1所示。

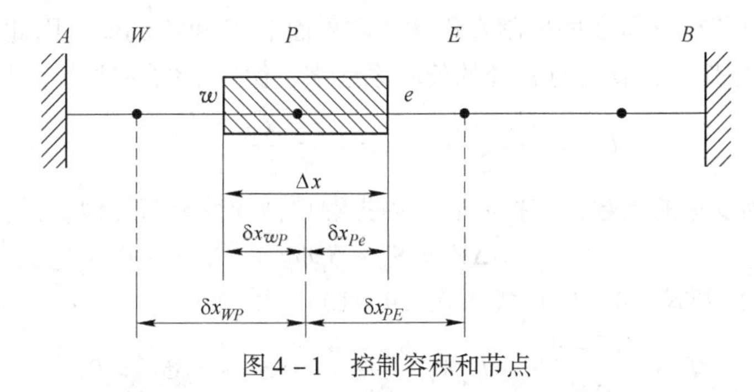

图4－1 控制容积和节点

图4－1中阴影部分为控制容积或控制体，点 P 在它的中心。变量 ϕ 在整个容积上的

值由 ϕ 在点 P 的值来表示。控制体的长度 δx_{we} 即为网格的步长 Δx。

如图 4－2 所示，控制容积的取法有两种：一种是把控制容积的界面放在相邻两个节点中间，而对于非均匀网格，中心节点 P 并不在该控制容积的中心，记方法 A；另一种是首先把求解域划分为离散的控制容积，然后把控制容积的中心节点 P 放在该控制容积的几何中心，记为方法 B。对于均匀网格来说，两种方法是一样的。

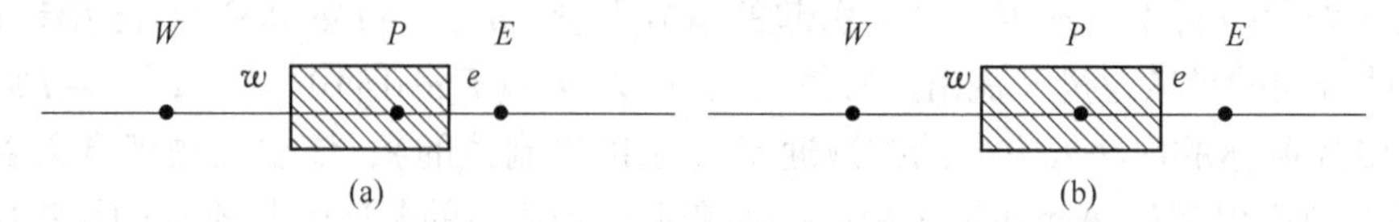

图 4－2　控制容积的取法

（a）方法 A；（b）方法 B

由于方法 A 没有将节点 P 放在控制容积的中心，因而变量 ϕ 在 P 点的值不能很好地代表整个控制容积的 ϕ 值。方法 B 在建立网格时先划分出控制容积，然后把节点放在该控制容积的中心，因而比较方便。特别是当计算域中边界条件不连续或变化的时候，比较容易选取恰当的控制容积，以避免出现控制容积的一部分界面是一种边界条件，而其余部分是另一种边界条件。方法 A 是先划分节点，然后再确定控制容积，则很难处理这种情况。此外，按方法 B 建立的网格体系，边界上没有节点，而是控制容积的界面。因而，在对边界节点建立离散方程时，守恒微分方程在控制容积界面上的积分值可直接利用边界条件而不需要再做任何近似。本书的控制容积采用方法 B 来划分。

4.1.1.2　*方程的离散*

将式（4－9）在控制容积上积分，可得到节点 P 的离散方程：

$$\int_{CV}\frac{\mathrm{d}}{\mathrm{d}x}\left(\Gamma\frac{\mathrm{d}\phi}{\mathrm{d}x}\right)\mathrm{d}V+\int_{CV}S\mathrm{d}V=\left(\Gamma A\frac{\mathrm{d}\phi}{\mathrm{d}x}\right)_e-\left(\Gamma A\frac{\mathrm{d}\phi}{\mathrm{d}x}\right)_w+\bar{S}\Delta V=0 \tag{4-10}$$

式（4－10）的物理意义为：ϕ 的扩散通量 $\Gamma A\dfrac{\mathrm{d}\phi}{\mathrm{d}x}$，从左侧进入控制容积的和从右侧离开控制容积的差，就等于在控制体内 ϕ 的生成量。

式（4－10）的扩散通量如下：

$$\left(\Gamma A\frac{\mathrm{d}\phi}{\mathrm{d}x}\right)_e=\Gamma_eA_e\frac{\phi_E-\phi_P}{\delta x_{PE}},\qquad\left(\Gamma A\frac{\mathrm{d}\phi}{\mathrm{d}x}\right)_w=\Gamma_wA_w\frac{\phi_P-\phi_W}{\delta x_{WP}} \tag{4-11}$$

Γ 和 ϕ 都是在节点上计算的，而式（4－10）的积分结果却是计算 w 和 e 界面的值，那么首先应计算出节点 P 所在的控制容积的左右界面上 Γ 和 ϕ 的值。因此，需要把 w 和 e 界面的 Γ 和 ϕ 值与其中心节点的 P 处的值联系起来，做以下的线性分布近似：

$$\Gamma_w=\frac{\Gamma_W+\Gamma_P}{2},\qquad\Gamma_e=\frac{\Gamma_E+\Gamma_P}{2} \tag{4-12}$$

源项通常是因变量的函数，在控制容积内把源项做线性分布近似，得：

$$\bar{S}\Delta V=S_u+S_P\phi_P \tag{4-13}$$

把式（4－11）和式（4－12）代入式（4－10），得：

$$\Gamma_eA_e\frac{\phi_E-\phi_P}{\delta x_{PE}}-\Gamma_wA_w\frac{\phi_P-\phi_W}{\delta x_{WP}}+S_u+S_P\phi_P=0 \tag{4-14}$$

整理得：

$$\left(\frac{\Gamma_e A_e}{\delta x_{PE}} + \frac{\Gamma_w A_w}{\delta x_{WP}} - S_P\right)\phi_P = \left(\frac{\Gamma_e A_e}{\delta x_{PE}}\right)\phi_E + \left(\frac{\Gamma_w A_w}{\delta x_{WP}}\right)\phi_W + S_u \tag{4-15}$$

式（4－15）可写成以下更简洁的形式：

$$a_P\phi_P = a_E\phi_E + a_W\phi_W + S_u \tag{4-16}$$

式中，$a_P = a_E + a_W - S_P$；$a_E = \dfrac{\Gamma_e A_e}{\delta x_{PE}}$；$a_W = \dfrac{\Gamma_w A_w}{\delta x_{WP}}$。

由式（4－12）对边界上的 Γ 值采用了相邻两节点的 Γ 值的线性平均，因此上述离散方法叫中心差分格式。

用有限体积法建立离散方程的一般步骤如下：首先将微分方程在控制容积上进行积分，利用高斯定理把体积积分转化为控制容积边界界面上的面积积分，然后通过对界面上的参数的近似而得到最终的离散方程。其中，对 Γ 和 ϕ 等参数的近似方法的不同就产生了不同的离散的格式。因此，从这个角度来说，对界面上的有关参数的近似方法是确定最终离散格式的核心。

4.1.1.3 方程的求解

在每个节点都建立上述离散（对于内部节点，并不需要在每个节点上重复上述过程，内部节点的离散方程适用于所有内部节点，而对边界节点则需重新按上述过程进行推导，因为不同的边界节点界面上有关参数的近似处理方法不同），得到一个线性方程组。求解该方程组即可得到每个节点的 ϕ 值。

4.1.2 二维和三维稳态扩散问题的有限体积法

4.1.2.1 二维稳态扩散问题

二维网格的控制体积如图 4－3 所示。

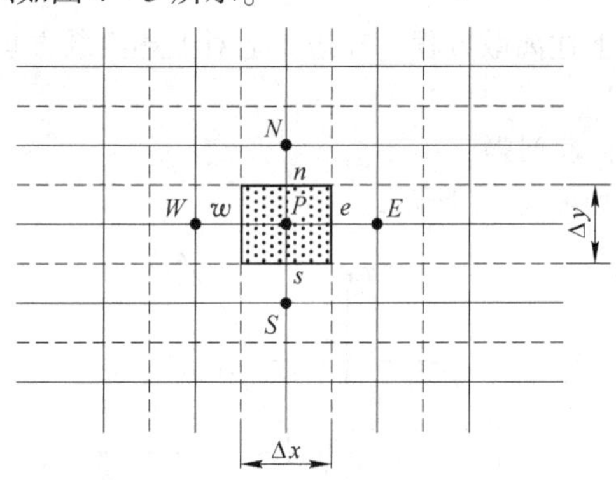

图 4－3 二维网格的控制体积

二维稳态扩散问题的控制微分方程为：

$$\frac{\partial}{\partial x}\left(\Gamma\frac{\partial\phi}{\partial x}\right) + \frac{\partial}{\partial y}\left(\Gamma\frac{\partial\phi}{\partial y}\right) + S = 0 \tag{4-17}$$

把控制方程式（4－17）在控制容积上积分，得：

$$\int_{CV}\frac{\partial}{\partial x}\left(\Gamma\frac{\partial\phi}{\partial x}\right)\mathrm{d}V + \int_{CV}\frac{\partial}{\partial y}\left(\Gamma\frac{\partial\phi}{\partial y}\right)\mathrm{d}V + \int_{CV}S\mathrm{d}V = 0 \tag{4-18}$$

应用高斯定理把体积积分转换为面积积分，得：

$$\left(\Gamma A\frac{\partial\phi}{\partial x}\right)_e-\left(\Gamma A\frac{\partial\phi}{\partial x}\right)_w+\left(\Gamma A\frac{\partial\phi}{\partial y}\right)_n-\left(\Gamma A\frac{\partial\phi}{\partial y}\right)_s+\bar{S}\Delta V=0 \tag{4-19}$$

式（4－19）表示 ϕ 在控制容积内的生成量和穿过其边界的通量的平衡关系。应注意：若控制容积在另一个方向上，如垂直纸面方向取单位长，则 $A_e=A_w=\Delta y$，$A_s=A_n=\Delta x$。

对式（4－19）中各项的展开方法同前，即：

x 方向 e、w 两个界面：

$$\left(\Gamma A\frac{\partial\phi}{\partial x}\right)_e=\Gamma_eA_e\frac{\phi_E-\phi_P}{\delta x_{PE}},\quad\left(\Gamma A\frac{\partial\phi}{\partial x}\right)_w=\Gamma_wA_w\frac{\phi_P-\phi_W}{\delta x_{WP}} \tag{4-20}$$

y 方向 n、s 两个界面：

$$\left(\Gamma A\frac{\partial\phi}{\partial y}\right)_n=\Gamma_nA_n\frac{\phi_N-\phi_P}{\delta y_{PN}},\quad\left(\Gamma A\frac{\partial\phi}{\partial y}\right)_s=\Gamma_sA_s\frac{\phi_P-\phi_S}{\delta y_{SP}} \tag{4-21}$$

将式（4－20）和式（4－21）代入式（4－19），得：

$$\Gamma_eA_e\frac{\phi_E-\phi_P}{\delta x_{PE}}-\Gamma_wA_w\frac{\phi_P-\phi_W}{\delta x_{WP}}+\Gamma_nA_n\frac{\phi_N-\phi_P}{\delta y_{PN}}-\Gamma_sA_s\frac{\phi_P-\phi_S}{\delta y_{SP}}+\bar{S}\Delta V=0 \tag{4-22}$$

把源项 $\bar{S}\Delta V=S_u+S_P\phi_P$ 代入式（4－22），整理得：

$$\begin{aligned}&\left(\frac{\Gamma_eA_e}{\delta x_{PE}}+\frac{\Gamma_wA_w}{\delta x_{WP}}+\frac{\Gamma_sA_s}{\delta y_{SP}}+\frac{\Gamma_nA_n}{\delta y_{PN}}-S_P\right)\phi_P\\&=\left(\frac{\Gamma_eA_e}{\delta x_{PE}}\right)\phi_E+\left(\frac{\Gamma_wA_w}{\delta x_{WP}}\right)\phi_W+\left(\frac{\Gamma_sA_s}{\delta y_{SP}}\right)\phi_S+\left(\frac{\Gamma_nA_n}{\delta y_{PN}}\right)\phi_n+S_u\end{aligned} \tag{4-23}$$

式（4－23）可写成以下更简洁的形式：

$$a_P\phi_P=a_E\phi_E+a_W\phi_W+a_S\phi_S+a_N\phi_N+S_u \tag{4-24}$$

式中，$a_E=\dfrac{\Gamma_eA_e}{\delta x_{PE}}$；$a_W=\dfrac{\Gamma_wA_w}{\delta x_{WP}}$；$a_S=\dfrac{\Gamma_sA_s}{\delta y_{SP}}$；$a_N=\dfrac{\Gamma_nA_n}{\delta y_{PN}}$；$a_P=a_E+a_W+a_S+a_N-S_P$。

在每个内部节点写出上述离散方程，在边界上对上述离散方程分别按边界条件进行修正，即可求解 ϕ。

4.1.2.2 三维稳态扩散问题

三维网格的控制体积如图 4－4 所示。

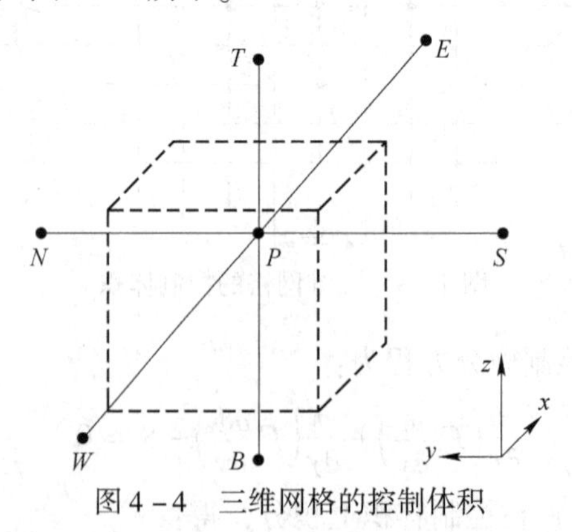

图 4－4 三维网格的控制体积

三维稳态扩散问题的控制微分方程为：

$$\frac{\partial}{\partial x}\left(\Gamma\frac{\partial\phi}{\partial x}\right)+\frac{\partial}{\partial y}\left(\Gamma\frac{\partial\phi}{\partial y}\right)+\frac{\partial}{\partial z}\left(\Gamma\frac{\partial\phi}{\partial z}\right)+S=0 \tag{4-25}$$

按相同的方法可得到三维稳态扩散问题的离散方程如下：

$$a_P\phi_P = a_E\phi_E + a_W\phi_W + a_S\phi_S + a_N\phi_N + a_B\phi_B + a_T\phi_T + S_u \quad (4-26)$$

式中，$a_E = \frac{\Gamma_e A_e}{\delta x_{PE}}$；$a_W = \frac{\Gamma_w A_w}{\delta x_{WP}}$；$a_S = \frac{\Gamma_s A_s}{\delta y_{SP}}$；$a_N = \frac{\Gamma_n A_n}{\delta y_{PN}}$；$a_B = \frac{\Gamma_b A_b}{\delta z_{BP}}$；$a_T = \frac{\Gamma_t A_t}{\delta z_{PT}}$；$a_P = a_E + a_W + a_S + a_N + a_B + a_T - S_P$。

4.1.3 非稳态扩散问题的有限体积法

非稳态流动与传热的输运方程最通用形式的积分方程如下：

$$\int_{\Delta t}\frac{\partial}{\partial t}\int_{CV}(\rho\phi)\,\mathrm{d}V\mathrm{d}t + \int_{\Delta t}\int_{A}\boldsymbol{n}\cdot(\rho\phi\boldsymbol{U})\,\mathrm{d}A\mathrm{d}t = \int_{\Delta t}\int_{A}\boldsymbol{n}\cdot(\Gamma\mathrm{grad}\phi)\,\mathrm{d}A\mathrm{d}t + \int_{\Delta t}\int_{CV}S_\phi\mathrm{d}V\mathrm{d}t$$

对于非稳态扩散问题，去掉对流项就变为下式：

$$\int_{\Delta t}\frac{\partial}{\partial t}\int_{CV}(\rho\phi)\,\mathrm{d}V\mathrm{d}t = \int_{\Delta t}\int_{A}\boldsymbol{n}\cdot(\Gamma\mathrm{grad}\phi)\,\mathrm{d}A\mathrm{d}t + \int_{\Delta t}\int_{CV}S_\phi\mathrm{d}V\mathrm{d}t \quad (4-27)$$

4.1.3.1 一维非稳态扩散问题

典型一维非稳态导热问题的控制微分方程为：

$$\rho c\frac{\partial T}{\partial t} = \frac{\partial}{\partial x}\left(\lambda\frac{\partial T}{\partial x}\right) + S \quad (4-28)$$

式中，T 为温度；t 为时间；c 为物体的比热容，J/(kg · K)。

节点划分和控制容积，如图 4－5 所示。将式（4－28）在控制容积和时间段上进行积分：

$$\int_t^{t+\Delta t}\int_{CV}\rho c\frac{\partial T}{\partial t}\mathrm{d}V\mathrm{d}t = \int_t^{t+\Delta t}\int_{CV}\frac{\partial}{\partial x}\left(\lambda\frac{\partial T}{\partial x}\right)\mathrm{d}V\mathrm{d}t + \int_t^{t+\Delta t}\int_{CV}S\mathrm{d}V\mathrm{d}t \quad (4-29)$$

$$\int_{CV}\left(\int_t^{t+\Delta t}\rho c\frac{\partial T}{\partial t}\mathrm{d}t\right)\mathrm{d}V = \int_t^{t+\Delta t}\left[\left(\lambda A\frac{\partial T}{\partial x}\right)_e - \left(\lambda A\frac{\partial T}{\partial x}\right)_w\right]\mathrm{d}t + \int_t^{t+\Delta t}\bar{S}\Delta V\mathrm{d}t \quad (4-30)$$

式中，A 为控制体的横截面面积；ΔV 为控制体的体积，$\Delta V = A\Delta x$；Δx 为控制体的宽度，$\Delta x = \delta x_{we}$，网格长度或步长；$\bar{S}$ 为 S 在控制容积内的平均值。

假定在节点处的温度 T_P 能代表整个控制容积的温度，则对非稳态项进行如下处理：

$$\frac{\partial T}{\partial t} = \frac{T_P - T_P^0}{\Delta t} \quad (4-31)$$

式中，T_P^0 为 t 时刻的温度；T_P 为当前时刻 $t+\Delta t$ 的节点温度。

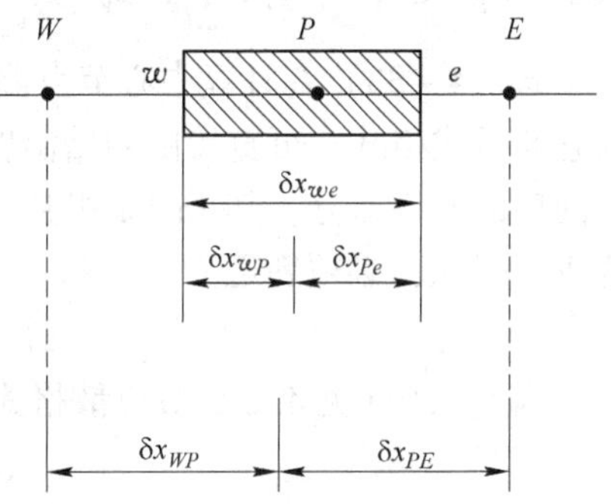

图 4－5 节点划分和控制容积

式（4－31）为对时间的一阶向后差分。非稳态项在控制容积上的积分可写为：

$$\int_{CV}\left(\int_t^{t+\Delta t}\rho c\frac{\partial T}{\partial t}\mathrm{d}t\right)\mathrm{d}V = \rho c(T_P - T_P^0)\Delta V \quad (4-32)$$

对空间上的积分采用中心差分，则式（4－30）可写为：

$$\rho c(T_P - T_P^0)\Delta V = \int_t^{t+\Delta t}\left(\lambda_e A\frac{T_E - T_P}{\delta x_{PE}} - \lambda_w A\frac{T_P - T_W}{\delta x_{WP}}\right)\mathrm{d}t + \int_t^{t+\Delta t}\bar{S}\Delta V\mathrm{d}t \quad (4-33)$$

为计算从 t 时刻到 $t+\Delta t$ 时刻的节点的温度，引入一个权系数 θ，$0 \leqslant \theta \leqslant 1$，并定义：

$$I_T = \int_t^{t+\Delta t} T_P \mathrm{d}t = [\theta T_P + (1-\theta) T_P^0] \tag{4-34}$$

对 T_W、T_E 均采用式（4－34）的方法计算，代入式（4－33），在等号两边同时除以 $A\Delta t$，得：

$$\rho c \frac{T_P - T_P^0}{\Delta t}\Delta x = \theta\left(\lambda_e A \frac{T_E - T_P}{\delta x_{PE}} - \lambda_w A \frac{T_P - T_W}{\delta x_{WP}}\right) + (1-\theta)\left(\lambda_e A \frac{T_E^0 - T_P^0}{\delta x_{PE}} - \lambda_w A \frac{T_P^0 - T_W^0}{\delta x_{WP}}\right) + \bar{S}\Delta x \tag{4-35}$$

整理，得：

$$\left[\rho c \frac{\Delta x}{\Delta t} + \theta\left(\frac{\lambda_e}{\delta x_{PE}} + \frac{\lambda_w}{\delta x_{WP}}\right)\right] T_P = \frac{\lambda_e}{\delta x_{PE}}[\theta T_E + (1-\theta) T_E^0] + \frac{\lambda_w}{\delta x_{WP}}[\theta T_W + (1-\theta) T_W^0] + \left[\rho c \frac{\Delta x}{\Delta t} - (1-\theta)\frac{\lambda_e}{\delta x_{PE}} - (1-\theta)\frac{\lambda_w}{\delta x_{WP}}\right] T_P^0 + \bar{S}\Delta x \tag{4-36}$$

记 $a_W = \frac{\lambda_w}{\delta x_{WP}}$，$a_E = \frac{\lambda_e}{\delta x_{PE}}$，$b = \bar{S}\Delta x$，$a_P^0 = \rho c \frac{\Delta x}{\Delta t}$，$a_P = a_P^0 + \theta(a_W + a_E)$，则式（4－36）可写为：

$$a_P T_P = a_E[\theta T_E + (1-\theta) T_E^0] + a_W[\theta T_W + (1-\theta) T_W^0] + [a_P^0 - (1-\theta) a_E - (1-\theta) a_W] T_P^0 + b \tag{4-37}$$

当 θ 取不同值时，从式（4－37）可得到不同性质的离散方程。

A　显式格式

在显式格式中，$\theta = 0$，取 $b = \bar{S}\Delta x = S_u + S_P T_P^0$，代入式（4－37）得：

$$a_P T_P = a_E T_E^0 + a_W T_W^0 + [a_P^0 - (a_E + a_W - S_P)] T_P^0 + S_u \tag{4-38}$$

式中，$a_P = a_P^0$；$a_P^0 = \rho c \frac{\Delta x}{\Delta t}$；$a_W = \frac{\lambda_w}{\delta x_{WP}}$；$a_E = \frac{\lambda_e}{\delta x_{PE}}$。

式（4－38）在计算中心节点温度 T_P 时，只用到了上一时刻的 T_W、T_E、T_P 的值，因此它叫显式格式，可直接由初始温度分布计算出其他时刻的温度分布。此格式由于采用了时间项的向后差分，其 Taylor 级数的截断误差为一阶。稳定性要求所有节点温度的系数应为正。因此，必须满足下式：

$$a_P^0 - (a_E + a_W - S_P) > 0$$

因 $S_P < 0$（见 4.2.2 节离散格式的性质），有：

$$a_P^0 - (a_E + a_W) > 0$$

当 λ 为常数，且采用均匀网格时，$\delta x_{PE} = \delta x_{WP} = \Delta x$。因此，有：

$$\rho c \frac{\Delta x}{\Delta t} - \frac{\lambda}{\Delta x} - \frac{\lambda}{\Delta x} > 0$$

所以：

$$\Delta t < \rho c \frac{\Delta x^2}{2\lambda} \tag{4-39}$$

式（4－39）为显式格式的稳定性条件。由此可知，当采用显式格式计算时，如果希望采用较小的空间步长以取得更为精确的结果，则时间步长将非常小，这将使得计算时间很长。因此，一般不推荐显式格式。

B Crank－Nicolson 格式（半隐格式）

令 $\theta=0.5$，代入式（4－37），得：

$$a_P T_P = a_E \frac{T_E + T_E^0}{2} + a_W \frac{T_W + T_W^0}{2} + \left[a_P^0 - \left(\frac{a_E + a_W}{2}\right)\right] T_P^0 + b \tag{4-40}$$

式中，$a_P=\frac{a_W+a_E}{2}+a_P^0-\frac{S_P}{2}$；$a_P^0=\rho c\frac{\Delta x}{\Delta t}$；$a_W=\frac{\lambda_w}{\delta x_{WP}}$；$a_E=\frac{\lambda_e}{\delta x_{PE}}$；$b=S_u+\frac{S_P T_P^0}{2}$。

式（4－40）在计算 T_P 时，不仅用到了上一时刻的 T_W、T_E、T_P 的值，也同时用到了当前时刻的 T_W、T_E 的值（未知）。因此，它不能直接计算出结果，必须在每个时刻联立求解所有节点的离散方程才能得到结果，所以它属于隐式格式。此格式被称为 Crank－Nicolson 格式，它是一种半隐格式。

为保证计算结果物理上的真实性和有界性，式（4－40）中各节点温度的系数须为正，因此，有：

$$a_P^0 - \frac{a_E + a_W}{2} > 0$$

得

$$\Delta t < \rho c \frac{\Delta x^2}{\lambda} \tag{4-41}$$

Crank－Nicolson 格式的稳定性条件与显式格式比，并没有很大的改善，但此格式采用的是中心差分（对时间项），其截差为二阶，它的精度比显式格式好。

C 全隐式格式

令 $\theta=1$，代入式（4－37），得：

$$a_P T_P = a_E T_E + a_W T_W + a_P^0 T_P^0 + S_u \tag{4-42}$$

式中，$a_P=a_W+a_E+a_P^0-S_P$；$a_P^0=\rho c\frac{\Delta x}{\Delta t}$；$a_W=\frac{\lambda_w}{\delta x_{WP}}$；$a_E=\frac{\lambda_e}{\delta x_{PE}}$。

式（4－42）在计算当前温度 T_P 时，用到了当前时刻的 T_W、T_E 的值（未知）。因此，它是全隐格式。在每个时刻，必须对所有节点的离散方程同时求解，才能得到各节点的温度值，给定一个初始值，就可以逐时计算。该式中所有节点温度的系数都是正值，因此它是无条件稳定的。但它的精度是一阶（对时间项来说），所以要想提高计算精度，必须采用较小的步长。全隐式格式一般被推荐作为非稳态问题的格式。

4.1.3.2 多维非稳态扩散问题

三维非稳态扩散问题的控制微分方程为：

$$\rho c \frac{\partial T}{\partial t} = \frac{\partial}{\partial x}\left(\Gamma \frac{\partial \phi}{\partial x}\right) + \frac{\partial}{\partial y}\left(\Gamma \frac{\partial \phi}{\partial y}\right) + \frac{\partial}{\partial z}\left(\Gamma \frac{\partial \phi}{\partial z}\right) + S \tag{4-43}$$

其全隐式离散方程为：

$$a_P T_P = a_E T_E + a_W T_W + a_S T_S + a_N T_N + a_B T_B + a_T T_T + a_P^0 T_P^0 + S_u \tag{4-44}$$

式中，$a_P=a_W+a_E+a_S+a_N+a_B+a_T+a_P^0-S_P$；$a_P^0=\rho c\frac{\Delta x}{\Delta t}$；$a_W=\frac{\Gamma_w A_w}{\delta x_{WP}}$；$a_E=\frac{\Gamma_e A_e}{\delta x_{PE}}$；$a_S=\frac{\Gamma_s A_s}{\delta y_{SP}}$；$a_N=\frac{\Gamma_n A_n}{\delta y_{PN}}$；$a_B=\frac{\Gamma_b A_b}{\delta z_{BP}}$；$a_T=\frac{\Gamma_t A_t}{\delta z_{PT}}$。

在不同情况下的控制容积各界面面积计算，见表4－1。

表4－1 不同情况下的控制容积各界面面积计算

空间维数 / 控制容积	一维	二维	三维
$A_w = A_e$	1	Δy	$\Delta y \Delta z$
$A_n = A_s$		Δx	$\Delta x \Delta z$
$A_b = A_t$			$\Delta x \Delta y$

4.1.4 线性方程组的求解

线性方程组的求解方法有很多种，如高斯消元法（包括主元的消去法）、Jacobi迭代法等。对一维稳态问题有限体积法离散得到的节点方程组通常都是三角方程组，即按有限体积法进行离散后的方程组，除当前节点和它的相邻节点的系数外，其余都为零。边界条件或源项的影响体现在右端项。在求解这样的方程组时，可以用更为经济的方法，即TDMA(Tri－Diagonal Matrix Algorithm）算法。

4.1.4.1 TDMA算法

三角方程一般形式为：

$$-\beta_j\phi_{j-1} + D_j\phi_j - \alpha_j\phi_{j+1} = C_j \tag{4-45}$$

在边界节点，$\beta_1=0$，$\alpha_N=0$，N为节点总数。由式（4－45）可逐点写出节点计算公式，依次消去前一个节点的ϕ，最后可推导出下面的递推式：

$$\phi_j = A_j\phi_{j+1} + C'_j \tag{4-46}$$

其中

$$\left.\begin{aligned} A_j &= \frac{\alpha_j}{D_j - \beta_j A_{j-1}} \\ C'_j &= \frac{\beta_j C'_{j-1} + C_j}{D_j - \beta_j A_{j-1}} \end{aligned}\right\} \tag{4-47}$$

取$A_0=0$，$C'_0=0$，$A_N=0$，$C'_N=\phi_N$。由式（4－46）可向回一直计算到第一个节点。计算过程如下：(1) 用式（4－47）计算出系数A_j，C'_j。(2) 令$\phi_N=C'_N$。(3) 用式（4－47）依次回代，计算$\phi_{N-1}\sim\phi_1$。

对于二维问题，离散方程为：

$$a_P\phi_P = a_E\phi_E + a_W\phi_W + a_S\phi_S + a_N\phi_N + b \tag{4-48}$$

用TDMA算法计算时，必须首先选定计算的网格线（如图4－6所示）。如首先沿N－S方向进行计算，把离散方程改写为：

$$-a_S\phi_S + a_P\phi_P - a_N\phi_N = a_E\phi_E + a_W\phi_W + b \tag{4-49}$$

假设式（4－49）右端的量均已知，与式（4－45）对比，得：

$$\alpha_j = a_N,\quad \beta_j = a_S,\quad D_j = a_P,\quad C_j = a_E\phi_E + a_W\phi_W + b \tag{4-50}$$

计算时沿着N－S方向，即$j=2, 3, 4, \cdots$逐点计算，沿N－S方向逐行计算。$W-E$方向成为扫描方向（即先在i时计算完所有j点，再到下一个$i+1$点计算所有j点，因而

是从 $W-E$ 扫描)。从 $W-E$ 逐行扫描过程，W 点的值均已知，而 E 的值均未知，因此计算过程需要迭代。迭代开始时可取一个给定的 ϕ_E，如 $\phi_E=0$，在每次迭代循环中，ϕ_E 取上次迭代的值，这样逐行计算若干次后可得到收敛值。

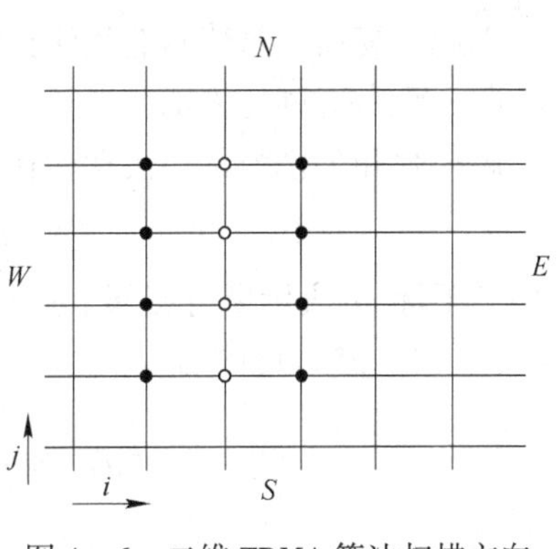

图 4-6　二维 TDMA 算法扫描方向

●—假定已知的点；○—要求的点

当离散方程 j 方向的系数远大于 i 方向的系数时，对 j 方向应用 TDMA 算法收敛比较快。当有对流时，扫描方向为从上游到下游的收敛速度比按相反方向扫描的收敛速度要快。

4.1.4.2　迭代法

A　简单迭代法 (Jacobi 迭代)

设节点差分方程的形式为：

$$\begin{cases} a_{11}\phi_1 + a_{12}\phi_2 + \cdots + a_{1j}\phi_j + \cdots + a_{1n}\phi_n = b_1 \\ a_{21}\phi_1 + a_{22}\phi_2 + \cdots + a_{2j}\phi_j + \cdots + a_{2n}\phi_n = b_2 \\ \vdots \\ a_{n1}\phi_1 + a_{n2}\phi_2 + \cdots + a_{nj}\phi_j + \cdots + a_{nn}\phi_n = b_n \end{cases} \tag{4-51}$$

式中，a_{ij}、b_i 为常数，且 $a_{ii}\neq 0$。

将方程组改写为显函数的形式：

$$\begin{cases} \phi_1 = \dfrac{1}{a_{11}}(b_1 - a_{12}\phi_2 - \cdots - a_{1j}\phi_j - \cdots - a_{1n}\phi_n) \\ \phi_2 = \dfrac{1}{a_{22}}(b_2 - a_{21}\phi_1 - \cdots - a_{2j}\phi_j - \cdots - a_{2n}\phi_n) \\ \vdots \\ \phi_n = \dfrac{1}{a_{nn}}(b_n - a_{n1}\phi_1 - \cdots - a_{nj}\phi_j - \cdots - a_{n(n-1)}\phi_{n-1}) \end{cases} \tag{4-52}$$

收敛准则如下：

规定：经过 k 次迭代得到的节点 i 的 ϕ 表示为 ϕ_i^k。

$$\max|\phi_i^k - \phi_i^{k-1}| < \varepsilon \quad 或 \quad \max\left|\frac{\phi_i^k - \phi_i^{k-1}}{\phi_i^k}\right| < \varepsilon \tag{4-53}$$

B　高斯-塞德尔迭代法 (Gauss-Seidel)

高斯-塞德尔迭代法与简单迭代法主要区别为：在迭代过程中总使用最新算出的数据。

$$\begin{cases} \phi_1^1 = \dfrac{1}{a_{11}}(b_1 - a_{12}\phi_2^0 - \cdots - a_{1j}\phi_j^0 - \cdots - a_{1n}\phi_n^0) \\ \phi_2^1 = \dfrac{1}{a_{22}}(b_2 - a_{21}\phi_1^1 - \cdots - a_{2j}\phi_j^0 - \cdots - a_{2n}\phi_n^0) \\ \vdots \\ \phi_n^1 = \dfrac{1}{a_{nn}}(b_n - a_{n1}\phi_1^1 - \cdots - a_{nj}\phi_j^1 - \cdots - a_{n(n-1)}\phi_{n(n-1)}^1) \end{cases} \tag{4-54}$$

因此，高斯-塞德尔迭代法比简单迭代法收敛快。

C 超松弛和欠松弛

超松弛和欠松弛是加快迭代速度的措施。对以下形式的方程：

$$a_P\phi_P = \sum a_{nb}\phi_{nb} + b \tag{4-55}$$

式中，下标 nb 表示所有相邻节点。

式（4-55）可改写为：

$$\phi_P = \phi_P^* + \left(\frac{\sum a_{nb}\phi_{nb} + b}{a_P} - \phi_P^*\right) \tag{4-56}$$

式中，ϕ_P^* 为上一次迭代计算出的值。

式（4-56）中括号的部分表示本次迭代的 ϕ_P 与上一次迭代的 ϕ_P^* 的差别。引入一个松弛因子 α，令：

$$\phi_P = \phi_P^* + \alpha\left(\frac{\sum a_{nb}\phi_{nb} + b}{a_P} - \phi_P^*\right) \tag{4-57}$$

当迭代收敛时，式（4-57）满足 $\phi_P = \phi_P^*$，即式（4-57）满足式（4-56）。当松弛因子 α 在 0~1 时，为欠松弛或亚松弛（SUR）；当 $\alpha > 1$ 时，为超松弛（SQR）。对不同的问题，最佳松弛因子需要通过计算来确定。

除上述基本方法外，为加速迭代，还有块修正法、交替方向迭代法和 PDMA 算法等。

4.2 对流-扩散问题的有限体积法

稳态的对流-扩散问题的守恒方程为：

$$\mathrm{div}(\rho \boldsymbol{U}\phi) = \mathrm{div}(\Gamma \mathrm{grad}\phi) + S_\phi \tag{4-58}$$

式（4-58）代表着在一个控制容积内的通量的平衡：等号左侧为净对流通量，右侧为净扩散通量和净生成量。

对流项离散的主要问题是在控制容积边界面上 ϕ 的计算，以及通过边界面的对流量的计算，本章主要讨论 ϕ 值在有对流时的处理方法。在本章中，假定流场已知，ϕ 为非速度的其他变量，有关流场的计算方法见以后章节。

中心差分格式适用于扩散问题，因而在扩散问题中 ϕ 在各个方向上沿着其梯度方向均受扩散作用的影响，而对流作用只影响 ϕ 在流动方向上的分布。稳态时的对流-扩散问题，如果采用中心差分格式，则对网格的大小有严格的要求。

4.2.1 一维稳态对流-扩散问题的有限体积法

考虑一维无源项的稳态对流-扩散问题（见图 4-7）：

$$\frac{\mathrm{d}}{\mathrm{d}x}(\rho\phi u) = \frac{\mathrm{d}}{\mathrm{d}x}\left(\Gamma\frac{\mathrm{d}\phi}{\mathrm{d}x}\right) \tag{4-59}$$

流动过程必须同时满足连续性方程：

$$\frac{\mathrm{d}}{\mathrm{d}x}(\rho u) = 0 \tag{4-60}$$

对式（4－59）在控制容积上积分，得：

$$(\rho uA\phi)_e - (\rho uA\phi)_w = \left(\Gamma A\frac{\mathrm{d}\phi}{\mathrm{d}x}\right)_e - \left(\Gamma A\frac{\mathrm{d}\phi}{\mathrm{d}x}\right)_w \tag{4-61}$$

由连续性方程可知：$(\rho uA)_e-(\rho uA)_w=0$。记：$F=\rho u$，$D=\frac{\Gamma}{\delta x}$。$F$ 为与对流有关的参数，D 为与扩散有关的参数。在控制容积的 w 和 e 界面上，F 和 D 分别为：

$$F_w=(\rho u)_w,\quad F_e=(\rho u)_e;\qquad D_w=\frac{\Gamma_w}{\delta x_{WP}},\quad D_e=\frac{\Gamma_e}{\delta x_{PE}} \tag{4-62}$$

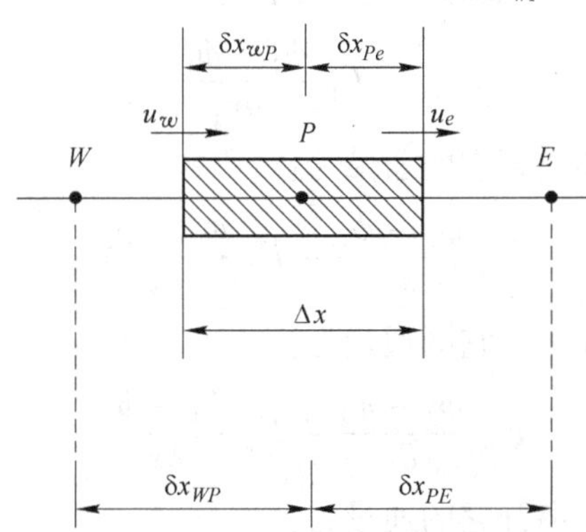

图 4－7　一维对流－扩散问题的控制容积

当 $A_e=A_w$ 时，对扩散项采用中心差分，则对流－扩散积分方程（4－61）可写为：

$$F_e\phi_e - F_w\phi_w = D_e(\phi_E-\phi_P) - D_w(\phi_P-\phi_W) \tag{4-63}$$

由连续方程得：

$$F_e = F_w \tag{4-64}$$

假定流场已知，欲求解式（4－63），需要先计算出在 w 和 e 界面上的 ϕ 值。对控制容积界面上的 ϕ 值的处理是建立格式的核心。

4.2.2　离散格式的性质

在数学上，一个离散格式必须要引起很小的误差（包括离散误差和舍入误差）才能收敛于精确解，即要求离散格式必须要稳定或网格必须满足稳定性条件。在物理上，离散格式所计算出的解必须要有物理意义，对于得到物理上不真实的解的离散方程，其数学上精度再高也没有价值。通常，离散方程的误差都是因离散而引起，当网格步长无限小时，各种误差都会消失。然而，在实际计算中，考虑到经济性（计算时间和所占的内存）都只能用有限个控制容积进行离散。因此，格式需要满足一定的物理性质，计算结果才能令人满意。其中，主要的物理性质包括：守恒性、有界性和迁移性。

4.2.2.1　守恒性

所谓守恒，就是说通过一个控制容积的界面离开该控制容积、进入相邻的控制容积的某通量相等。为保证在整个求解域上的每个控制容积上的某通量守恒，则通过相同的界面该通量的表达式应有相同的形式。

以一维稳态、无内热源扩散问题为例说明守恒性的概念。以 5 个节点为例（如图 4－8

所示），从外界进入和离开该物体的总通量为 $q_1 - q_5$，它和在所有控制容积上进、出能量的总和相等。

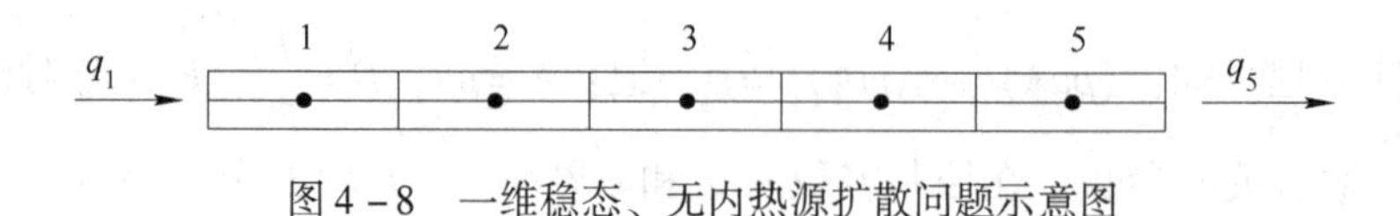

图 4-8　一维稳态、无内热源扩散问题示意图

例如：对于控制容积 1，进入和离开它的通量为：

$$q_1 - \Gamma_{1e}\frac{\phi_2 - \phi_1}{\delta x}$$

对于控制容积 2，进入和离开它的通量为：

$$\Gamma_{2w}\frac{\phi_2 - \phi_1}{\delta x} - \Gamma_{2e}\frac{\phi_3 - \phi_2}{\delta x}$$

对于控制容积 3，进入和离开它的通量为：

$$\Gamma_{3w}\frac{\phi_3 - \phi_2}{\delta x} - \Gamma_{3e}\frac{\phi_4 - \phi_3}{\delta x}$$

对于控制容积 4，进入和离开它的通量为：

$$\Gamma_{4w}\frac{\phi_4 - \phi_3}{\delta x} - \Gamma_{4e}\frac{\phi_5 - \phi_4}{\delta x}$$

对于控制容积 5，进入和离开它的通量为：

$$\Gamma_{5w}\frac{\phi_5 - \phi_4}{\delta x} - q_5$$

应注意：离开 1 的 e 界面的通量等于进入 2 的 w 界面的通量，即 $\Gamma_{1e}\frac{\phi_2 - \phi_1}{\delta x} = \Gamma_{2w}\frac{\phi_2 - \phi_1}{\delta x}$；同样，对 2、3、4、5 的相邻界面依次类推。把 5 个控制容积上通量平衡相加，得总的平衡关系为：

$$q_1 - \Gamma_{1e}\frac{\phi_2 - \phi_1}{\delta x} + \Gamma_{2w}\frac{\phi_2 - \phi_1}{\delta x} - \Gamma_{2e}\frac{\phi_3 - \phi_2}{\delta x} + \Gamma_{3w}\frac{\phi_3 - \phi_2}{\delta x} - \Gamma_{3e}\frac{\phi_4 - \phi_3}{\delta x} + \Gamma_{4w}\frac{\phi_4 - \phi_3}{\delta x} - \Gamma_{4e}\frac{\phi_5 - \phi_4}{\delta x} + \Gamma_{5w}\frac{\phi_5 - \phi_4}{\delta x} - q_5 = q_1 - q_5 \tag{4-65}$$

可见，当对控制容积界面通量都以相同的表达式来计算时，则在所有控制容积上求和可以互相消去，总的平衡关系式和从外界进入和离开该物体的总通量物理上守恒。

用有限体积法建立离散方程时，在下列条件下满足守恒要求：

（1）微分方程具有守恒形式。

（2）在同一界面上各物理量及一阶导数连续。此处的连续指从界面两侧的 2 个控制容积写出的该界面上的某量的值相等。

满足守恒性的离散方程不仅使计算结果与原问题在物理上保持一致，而且还可以使对任意体积（由许多个控制容积构成的计算区域）的计算结果具有对计算区域取单个控制容积上的格式所估计的误差。

4.2.2.2 有界性

当所有节点离散得到一组方程组通常由迭代法求解。迭代法收敛的充分条件为：

$$\frac{\sum |a_{nb}|}{|a'_P|} \leqslant 1 \quad (\text{所有节点}) \tag{4-66a}$$

$$\frac{\sum |a_{nb}|}{|a'_P|} < 1 \quad (\text{至少有一个节点}) \tag{4-66b}$$

式中，a'_P为节点 P 的净系数，如无源项时在内部节点它实际就是 $a_P = \sum |a_{nb}|$，有源项时在内部节点和边界点它就是 $a'_P = \sum |a_{nb}| - S_P$，$\sum |a_{nb}|$ 为 P 点所有相邻节点的系数的和（对一维问题，无源项时 $\sum |a_{nb}| = a_W + a_E$，实际上就等于 a_P。因此，对内部节点来说，无源项时该收敛条件取“＝”，有源项时该收敛条件取“＜”，而对边界节点必须要取“＜”）。

若离散格式产生的各节点系数能够满足上面的收敛条件，则离散方程组的节点系数矩阵为对角占优，从而保证能收敛。为保证离散方程组的节点系数矩阵对角占优，对源项的线性化处理应保证使 S_P 取负值（S_P 取负值，则 $a'_P = \sum |a_{nb}| - S_P > \sum |a_{nb}|$，从而保证了边界节点满足收敛条件取“＜”）。

对角占优是满足有界性的特征。对于有界性的必要条件是：离散方程的各系数应有相同的符号，一般为正。

如果离散格式不满足有界性条件，则其解可能不会收敛；若收敛，则可能会振荡。

4.2.2.3 迁移性

迁移性和流动的方向性有关。如果把一滴墨水滴在一盆静止的水中，过一段时间，在该滴墨水的周围均匀地散开、稀释，这是纯扩散现象。也就是在某一点的某个量，如墨水的浓度，它影响所有相邻区域，即扩散过程可以把发生的在某一点的扰动各个方向传递。假如把该滴墨水滴到一个流动的水槽中，则墨水主要沿流动方向（下游）散开，流速越大，则墨水向下游输运得越快，而上游受到影响越小。这就是对流的影响，也就是迁移性。对流过程只能把发生在某一点的扰动向下游方向传递，而不会向上游方向传递。

在对流－扩散问题中，引入一个控制容积的 Peclet 数，它表征对流与扩散的相对大小：

$$Pe = \frac{F}{D} = \frac{\rho u}{\Gamma / \delta x} \tag{4-67}$$

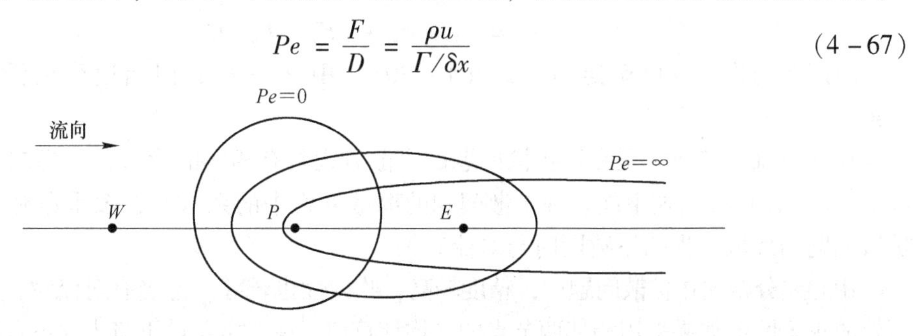

图 4－9 对流－扩散相对大小示意图

如图 4－9 所示，一般地，Pe 是一个有限值。首先讨论两个限的情况：

（1）$Pe=0$，即纯扩散，无对流。此时，某个量 ϕ 在各个方向均匀扩散（等值线为圆形)，P 点的 ϕ 的大小同时受 W 点和 E 点的 ϕ 的影响。

(2) $Pe=\infty$，即纯对流，无扩散。此时，由 P 点发出的 ϕ 依靠流体微团的宏观移动(对流)沿流向 E 点传输，节点 E 处的 ϕ 只受上游节点 P 点的 ϕ 的影响，且 $\phi_E=\phi_P$。在高 Pe 条件下，对控制容积界面的 ϕ 的处理则应该取其上游节点处的值，而不应取其上、下游节点的某种平均。

(3) 当 Pe 为有限大小时，对流和扩散同时影响一个节点的上、下游相邻节点。随着 Pe 的增加，下游受的影响逐渐增大，而上游受的影响逐渐变小。

4.2.3 中心差分格式

对于均匀网格，ϕ 在控制容积界面上的值用相邻两个节点值的平均计算：

$$\phi_w=\frac{\phi_W+\phi_P}{2},\quad \phi_e=\frac{\phi_E+\phi_P}{2} \tag{4-68}$$

将式(4-68)代入式(4-63)得：

$$F_e\frac{\phi_E+\phi_P}{2}-F_w\frac{\phi_W+\phi_P}{2}=D_e(\phi_E-\phi_P)-D_w(\phi_P-\phi_W)$$

整理，得：

$$\left[\left(D_w-\frac{F_w}{2}\right)+\left(D_e+\frac{F_e}{2}\right)\right]\phi_P=\left(D_w+\frac{F_w}{2}\right)\phi_W+\left(D_e-\frac{F_e}{2}\right)\phi_E \tag{4-69a}$$

为了得到更通用的表达式，将上式改写成：

$$\left[\left(D_w+\frac{F_w}{2}\right)+\left(D_e-\frac{F_e}{2}\right)+(F_e-F_w)\right]\phi_P=\left(D_w+\frac{F_w}{2}\right)\phi_W+\left(D_e-\frac{F_e}{2}\right)\phi_E \tag{4-69b}$$

整理成下面通用的形式为：

$$a_P\phi_P=a_E\phi_E+a_W\phi_W \tag{4-70a}$$

各系数如下：

$$\left.\begin{aligned}a_W&=D_w+\frac{F_w}{2}\\ a_E&=D_e-\frac{F_e}{2}\\ a_P&=a_W+a_E+(F_e-F_w)\end{aligned}\right\} \tag{4-70b}$$

当速度场收敛或已确定时，式(4-70b)中 $F_e=F_w$；但当速度场仍在迭代中时，$F_e\neq F_w$。

稳态对流-扩散方程和纯扩散问题的离散方程具有相同的形式，它们的区别在于系数(a_P，a_W，a_E)表达式不同。纯扩散问题的离散方程中的系数与扩散系数有关，而对流-扩散问题的离散方程的系数同时与对流有关。

中心差分格式在扩散问题中，精度较高，收敛性也较好。但当有对流时，对控制容积界面处的输运量 ϕ 如果采用相邻两节点的平均计算值，在一定条件下将出现不合理的结果。

中心差分格式的性质如下：

(1) 守恒性。对流-扩散问题的中心差分格式满足守恒性。

(2) 有界性。按有界性的充分、必要条件来考察如下：

1）离散方程内部节点，见式（4－66b）。由连续性方程 $F_e = F_w$，因此 $a_P = a_W + a_E = \sum |a_{nb}|$，在所有内部节点满足收敛条件。

2）由必要条件知：假设 $F_w > 0$，$F_e > 0$，如果系数 $a_E = D_e - \frac{F_e}{2} > 0 \Rightarrow \frac{F_e}{D_e} = Pe_e < 2$，从而满足有界性的必要条件。如果 $Pe > 2$，则 a_E 为负数，不符合有界性的必要条件。

（3）迁移性。由于该格式在计算 P 点对流和扩散通量时对各个方向的相邻节点的影响都考虑到了，而没有考虑到对流与扩散的相对大小。因此，在高 Pe 时不满足迁移性要求。

中心差分格式的截断误差为 2 阶，精度较高，但有条件地满足有界性，当 $Pe = \frac{F}{D} < 2$ 时稳定。对给定的流体 ρ 和 Γ，Pe 取决于流速 u 和网格步长 δx。当 $Pe < 2$ 时，则要求 u 和 δx 很小。因此，它有一定的局限性。

4.2.4　迎风格式

中心差分格式的缺点是，它不能识别流动的方向，控制容积界面上的 ϕ 值取相邻上、下游节点的平均值。当对流作用较强时，这样的处理就与其物理特征（某点的 ϕ 值受上游的影响，而不受下游的影响）不一致了。迎风格式（Upwind Differencing Scheme）在确定控制容积界面上的 ϕ 值时就考虑了流动的方向性，其思想为：在控制容积界面上对流项的 ϕ 取上游节点处的值，称之为第二类迎风格式。

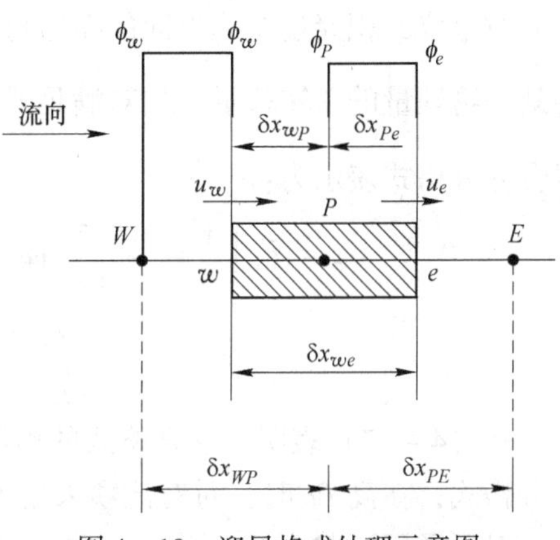

图 4－10　迎风格式处理示意图

如图 4－10 所示，流动方向和空间坐标方向同向，即为从 $W \to E$，一维对流－扩散问题的微分方程在控制容积上积分后为式（4－63）。

根据迎风格式的处理思想：在控制容积界面上对流项的 ϕ 取其上游节点处的值，则：

$$\phi_w = \phi_W, \quad \phi_e = \phi_P \tag{4-71}$$

将式（4－71）代入式（4－63），得迎风差分格式为：

$$F_e\phi_P - F_w\phi_W = D_e(\phi_E - \phi_P) - D_w(\phi_P - \phi_W)$$

整理得：

$$[(D_w + F_w) + D_e + (F_e - F_w)]\phi_P = (D_w + F_w)\phi_W + D_e\phi_E \tag{4-72}$$

若流动方向和坐标方向相反，即从 $E \to W$，则取：

$$\phi_w = \phi_P, \quad \phi_e = \phi_E \tag{4-73}$$

将式（4－73）代入式（4－63），得迎风差分格式为：

$$[D_w + (D_e - F_e) + (F_e - F_w)]\phi_P = D_w\phi_W + (D_e - F_e)\phi_E \tag{4-74}$$

值得注意：此时的速度 u 取负值，因此 F_e 也为负值，$D_e - F_e$ 则为正值。

以上各节点关系，可以写成以下通用形式：

$$a_P\phi_P = a_E\phi_E + a_W\phi_W \tag{4-75}$$

$$a_P = a_W + a_E + (F_e - F_w)$$

当流动方向为 $W \to E$ 时：$a_W = D_w + F_w$，$a_E = D_e$。

当流动方向为 $E \to W$ 时：$a_W = D_w$，$a_E = D_e - F_e$。

迎风格式满足守恒性。离散方程的系数均为正，满足有界性条件，同时也满足迁移性要求。因此，它能够取得比较好的解，其主要缺点是精度较低，为一阶截断误差格式。此外，当流动方向和网格线不一致时计算误差较大，此时它的解类似于扩散问题，因而被称为伪扩散。

4.2.5 混合格式

中心差分格式精度较高，但不具有迁移性。迎风格式满足离散方程的 3 个性质要求，但精度较低。Spalding（1972 年）把这 2 种格式结合起来，提出了混合格式（Hybrid Differencing Scheme）：在 $Pe<2$ 时应用具有二阶精度的中心差分格式，在 $Pe \geqslant 2$ 时应用迎风格式。

在每个控制容积上各界面的 Pe 数，如左侧界面上，表示如下：

$$Pe_w = \frac{F_w}{D_w} = \frac{(\rho u)_w}{\Gamma_w / \delta x_{WP}} \tag{4-76}$$

对单位面积穿过左侧界面的净通量，即单位时间、单位面积上由对流和扩散同时引起的某一物理量的总转移量，如对满足式（4-59）的变量 ϕ，其净通量为 $q = \rho u \phi - \Gamma \frac{\mathrm{d}\phi}{\mathrm{d}x}$的混合差分格式表示为：

$$q_w = F_w \left[\frac{1}{2}\left(1 + \frac{2}{Pe_w}\right)\phi_W + \frac{1}{2}\left(1 - \frac{2}{Pe_w}\right)\phi_P \right] \quad -2 < Pe < 2 \tag{4-77a}$$

$$q_w = F_w \phi_W \quad Pe \geqslant 2 \tag{4-77b}$$

$$q_w = F_w \phi_P \quad Pe \leqslant -2 \tag{4-77c}$$

式（4-77）表明，混合格式的离散方程在低 Pe 时，对对流项和扩散项都采用了中心差分格式；在高 Pe 时，对对流项采用了迎风格式，而令扩散项为 0。

对照通用形式：

$$a_P \phi_P = a_E \phi_E + a_W \phi_W \tag{4-78a}$$

$$a_P = a_W + a_E + (F_e - F_w) \tag{4-78b}$$

一维无源稳态对流-扩散问题混合差分格式各系数计算如下：

$$a_W = \max\left[F_w, \left(D_w + \frac{F_w}{2}\right), 0\right] \tag{4-78c}$$

$$a_E = \max\left[-F_e, \left(D_e - \frac{F_e}{2}\right), 0\right] \tag{4-78d}$$

应该注意，当流动方向和坐标（x）同向时，u 为正，反之则为负。

混合格式兼具中心差分格式和迎风差分格式的优点，具有守恒性、有界性和迁移性（高 Pe），其缺点是按 Taylor 级数展开后截断误差为一阶，精度不高。

4.2.6 幂指数格式

Patankar（1981 年）提出了一种幂指数格式（Power-law Differencing Scheme），对一维问题，它比混合格式精度高。在该格式中，当 $Pe>10$ 后，扩散项取 0；当 $0<Pe<10$ 时，用一个多项式计算穿过控制容积界面的通量，如左侧单位面积的净通量计算如下：

$$q_w = F_w[\phi_W + \beta_w(\phi_P - \phi_W)] \quad 0 < Pe < 10 \tag{4-79a}$$

$$\beta_w = (1 - 0.1Pe_w)^5/Pe_w \tag{4-79b}$$

$$q_w = F_w\phi_W \quad Pe > 10 \tag{4-79c}$$

对照通用格式：

$$a_P\phi_P = a_E\phi_E + a_W\phi_W \tag{4-80a}$$

$$a_P = a_W + a_E + (F_e - F_w) \tag{4-80b}$$

一维无源稳态对流－扩散问题幂指数格式各系数计算如下：

$$a_W = D_w\max[0,(1 - 0.1|Pe_w|^5) + \max[F_w,0]] \tag{4-80c}$$

$$a_E = D_e\max[0,(1 - 0.1|Pe_w|^5) + \max[-F_e,0]] \tag{4-80d}$$

幂指数格式的性质与混合格式类似，不过精度更高。Fluent 4.2 曾取该格式为默认格式。

4.2.7 对流－扩散问题的高阶差分格式——QUICK 格式

QUICK（Quadratic Upstream Interpolation for Convective Kinetics）格式是 Leonard（1979年）提出的一个格式，它采用了上游三点加权的二次插值来计算控制界面容积界面上的 ϕ 值，即界面上的 ϕ 值由界面两侧的两个节点及其上游的另一个节点的二次插值来计算，如图 4－11 所示。

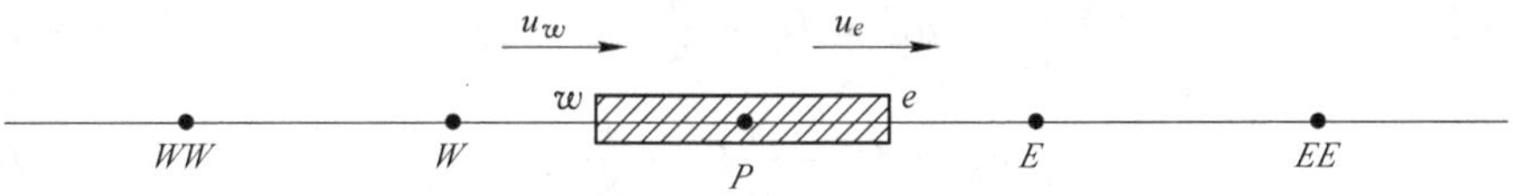

图 4－11 QUICK 相邻节点示意图

当 $u_w > 0$，$u_e > 0$，控制容积的 w 界面的 ϕ 值由 P、W、WW 3 个节点来计算，e 界面的 ϕ 值由 P、E、W 3 个节点来计算。当 $u_w < 0$，$u_e < 0$，控制容积的 w 界面的 ϕ 值由 P、W、E 3 个节点来计算，e 界面的 ϕ 值由 P、E、EE 3 个节点来计算。对于均匀网格，节点 i 和 $i-1$ 之间的界面处（记作 $i-1/2$）的 ϕ 值可按下式计算：

$$\phi_{i-1/2} = \frac{6}{8}\phi_{i-1} + \frac{3}{8}\phi_i - \frac{1}{8}\phi_{i-2} \tag{4-81}$$

因此，当 $u_w > 0$，$u_e > 0$，对图中的 w 和 e 界面的 ϕ 值的 QUICK 格式计算式为：

$$\phi_w = \phi_W + \frac{1}{8}(3\phi_P - 2\phi_W - 2\phi_{WW}) = \frac{6}{8}\phi_W + \frac{3}{8}\phi_P - \frac{1}{8}\phi_{WW} \tag{4-82a}$$

$$\phi_e = \phi_P + \frac{1}{8}(3\phi_E - 2\phi_P - 2\phi_W) = \frac{6}{8}\phi_P + \frac{3}{8}\phi_E - \frac{1}{8}\phi_W \tag{4-82b}$$

此时，对流项采用式（4－82）离散，扩散项采用中心差分格式离散，则 QUICK 格式的一维对流－扩散问题的离散方程为：

$$F_e\left(\frac{6}{8}\phi_P + \frac{3}{8}\phi_E - \frac{1}{8}\phi_W\right) - F_w\left(\frac{6}{8}\phi_W + \frac{3}{8}\phi_P - \frac{1}{8}\phi_{WW}\right) = D_e(\phi_E - \phi_P) - D_w(\phi_P - \phi_W) \tag{4-83}$$

整理成通用形式：

$$a_P\phi_P = a_E\phi_E + a_W\phi_W + a_{WW}\phi_{WW} \tag{4-84a}$$

其中

$$a_W = D_w + \frac{3}{8}F_w + \frac{1}{8}F_e \tag{4-84b}$$

$$a_E = D_e - \frac{3}{8}F_e \tag{4-84c}$$

$$a_{WW} = -\frac{1}{8}F_w \tag{4-84d}$$

$$a_P = a_W + a_E + a_{WW} + (F_e - F_w) = D_w - \frac{3}{8}F_w + D_e + \frac{6}{8}F_e \tag{4-84e}$$

当 $u_w<0$，$u_e<0$，对图 4-11 中的 w 和 e 界面的 ϕ 值的 QUICK 格式计算式为：

$$\phi_w = \phi_P + \frac{1}{8}(3\phi_W - 2\phi_P - \phi_E) = \frac{6}{8}\phi_P + \frac{3}{8}\phi_W - \frac{1}{8}\phi_E \tag{4-85a}$$

$$\phi_e = \phi_E + \frac{1}{8}(3\phi_P - 2\phi_E - \phi_{EE}) = \frac{6}{8}\phi_E + \frac{3}{8}\phi_P - \frac{1}{8}\phi_{EE} \tag{4-85b}$$

对流项采用式（4-85a）和式（4-85b）离散，扩散项采用中心差分格式离散，则 QUICK 格式的一维对流-扩散问题的离散方程为：

$$a_P\phi_P = a_E\phi_E + a_W\phi_W + a_{EE}\phi_{EE} \tag{4-86a}$$

其中

$$a_W = D_w + \frac{3}{8}F_w \tag{4-86b}$$

$$a_E = D_e - \frac{6}{8}F_e - \frac{1}{8}F_w \tag{4-86c}$$

$$a_{EE} = \frac{1}{8}F_e \tag{4-86d}$$

$$a_P = a_W + a_E + a_{EE} + (F_e - F_w) = D_w - \frac{6}{8}F_w + D_e + \frac{3}{8}F_e \tag{4-86e}$$

把式（4-84）和式（4-86）写成统一的形式：

$$a_P\phi_P = a_E\phi_E + a_W\phi_W + a_{WW}\phi_{WW} + a_{EE}\phi_{EE} \tag{4-87a}$$

其中

$$a_W = D_w + \frac{3}{8}\alpha_w F_w + \frac{1}{8}\alpha_e F_e + \frac{3}{8}(1-\alpha_w)F_w \tag{4-87b}$$

$$a_E = D_e - \frac{3}{8}\alpha_e F_e - \frac{6}{8}(1-\alpha_e)F_e - \frac{1}{8}(1-\alpha_w)F_w \tag{4-87c}$$

$$a_{WW} = -\frac{1}{8}F_w, a_{EE} = \frac{1}{8}F_e \tag{4-87d}$$

$$\begin{aligned} a_P &= a_W + a_E + a_{WW} + a_{EE} + (F_e - F_w) \\ &= D_w - \frac{3}{8}F_w - \frac{3}{8}(1-\alpha_w)F_w + D_e + \frac{3}{8}(1+\alpha_e)F_e \end{aligned} \tag{4-87e}$$

当 $u_w>0$，$u_e>0$ 时，$\alpha_w=1$，$\alpha_e=1$；当 $u_w<0$，$u_e<0$，$\alpha_w=0$，$\alpha_e=0$。

QUICK 格式满足守恒性，因为它在计算控制容积界面上的 ϕ 值都采用了相同形式的二次插值表达式。它的 Taylor 级数截断误差具有三阶精度。此外，满足迁移性和有界性的充分条件。

但考察它的各节点系数的时候，会发现对于有界性的必要条件它有条件地满足。例如式（4-87b）和式（4-87c），当 $u_w>0$，$u_e>0$ 时，$a_W=D_w+\frac{3}{8}F_w+\frac{1}{8}F_e>0$，$a_E=D_e-\frac{3}{8}F_e$，按有界性的必要条件，须 $a_E=D_e-\frac{3}{8}F_e>0$。因此，有 $Pe_e=\frac{F_e}{D_e}<\frac{8}{3}$。所以，QUICK 格式是有条件的稳定。

此外，由于 QUICK 格式涉及 4 个相邻节点，因此它离散后的线性方程组的系数矩阵不是三角阵，TDMA 算法不能应用。

针对以上不足，许多研究人员对 QUICK 格式的表达式重新进行了整理，以保证它能满足有界性的必要条件，从而有更好的稳定性。其中，Hayase 等人（1992 年）做如下的整理：对控制容积的 w 和 e 界面的 ϕ 值的 QUICK 格式仍按式（4-82）和式（4-85），只是修改为下式：

当 $u_w>0$，$u_e>0$ 时：

$$\phi_w=\phi_W+\frac{1}{8}(3\phi_P-2\phi_W-2\phi_{WW}) \tag{4-88a}$$

$$\phi_e=\phi_P+\frac{1}{8}(3\phi_E-2\phi_P-2\phi_W) \tag{4-88b}$$

当 $u_w<0$，$u_e<0$ 时：

$$\phi_w=\phi_P+\frac{1}{8}(3\phi_W-2\phi_P-\phi_E) \tag{4-89a}$$

$$\phi_e=\phi_E+\frac{1}{8}(3\phi_P-2\phi_E-2\phi_{EE}) \tag{4-89b}$$

写成通用形式：

$$a_P\phi_P=a_E\phi_E+a_W\phi_W+\bar{S} \tag{4-90}$$

其中

$$a_P=a_W+a_E+a_{EE}+(F_e-F_w) \tag{4-91a}$$

$$a_W=D_w+\alpha_wF_w \tag{4-91b}$$

$$a_E=D_e-(1-\alpha_e)F_e \tag{4-91c}$$

$$\begin{aligned}\bar{S}=&\frac{1}{8}(3\phi_P-2\phi_W-\phi_{WW})\alpha_wF_w+\frac{1}{8}(\phi_W-2\phi_P-3\phi_E)\alpha_eF_e+\\&\frac{1}{8}(3\phi_W-2\phi_P-\phi_E)(1-\alpha_w)F_w+\frac{1}{8}(2\phi_E-\phi_{EE}-3\phi_P)(1-\alpha_e)F_e\end{aligned} \tag{4-91d}$$

当 $u_w>0$，$\alpha_w=1$，$u_e>0$，$\alpha_e=1$；当 $u_w<0$，$\alpha_w=0$，$u_e<0$，$\alpha_e=0$。式（4-90）在两种情况下，各系数总为正。因此，它满足守恒性、迁移性和有界性。

Fluent 软件中 QUICK 相邻节点示意图，如图 4-12 所示。

Fluent 软件中给出了一个通用格式，当取不同的权系数时，它可以分别是中心差分、二阶迎风、标准 QUICK 格式。该格式对当前节点 P 的 e 侧界面 ϕ 统一为下式：

$$\phi_e=\theta\left(\frac{S_d}{S_c+S_d}\phi_P+\frac{S_c}{S_c+S_d}\phi_E\right)+(1-\theta)\left(\frac{S_u+2S_c}{S_c+S_u}\phi_P-\frac{S_c}{S_c+S_d}\phi_W\right) \tag{4-92}$$

其中，$\theta=1$ 为中心差分；$\theta=0$ 为二阶迎风格式；$\theta=1/8$ 为标准 QUICK 格式。

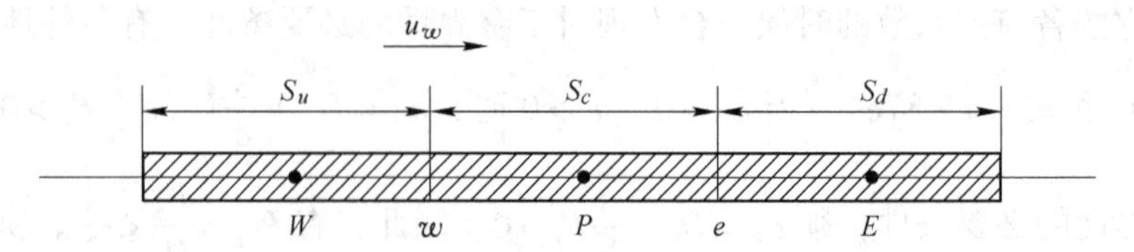

图 4－12　Fluent 软件中 QUICK 相邻节点示意图

4.2.8　多维对流－扩散问题的离散格式

多维对流－扩散问题的离散过程可按一维问题的离散方法进行，只是控制体中的节点的相邻节点数由一维的 2 个变成二维的 4 个和三维的 6 个。建议坐标方向为从 $W \to E$、$S \to N$、$B \to T$ 为正向，下面给出最后的离散方程的通用形式。

（1）二维对流－扩散问题的离散方程。方程式为：

$$a_P \phi_P = a_E \phi_E + a_W \phi_W + a_S \phi_S + a_N \phi_N + S_u \tag{4-93}$$

其中

$$a_E = D_e A(|Pe_e|) + \max(-F_e, 0), a_W = D_w A(|Pe_w|) + \max(F_w, 0) \tag{4-94a}$$
$$a_N = D_n A(|Pe_n|) + \max(-F_n, 0), a_S = D_s A(|Pe_s|) + \max(F_s, 0)$$

$$S_u = S_c \Delta x \Delta y + a_P^0 \phi_P^0 \tag{4-94b}$$

$$a_P^0 = \frac{\rho_P^0 \Delta x \Delta y}{\Delta t} \tag{4-94c}$$

$$a_P = a_W + a_E + a_S + a_N + a_P^0 - S_P \Delta x \Delta y \tag{4-94d}$$

式中，a_P^0、ϕ_P^0 只用于非稳态的计算，稳态时的计算则不考虑这 2 个参数，它们表示当前时刻 t 时，已知的 a_P、ϕ_P，而无上标“0”的参数，则表示需要计算的 $t + \Delta t$ 时刻的值。其他参数定义如下：

$$F_w = (\rho u)_w \Delta y, \quad F_e = (\rho u)_e \Delta y, \quad F_n = (\rho v)_n \Delta x, \quad F_s = (\rho v)_s \Delta x \tag{4-95a}$$

$$D_w = \frac{\Gamma_w \Delta y}{\delta x_{WP}}, \quad D_e = \frac{\Gamma_e \Delta y}{\delta x_{PE}}, \quad D_n = \frac{\Gamma_n \Delta x}{\delta x_{PN}}, \quad D_s = \frac{\Gamma_s \Delta x}{\delta x_{SP}} \tag{4-95b}$$

控制区界面上的 Peclet 数定义如下：

$$Pe_e = \frac{F_e}{D_e}, \quad Pe_w = \frac{F_w}{D_w}, \quad Pe_n = \frac{F_n}{D_n}, \quad Pe_s = \frac{F_s}{D_s} \tag{4-95c}$$

式（4－94a）中的 $A|Pe|$ 计算，见表 4－2。

表 4－2　不同差分格式的 $A|Pe|$ 计算

格　式	中心格式	迎风格式	混合格式	幂指数格式
$A\|Pe\|$	$1-0.5\|Pe\|$	1	$\max(0, 1-0.5\|Pe\|)$	$\max(0, 1-0.5\|Pe\|)^5$

（2）三维对流－扩散问题的离散方程。方程式为：

$$a_P \phi_P = a_E \phi_E + a_W \phi_W + a_S \phi_S + a_N \phi_N + a_T \phi_T + a_B \phi_B + S_u \tag{4-96}$$

其中

$$\left.\begin{aligned} a_E &= D_e A(|Pe_e|) + \max(-F_e, 0), \quad a_W = D_w A(|Pe_w|) + \max(F_w, 0) \\ a_N &= D_n A(|Pe_n|) + \max(-F_n, 0), \quad a_S = D_s A(|Pe_s|) + \max(F_s, 0) \\ a_T &= D_t A(|Pe_t|) + \max(-F_t, 0), \quad a_B = D_b A(|Pe_b|) + \max(F_b, 0) \end{aligned}\right\} \tag{4-97a}$$

$$S_u = S_c \Delta x \Delta y \Delta z + a_P^0 \phi_P^0 \tag{4-97b}$$

$$a_P^0 = \frac{\rho_P^0 \Delta x \Delta y \Delta z}{\Delta t} \tag{4-97c}$$

$$a_P = a_W + a_E + a_S + a_N + a_T + a_B + a_P^0 - S_P \Delta x \Delta y \Delta z \tag{4-97d}$$

式中，a_P^0、ϕ_P^0 只用于非稳态的计算，稳态时的计算则不考虑这 2 个参数，它们表示当前时刻 t 时，已知的 a_P、ϕ_P，而无上标“0”的参数，则表示需要计算的 $t+\Delta t$ 时刻的值。其他参数定义如下：

$$\left.\begin{aligned} F_w &= (\rho u)_w \Delta y \Delta z, & F_e &= (\rho u)_e \Delta y \Delta z \\ F_n &= (\rho v)_n \Delta x \Delta z, & F_s &= (\rho v)_s \Delta x \Delta z \\ F_t &= (\rho w)_t \Delta x \Delta y, & F_b &= (\rho w)_b \Delta x \Delta y \end{aligned}\right\} \tag{4-98a}$$

$$\left.\begin{aligned} D_w &= \frac{\Gamma_w \Delta y \Delta z}{\delta x_{WP}}, & D_e &= \frac{\Gamma_e \Delta y \Delta z}{\delta x_{PE}} \\ D_n &= \frac{\Gamma_n \Delta x \Delta z}{\delta x_{PN}}, & D_s &= \frac{\Gamma_s \Delta x \Delta z}{\delta x_{SP}} \\ D_t &= \frac{\Gamma_t \Delta x \Delta y}{\delta z_{PT}}, & D_b &= \frac{\Gamma_b \Delta x \Delta y}{\delta z_{BP}} \end{aligned}\right\} \tag{4-98b}$$

控制区界面上的 Peclet 数定义如下：

$$\left.\begin{aligned} Pe_e &= \frac{F_e}{D_e}, & Pe_w &= \frac{F_w}{D_w} \\ Pe_n &= \frac{F_n}{D_n}, & Pe_s &= \frac{F_s}{D_s} \\ Pe_t &= \frac{F_t}{D_t}, & Pe_b &= \frac{F_b}{D_b} \end{aligned}\right\} \tag{4-98c}$$

习　题

4-1　流动与传热问题守恒形式的输运方程各项物理意义？

4-2　有限体积法基本思想？

4-3　有限体积法解题步骤？

4-4　中心差分格式、迎风格式、混合格式；幂指数格式、对流-扩散问题的高阶差分格式—QUICK 格式的特点及区别？

4-5　以一维稳态导热为例，设导热控制微分方程为：$\frac{\mathrm{d}}{\mathrm{d}x}\left(\lambda \frac{\mathrm{d}T}{\mathrm{d}x}\right) + q = 0$，式中 λ 为导热系数；q 为内热源。如图所示，一等截面杆，长 0.5m，导热系数 $\lambda = 100\mathrm{W/(m \cdot K)}$，横截面积 $S = 0.02\mathrm{m}^2$，A 端温度 40℃，B 端温度 800℃，试用有限体积法求内热源 $q=0$ 及 $q = 3000\mathrm{kW/m^2}$ 时杆上各节点的温度。

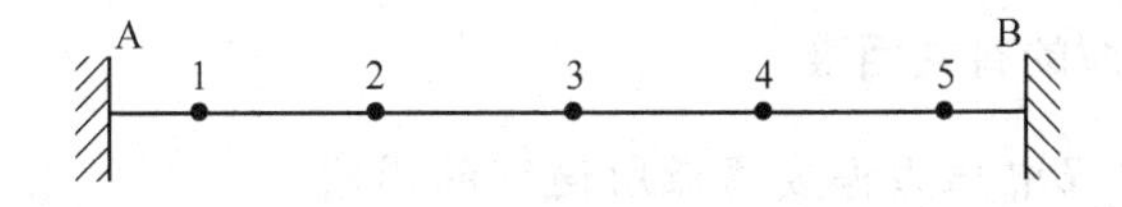

5 流场计算数值算法

教学目的：

（1）了解交错网格产生原因及处理方法。

（2）掌握 SIMPLE 算法、SIMPLER 算法、SIMPLEC 算法及 PISO 算法的基本思想及求解过程。

第5章课件

5.1 引　　言

分析前面反映流场运动规律的控制方程，将会发现如下问题：

首先，运动方程中的对流项包含非线性量；其次，每个速度分量既出现在运动方程中，又出现在连续方程中，方程错综复杂地耦合在一起。更为复杂的是压力项的处理，它出现在运动方程中，但却没有可用以直接求解压力的方程。对于第一个问题，解决的办法是迭代法。迭代法是处理非线性问题经常采用的方法，它是从一个估计的速度场开始，通过迭代逐步逼近速度的收敛值。对于第二个问题，如果压力已知，求解速度不会特别困难，只需用第 4 章介绍的方法，导出运动方程所对应的速度分量的离散方程，求解速度。而一般情况下，压力也是待求的未知量，在求解速度场之前，压力场是未知的，求解速度场的真正的困难在于不知道压力场。

为解决因压力所带来的流场求解难题，目前主要有两类方法：非原始变量法和原始变量法。非原始变量法是从控制方程中消去压力的方法。例如，在二维问题中，通过交叉微分，把压力从两个运动方程中消去，可得到流函数、涡量作为变量的流场的方程，进而求出流函数、涡量和流速。流函数－涡量法是非原始变量法中的代表，它成功地解决了直接求解压力带来的困难。然而，非原始变量法存在明显的问题，如有些壁面上的边界条件很难给定，计算量及存储空间很大，因而，其应用不普遍。原始变量法是直接以原始变量 u、v、w、p 作为因变量进行流场求解，该类方法也称基本变量法。目前，广泛使用的是这类方法中的 SIMPLE 算法，以及在 SIMPLE 算法基础上改进的 SIMPLER 算法、SIMPLEC 算法和 PISO 算法等。

5.2 交错网格

5.2.1 基本变量法求解的有关困难

5.2.1.1 运动方程中压力梯度离散所遇到的困难

以一维运动方程为例，对于运动方程中出现的压力梯度 $\mathrm{d}p/\mathrm{d}x$，假设其压力呈分段线性分布，如图 5－1 所示。

将压力梯度沿控制容积积分，得：

$$\int_w^e \frac{\mathrm{d}p}{\mathrm{d}x}\mathrm{d}x = p_e - p_w = \frac{p_P + p_E}{2} - \frac{p_W + p_P}{2} = \frac{p_E - p_W}{2} \tag{5-1}$$

这就意味着离散化的运动方程将包含 2 个相间节点的压力差，而不是相邻节点的压力差，压力梯度项在离散方程中的表达带来的结果是：如图 5－1(c) 所示，取锯齿波形压力场，运动方程对这样一个波形压力场的“感受”竟然与均匀的压力场的“感受”一样，因为相间压力值处处相等，显然，这是不能接受的结果。采用上述方法所得的离散方程来求解流场，就会引起这样的问题：如果在流场迭代求解过程的某一层次上，压力场的当前值加上了一个锯齿状的压力波，运动方程的离散方式无法把这一不合理的分量检测出来，它一直会保留到迭代过程收敛且被作为正确的压力场输出，从而导致流场计算的错误。对于二维和三维也存在同样的问题。

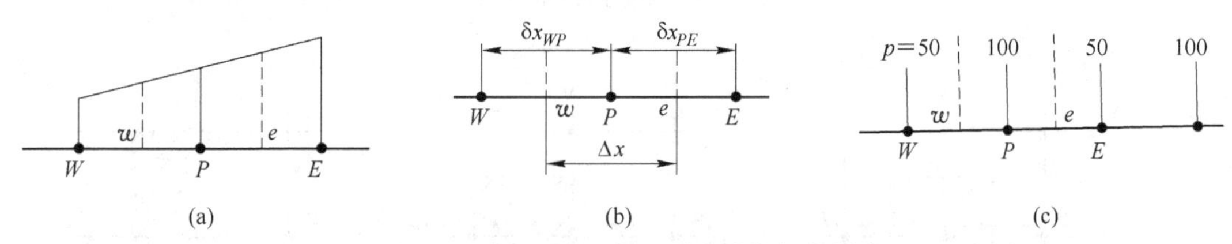

图 5－1　一维运动方程压力梯度分布与控制容积

（a）压力梯度；（b）控制容积；（c）波状压力

5.2.1.2　连续方程离散所遇到的困难

同样取一维稳态不可压流动，连续性方程为 $\mathrm{d}u/\mathrm{d}x=0$。与运动方程中的 p 一样，速度 u 采用分段线性分布，并取控制容积面于两节点中点位置。沿控制容积积分，得：

$$\int_w^e \frac{\mathrm{d}u}{\mathrm{d}x}\mathrm{d}x = u_e - u_w = \frac{u_P + u_E}{2} - \frac{u_W + u_P}{2} = 0 \tag{5-2}$$

$$u_E - u_W = 0 \tag{5-3}$$

这就意味着离散化的连续方程将包含 2 个相间节点的速度差，而不是相邻节点的速度差；同样，锯齿波形的速度场完全不合乎实际的速度场，却满足离散化的连续性方程，对于二维和三维问题的数值计算，即使满足连续方程，也同样可能存在不合理的解。

综上所述，压力和速度出现的问题主要来源于压力或速度的一阶导数项；相反，二阶导数则一般不出现此问题。解决这一离散困难的方法是采用交错网格。交错网格（Staggered Grid）又称为移动网格（Displaced Grid），是 F. H. Harlow 等人在提出著名的 MAC 法时首先使用的。

5.2.2　解决方案——交错网格

交错网格是将标量型变量（如压强、温度、浓度）的网格与矢量型变量－速度 u_i 的网格系统错开。如图 5－2 所示，设标量型变量的控制容积称为主控制容积，相应的网格节点称为主节点。图中，圆点代表主控制容积的节点，即主节点，虚线表示主控制容积的界面；将速度 u 的节点设置于主控制容积的左、右界面，用横向箭头表示；速度 v 的节点设置于主控制容积的上、下界面，用竖箭头表示；u，v 各自的控制容积则以速度所在的位置为中心。因此，如图 5 – 3 所示，u 的控制容积比主控制容积在 x 方向相差半个网格的距离；v 的控制容积在 y 方向相差半个网格的距离。

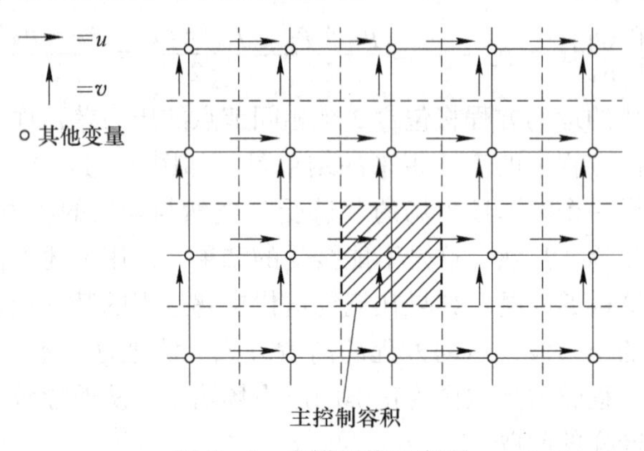

图 5 – 2 交错网格示意图

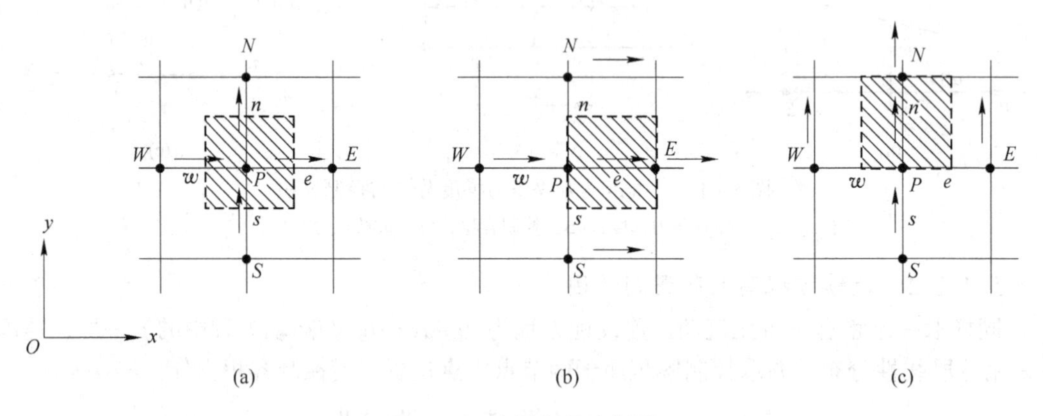

图 5 – 3 控制容积示意图

（a）标量控制容积；（b）u 控制容积；（c）v 控制容积

对于三维问题，同样布置 z 方向的交错网格。

在交错网格中，u、v、w 的离散方程可分别通过对 u、v、w 的控制容积作积分。在 u 的离散方程中，压力节点与 u 控制容积的界面相一致。则压力 p 沿控制容积积分得：

$$\frac{\partial p}{\partial x} = \frac{p_E - p_P}{\delta x_{PE}} \tag{5-4}$$

亦即相邻两点间的压力差构成了 $\partial p/\partial x$，这就从根本上解决了前述采用一般网格系统时所遇到的困难；同样，由于交错网格，也避免了连续性方程所遇到的困难。另外，在主控制容积中，速度节点的位置正好是在标量输运计算时所需要的位置。因此，不需要任何插值就可得到主控制容积界面上的速度。

采用交错网格消除了前述的困难，也付出了一定的代价。在计算过程中，所有存储于主节点的物性值在求解 u、v、w 方程时，必须通过插值才能得到所需位置上的值。其次，由于 u、v、w、p 及其他变量的网格系统不同，在求解离散方程时，往往需要一些相应的插值。另外，在计算与程序编制的工作上，由于三套网格系统，节点编号必须仔细处理方可协调一致。

5.3 运动方程的离散

交错网格中，对于一般变量 ϕ 的离散过程及结果与第 4 章相同。但对运动方程而言，则带来一些新特点，主要表现在以下两个方面：

（1）对 u、v、w 方向上的运动方程积分所用的控制容积不是主控制容积，而是各自的控制容积，如图 5－4 所示。

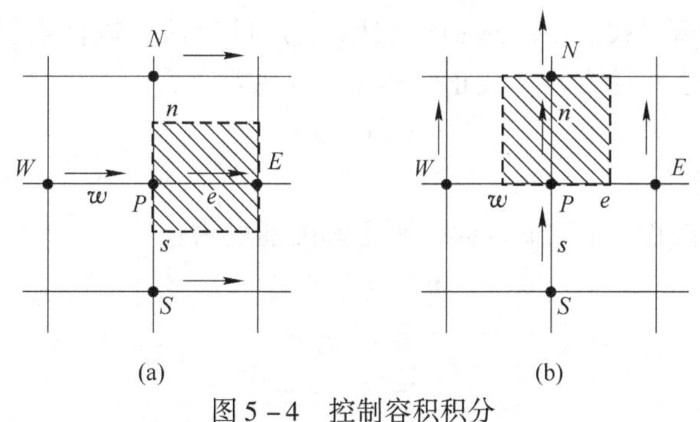

图 5－4　控制容积积分

（a）u 控制容积积分；（b）v 控制容积积分

（2）运动方程中的压力梯度项从源项中分离出来。例如，在二维流动中，压力梯度项对 u_e 的控制容积积分为：

$$\int_s^n\int_P^E\left(-\frac{\partial p}{\partial x}\right)\mathrm{d}x\mathrm{d}y = -\int_s^n(p\mid_P^E)\mathrm{d}y = (p_P - p_E)\Delta y \tag{5-5}$$

这里，假设在 u_e 的控制容积的左右界面上压力是各自均匀的，分别为 p_E 及 p_P。于是，运动方程中关于 u_e 的控制方程便具有以下形式：

$$a_e u_e = \sum a_{nb}u_{nb} + S_u + (p_P - p_E)A_e \tag{5-6a}$$

这里，u_{nb} 为 u_e 控制容积相邻节点的流速；A_e 为 x 方向压力差的作用面积，在二维流动中，$A_e = \Delta y\times 1$，在三维流动中，$A_e = \Delta y\Delta z$；S_u 为不包括压力在内的源项中的常数部分，若为非恒定流，S_u 还与流场的初始条件有关。系数 a_{nb} 的计算公式，取决于所用的离散格式，见第 4 章。

类似地，对 v_n 和 w_t 的控制容积积分，得：

$$a_n v_n = \sum a_{nb}v_{nb} + S_v + (p_P - p_N)A_n \tag{5-6b}$$

$$a_t w_t = \sum a_{nb}w_{nb} + S_w + (p_P - p_T)A_t \tag{5-6c}$$

5.4 SIMPLE 算法

5.4.1 压力与速度的修正

对于离散的运动的方程，只有压力场已知，或是按照某种方法估计出来才能求解。除非采用正确的压力场；否则，所得的速度场将不会满足连续性方程。基于估计的压力场

p^*不满足连续方程的速度场用u^*、v^*、w^*表示。u^*、v^*、w^*将来自于求解下列方程组：

$$a_e u_e^* = \sum a_{nb} u_{nb}^* + S_u + (p_P^* - p_E^*) A_e \tag{5-7a}$$

$$a_n v_n^* = \sum a_{nb} v_{nb}^* + S_v + (p_P^* - p_N^*) A_n \tag{5-7b}$$

$$a_t w_t^* = \sum a_{nb} w_{nb}^* + S_w + (p_P^* - p_T^*) A_t \tag{5-7c}$$

式（5-7）为非线性方程组，需用迭代法求解。每次迭代时，用于计算离散方程中系数的速度分量值，均取上一次的迭代值，首次迭代值取初始猜测值。由于采用了估计的压力场来计算速度场，需寻找一个改进估计的压力p^*的方法，以使所算得的带星号的速度场将逐渐地接近满足连续性方程。设正确的压力p为：

$$p = p^* + p' \tag{5-8}$$

式中，p'为压力修正值。

相应地，设速度修正为u'、v'、w'，则正确的速度为：

$$u = u^* + u' \tag{5-9a}$$

$$v = v^* + v' \tag{5-9b}$$

$$w = w^* + w' \tag{5-9c}$$

将式（5-9a）、式（5-9b）、式（5-9c）分别代入式（5-7a）、式（5-7b）、式（5-7c），然后分别减去式（5-7a）、式（5-7b）、式（5-7c）得：

$$a_e u'_e = \sum a_{nb} u'_{nb} + S_u + (p'_P - p'_E) A_e \tag{5-10a}$$

$$a_n v'_n = \sum a_{nb} v'_{nb} + S_v + (p'_P - p'_N) A_n \tag{5-10b}$$

$$a_t w'_t = \sum a_{nb} w'_{nb} + S_w + (p'_P - p'_T) A_t \tag{5-10c}$$

式（5-10）表明，任一点上速度修正由两部分组成：一部分是与该速度在同一方向上的相邻两节点压力修正之差，这是产生速度修正的直接动力；另一部分由相邻点速度修正所引起，这又可以视为四周压力修正位置上速度修正的间接或隐含影响。式（5-10）是一个五对角阵方程组，速度场中各点的修正值要联立求解，计算工作量很大。可以认为上述两种影响因素中，压力修正的直接影响是主要的，四周邻点速度修正的影响可近似地不予考虑，即略去$\sum a_{nb} u'_{nb}$所产生的影响，则速度修正方程为：

$$a_e u'_e = (p'_P - p'_E) A_e \tag{5-11}$$

或

$$u'_e = d_e (p'_P - p'_E) A_e \tag{5-12a}$$

同样，y和z方向的速度修正方程为：

$$v'_n = d_n (p'_P - p'_N) A_n \tag{5-12b}$$

$$w'_t = d_t (p'_P - p'_T) A_t \tag{5-12c}$$

式中，$d_e = \dfrac{A_e}{a_e}$；$d_n = \dfrac{A_n}{a_n}$；$d_t = \dfrac{A_t}{a_t}$。

由于速度$u = u^* + u'$，则速度修正方程式（5-9）又可写为：

$$u_e = u_e^* + d_e (p'_P - p'_E) \tag{5-13a}$$

同理，可得：

$$v_n = v_n^* + d_n(p'_P - p'_N) \tag{5-13b}$$

$$w_t = w_t^* + d_t(p'_P - p'_T) \tag{5-13c}$$

式（5－13）表明，如果求出压力修正 p'，便可对速度 u^*、v^*、w^* 作相应的修正。

5.4.2　压力修正方程

现在来导出确定压力修正值 p' 的方程。压力修正 p' 应满足的条件是：根据 p' 所改进的速度场能满足连续性方程。图 5－5 为主控制容积积分图。

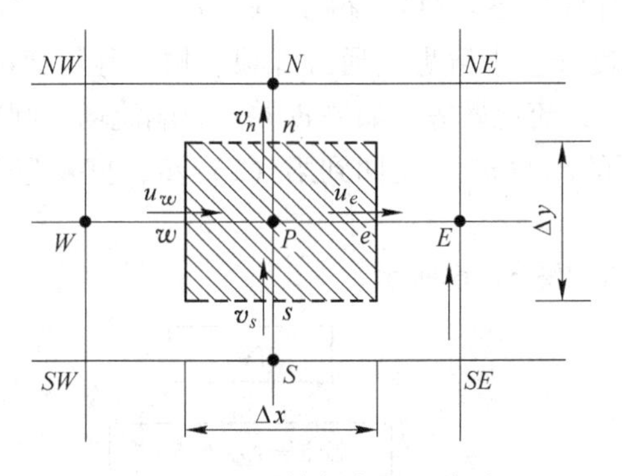

图 5－5　主控制容积积分图

把连续性方程 $\frac{\partial \rho}{\partial t} + \frac{\partial(\rho u)}{\partial x} + \frac{\partial(\rho v)}{\partial y} + \frac{\partial(\rho w)}{\partial z} = 0$ 在时间间隔 Δt 内对主控制容积积分，得：

$$\begin{aligned} &\frac{(\rho_P - \rho_P^0)\Delta x \Delta y \Delta z}{\Delta t} + [(\rho u)_e - (\rho u)_w]\Delta y \Delta z + \\ &[(\rho v)_n - (\rho v)_s]\Delta z \Delta x + [(\rho w)_t - (\rho w)_b]\Delta x \Delta y = 0 \end{aligned} \tag{5-14}$$

将式（5－13）代入式（5－14），得下列对 p' 的离散化方程即压力修正方程：

$$a_P p'_P = a_E p'_E + a_W p'_W + a_S p'_S + a_N p'_N + a_B p'_B + a_T p'_T + S \tag{5-15}$$

其中

$$a_E = \rho_e d_e \Delta y \Delta z, \qquad a_W = \rho_w d_w \Delta y \Delta z$$

$$a_N = \rho_n d_n \Delta z \Delta x, \qquad a_S = \rho_s d_s \Delta z \Delta x$$

$$a_T = \rho_t d_t \Delta x \Delta y, \qquad a_B = \rho_b d_b \Delta x \Delta y$$

$$a_P = a_E + a_W + a_S + a_N + a_B + a_T$$

$$\begin{aligned} S = &\frac{(\rho_P - \rho_P^0)\Delta x \Delta y \Delta z}{\Delta t} + [(\rho u^*)_e - (\rho u^*)_w]\Delta y \Delta z + \\ &[(\rho v^*)_n - (\rho v^*)_s]\Delta z \Delta x + [(\rho w^*)_t - (\rho w^*)_b]\Delta x \Delta y \end{aligned}$$

参数 ρ_e、ρ_w、ρ_n、ρ_s、ρ_t、ρ_b 可采用任何一种方便的内插公式，由网格节点处的值计算得到，但不管采用什么样的内插公式，都必须保持密度在其界面所属的 2 个控制容积内连续。若为不可压缩流动，则不存在密度的内插问题；当 S 值为 0 时，带 * 号的速度值满足连续方程，不再对压力进行进一步的修正。

5.4.3　SIMPLE 算法的基本思路

SIMPLE（Semi－Implicit Method for Pressure－Linked Equations）算法是求解压力耦合方

程的半隐式法。在得到速度修正方程式（5－13）的过程中，略去了 $\sum a_{nb}u'_{nb}$ 项，去掉 $\sum a_{nb}u'_{nb}$ 这一项就称为“半隐”，而保留这一部分时，u'_e 方程就成为一个“全隐”的代数方程。

SIMPLE 算法的计算步骤为：

（1）假定一个压力场 p^*。

（2）求解运动方程式（5－7），得 u^*、v^*、w^*。

（3）求解压力修正方程式（5－15），得 p'，由式（5－8）得 p。

（4）利用速度修正方程式（5－13），得 u、v、w。

（5）利用改进后的速度场，求解那些通过源项、物性等与速度场耦合的 ϕ 变量，如温度场、浓度场、紊流动能、紊流耗散等。如果 ϕ 并不影响流场，则应在速度场收敛后求解。

（6）把 p 作为一个新的压力 p^*，返回到第（2）步，重复整个过程，直至求得收敛解为止。

SIMPLE 算法的流程图如图 5－6 所示。

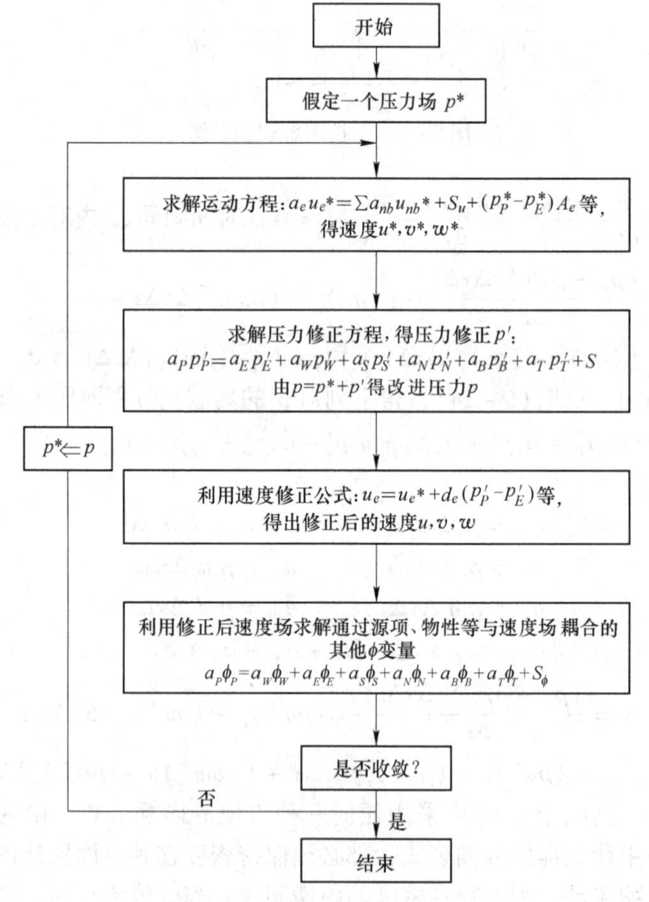

图 5－6　SIMPLE 算法的流程图

5.4.4　SIMPLE 算法的讨论

（1）在速度修正方程式（5－12）中，略去邻点速度修正值的影响，这一个做法并不影响最后收敛的值，但加重了修正压力 p'的负担。原因在于：当速度场收敛时，修正速度 $u'\to 0$，$v'\to 0$，则 $\sum a_{nb}u'_{nb}$，$\sum a_{nb}v'_{nb}$ 亦趋近于0。但把引起速度修正的原因完全归于其相邻点的压力的修正值，势必夸大了压力修正。因此，在改进压力值时应对压力修正 p'作亚松弛，即：

$$p = p^* + \alpha_p p' \tag{5-16}$$

一般可取亚松弛系数 $\alpha_p = 0.8$。与此同时，在速度修正式中略去了 $\sum a_{nb}u'_{nb}$ 项，所求得的速度修正 u'、v'、w'并不满足运动方程，这有可能导致迭代过程的发散，速度也应加以亚松弛。关于速度的亚松弛常常直接在代数方程求解过程中予以考虑。在解运动方程的离散方程时，速度的亚松弛系数一般可取 $\alpha = 0.5$。

（2）SIMPLE 算法适用于 ρ 变化不大的情况。在推导压力修正 p'方程的过程中，认为密度 ρ 是已知的，并且没有考虑压力对密度的影响。一般说来，ρ 可以根据状态方程计算出来。

5.4.5　SIMPLE 算法压力修正方程的边界条件

一般情况下，在流动的边界上或压力已知，或法向速度已知。当压力已知时，有 $p^* = p_{已知}$，$p' = 0$。当速度已知时，有 $u_e = u_{e,已知}$，$u'_e = 0$。取如图 5-7 所示的网格，使控制容积界面与已知边界重合。因已知 $u_e = u_{e,已知}$，$u'_e = 0$，则不必引入 p'_E，或者说在压力修正 p'方程中，$a_E = 0$。

由此可见，无论是边界压力已知还是法向速度已知，都没有必要引入关于边界上压力修正值的信息。在计算中，可令与边界相邻的主控制容积的压力修正 p'方程相应的系数为0。

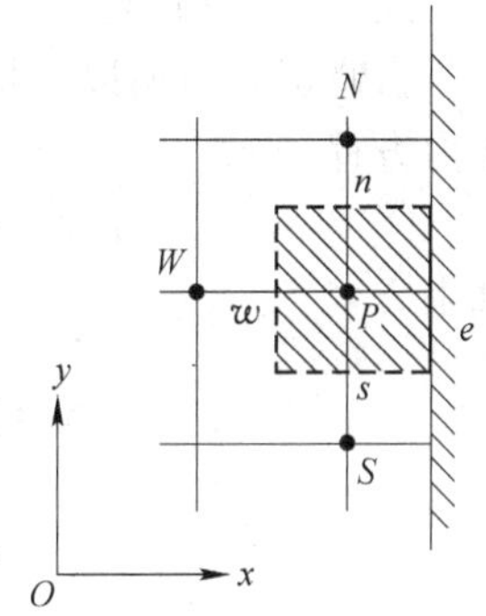

图 5-7　主控制容积下的边界条件图

5.5　SIMPLER 算法

在推导压力修正 p'方程的过程中所引入的近似（忽略掉 $\sum a_{nb}u'_{nb}$ 项），导致了过于夸大压力修正，因此亚松弛成为迭代过程中的基本做法。对压力修正 p'方程采用亚松弛处理，也未必能恰到好处。其原因在于，亚松弛技术用来修正速度是相当好的，而用来修正压力时则相当差。在大多数情况下，可以认为压力修正方程用来修正速度是相当好的，压力场的改进则需另谋更合适的方法。

此外，在 SIMPLE 算法中，为了确定运动方程的离散系数，一开始就假定了一个速度分布；同时，又独立地假定了一个压力分布，这一速度分布与压力分布一般不相协调，从而影响了迭代的速度。事实上，当在速度场假定以后，压力场即可由压力方程计算而得，不必再单独假定一个压力场。Patankar 把上述 2 种思想结合起来，构成了改进后的 SIMPLE 算法——SIMPLER（SIMPLE Revised）算法。

将离散后的 x 方向的运动方程（5-6a）改写为：

$$u_e = \frac{\sum a_{nb}u_{nb} + S_u}{a_e} + d_e(p_P - p_E) \tag{5-17}$$

定义 x 方向的假速度为：

$$\hat{u}_e = \frac{\sum a_{nb}u_{nb} + S_u}{a_e} \tag{5-18a}$$

同理，定义 y、z 方向的假速度为：

$$\hat{v}_n = \frac{\sum a_{nb}v_{nb} + S_v}{a_n} \tag{5-18b}$$

$$\hat{w}_t = \frac{\sum a_{nb}w_{nb} + S_w}{a_t} \tag{5-18c}$$

可见，假速度由相邻的速度组成，不含压力，则式（5-17）变为：

$$u_e = \hat{u}_e + d_e(p_P - p_E) \tag{5-19a}$$

$$v_n = \hat{v}_n + d_n(p_P - p_N) \tag{5-19b}$$

$$w_t = \hat{w}_t + d_t(p_P - p_T) \tag{5-19c}$$

式（5-13）与式（5-19）类似，只是 $\hat{u}_e$、$\hat{v}_n$、$\hat{w}_t$ 代替了 u_e^*、v_n^*、w_t^*，压力 p 代替了压力修正 p'。所以，将式（5-19）代入连续性方程的积分方程（5-14）可得如下的压力方程：

$$a_P p_P = a_E p_E + a_W p_W + a_S p_S + a_N p_N + a_B p_B + a_T p_T + S \tag{5-20}$$

其中

$$S = \frac{(\rho_P - \rho_P^0)\Delta x\Delta y\Delta z}{\Delta t} + [(\rho\hat{u})_w - (\rho\hat{u})_e]\Delta y\Delta z + [(\rho\hat{v})_s - (\rho\hat{v})_n]\Delta z\Delta x + [(\rho\hat{w})_b - (\rho\hat{w})_t]\Delta x\Delta y$$

$$a_E = \rho_e d_e \Delta y\Delta z, \qquad a_W = \rho_w d_w \Delta y\Delta z$$

$$a_N = \rho_n d_n \Delta z\Delta x, \qquad a_S = \rho_s d_s \Delta z\Delta x$$

$$a_T = \rho_t d_t \Delta x\Delta y, \qquad a_B = \rho_b d_b \Delta x\Delta y$$

$$a_P = a_E + a_W + a_S + a_N + a_B + a_T$$

式中，a_E、a_W、a_N、a_S、a_T、a_B 与压力修正 p' 方程中的系数相同，唯有源项 S 不同。在压力方程（5-20）中，源项 S 由假速度 $\hat{u}_e$、$\hat{v}_n$、$\hat{w}_t$ 算得；而在压力修正方程（5-15）中，源项 S 由 u_e^*、v_n^*、w_t^* 算得。尽管压力方程—压力修正方程几乎相同，但是两者之间存在一个主要的差异：在推导压力方程时，没有作任何的近似假设。于是，如果用一个正确的速度场来计算假速度，压力方程将立即得出正确的压力。

SIMPLER 算法主要由两部分组成：一是求解压力方程修正压力；二是求解压力修正方程修正速度。具体运算流程如图 5-8 所示。

在 SIMPLER 算法中，初始的压力场与速度场是协调的，不必采用亚松弛处理，迭代计算时容易收敛。但相对于 SIMPLE 算法，要多解一个压力方程，单个迭代步内计算量大。然而，由于 SIMPLER 只需较少的迭代次数就可以达到收敛，SIMPLER 算法的计算效率总体优于 SIMPLE 算法。

5.6 SIMPLEC 算法

SIMPLEC 是另一种改进的 SIMPLE 算法。在 SIMPLE 算法中，忽略掉 $\sum a_{nb}u'_{nb}$ 项，即

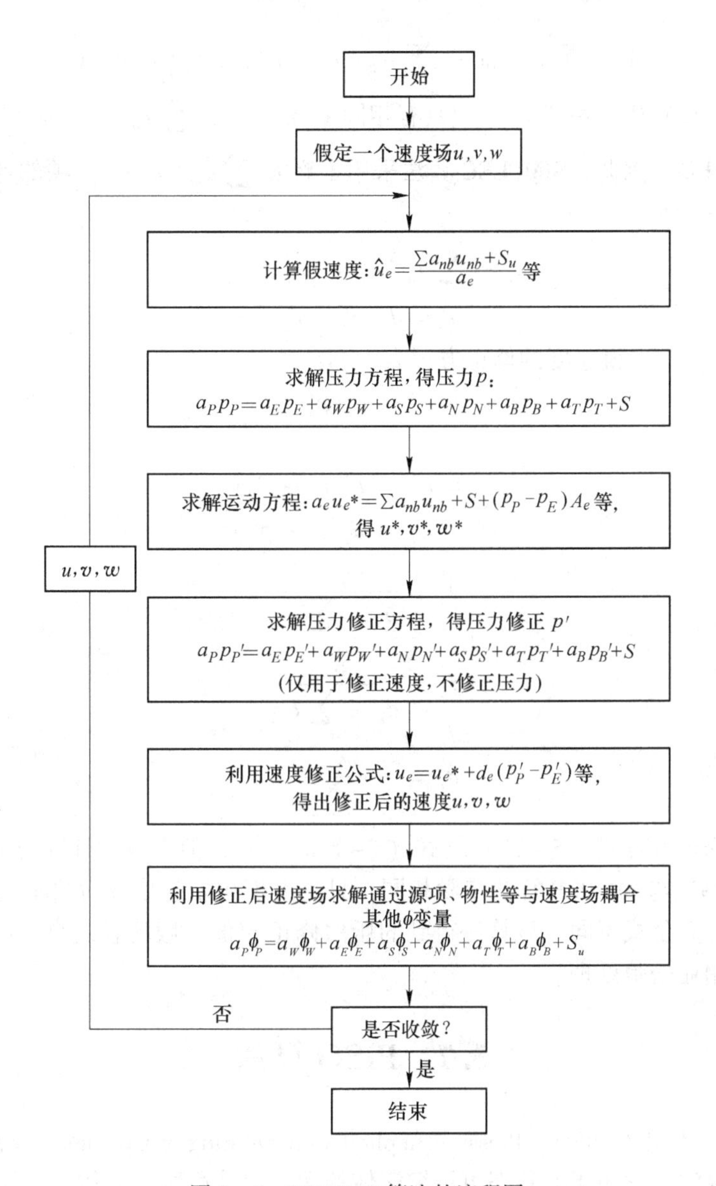

图 5-8 SIMPLER 算法的流程图

忽略了对速度修正 u_e' 的间接或隐含的影响，将速度的修正完全归结于压力，虽然不影响收敛的值，但使得收敛的速度降低，同时压力与速度的修正不相协调。为了既能忽略 $\sum a_{nb}u_{nb}'$ 项，又能使方程基本协调，Van Doormal 和 Raithby 提出了 SIMPLEC(SIMPLE Consistent) 算法，意为协调一致的 SIMPLE 算法。

将式 (5-10a)、式 (5-10b) 和式 (5-10c) 两端分别减去 $\sum a_{nb}u_e'$，$\sum a_{nb}v_n'$，$\sum a_{nb}w_t'$，得:

$$(a_e-\sum a_{nb})u_e'=\sum a_{nb}(u_{nb}'-u_e')+(p_P'-p_E')A_e \tag{5-21a}$$

$$(a_n-\sum a_{nb})v_n'=\sum a_{nb}(v_{nb}'-v_n')+(p_P'-p_N')A_n \tag{5-21b}$$

$$(a_t - \sum a_{nb}) w'_t = \sum a_{nb}(w'_{nb} - w'_t) + (p'_P - p'_T) A_t \tag{5-21c}$$

在式（5－21a）中，由于 u'_{nb}、u'_e 具有相同量级，略去 $\sum a_{nb}(u'_{nb} - u'_e)$ 比略去 $\sum a_{nb} u'_{nb}$ 产生的影响小得多。因此，SIMPLEC 算法采用了略去 $\sum a_{nb}(u'_{nb} - u'_e)$ 项的计算方法，所得到的速度修正值 u'_e 为：

$$(a_e - \sum a_{nb}) u'_e = (p'_P - p'_E) A_e$$

$$u'_e = d_e (p'_P - p'_E) \tag{5-22}$$

由式 $u = u^* + u'$，得速度的修正方程为：

$$u_e = u_e^* + d_e (p'_P - p'_E) \tag{5-23a}$$

同理，得：

$$v_n = v_n^* + d_n (p'_P - p'_N) \tag{5-23b}$$

$$w_t = w_t^* + d_t (p'_P - p'_T) \tag{5-23c}$$

$$d_e = \frac{A_e}{a_e - \sum a_{nb}}$$

$$d_n = \frac{A_n}{a_n - \sum a_{nb}}$$

$$d_t = \frac{A_t}{a_t - \sum a_{nb}}$$

以上速度修正方程式（5－23）与式（5－13）一致，但系数的计算公式不同。

SIMPLEC 算法与 SIMPLE 算法步骤相同，只是由于初始忽略的对象不同，速度修正方程中的系数的计算公式不同。该算法得到的压力修正 p' 值一般比较适合。因此，SIMPLEC 算法中可不采用亚松弛处理。

5.7 PISO 算法

1986 年 Issa 提出了 PISO（Pressure Implicit with Splitting of Operators）算法，即压力的隐式算子分割算法，它源于非稳态可压缩流体的无迭代计算所建立的一种压力速度计算程序，后来在稳态流动中也较广采用。

PISO 与前面介绍的 SIMPLE，SIMPLER，SIMPLEC 算法的不同之处在于，SIMPLE，SIMPLER，SIMPLEC 算法为一步预测，一步修正；PISO 算法则是一步预测，二步修正。PISO 算法的预测步与 SIMPLE 算法相同；第一步修正也与 SIMPLE 法相同，采用压力修正方程，在完成第一步修正后，再寻求第二步的修正，以便更好地同时满足运动方程和连续性方程，并加快每单个迭代步的收敛速度。

PISO 算法预测：利用压力场 p^*，求解运动方程的离散方程式（5－7），得流速 u^*，v^*，w^*。

PISO 算法第一步修正：根据流速 u^*，v^*，w^*，与 SIMPLE 算法相同，求解压力修正方程式（5－15），得压力修正 p'。用式（5－13）修正速度，得第一次修正后的速度 u^{**}，v^{**}，w^{**} 及压力 $p^{**} = p^* + p'$。

PISO 算法第二步修正：该步的速度修正方程为：

$$u_e^{***} = u_e^{**} + \frac{\sum a_{nb}(u_{nb}^{**} - u_{nb}^{*})}{a_e} + d_e(p_P'' - p_E'') \tag{5-24a}$$

$$v_n^{***} = v_n^{**} + \frac{\sum a_{nb}(v_{nb}^{**} - v_{nb}^{*})}{a_n} + d_n(p_P'' - p_N'') \tag{5-24b}$$

$$w_t^{***} = w_t^{**} + \frac{\sum a_{nb}(w_{nb}^{**} - w_{nb}^{*})}{a_t} + d_t(p_P'' - p_T'') \tag{5-24c}$$

将式（5-24）代入连续方程的积分方程（5-14）便可得第二次的压力修正方程：

$$a_P p_P'' = a_E p_E'' + a_W p_W'' + a_S p_S'' + a_N p_N'' + a_B p_B'' + a_T p_T'' + S \tag{5-25}$$

求解式（5-25）得第二次压力修正 p''，然后将 p''代入式（5-24）得第二次修正后的速度 u_e^{***}，v_n^{***}，w_t^{***} 和压力 $p^{***} = p^{**} + p''$。

PISO 算法的流程图如图 5-9 所示。

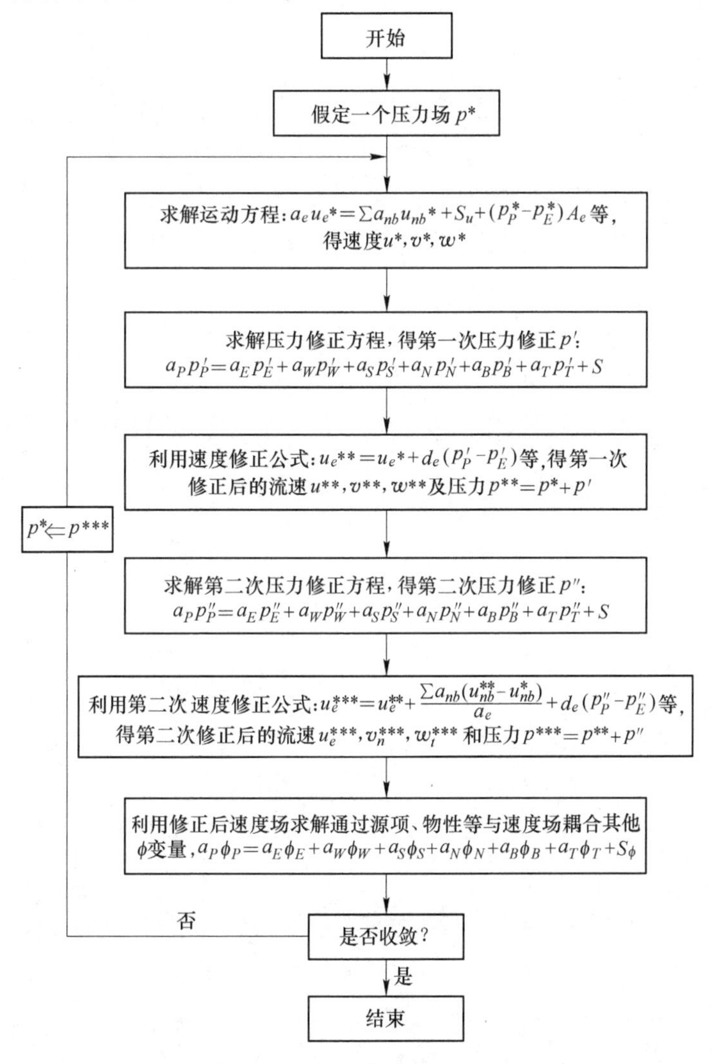

图 5-9 PISO 算法的流程图

由于PISO算法经过两次的压力的修正，需要单独对二次压力修正方程的源项设立储存空间；同时，在每一次迭代中，PISO算法涉及较多的计算，相对复杂。尽管如此，也正是通过了两次压力修正，迭代过程更易收敛，计算速度更快。特别对于非稳态问题，PISO算法有明显的优势。相对地，在稳态问题中，SIMPLER与SIMPLEC则更合适。

习　题

5-1　交错网格产生原因及处理方法？

5-2　SIMPLE算法压力与速度的修正的原因？SIMPLE算法、SIMPLER算法、SIMPLEC算法及PISO算法压力与速度的修正做法？

5-3　SIMPLE算法、SIMPLER算法、SIMPLEC算法及PISO算法的特点及求解流程？

6 网格生成方法

教学目的：

（1）了解网格的分类。

（2）掌握贴体坐标法、块结构化网格等结构网格生成方法。

（3）掌握阵面推进法、Delaunay 三角划分、四叉树（2D）/八叉树（3D）方法、阵面推进法和Delaunay 三角划分结合算法等非结构网格生成方法。

第6章课件

6.1 引　　言

计算流体力学作为计算机科学、流体力学、偏微分方程数学理论、计算几何、数值分析等学科的交叉融合，它的发展除依赖于这些学科的发展外，更直接表现于对网格生成技术、数值计算方法发展的依赖。

在计算流体力学中，按照一定规律分布于流场中的离散点的集合叫网格（Grid），分布这些网格节点的过程叫网格生成（Grid Generation）。网格生成是连接几何模型和数值算法的纽带，几何模型只有被划分成一定标准的网格才能对其进行数值求解，所以网格生成对 CFD 至关重要，直接关系到 CFD 计算问题的成败。一般而言，网格划分越密，得到的结果就越精确，但耗时也越多。1974 年，Thompson 等人提出采用求解椭圆型方程方法生成贴体网格，在网格生成技术的发展中起到了先河作用。随后 Steger 等人又提出采用求解双曲型方程方法生成贴体网格。但直到 20 世纪 80 年代中期，相比于计算格式和方法的飞跃发展，网格生成技术未能与之保持同步。从这个时期开始，各国计算流体和工业界都十分重视网格生成技术的研究。20 世纪 90 年代以来迅速发展的非结构网格和自适应笛卡尔网格等方法，使复杂外形的网格生成技术呈现出了更加繁荣发展的局面。现在网格生成技术已经发展成为 CFD 的一个重要分支，它也是计算流体动力学近 20 年来一个取得较大进展的领域。也正是网格生成技术的迅速发展，才实现了流场解的高质量，使工业界能够将 CFD 的研究成果——求解 Euler/NS 方程方法应用于型号设计中。

随着 CFD 在实际工程设计中的深入应用，所面临的几何外形和流场变得越来越复杂，网格生成作为整个计算分析过程中的首要部分，也变得越来越困难，它所需的人力时间已达到一个计算任务全部人力时间的 60% 左右。在网格生成这一“瓶颈”没有消除之前，快速地对新外形进行流体力学分析，和对新模型的实验结果进行比较分析还无法实现。尽管现在已有一些比较先进的网格生成软件，如 ICEM CFD、Gridgen、Gambit 等，但是对一个复杂的新外形要生成一套比较合适的网格，需要的时间还是比较长，而对于设计新外形的工程人员来说，一两天是他们可以接受的对新外形进行一次分析的最大周期。要将 CFD 从专业的研究团体中脱离出来，并且能让工程设计人员应用到实际的设计中去，就必须首先解决网格生成的自动化和即时性问题，R. Consner 等人在他们的一篇文章中，详细地讨论了这些方面的问题，并提出：CFD 研究人员的关键问题是“你能把整个设计周期缩短多少天?”。而缩短设计周期的主要途径就是缩短网格生成时间和流场计算时间。因此，生成复杂外形网格的自动化和及时性已成为应用空气动力学、计算流体力学最具挑战性的任务之一。

单元（Cell）是构成网格的基本元素。在结构网格中，常用的 2D 网格单元（如图 6－1 所示）是四边形单元，3D 网格单元（如图 6－2 所示）是六面体单元。而在非结构网格中，常用的 2D 网格单元还有三角形单元，3D 网格单元还有四面体单元和五面体单元，其中五面体单元还可分为棱锥型（楔形）和金字塔形单元等。

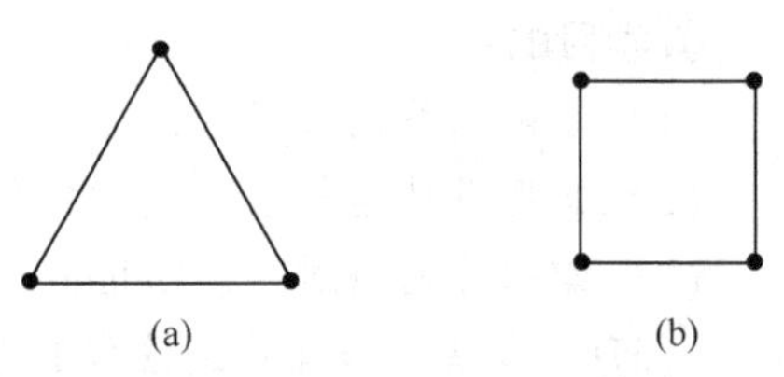

图 6－1 常用的 2D 网格单元
（a）三角形；（b）四边形

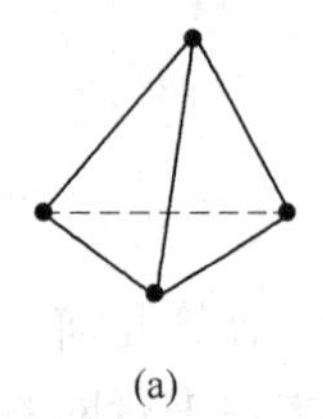
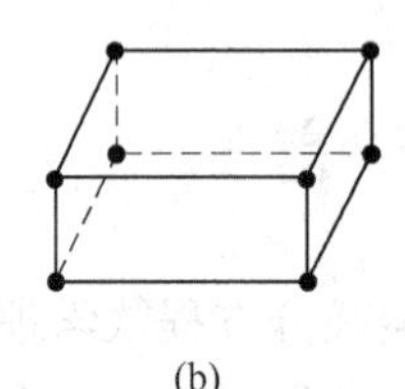
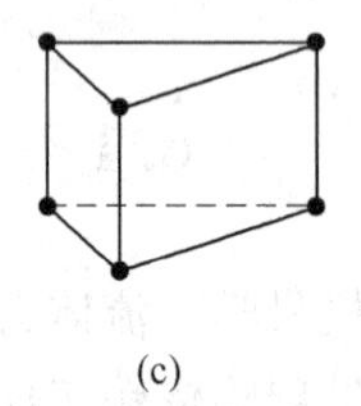
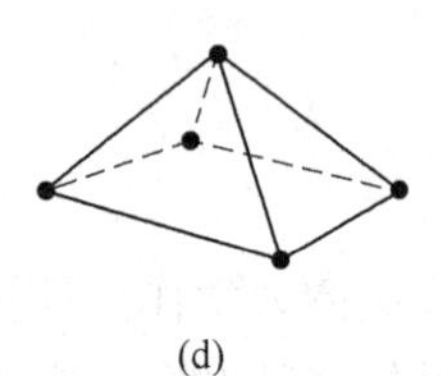

图 6－2 常用的 3D 网格单元
（a）四面体；（b）六面体；（c）五面体（棱锥）；（d）五面体（金字塔）

现有的网格生成技术一般可以分为：结构网格，非结构网格和自适应网格，此外还有一些特殊的网格生成方法，如动网格，重叠网格等。本文将重点介绍结构网格和非结构网格（如图 6－3 所示），因为这两种是 CFD 研究中应用最为广泛的网格生成技术。

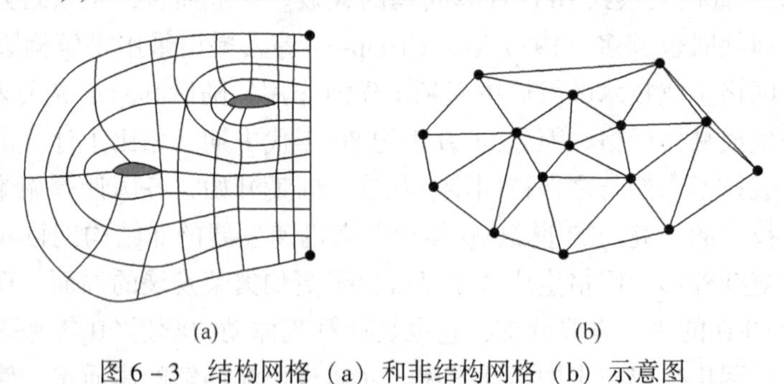

图 6－3 结构网格（a）和非结构网格（b）示意图

6.2 结构网格

结构网格是正交的、排列有序的规则网格，网格节点可以被标识，并且每个相邻的点都可以被计算而不是被寻找，例如 i、j 这个点可以通过 $i+1$、j 和 $i-1$、j 计算得到。采用结构网格方法的优势在于它很容易地实现区域的边界拟合；网格生成的速度快、质量好、数据结构简单；易于生成物面附近的边界层网格、有许多成熟的计算方法和比较好的湍流计算模型，因此它仍然是目前复杂外形飞行器气动力数值模拟的主要方法，计算技术最成熟。但是比较长的物面离散时间、单块网格边界条件的确定以及网格块之间各种相关信息的传递，又增加了快速计算分析的难度，而且对于不同的复杂外形，必须构造不同的网格拓扑结构，因而无法实现网格生成的“自动”，生成网格费时费力。比较突出的缺点是适用的范围比较窄，只适用于形状规则的图形。其发展方向是朝着减少工作量，实现网格的自动生成和自适应加密，具有良好的人机对话及可视化，具有与 CAD 良好的接口，并强调更有效的数据结构等。

结构网格主要分为常规网格、贴体坐标法（Body - Fitted Coordinates）和块结构化网格。常规网格是网格生成方法中最基本、也是最简单的，本章重点介绍后面两种方法。

6.2.1 贴体坐标法

在对物理问题进行理论分析时，最理想的坐标系是各坐标轴与所计算区域的边界符合的坐标体，称该坐标系是所计算域的贴体坐标系。比如直角坐标是矩形区域的贴体坐标系，极坐标是环扇形区域的贴体坐标系。贴体坐标又称适体坐标、附体坐标。

从数值计算的观点看，对生成的贴体坐标有以下几个要求：

（1）物理平面上的节点应与计算平面上的节点一一对应，同一簇中的曲线不能相交，不同簇中的两条曲线仅能相交一次。

（2）贴体坐标系中每一个节点应当是一系列曲线坐标轴的交点，而不是一群三角形元素的顶点或一个无序的点群，以便设计有效、经济的算法及程序。要做到这一点，只要在计算平面中采用矩形网格即可，所以贴体坐标系生成的是结构网格。

（3）物理平面求解区域内部的网格疏密程度要易于控制。

（4）在贴体坐标的边界上，网格线最好与边界线正交或接近正交，以便于边界条件的离散化。

生成贴体坐标的过程可以看成是一种变换，即把物理平面上的不规则区域变换成计算平面上的规则区域，主要方法有微分方程法、代数生成法、保角变换法三种。

6.2.1.1 微分方程法

微分方程法是 20 世纪 70 年代以来发展起来的一种方法，基本思想是定义计算域坐标与物理域坐标之间的一组偏微分方程，通过求解这组方程将计算域的网格转化到物理域。其优点是通用性好，能处理任意复杂的几何形状，且生成的网格光滑均匀，还可以调整网格疏密，对不规则边界有良好的适应性，在边界附近可以保持网格的正交性而在区域内部整个网格都比较光顺；缺点是计算工作量大。该方法是目前应用最广的一种结构化网格的生成方法，主要有椭圆型方程法、双曲型方程法和抛物型方程法。

A 椭圆型方程

以求解椭圆型偏微分方程组为基础的贴体网格生成思想最早是由 Winslow 于 1967 年提出的。1974 年，Thompson、Thames 及 Martin 系统而全面地完成了这方面的研究工作，为贴体坐标技术在 CFD 中广泛应用奠定了基础。此后，在流体力学与传热学的数值计算研究中就逐渐形成了一个分支领域——网格生成技术。所谓的 TTM 方法就是指通过求解微分方程生成网格的方法（TTM 系上述三人姓的首字母）。用椭圆型方程生成的贴体网格质量很高，而且计算时间增加不多，不仅能处理二维、三维问题，而且还能处理定常和非定常问题，该方法成功实现了双流道泵叶轮内三维贴体网格的自动生成。

用椭圆型方程生成网格时的已知条件是：

（1）计算平面上 ξ，η 方向的节点总数及节点位置。在计算平面上网格总是划分均匀的，一般取 $\Delta\xi=\Delta\eta=1$（0.1 或其他方便的数值）。

（2）物理平面计算区域边界上的节点设置，这种节点设置方式反映出我们对网格疏密布置的要求，例如估计在变量变化剧烈的地方网格要密一些，变化平缓的地方则应稀疏一些。

需要解决的问题是：找出计算平面上求解域的一点（ξ，η）与物理平面上一点（x，y）之间的对应关系，如图 6－4 所示。

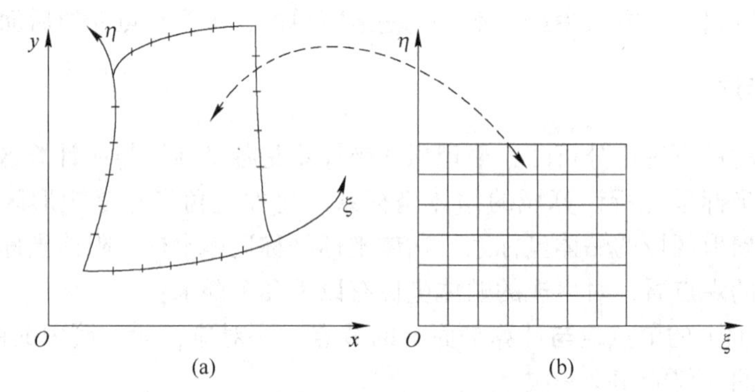

图 6－4　椭圆型方程生成网格的问题表述图示
（a）物理平面；（b）计算平面

如果把（x，y）及（ξ，η）都看成是各自独立的变量，则上述问题的表述就是规定了一个边值问题，即已经知道了边界上变量（x，y）与变量（ξ，η）之间的对应关系（相当于第一类边界条件），而要求取在计算区域内部它们之间的关系。

（1）从物理平面上来看，把 ξ，η 看成是物理平面上被求解的因变量，则就构成了物理平面上的一个边值问题：即已知道物理平面上与边界点（x_B，y_B）相应的（ξ_B，η_B），要求出与内部一点（x，y）对应的（ξ，η）。在数学上描述边值问题最简单的椭圆型方程就是 Laplace 方程。根据 Laplace 方程解的唯一性原理，可以把 ξ，η 看作物理平面上 Laplace 方程的解，即：

$$\left.\begin{aligned}\nabla^2\xi &= \xi_{xx}+\xi_{yy}=0\\ \nabla^2\eta &= \eta_{xx}+\eta_{yy}=0\end{aligned}\right\} \tag{6-1}$$

同时在物理平面的求解区域边界上规定 $\xi(x, y)$，$\eta(x, y)$ 的取值方法，于是就形成了物理平面上的第一类边界条件的 Laplace 问题。

（2）从计算平面上来看，如果从计算平面上的边值问题出发考虑，则情况就大为改观，因为在计算平面上可以永远取成一个规则区域。所谓计算平面上的边值问题，就是指在计算平面的矩形边界上规定 $x(\xi, \eta)$，$y(\xi, \eta)$ 的取值方法，然后通过求解微分方程来确定计算区域内部各点的（x，y）值，即找出与计算平面求解区域内各点相应的物理平面上的坐标。实际上用椭圆型方程来生成网格时都是通过求解计算平面上的边值问题来进行的。为此需要把物理平面上的 Laplace 方程转换到计算平面上以 ξ、η 为自变量的方程。

利用链导法以及函数与反函数之间的关系，可以证明：在计算平面上与式（6－1）相应的微分方程为：

$$\left.\begin{aligned}\alpha x_{\xi\xi} - 2\beta x_{\eta\xi} + \gamma x_{\eta\eta} = 0\\ \alpha y_{\xi\xi} - 2\beta y_{\eta\xi} + \gamma y_{\eta\eta} = 0\end{aligned}\right\} \tag{6-2}$$

其中

$$\left.\begin{aligned}\alpha &= x_{\eta}^{2} + y_{\eta}^{2}\\ \beta &= x_{\xi}x_{\eta} + y_{\xi}y_{\eta}\\ \gamma &= x_{\varepsilon}^{2} + y_{\varepsilon}^{2}\end{aligned}\right\} \tag{6-3}$$

从数值求解的角度，偏微分方程式（6－2）的求解没有任何困难，它们是计算平面上两个带非常数源项的各向异性的扩散问题。由于参数α、β、γ把（x，y）耦合在一起，因而两个方程需要联立求解（采用迭代的方式）。在获得了与计算平面上各节点（ξ，η）相对应的（x，y）以后，就可以计算各个节点上的几何参数（x_{ξ}，x_{η}，y_{ξ}，y_{η}，α，β，γ）。

B　双曲型方程

如果所研究的问题在物理空间中的求解域是不封闭的（如翼型绕流问题），此时可以采用双曲型偏微分方程来生成网格。用双曲型偏微分方程来生成二维网格的方法是 Steger 和 Chaussee 于 1980 年提出的，随后，Steger 和 Zick 将该方法推广到三维情况。这种生成方法通常是物面出发，逐层向远场推进，适用于没有固定远场边界网格的生成，在二维情况下，其控制方程为：

$$\left.\begin{aligned}\frac{\partial x}{\partial \xi}\frac{\partial x}{\partial \eta} + \frac{\partial y}{\partial \xi}\frac{\partial y}{\partial \eta} = 0\\ \frac{\partial x}{\partial \xi}\frac{\partial y}{\partial \eta} + \frac{\partial y}{\partial \xi}\frac{\partial x}{\partial \eta} = \Omega\end{aligned}\right\} \tag{6-4}$$

第一个方程控制网格线的正交，第二个方程控制网格单元尺度的分布，Ω为单元面积分布函数。在$\eta=0$（物面）上给定网格节点分布作为初值，然后沿η方向逐层推进生成网格。其优点是不用人为地定义外边界且可以根据需要直接调整网格层数；缺点是由于双曲型方程会传播奇异性，故当边界不光滑时，会导致生成的网格质量较差。所以，该方法通常用于生成对外边界的位置要求不严的外流计算网格或嵌套网格。

C　抛物型方程

采用抛物型方程来生成网格的思想是由 Nakamura 于 1982 年提出来的，这种方法生成网格的过程为：从生成网格的 Laplace 或 Poisson 方程出发，对方程中决定其椭圆特性的那一项作特殊处理，从给定节点布置的初始边界（设为$\eta=0$）出发，在$\varepsilon=0$及$\varepsilon=1$的两边界上按设定的边界条件（即节点布置），一步一步地向$\eta=1$的方向前进。其优点是概念简单，通过一次扫描就生成了网格而不必采用迭代计算；同时又不会出现双曲型方程的传播奇异性问题。

6.2.1.2　代数生成法

代数生成法实际上是一种插值方法。它主要是利用一些线性和非线性的、一维或多维的插值公式来生成网格。其优点是应用简单、直观、耗时少、计算量小，能比较直观地控制网格的形状和密度；缺点是对复杂的几何外形难以生成高质量的网格。

A　边界规范化方法

所谓边界规范化方法（Boundary Normalization）就是指通过一些简单的变换把物理平

面计算区域中不规则部分的边界转换成计算平面上的规则边界的方法，这些变换关系式因具体问题而异。下面通过一些例子来说明。

（1）二维不规则通道的变化：如图6－5所示一个二维渐扩通道的上半部，给定了不规则的上边界的函数形式为$y=x^2$，$1\leqslant x\leqslant 2$。则可采用下列变换把上边界规范化：

$$\xi = x,\quad \eta = y/y_{\max},\quad y_{\max} = x_t^2 \tag{6-5}$$

这里x_t为上边界节点的x值。对于一条边界为不规则的二维通道，只要规定了不规则边界上y与x之间的关系式，都可以用这种方法来进行变换。

（2）梯形区域的变换：如图6－6所示的一个梯形区域可以通过以下公式变换成计算平面上边长可以调节的矩形：

$$\xi = ax,\quad \eta = b\frac{y - F_1(x)}{F_2(x) - F_1(x)} \tag{6-6}$$

其中，$F_2(x)$和$F_1(x)$分别为梯形上下边的y与x的关系式，a与b为调节系数（放大或缩小），而且$F_2(x)$和$F_1(x)$不必为直线，曲线也行（但与垂直x轴的直线只能有一个交点）。

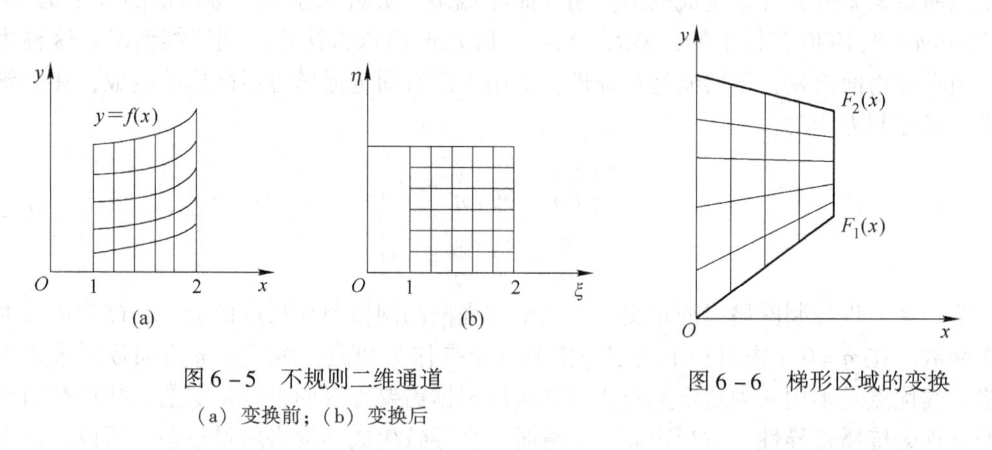

图6－5　不规则二维通道
（a）变换前；（b）变换后

图6－6　梯形区域的变换

（3）偏心圆环区域的变换：如图6－7(a)所示的偏心圆环区域可以采用变换转化成为计算平面上的一个矩形（如图6－7(b)所示）：

$$\xi = \phi,\quad \eta = \frac{r - a}{R - a} \tag{6-7}$$

偏心圆环中的自然对流就可以用这类变换生成网格。

B　双边界法

对于在物理平面上由四条曲线边界所构成的不规则区域，可以采用一种具有通用意义的方法来生成网格，这就是“双边界法”（Two－Boundary Method）。如图6－8所示，设在物理平面上有一不规则区域$abcd$，其中ab、cd为两不直接连接的边界。首先选定这两条边界上的η值，设分别为η_b和η_t，于是该两边界上的x、y仅随ξ而异。这些因变关系应该预先取定，设为：

$$\begin{aligned} x_b &= x_b(\xi),\quad y_b = y_b(\xi) \\ x_t &= x_t(\xi),\quad y_t = y_t(\xi) \end{aligned} \tag{6-8}$$

下标b与t分别表示底边与顶边。

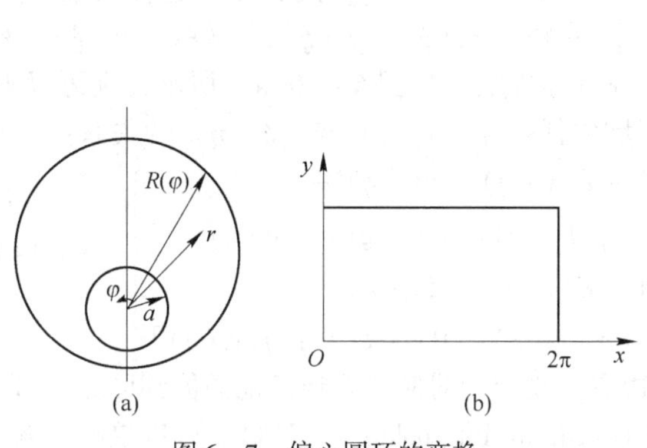

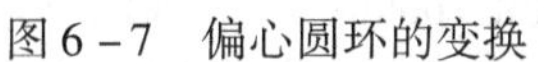
图 6-7 偏心圆环的变换

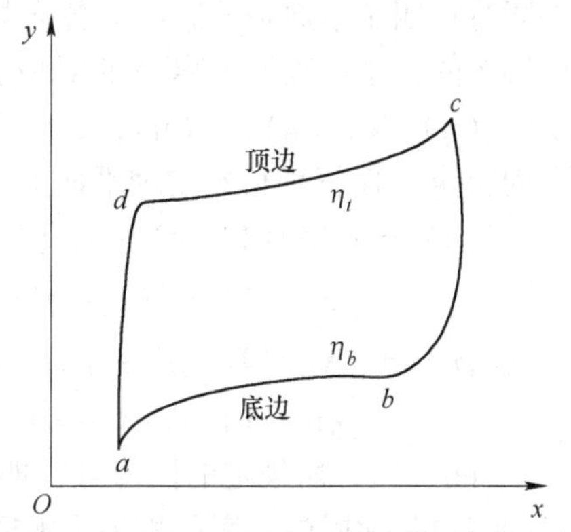

图 6-8 可用双边界法生成贴体坐标的区域

为简便起见，计算平面上的 ξ、η 取在 0～1 之间，这里暂取 $\eta_1=0$，$\eta_2=1$，则上式可写成：

$$
\begin{aligned}
x_b &= x_b(\xi,0), \quad y_b = y_b(\xi,0) \\
x_t &= x_t(\xi,1), \quad y_t = y_t(\xi,1)
\end{aligned} \tag{6-9}
$$

为了确定在区域 $abcd$ 内各点的 ξ、η 值，一种最简单的方法是取为上、下边界函数关于 η 的线性组合，即：

$$
\begin{aligned}
x(\xi,\eta) &= x_b(\xi)f_1(\eta) + x_t(\xi)f_2(\eta) \\
y(\xi,\eta) &= y_b(\xi)f_1(\eta) + y_t(\xi)f_2(\eta)
\end{aligned} \tag{6-10}
$$

其中，$f_1(\eta)=1-\eta$，$f_2(\eta)=\eta$，这样生成的网格，在物理平面的边界上网格线与边界是不垂直的，为了生成与边界正交的网格，$f_1(\eta)$、$f_2(\eta)$ 需要取为三次多项式，且在式（6-10）中要增加两条边界上 x_b、y_b、x_t 及 y_t 对 ξ 的导数项。

图 6-9(a) 所示的梯形如果用双边界法转换，可取：

$$
\begin{aligned}
x_b &= x_1(\xi) = \xi, \quad x_t = \xi \\
y_b &= y_1(\xi) = 0, \quad y_t = y_2(\xi) = 1+\xi
\end{aligned} \tag{6-11}
$$

则按式（6-9）得：

$$
\begin{aligned}
x &= x_1(\xi)(1-\eta) + x_2(\xi)\eta = \xi(1-\eta) + \xi\eta = \xi \\
y &= y_1(\xi)(1-\eta) + y_2(\xi)\eta = 0\times(1-\eta) + (1+\xi)\eta = (1+\xi)\eta
\end{aligned} \tag{6-12}
$$

这就相当于把 y 方向的长度规范化。这一变换所得出的物理平面上的网格线显然不与 $x=0$ 及 $x=1$ 两条直线正交。对于物理平面的计算边界上的节点设置为均分情形（为 5×5 的节点布置），用双边界法得到的物理平面上的网格如图 6-9(b) 所示。

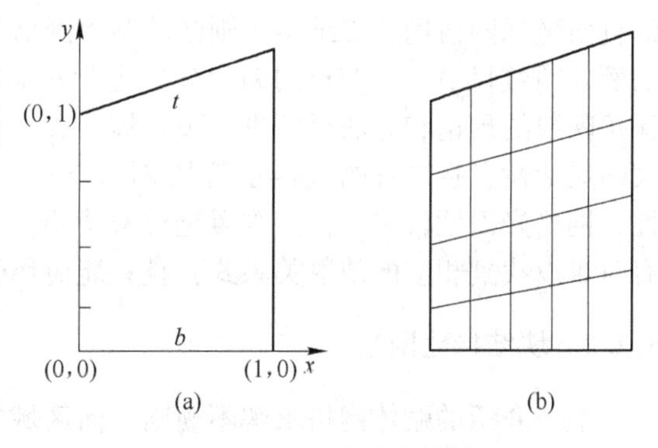

图 6-9 双边界法例题

C 无限插值方法

双边界法还可以看成是构造了一种插值的方式，即把上、下边界上规定好的 $x_t(\xi)$，$y_t(\xi)$ 及 $x_t(\xi)$，$y_t(\xi)$ 通过插值而得出内部节点的（x，y）与（ξ，η）间的关系。

如果同时在四条不规则的边界上各自规定了（x, y）与（ξ, η）的关系，这种关系式是可以解析的，也可以给出离散的对应关系。设分别为 $x_b(\xi)$，$y_b(\xi)$，$x_t(\xi)$，$y_t(\xi)$，$x_l(\eta)$，$y_l(\eta)$ 及 $x_r(\eta)$，$y_r(\eta)$，其中下标 l、r 表示左右，如图 6－10(a) 所示，则可以采用下列变换（插值）得到物理平面上计算区域内任一点（x, y）与（ξ, η）的关系：

$$\left.\begin{aligned}x(\xi,\eta) &= x_b(\xi)(1-\eta) + x_t(\xi)\eta + (1-\xi)x_l(\eta) + \xi x_r(\eta) - \\ &\quad [\xi\eta x_t(1) + \xi(1-\eta)x_b(1) + \eta(1-\xi)x_t(0) + \xi(1-\eta)x_b(0)] \\ y(\xi,\eta) &= y_b(\xi)(1-\eta) + y_t(\xi)\eta + (1-\xi)y_l(\eta) + \xi y_r(\eta) - \\ &\quad [\xi\eta y_t(1) + \xi(1-\eta)y_b(1) + \eta(1-\xi)y_t(0) + \xi(1-\eta)y_b(0)]\end{aligned}\right\} \quad (6-13)$$

式（6－13）所规定的插值可以把四条边界上规定的对应关系连续地插值到区域内部，插值的点数是无限的，因而称为无限插值（Transfinite Interpolation，TFI）。可以这样理解：如果把 $\xi=(0, 1)$，$\eta=(0, 1)$ 分别代入到式（6－13），可以得出四条边界的（x, y）与（ξ, η）的关系式，因而在 $0<\xi<1$，$0<\eta<1$ 的范围内式（6－13）给出了求解区域内节点的位置距四条边界给定的关系进行插值的方式。应用无限插值方法生成的网格如图 6－10(b) 所示。

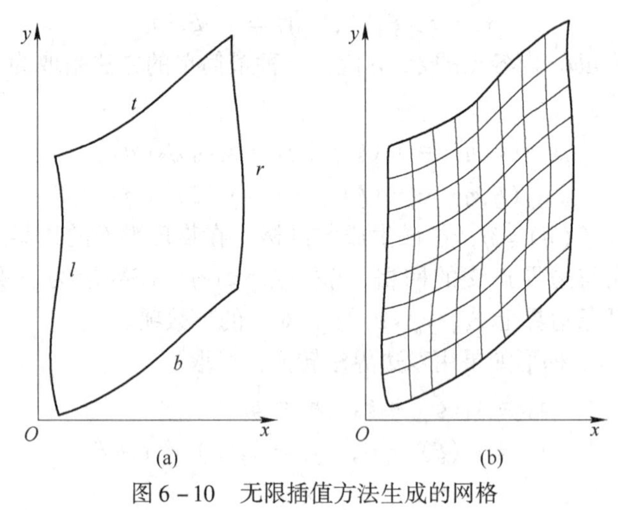

图 6－10　无限插值方法生成的网格

6.2.1.3　保角变换法

保角变换，又保角映射、共形映射，是复变函数论的一个分支，是从几何学的角度来研究复变函数，将二维不规则区域利用保角变换理论变换成矩形区域，并通过矩形区域上的直角坐标网格构造二维不规则区域贴体网格。和其他方法相比，在变换过程中需要引入的额外项数目最少，变换的偏微分方程相对简单。随着复变函数论和微分几何学的发展，保角映射的理论和方法得到进一步发展，其中基于 Schwarz－Christoffel 的保角变换具有更大的灵活性，在二维的边界处理中应用广泛。这种方法的优点是能精确的保证网格的正交性，网格光滑性较好，在二维翼型计算中有广泛应用；缺点是对于比较复杂的边界形状，有时难以找到相应的映射关系式，且只能应用于二维网格。

6.2.2　块结构化网格

上节介绍的贴体网格求解不规则几何区域中的流动与换热问题的方法，可以用来求解一大批不规则区域中的流场和温度场，其中 TTM 方法的提出大大促进了有限容积法、有限差分法处理不规则区域问题的发展。但由于实际工程技术问题的复杂性，仍然有不少不规则区域中的问题难以用贴体坐标方法解决。本节介绍另外一种有效处理不规则计算区域的方法——块结构网格（Block - Structured Grid）。

6.2.2.1 基本思想

块结构化网格又称组合网格（Composite Grid），是求解不规则区域中的流动与传热问题的一种重要网格划分方法。从数值方法的角度，又称区域分解法（Domain Decomposition Method）。采用这种方法时，首先根据问题的条件把整个求解区域划分成几个子区域，每一子区域都用常规的结构化网格来离散，通常各区域中的离散方程都各自分别求解，块与块之间的耦合通过交界区域中信息的传递来实现。于是，采用这种方法的关键在于不同块的交界处求解变量的信息如何高效、准确的传递。

采用块结构化网格的优点是：(1) 可以大大减轻网格生成的难度，因为在每一块中都可以方便地生成结构网格；(2) 可以在不同的区域选取不同的网格密度，从而有效照顾到不同计算区域需要不同空间尺度的情况，块与块之间不要求网格完全贯穿，便于网格加密；(3) 便于采用并行算法来求解各块中的代数方程组。

6.2.2.2 两种基本形式

块结构化网格可分为拼片式网格（Patched Grid）与搭接式网格（Overlapping Grid），前者在块与块的交界处无重叠区域，通过一个界面相接（如图 6 - 11(a) 所示）；后者则有部分区域重叠（如图 6 - 11(b) 所示），这种网格又称杂交网格（Chimera Grid）。

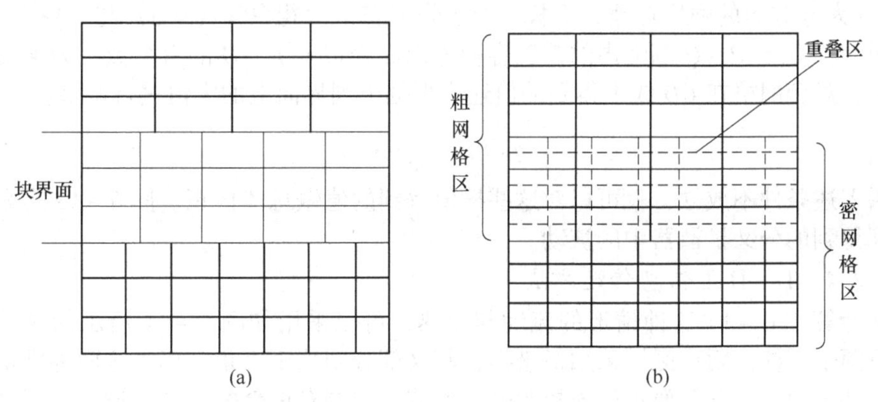

图 6 - 11 块结构化网格的两种类型
(a) 拼接式；(b) 搭接式

在块与块的交界处网格信息传递的常用方法有 D - D 型（D - Dirichlet，即第一类边界条件传递）及 D - N 型（D - Neumann）两种。在 D - N 传递中一个块在交界处给出第一类边界条件而另一块则在交界处给出第二类边界条件。下面对拼片式与搭接式网格来说明 D - N 型及 D - D 型的传递方法。

6.2.2.3 D - N 型信息传递方法

为说明方便，以如图 6 - 12 所示两块的公共边界 *AB* 上信息传递方法为例来说明，为了求解块 1（密网格块）中的离散方程，需要有一个东侧邻点的值。为此将块 1 的 ξ 方向的网格线延伸一格，与疏网格区的 *CD* 相交于 *S* 点。*S* 点的值可以根据 *CD* 线上相关位置的插值得到。一般可以去线性插值直到三阶插值，以获得所需的变量值。对于变化剧烈的变

量，高阶插值反而会导致不合理的结果，宜采用线性插值。

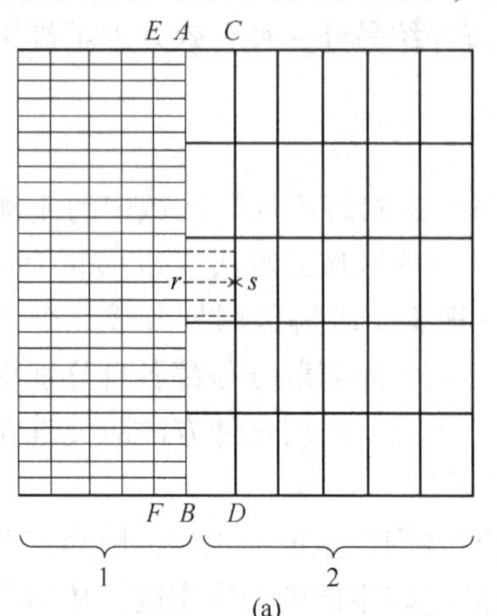

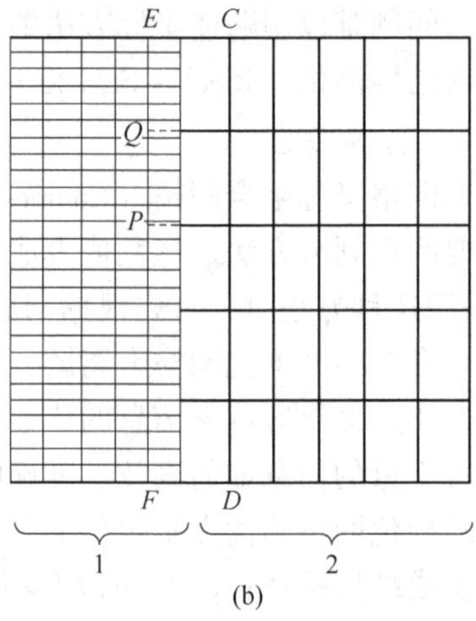

图 6－12　界面上信息的 D－N 传递

类似地将粗网格块 2 的 ξ 方向网格线延伸一格，交块 1 中的网格线 EF 于 Q、P 点。对于粗网格这条延伸边界采用由密网格的密度（如热流密度）式通量插值以获得相应的粗网格边界上的值。假设粗网格延伸边界上 PQ 上的热流密度为 q_c，则有：

$$q_c = \frac{1}{\Delta\eta_c}\int_P^Q q_f \mathrm{d}\eta_f = \sum q_{f,j}\Delta\eta_{f,j}N_j/\Delta\eta_c \tag{6-14}$$

其中，$\Delta\eta$ 为 η 方向的网格补偿，下标 c 及 f 分别表示“粗”（coarse）与“密”（fine），N_f 为密网格中位于 $P-Q$ 范围内的控制容积界面面积进入 $P-Q$ 的百分数。为保证界面上的守恒性，对密网格在 CD 线上得到的值还应根据下列界面上的守恒进行调整：

$$\int_C^D q_f \mathrm{d}\eta_f = \int_C^D q_c \mathrm{d}\eta_c \tag{6-15}$$

如果上述条件不成立，就可以对这些插值得到的值做总体修正。图 6－13 是采用上述方法计算得到的分叉扩散器中的流动。

6.2.2.4　D－D 型信息传递方法

为了计算图 6－14 这种情形的流动与换热，可以采用如图 6－14 所示的这种组合网格。这里两个圆柱面附近区域采用极坐标，其余部分则采用直角坐标。这两种网格是独立地设置，并不考虑相互间要正好连接起来，但彼此间要有重叠的区域。设极坐标区Ⅰ的外边界为曲线 aa，Ⅱ的外界为圆弧 bb，而直角坐标网格Ⅱ的外边界为 cc。

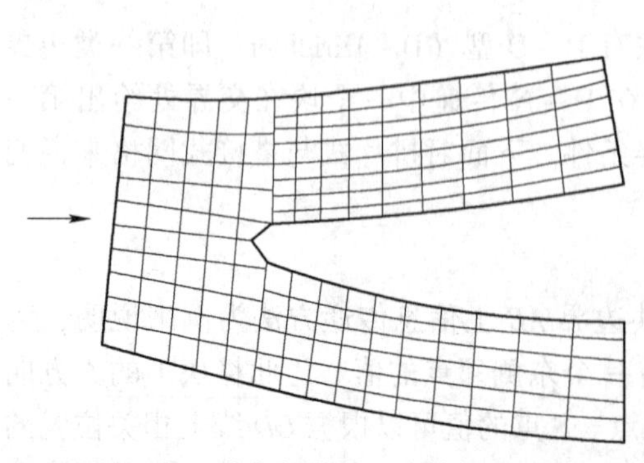

图 6－13　分叉扩散器的块结构化网格

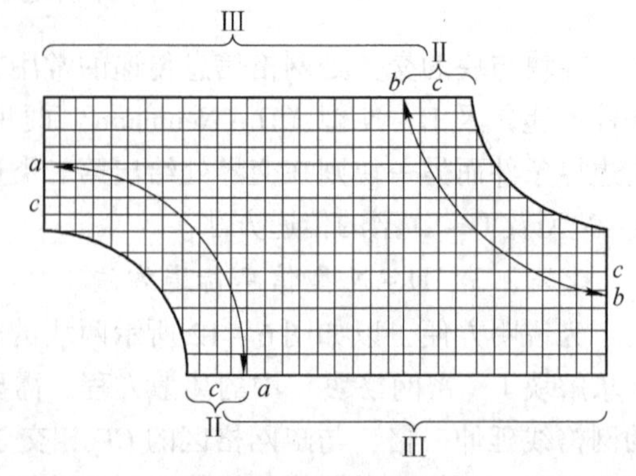

图 6－14　搭接式网格

在图 6－15 中画出了重叠区内两种坐标系节点插值情形。在重叠区内，一种网格系统边界节点的值，可以利用与之相邻的另一网格系中的四个节点的值按现行插值原则得出。例如对图 6－15(a) 中的 P 点，有：

$$\phi_P = [(\phi_{NE}x_1 + \phi_{NW}x_2)y_2 + (\phi_{SE}x_1 + \phi_{SW}x_2)y_1]/[(x_1 + x_2)(y_1 + y_2)] \quad (6-16)$$

而对图 6－15(b) 中的 P 点，则有：

$$\phi_P = [(\phi_{NE}r_1 + \phi_{NW}r_2)\theta_2 + (\phi_{SE}r_1 + \phi_{SW}r_2)\theta_1]/[(r_1 + r_2)(\theta_1 + \theta_2)] \quad (6-17)$$

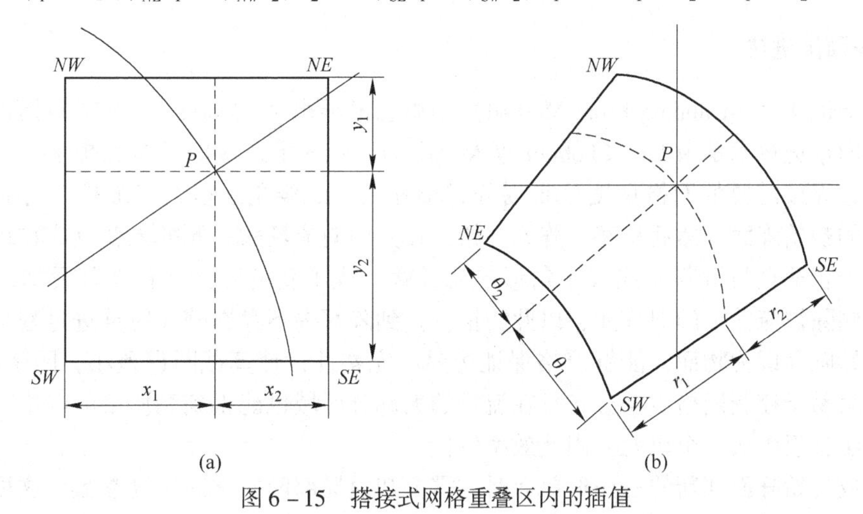

图 6－15　搭接式网格重叠区内的插值

6.3　非结构网格

6.3.1　概述

同结构化网格的定义相对应，非结构化网格是指网格区域内的内部点不具有相同的毗邻单元。非结构化网格技术主要弥补了结构化网格不能解决任意形状和任意连通区域的网格剖分的缺陷。因此，非结构化网格中节点和单元的分布可控性好，能够较好地处理边界，适用于复杂结构模型网格的生成。非结构化网格生成方法在其生成过程中采用一定的准则进行优化判断，因而能生成高质量的网格，容易控制网格大小和节点密度，它采用的随机数据结构有利于进行网格自适应，提高计算精度。从定义上可以看出，结构化网格和非结构化网格有相互重叠的部分，即非结构化网格中可能会包含结构化网格的部分。

非结构化网格技术从 20 世纪 60 年代开始得到发展，到 90 年代时，非结构化网格的文献达到了它的高峰时期。由于非结构化网格的生成技术比较复杂，随着人们对求解区域的复杂性的不断提高，对非结构化网格生成技术的要求越来越高。从现在的文献调查的情况来看，非结构化网格生成技术中只有平面三角形的自动生成技术比较成熟（边界的恢复问题仍然是一个难题，现在正在广泛讨论），平面四边形网格的生成技术正在走向成熟。而空间任意曲面的三角形、四边形网格的生成，三维任意几何形状实体的四面体网格和六面体网格的生成技术还远远没有达到成熟，需要解决的问题还非常多。主要的困难是从二维到三维以后，待剖分网格的空间区非常复杂，除四面体单元以外，很难生成同一种类型的网格，需要各种网格形式之间的过渡，如金字塔形，五面体形等。

非结构化网格技术的分类，可以根据应用的领域分为应用于差分法的网格生成技术（常常称为 Grid Generation Technology）和应用于有限元方法中的网格生成技术（常常称为 Mesh Generation Technology），应用于差分计算领域的网格除了要满足区域的几何形状要求以外，还要满足某些特殊的性质（如垂直正交，与流线平行正交等），因而从技术实现上来说就更困难一些。基于有限元方法的网格生成技术相对非常自由，对生成的网格只要满足一些形状上的要求就可以了。一般来说，非结构网格生成方法可以分为以下几类。

6.3.2　阵面推进法

阵面推进法（Advancing Front Method）的思想最早由 A. George 于 1971 年提出，目前经典的阵面推进技术是由 Lo 和 Lohner 等人提出的。阵面推进法的基本思想是首先将待离散区域的边界按需要的网格尺度分布划分成小阵元（二维是线段，三维是三角形面片），构成封闭的初始阵面，然后从某一阵元开始，在其面向流场的一侧插入新点或在现有阵面上找到一个合适点与该阵元连成三角形单元，就形成了新的阵元。将新阵元加入到阵面中，同时删除被掩盖了的旧阵元，以此类推，直到阵面中不存在阵元时推进过程结束。其优点是初始阵面即为物面，能够严格保证边界的完整性；计算截断误差小，网格易生成；引入新点后易于控制网格步长分布且在流场的大部分区域也能得到高质量的网格。缺点是每推进一步，仅生成一个单元，因此效率较低。

在生成初始阵面和新的三角形单元时，需要知道局部网格空间尺度参数，这可以由背景网格提供，对背景网格的要求是它能完全覆盖计算区域。早期的阵面推进法采用非结构化背景网格，背景网格的几何形状与拓扑结构及其空间尺度参数通过人为给定，这种方法的缺点是人工介入成分多，不易被使用者掌握，生成的非结构化网格光滑性难于保证，进行空间尺度参数插值运算时需要进行大量的搜索运算，降低了网格的生成效率。

赵斌等人利用编制的计算程序对环形（如图 6－16 所示）和 NACA009 翼型（如图 6－17 和图 6－18 所示）通过设置点源控制内部网格疏密进行了网格剖分。

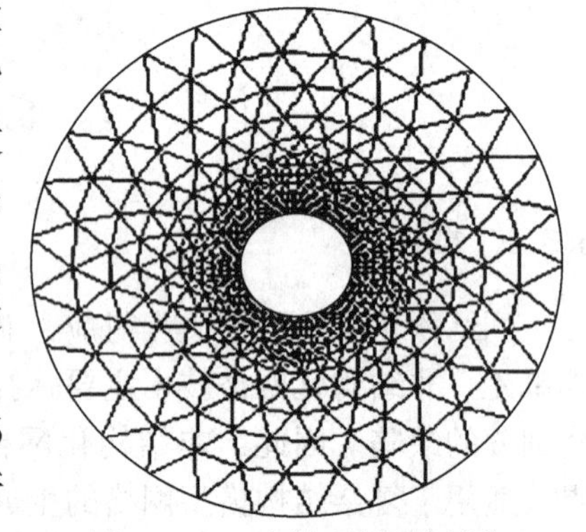

图 6－16　环形区域网格划分

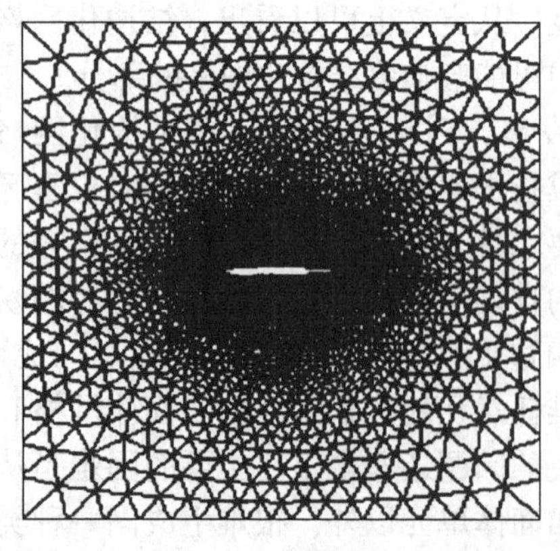

图 6－17　NACA009 翼型的非结构网格

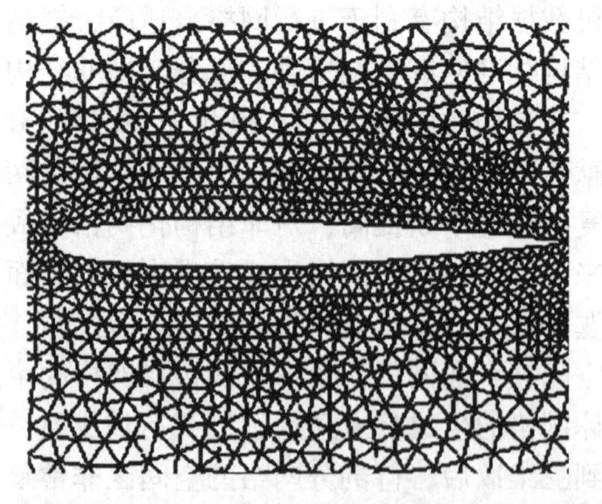

图 6－18　NACA009 翼型的非结构网格的放大图

许厚谦和王兵提出了一种新的阵面推进算法——多点择优推进阵面法，它是在分析目前已有的几类生成方法的基础上改进而来。此算法的基本策略是推进阵面法，在映射平面的帮助下，实现对曲面的直接三角形网格划分，同时在划分结束后，能快速对格点进行 Laplace 松弛。与常规推进阵面法最大的差别在于：本方法在得到活动阵面的理想推进点时，不是由解析公式获得，也不是从曲面的几何信息中插值得来，而是从曲面上预先布好的点集中搜集到的一个最优点。此点集的规模很大，足够反映曲面的所有信息，最终的非结构网格格点数目仅占这个点集的千分之一左右。本方法的主要步骤如下：

（1）生成背景网格。在背景网格中放置一定数目的源项，通过求解 Poisson 方程，可以实现网格尺度在整个流场域的自动分布。通过改变源项的数目、位置、尺度和强度，可以方便、有效地控制背景网格尺度的分布。和非结构背景网格相比，手工工作量小，且由于背景网格的尺度由求解方程获得，使得尺度分布更加光顺。

（2）曲面边界离散。背景网格生成后，就可以对曲面边界进行剖分，得到初始阵面，初始阵面如果质量不高，不仅影响网格质量，甚至会导致阵面推进失败。

（3）曲面离散成点集，存于二维数组。利用一系列纵横交错的线条来描述曲面，这些纵横线条被赋予整数参数来标示，根据曲面的定义，该点也对应一个空间点（x，y，z），同时网格交点也有了参数坐标（i，j），即将所有网格点的空间坐标存于 3 个二维数组中，即：$x(i,j)$，$y(i,j)$，$z(i,j)$，这种思想类似于将空间曲面表示成二元参数曲面。

（4）将边界离散点定位于参数平面（找出各点的参数 i，j）。边界离散点已经事先确定，接下来需要找出各点在参数面上最接近的参数坐标（i，j）。这可以用低效率的逐一比较法，也可以用高效率的搜索法完成。如果（i，j）点对应的空间坐标与边界离散点的坐标不重合，则将边界离散点的坐标赋给 $x(i,j)$，$y(i,j)$，$z(i,j)$。

（5）在空间曲面上进行阵面推进。首先选定一活动阵面，求出其空间长度 S，两端点 A，B 的参数（i_A，j_A），（i_B，j_B）；其次从背景网格中求出该活动阵面中点的网格尺度 L（作为理想等腰三角形之腰长），最后从活动阵面的中点 M 之参数（i_M，j_M）出发，搜索一个最优点 $P(i_P,j_P)$，其到两端点的空间距离最满足背景网格尺度要求，搜索算法的好坏直接关系到网格生成的成功与否及网格质量。因为空间曲面三角形与参数平面三角形的拓扑结构完全一样，因此可以在二维参数平面判断新三角形与阵面是否相交，及新三角形是否包含已有阵面点。

这种方法借助于参数平面的拓扑结构，对曲面直接进行三角形网格化，在划分结束后，还可以方便地对曲面网格进行 Laplace 格点松弛光顺。克服了传统曲面映射法造成的网格变形问题，且方法简单，在描述曲面时，仅仅要求能在曲面上布置一个网格点集，不需记录曲面的法向矢量、曲率等，适用面广（如图 6－19 所示）。

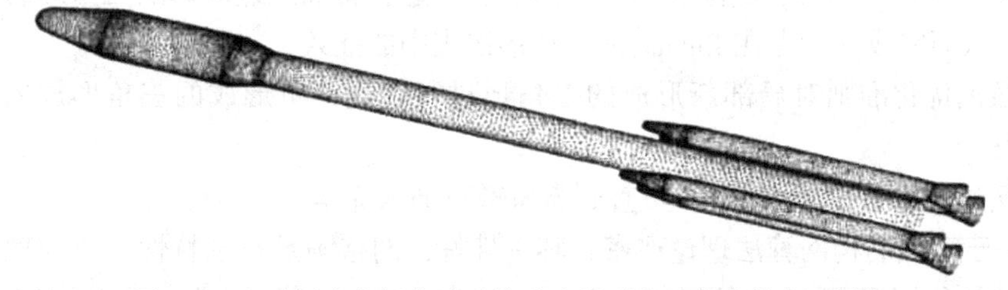

图 6－19　采用多点择优阵面推进法得到的运载火箭表面网格

6.3.3 Delaunay 三角划分

Delaunay 三角划分方法是在 19 世纪 50 年代 Dirichlet 提出 Voronoi 图的基础上发展而来的，是目前应用最广泛的网格生成方法之一。Delaunay 三角形划分的步骤是：将平面上一组给定点中的若干个点连接成 Delaunay 三角形，即每个三角形的顶点都不包含在任何其他不包含该点三角形的外接圆内，然后在给定的这组点中取出任何一个未被连接的点，判断该点位于哪些 Delaunay 三角形的外接圆内，连接这些三角形的顶点组成新的 Delaunay 三角形，直到所有的点全部被连接。

要满足 Delaunay 三角剖分的定义，必须符合两个重要的准则：(1) 空圆特性：Delaunay 三角网是唯一的（任意四点不能共圆），在 Delaunay 三角形网中任一三角形的外接圆范围内不会有其他点存在（如图 6-20 所示）；(2) 最大化最小角特性：在散点集可能形成的三角剖分中，Delaunay 三角剖分所形成的三角形的最小角最大。从这个意义上讲，Delaunay 三角网是“最接近于规则化”的三角网，具体地说是指在两个相邻的三角形构成凸四边形的对角线，在相互交换后，六个内角的最小角不再增大（如图 6-21 所示）。

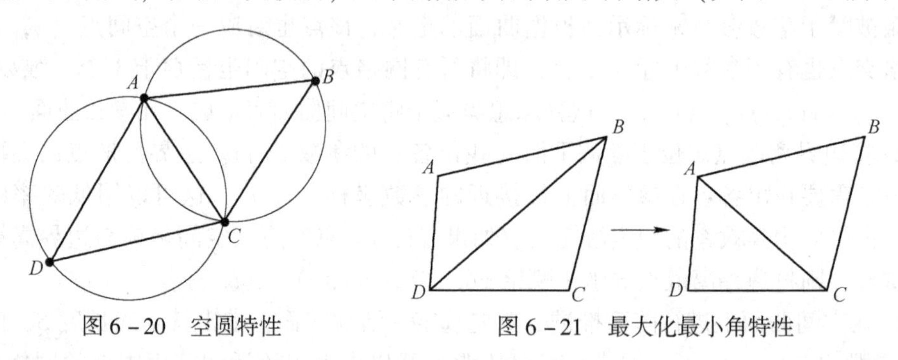

图 6-20　空圆特性　　图 6-21　最大化最小角特性

Delaunay 剖分是一种三角剖分的标准，实现它有多种算法，其中 Lawson 算法是一种最经典的算法。逐点插入的 Lawson 算法是 1977 年提出的，该算法思路简单，易于编程实现。基本原理为：首先建立一个大的三角形或多边形，把所有数据点包围起来，向其中插入一点，该点与包含它的三角形三个顶点相连，形成三个新的三角形，然后逐个对它们进行空外接圆检测，同时用 Lawson 设计的局部优化过程 LOP 进行优化，即通过交换对角线的方法来保证所形成的三角网为 Delaunay 三角网。

Lawson 算法的基本步骤是：

(1) 构造一个超级三角形，包含所有散点，放入三角形链表。

(2) 将集中的散点依次插入，在三角形链表中找出其外接圆包含插入点的三角形（称为该点的影响三角形），删除影响三角形的公共边，将插入点同影响三角形的全部顶点连接起来，从而完成一个点在 Delaunay 三角形链表中的插入。

(3) 根据优化准则对局部新形成的三角形进行优化，将形成的三角形放入 Delaunay 三角形链表。

(4) 循环执行上述第 (2) 步，直到所有散点插入完毕。

上述基于散点的构网算法理论严密、唯一性好，网格满足空圆特性，较为理想。由其逐点插入的构网过程可知，遇到非 Delaunay 边时，通过删除调整，可以构造形成新的

Delaunay 边，如图 6 – 22 所示。在完成构网后，增加新点时，无需对所有的点进行重新构网，只需对新点的影响三角形范围进行局部联网，且局部联网的方法简单易行，如图 6 – 23 所示。同样，点的删除、移动也可快速动态地进行。但在实际应用当中，这种构网算法当点集较大时构网速度也较慢，如果点集范围是非凸区域或者存在内环，则会产生非法三角形。

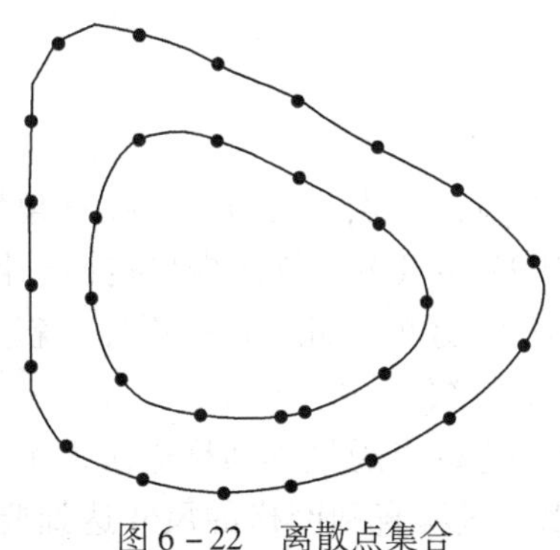

图 6 – 22　离散点集合

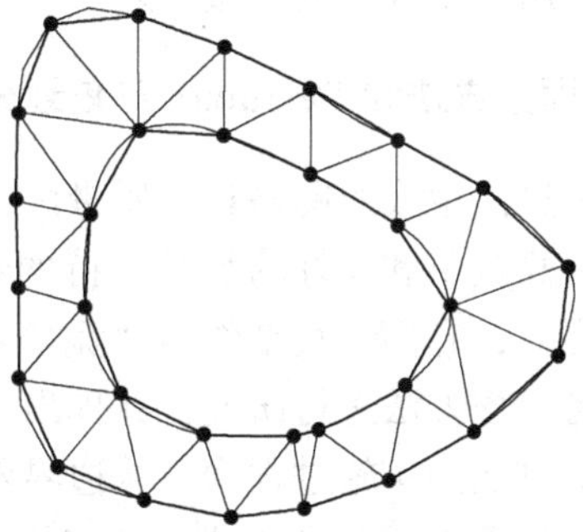

图 6 – 23　Delaunay 三角剖分产生的网格

Delaunay 三角划分的优点是具有良好的数学支持，生成效率高，不易引起网格空间穿透，数据结构相对简单，而且速度快，网格的尺寸比较容易控制。缺点是为了要保证边界的一致性和物面的完整性需要在物面处进行布点控制，以避免物面穿透。

6.3.4　四叉树（2D）与八叉树（3D）方法

Yerry 和 Shephard 于 1983 年首先将四叉树与八叉树法的空间分解法引入到网格划分领域，形成了著名的四叉树与八叉树方法。其后许多学者对该方法进行了完善和发展，提出了修正的四叉树与八叉树方法。

修正的四叉树与八叉树方法生成非结构网格的基本做法是：先用一个较粗的矩形（二维）与立方体（三维）网格覆盖包含物体的整个计算域，然后按照网格尺度的要求不断细分矩形（立方体），使符合预先设置的疏密要求的矩形与立方体覆盖整个流场，最后再将矩形与立方体切割成三角形与四面体单元。图 6 – 24 是用一种基于四叉树方法生成的三角形网格示意图。

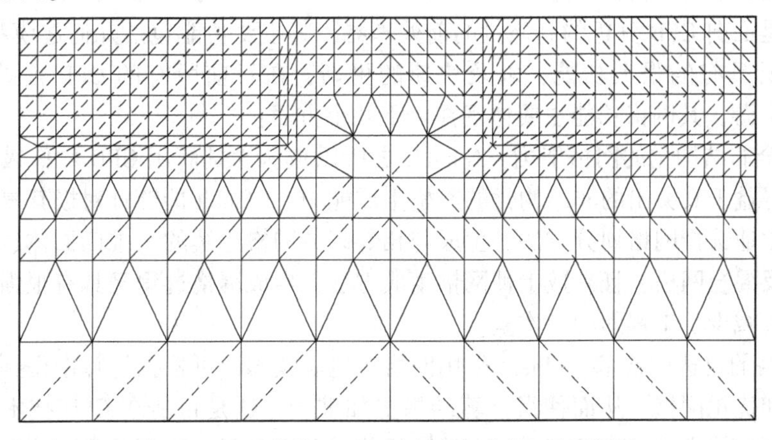

图 6 – 24　一种基于四叉树方法生成的三角形网格

该方法的优点是：(1) 基本算法很简单而且树形的数据结构对于很多拓扑的和几何的操作（比如寻找邻近节点等）都很有效；(2) 可以很容易地把自适应网格细分合成进来（通过细化一个叶节点或删除一个子树）；(3) 可以与固体模型很好地结合，因为在许多几何操作上它们用到了同样的基本思想；(4) 网格生成速度快且易于自适应，还可以方便地同实体造型技术相结合。缺点是由于其基本思想是“逼近边界”且复杂边界的逼近效果不甚理想，所以生成网格质量较差。

6.3.5 阵面推进法和 Delaunay 三角划分结合算法

阵面推进法生成的网格具有质量好，边界完整性好的特点；而 Delaunay 三角划分法生成网格具有高效率和良好的数学支持的特点。在 1993 年 Rebay 首次提出这两种网格生成方法结合之前，它们一直是作为“竞争对手”来进行描述的，此方法一提出，就立刻吸引了众多学者对该方法进行研究，并提出了许多改进的方法。

阵面推进法的实施过程为：从边界网格出发，内部的点通过阵面推进法来生成，然后利用 Delaunay 算法对这些点进行逐点插入，重复以上过程直到网格的尺寸达到要求尺寸。阵面推进法的优点是网格的质量好、边界逼近效果好、网格生成效率高和有良好的数学支持；缺点是对于边界网格的依赖性较大，边界网格的质量直接影响网格划分的结果。

6.4 网格生成软件

总的来说，手工编写程序生成复杂网格，必须掌握一定的数学、力学和计算机语言知识，对于非专业人士难度太大，但随着 CFD 技术在工业工程中的广泛应用，人们对于这种能够处理复杂界面的网格需求越来越强烈，于是一些 CFD 商业软件公司相继推出了一些网格生成软件。本章简单介绍几种常用的网格生成软件。

6.4.1 Gambit

Gambit 作为 Fluent 的网格生成前置软件，主要针对 Fluent 生成非结构网格，它输出的网格很难被其他软件读取。但 Fluent 的广泛应用给 Gambit 带来了相当多的用户。Gambit 的长项是生成非结构网格，通过它的用户界面（GUI）来接受用户的输入。

Gambit 是面向 CFD 分析的高质量的前处理器，其主要功能包括几何建模和网格生成。由于其本身所具有的强大功能，以及快速的更新，在目前所有的 CFD 前处理软件中，Gambit 稳居上游，其网格功能主要体现在以下几个方面：

(1) 完全非结构化的网格能力。Gambit 之所以被认为是商用 CFD 软件最优秀的前置处理器完全得益于其突出的非结构化的网格生成能力。Gambit 能够针对极其复杂的几何外形高度智能化地选择网格划分方法，生成与相邻区域网格连续的三维四面体、六面体的非结构化网格及混合网格，且有数十种网格生成方法，生成网格过程又具有很强的自动化能力，因而大大减少了工程师的工作量。

(2) 网格的自适应技术。Fluent 采用网格自适应技术，可根据计算中得到的流场结果反过来调整和优化网格，从而使得计算结果更加准确。这是目前在 CFD 技术中提高计算精度的最重要的技术之一。尤其对于有波系干扰、分离等复杂物理现象的流动问题，采用自适应技术能够有效地捕捉到流场中的细微的物理现象，大大提高计算精度。如采用自适应网格后可以有效地分析汽车后视镜附近的气流分离现象，汽车尾部的旋涡区域及发动机水套的温度场等复杂问题。Fluent 软件具有多种自适应选项，可以对物理量的空间微分值(如压力梯度)、网格容积变化率、壁面 y^*/y^+ 值等进行自适应。

(3) 丰富的接口。Gambit 包含全面的几何建模能力，既可以在 Gambit 内直接建立点、线、面、体的几何模型，也可以从 PRO/E、UGII、IDEAS、CATIA、SOLIDWORKS、ANSYS、PATRAN 等主流的 CAD/CAE 系统导入几何和网格。导入过程新增自动公差修补几何功能，以保证 Gambit 与 CAD 软件接口的稳定性和保真性，使得几何质量高，并大大减轻工程师的工作量；可为 Fluent、POLYFLOW、FIDAP、ANSYS 等解算器生成和导出所需要的网格和格式。

(4) 混合网格与边界层内的网格功能。Gambit 提供了对复杂的几何形体生成边界层内网格的重要功能（边界层是流动变化最为剧烈的区域，因而边界层网格对计算的精度有很大影响)。而且边界层内的贴体网格能很好地与主流区域的网格自动衔接，大大提高了网格的质量。另外，Gambit 能自动将四面体、六面体、三角柱和金字塔形网格自动混合起来，这对复杂几何外形来说尤为重要。先进的六面体核心（HEXCORE）技术是 Gambit 所独有的，集成了笛卡尔网格和非结构网格的优点，使用该技术划分网格时更加容易，而且大大节省网格数量、提高网格质量；尺寸函数（Size Function）功能可使用户能自主控制网格的生成过程以及在空间上的分布规律，使得网格的过渡与分布更加合理，最大限度地满足 CFD 分析的需要。

(5) 网格检查。Gambit 拥有多种方便简捷的网格检查技术，能快捷的检查已生成网格的质量。该模块包括对网格单元的体积、扭曲率、长细比等影响收敛和稳定的参数进行报告。可以直观而方便地定位质量较差的网格单元从而进一步优化网格。强大的几何修正功能，在导入几何时会自动合并重合的点、线、面；新增几何修正工具条，在消除短边、缝合缺口、修补尖角、去除小面、去除单独辅助线和修补倒角时更加快速、自动、灵活，而且准确保证几何体的精度。

(6) ACIS 内核基础上的全面三维几何建模能力，通过多种方式直接建立点、线、面、体，而且具有强大的布尔运算能力，ACIS 内核已提高为 ACIS R12，为建立复杂的几何模型提供了极大的方便。该功能大大领先于其他 CAE 软件的前处理器。

6.4.2 ICEM CFD

作为专业的前处理软件，ICEM CFD 为所有世界流行的 CAE 软件提供高效可靠的分析模型。它拥有强大的 CAD 模型修复能力、自动中面抽取、独特的网格“雕塑”技术、网格编辑技术以及广泛的求解器支持能力。同时作为 ANSYS 家族的一款专业分析环境，还可以集成于 ANSYS Workbench 平台，获得 Workbench 的所有优势。ICEM CFD 软件功能特点如下：

(1) 提供多种直接几何接口，包括 CATIA，CADDS5，ICEM Surf/DDN，I - DEAS，SolidWorks，Solid Edge，Pro/ENGINEER and Unigraphics。

(2) 忽略细节特征设置，自动跨越几何缺陷及多余的细小特征；对 CAD 模型的完整性要求很低，它提供完备的模型修复工具，方便处理“烂模型”；自动检查网格质量，自动进行整体平滑处理，坏单元自动重划，可视化修改网格质量。

（3）Replay 技术对几何尺寸改变后的几何模型自动重划分网格。

（4）方便的网格雕塑技术实现任意复杂的几何体纯六面体网格划分。

因为 ICEM CFD 和 Gambit 同属 Ansys 公司的同类产品（前者是 CFX 的前处理工具，后者是 Fluent 的前处理软件，这两家公司均已被 Ansys 公司收购），也是当今最流行的网格生成软件，所以有必要对两者进行一下直接比较：

（1）对于一款软件来说，维护和更新非常重要。Gambit 已经停止了更新，而 ICEM CFD 还在进行更新，每个新版本对功能和性能都有改进，对于 bug 都有修补。

（2）从用户体验来看，在 Windows 平台下，ICEM CFD 的表现要远好于 Gambit。无论是从界面，操作性，系统兼容性来说，ICEM CFD 都要优于 Gambit。目前在 Windows 平台下使用 Gambit，需要安装 Exceed 模拟 UNIX 环境，而在最新版的 Windows 环境 Win7 下，Gambit 更是运行艰难。

（3）对于大模型的支持上，Gambit 在应付大而复杂模型的能力上明显不如 ICEM CFD。在网格过多的情况下，Gambit 经常会导致计算机死机。

（4）网格生成能力。在非结构网格方面，它们相差不多。但是 ICEM CFD 目前还在更新，因此可以预测，ICEM CFD 的非结构网格生成能力，将会强于 Gambit。在结构网格生成方面，ICEM CFD 采用虚拟块的方式进行拓扑构建，而 Gambit 则采用实体分割的方式，这两种方式，在不同的几何模型中，方便程度是不一样的，可以认为它们在结构网格生成方面不相上下。

（5）几何模型生成方面。Gambit 采用 PARASOLID 核心，ICEM CFD 采用 NUBS 核心。主要区别在于 Gambit 是有点线面体的，而 ICEM CFD 中则没有体的概念，因此不要求面的封闭。在几何建模上，Gambit 的模型构建功能要强于 ICEM CFD。拥有自顶向下及自底向上两种模型构建方式，具有布尔运算功能，具有实面的虚面的概念，这些对于几何的构建非常有用。而 ICEM CFD 中没有布尔运算的功能，在一些几何模型创建中则显得有些麻烦。但是 ICEM CFD 对于第三方建模软件的支持非常好，可以导入市场上绝大多数主流 CAD 软件构建的模型以及一些中介文件格式。这在很大程度上弥补了其在几何构建能力上的不足。

（6）对求解器的支持方面。ICEM CFD 支持 200 多种求解器，包括 CFD 软件和固体计算软件。而 Gambit 支持的求解器相当有限，只有十多种。

（7）Gambit 的思想比较清晰。无论是几何构建还是网格划分，思路都要比 ICEM CFD 清晰。对于初学者来说，使用 Gambit 的难度要远低于 ICEM CFD。功能的复杂性导致其使用的复杂性，ICEM CFD 的学习周期要长于 Gambit。

（8）Gambit 的资料要比 ICEM CFD 多。毕竟 Gambit 多年来一直都是 Fluent 的前处理软件，目前一些介绍 Fluent 的书籍中都要或多或少的包含 Gambit 在内。

6.4.3 TrueGrid

TrueGrid 提供了工业界最先进的映射网格划分功能，使用户能够快速完成他们想做的工作，可以快速、有效地创建顶级优质的网格模型。TrueGrid 创立的网格模型可以导入到有限差分软件或有限元软件中进行模拟计算。此外，TrueGrid 不仅仅是一个网格生成工具，它还可以针对大多数分析软件生成输入文件。在 TrueGrid 中定义网格的同时，用户可以指定有限元网格模型的物理特性，甚至可以指定与网格划分无关的一些模拟参数。一旦完成了整个网格的划分工作（如图 6 - 25 所示），TrueGrid 会自动生成输入文件。

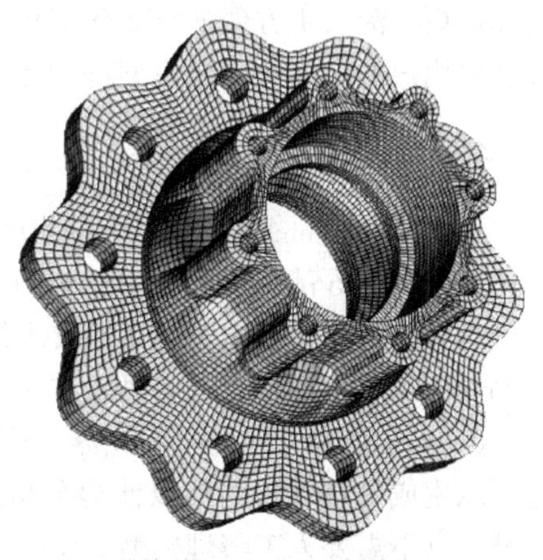

图 6 - 25 用 TrueGrid 生成的网格图

TrueGrid 可以生成多块体、结构化的优质网格模型。建立优质网格单元的关键是使用结构化的块体模式。TrueGrid 的标准部件是基于六面体实体单元和四边形的薄壳单元，它们通过行、列和层的形式组成结构化的块体。TrueGrid 支持高结构化的、多块体网格划分功能，这可以产生高质量的网格划分。在各行、列和层上，每一个块都可以由三维六面体、二维四边形，以及一维线性或二次方程式单元组成。在建立多块体结构化网格上，TrueGrid 有很大的灵活适应性以确保可以处理最复杂的几何结构。图 6 - 26 为一个扬声器模型的分解图形，它由 8 个多块体结构组成，包含六面块体单元和四边形壳体单元。

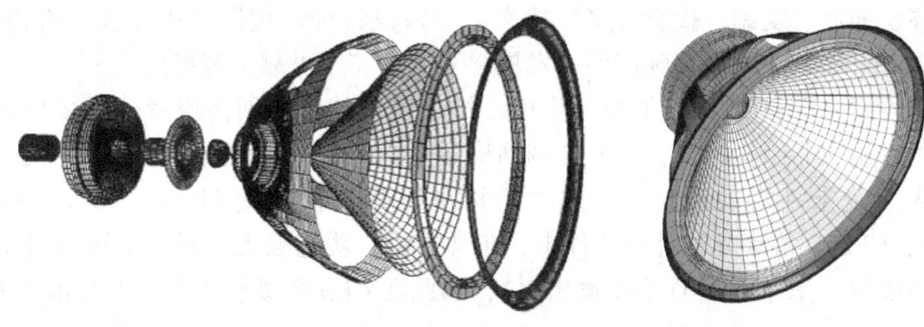

图 6 - 26 用 TrueGrid 生成的扬声器网格图

此外，TrueGrid 还提供了许多有用的工具来辅助生成高质量的网格，包括多线性插值、无限插值以及椭圆过渡工具等。TrueGrid 功能强大的一部分原因是：它可以使设计者直接进行多块结构网格划分，习惯于将几何结构细化为一个个小方格，然后划分成六面体块体单元或四边形壳体单元的计算软件。划分的结果，即网格或栅格，可以导入到通常的 FEA 和 CFD 分析软件中进行结构分析、流体流动或其他复杂物理场的模拟。TrueGrid 将设计师从复杂几何模型网格划分的繁重工作中解脱出来，在保证获得优质网格质量的同时，极大地减少了时间消耗。

TrueGrid 使用特殊的投影方法将块体结构的网格划分投射到一个或多个表面上。TrueGrid 的投影方法（基于投影几何学）无需设计师指定结构体积详细信息，而这往往是其他 CAD 导向网格生成器所必需的。另外，这种精确的投影方法能够处理复杂的几何结构——建立大型复杂的涡轮、喷气发动机、泵、机翼、传动器甚至人体结构的模型。表面和曲线可以有无限制的任意曲率，用户只需选取表面，TrueGrid 就会完成其余工作。节点会自动分布在表面上，而边界上的节点会自动置于这些表面的交界面上。节点的分布会通过插值和光滑过渡等方法进行控制。这种投影方法免除了繁重的手工网格划分操作。TrueGrid 不断增加更灵活、更方便的智能化工具，一旦整个模型的网格划分完成，TrueGrid 的诊断工具会对用户的最终的网格模型进行综合评价。

6.4.4　Gridgen

Gridgen 是 Pointwise 公司下的旗舰产品，前身是美国空军和宇航局出资，由通用动力公司在研制 F16 战机的过程中于 80 年代开发的产品。后由美国空军免费发放给美国各研究机构和公司使用。由于各用户要求继续开发该产品，Gridgen 的编程人员在 1994 年成立了 Pointwise 公司，推出了商用化的后继产品。

Gridgen 是专业的网格生成器，被工程师和科学家用于生成 CFD 网格和其他计算分析。它可以生成高精度的网格以使得分析结果更加准确。同时它还可以分析并不完美的 CAD 模型，且不需要人工清理模型。Gridgen 可以生成多块结构网格、非结构网格和混合网格，可以引进 CAD 的输出文件作为网格生成基础。生成的网格可以输出十几种常用商业流体软件的数据格式，直接让商业流体软件使用。对用户自编的 CFD 软件，可选用公开格式（Generic），如结构网格的 PLOT3D 格式和结构网格数据格式。Gridgen 网格生成主要分为传统法和各种新网格生成方法。传统方法的思路是由线到面、由面到体的装配式生成方法。各种新网格生成法，如推进方式可以高速的由线推出面，由面推出体。另外还采用了转动、平移、缩放、复制、投影等多种技术。可以说各种现代网格生成技术都能在 Gridgen 找到。Gridgen 是在工程实际应用中发展起来的，实用可靠是其特点之一。

从使用角度来看，Gridgen 很容易生成二维、三维的单块网格或者分区多块对接结构网格，也可以生成非结构网格，但非结构网格不是它的长项，该软件很容易入门，可以在一两周内生成复杂外形的网格，生成的网格可以直接输入到 Fluent，CFX，Star – CD，PHOENICS，CFL3D 等十几种计算软件中，非常方便，功能强大，网格也可以直接被用户的计算程序读取（采用 Plot3D 格式输出时），因此在 CFD 高级使用人群中有相当用户。

习　题

6 – 1　网格的分类，二维及三维结构网格、非结构网格有哪些？

6 – 2　结构网格、非结构网格及混合网格应用的场合？

6 – 3　常用网格生成软件有哪些？其各自特点？

6 – 4　下图为多块结构四边形网格，试用非结构网格对此区域进行网格划分。

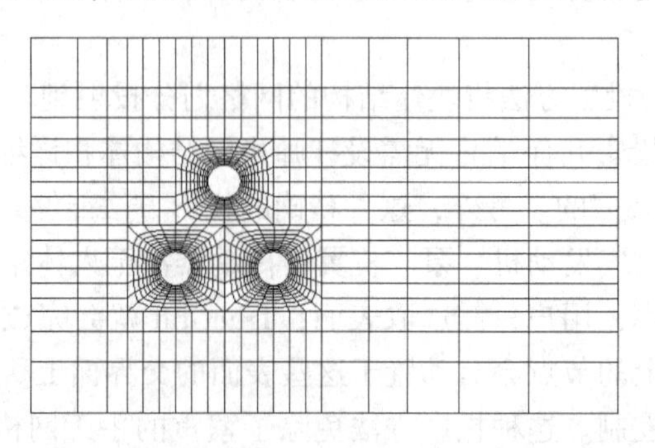

7 Fluent 概述

教学目的：

（1）了解 Fluent 解决的工程问题。

（2）Fluent 软件组成。

（3）Fluent 软件包的安装及运行。

（4）Fluent 15.0 新特性。

第7章课件

7.1 Fluent 的工程应用背景

Fluent 是目前国际上比较流行的商用 CFD 软件包，在美国的市场占有率为 60%，只要涉及流体、热传递及化学反应等的工程问题，都可以用 Fluent 进行解算。它具有丰富的物理模型、先进的数值方法以及强大的前后处理功能，在航空航天、汽车设计、石油天然气、涡轮机设计等方面都有着广泛的应用。例如，石油天然气工业上的应用就包括燃烧、井下分析、喷射控制、环境分析、油气消散/聚积、多相流、管道流动等。

Fluent 能够解决的工程问题可以归结为以下几个方面：

（1）采用三角形、四边形、四面体，六面体及其混合网格计算二维和三维流动问题。计算过程中，网格可以自适应。

（2）可压缩与不可压缩流动问题。

（3）稳态和瞬态流动问题。

（4）无黏流、层流及湍流问题。

（5）牛顿流体及非牛顿流体。

（6）对流换热问题（包括自然对流和混合对流）。

（7）导热与对流换热耦合问题。

（8）辐射换热。

（9）惯性坐标系和非惯性坐标系下的流动问题模拟。

（10）多运动坐标系下的流动问题。

（11）化学组分混合与反应。

（12）可以处理热量、质量、动量和化学组分的源项。

（13）用 Lagrangian 轨道模型模拟稀疏相（颗粒、水滴、气泡等）。

（14）多孔介质流动。

（15）一维风扇、热交换器性能计算。

（16）两相流问题。

（17）复杂表面形状下的自由面流动。

7.2　Fluent 软件包相关知识

Fluent 软件设计基于 CFD 软件群的思想，从用户需求角度出发，针对各种复杂流动和物理现象，采用不同的离散格式和数值方法，以期在特定的领域内使计算速度、稳定性和精度等方面达到最佳组合，从而可以高效率地解决各个领域的复杂流动计算问题。基于上述思想，Fluent 开发了适用于各个领域的流动模拟软件，用于模拟流体流动、传热传质、化学反应和其他复杂的物理现象，各模拟软件都采用了统一的网格生成技术和共同的图形界面，它们之间的区别仅在于应用的工业背景不同，因此大大方便了用户。

Fluent 的软件包由以下几个部分组成：

（1）前处理器：Gambit 用于网格的生成，它是具有超强组合建构模型能力的专用 GFD 前置处理器。Fluent 系列产品皆采用原 Fluent 公司（现在 ANSYS 公司）自行研发的 Gambit 前处理软件来建立几何形状及生成网格。另外，TGrid 和 Filters（Translators）是独立于 Fluent 的前处理器，其中 TGrid 用于从现有的边界网格生成体网格，Filters 可以转换由其他软件生成的网格从而用于 Fluent 计算。与 Filters 口的程序包括 ANSYS，I－DEAS，NASTRAN，PATRAN 等。

（2）求解器：它是流体计算的核心，根据专业领域的不同，求解器主要分为以下几种类型：

1）Fluent 4.5 基于结构化网格的通用 CFD 求解器。

2）Fluent 6.2.16：基于非结构化网格的通用 CFD 求解器。

3）Fidap：基于有限元方法，并且主要用于流固耦合的通用 CFD 求解器。

4）Polyflow：针对黏弹性流动的专用 CFD 求解器。

5）Mixsim：针对搅拌混合问题的专用 CFD 软件口。

6）Icepak：专用的热控分析 CFD 软件。

（3）后处理器：Fluent 求解器本身就附带有比较强的后处理功能。另外，Tecplot 也是一款比较专业的后处理器，可以把一些数据可视化，这对于数据处理要求比较高的用户来说是一个理想的选择。

在以上介绍的 Fluent 软件包中，求解器 Fluent 15.0 是应用范围较广的，所以在以后的章节中我们会对它进行详细的介绍。这个求解器既可使用结构化网格，也可使用非结构化网格。对于二维问题，可以使用四边形网格和一角形网格；对于三维问题，可以使用六面体、四面体、金字塔形以及楔形单元，具体的网格形状如图 7－1 所示。Fluent 15.0 可以接受单块和多块网格，以及二维混合网格和三维混合网格。

7.2.1　Fluent 软件组成

最基本的流体数值模拟可以通过软件的合作来完成（如图 7－2 所示）：UG/AutoCAD 等属于 CAD/CAE 软件，用来生成数值模拟所在区域的几何形状；TGrid、Gambit 及 ICEM CFD 是把计算区域离散化，或网格的生成，其中 TGrid 可以从已有边界网格中生成体网

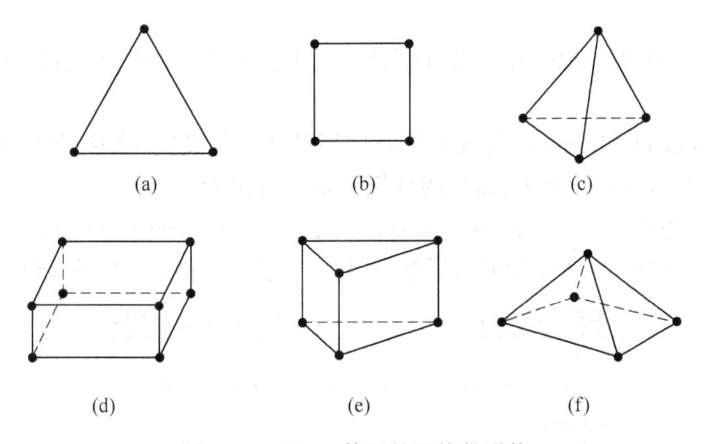

图 7 - 1 Fluent 使用的网格的形状

(a) 三角形；(b) 四边形；(c) 四面体；(d) 六面体；(e) 五面体（棱锥）；(f) 五面体（金字塔）

格，而 Gambit 自身就可以生成几何图形和划分网格的，ICEM CFD 是目前市场上最强大的六面体结构化网格生成工具。ICEM CFD 和 Gambit 同属 Ansys 公司的同类产品（前者原是 CFX 的前处理工具，后者是 Fluent 的前处理软件，这两家公司均已被 Ansys 公司收购），也是当今最流行的网格生成软件，ICEM CFD 现可为多种主流 CFD 软件 Fluent、CFX、STAR - CD 等提供高质量的网格。Fluent 求解器是对离散化且定义了边界条件的区域进行数值模拟；Tecplot 可以把从 Fluent 求解器导出的特定格式的数据进行可视化，形象地描述各种量在计算区域内的分布。

UG/AutoCAD等
TGrid
ICEM
Gambit
Fluent
Tecplot或CFD-Post

图 7 - 2 各软件之间的协同关系

7.2.2 各软件之间协同关系

各软件之间的协同关系如图 7 - 2 所示。

7.3 Fluent 软件包的安装及运行

由于 Fluent 软件包安装的特点，有必要详细地介绍具体的安装步骤和注意事项。

7.3.1 Fluent 软件包的安装

介绍 Fluent 软件包安装步骤之前，先简单介绍一下 Exceed。Exceed 在 Windows 环境下模拟的 UNIX 软件，Gambit 是 Fluent 的前处理软件之一，可用来为 Fluent 建立计算区域及其区域内的网格划分，但是 Gambit 必须在 UNIX 环境下才可以运行。

Fluent 的安装顺序如下：

（1）安装 Exceed。推荐安装 Exceed 7.1 版本或更高版本（最好与操作系统匹配）。

（2）安装 Gambit。单击 Gambit 的安装，按照提示就可以完成安装。

（3）安装 ANSYS15.0（含 Fluent 软件）。单击 ANSYS15.0 的安装文件，按照提示就

可以完成安装。

说明：如果不采用 Gambit 作为前处理器，用 ICEM CFD 为前处理器，则直接安装 ANSYS15.0。

一般来说，Fluent 和 Gambit 的安装推荐使用默认安装设置。当按照以下的安装步骤安装完毕以后，还要对 Fluent 和 Gambit 的环境变量进行设置。

“开始”→“程序”→Fluent Inc Products→Fluent 15.0→Set environment，单击 Set environment，就会进入如图 7－3 所示的对话框。单击“是”按钮就设置好了 Fluent 的环境变量。

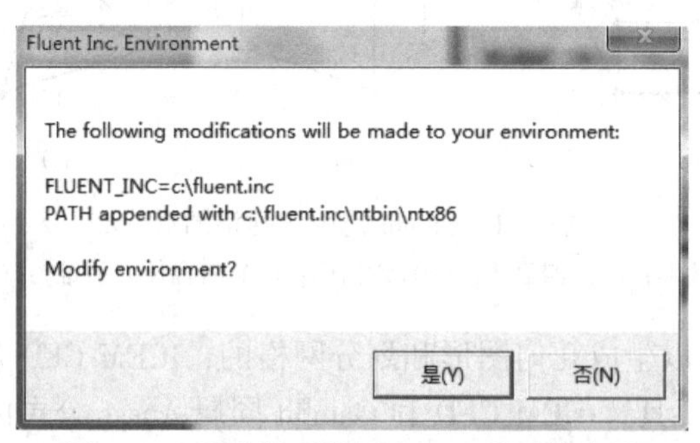

图 7－3 系统提示设置 Fluent 的环境变量

选择“开始”→“程序”→Fluent Inc Products→Gambit 2.2.30→Set environment，单击 Set environment，进入如图 7－4 所示的对话框，单击“是”按钮就设置好了 Gambit 的环境变量。另外，注意以上两种环境变量设置好后需要重启系统，否则仍会提示找不到环境变量。

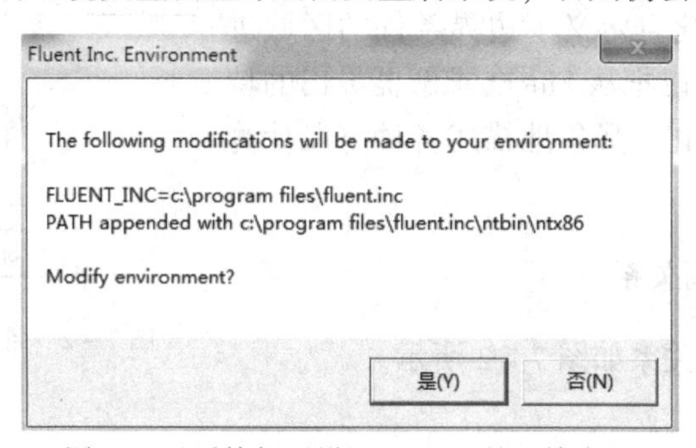

图 7－4 系统提示设置 Gambit 的环境变量

7.3.2 Fluent 的新特性

Fluent 6 系列的发行从 2001 年 12 月的 6.0 版本开始，到 2003 年 2 月的 6.1 版本，再到 2005 年 3 月发行的 6.2 版本，开发的速度逐渐加快，2006 年末正式推出了 Fluent 6.3 版本。相比于以前的版本，改进了核心的算法的 Fluent 6.3 运算速度更快，效率更高。

Fluent 6.3 新增加了压力基的耦合求解器，使 Fluent 的解算速度有 3～5 倍的提高，Fluent 6.3 在发布时是唯一既包含压力基的求解器又包含密度基求解器的 CFD 软件。

在 Fluent 6.3 中，可以自动地将四面体网格转化为多面体网格，将使网格总数降低为原来的 1/3～1/5，从而降低计算量、加速收敛，同时使网格的扭曲率降低，改善了求解过程的收敛性和稳定性。

Fluent 6.3 包含行业领先的动网格技术，包含专门的机弹分离、发动机缸内模拟模型，极大地降低了动网格的应用门槛。

Fluent 6.3 共有 500 多项改进，全面提升了 Fluent 的性能。

ANSYS 公司于 2006 年并购 Fluent，收购前的 Fluent 6.3 版本和 ANSYS12.0（2009 年）里面的 Fluent 内核是一模一样的。ANSYS 只是将 Fluent 整合在它的 WORKBENCH 里面。ANSYS 15.0 于 2013 年发布，除继承以上版本的特性外，ANSYS 15.0 版本在流体方面的新特性如下：

（1）CFD 的项目级报告功能。

（2）GPU 支持流体求解器。

（3）将网格变形实现的外形优化法用于超大模型。

（4）更快、更精确的吹塑和热成型仿真。

（5）快速准确地仿真液膜。

（6）流体与装配式固体之间传热的改进。

（7）求解器稳健性增强。

（8）解决方案可扩展性提升幅度高达 3 倍。

（9）自动六面体网格可实现更快、更稳健的收敛。

（10）针对汽油与柴油燃烧而量身打造的应用。

（11）完全双向表面热和结构的流固耦合。

（12）ANSYS Icepak 的参数化仿真。

（13）ANSYS Icepak 的简易仿真设置。

（14）面向 CFD 创建快速稳健的自动化网格。

（15）面向复杂物理场的快速求解器。

（16）增强的 CFD 可用性。

（17）跟踪电子冷却应用中的湿度或污染物。

（18）叶片颤振与强制响应分析。

7.3.3 Fluent 软件包的运行

Fluent 的运行：按照路径“开始”→“程序”→ANSYS→Fluid→Dynamics→Fluent 15.0，或者利用桌面快捷方式。

Gambit 的运行：先运行命令提示符，输入 gambit，回车就可以启动 Gambit，如图 7－5 所示，或利用桌面快捷方式。

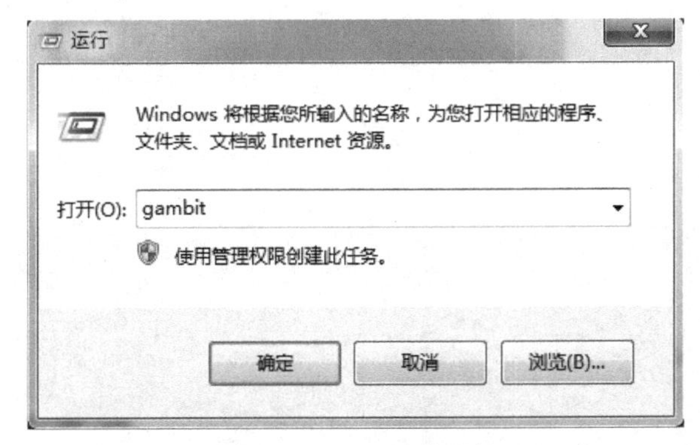

图 7－5 Gambit 的运行

习 题

7－1 Fluent 解决的工程问题有哪些？

7－2 Fluent 能否计算固体的传热？

8 Fluent 软件介绍

教学目的：

（1）了解 Gambit 软件的界面。

（2）了解 Gambit 建立模型及划分网格的操作步骤。

（3）了解 Fluent 软件的界面。

（4）Fluent 求解算例的操作步骤。

第8章课件

8.1 Fluent 前置模块——Gambit

8.1.1 Gambit 图形用户界面（GUI）

如图 8－1 所示，Gambit 用户界面可分为 7 个部分，分别为菜单栏、图形绘制区、视图控制面板、命令面板、命令输入窗口、命令解释窗口及命令记录窗口。

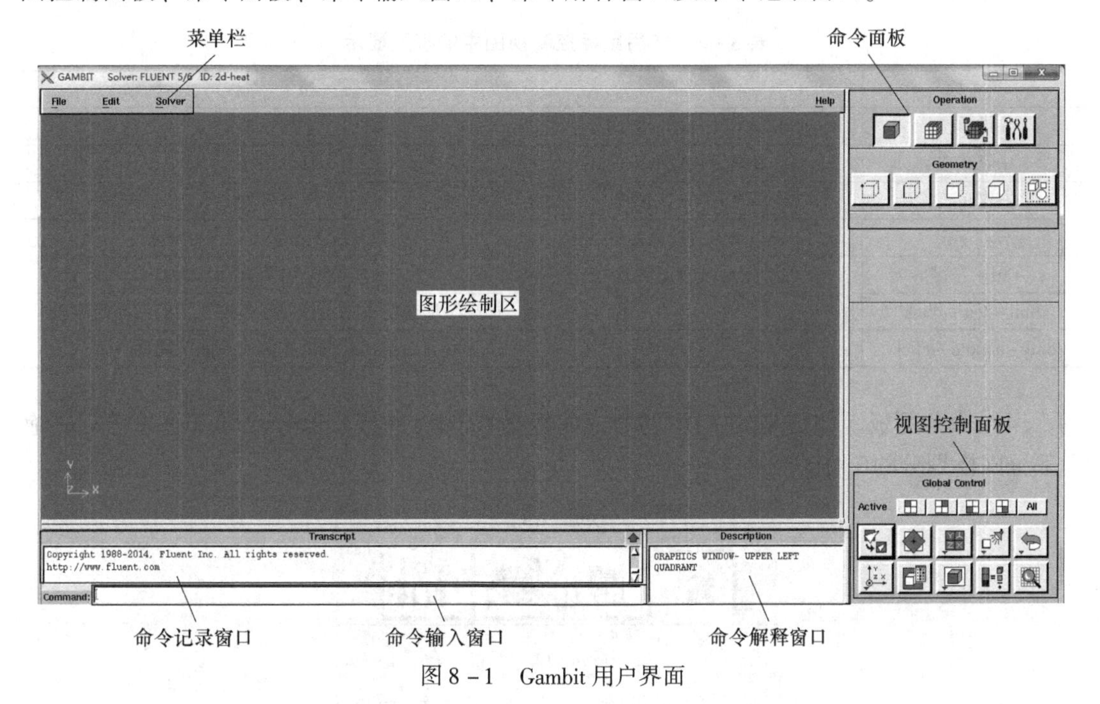

图 8－1 Gambit 用户界面

（1）菜单栏。菜单栏位于操作界面的最上方，菜单命令的使用和大多数应用软件一样，这里不再赘述。

（2）图形绘制区。图形绘制区是图 8－1 中的几何图形所在的区域，这个区域是几何图形绘制和网格划分操作的工作区。

（3）视图控制面板。Gambit 的视图控制面板如图 8－2 所示，利用它可以从各个角度观察正在绘制的图形。

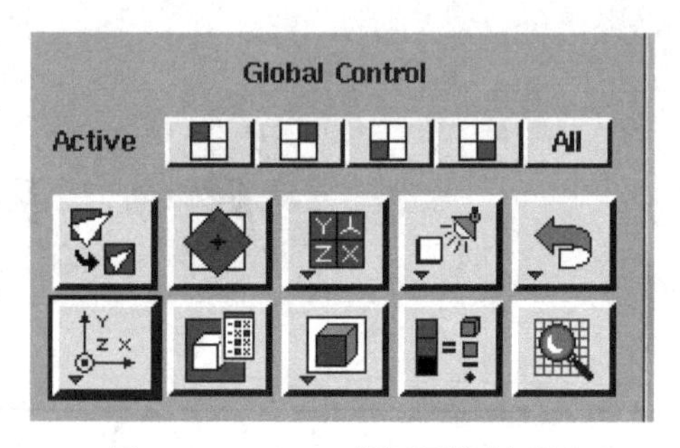

图 8－2 Gambit 的视图控制面板

视图控制面板中的命令分为两部分，上面的一排四个图标是视图显示与否的控制按钮。视图控制面板中常用的命令见表 8－1。

表 8－1 视图控制面板中常用的命令

按 钮	命 令	按 钮	命 令
	图形的全图显示		选择显示项目
	选择显示示图		渲染方式（框架或者实体）
	选择视图坐标		

除了使用上面提到的按钮来控制视图的显示，还可以使用鼠标来控制视图中的模型显示，具体见表 8－2。

表 8－2 作用鼠标控制视图中的模型显示

目 标	方 式	功 能
左键单击	拖动着指针往任一方向走	旋转模型
中键单击	拖动着指针往任一方向走	移动模型
右键单击	往垂直方向拖动指针	缩放模型
右键单击	往水平方向拖动指针	使模型绕着图形窗口中心旋转
Ctrl + 左键	指针对角移动	放大模型，保留模型比例
Shift - left - click		加亮图形窗口中的实体并且包含在当前活动的列表
Shit - middle - click		在给定类型的相邻实体间的切换

（4）命令面板。如图 8－3 所示的命令面板是 Gambit 的核心部分，可以通过它完成绝大部分网格划分的工作。

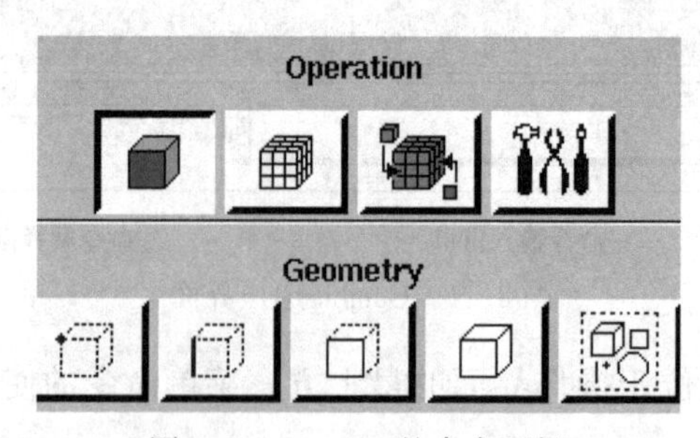

图 8－3 Gambit 的命令面板

从命令面板看出，网格划分的工作可分为三步：首先是建立几何模型，再就是网格划分，最后是定义边界条件。这些步骤对应的按钮见表 8-3。

表 8-3 网格划分中各步骤对应的按钮

按 钮	功 能	按 钮	功 能
	绘制几何图形	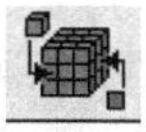	边界条件定义
	网格划分		定义视图中的坐标系统

(5) 命令解释窗口。如图 8-4 所示的命令解释窗口位于图形用户界面的右下角，将鼠标放在命令面板中任意一个按钮上，窗口中就会出现对该命令的解释。

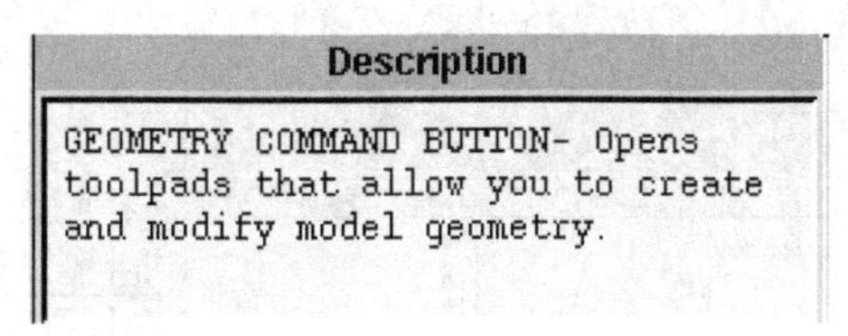

图 8-4 Gambit 的命令解释窗口

(6) 命令输入窗口。命令输入窗口如图 8-5 所示，命令输入窗口则可以接收输入命令。

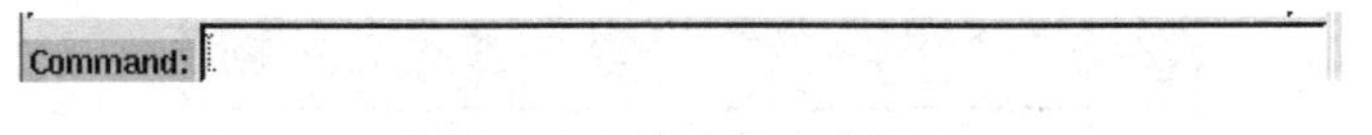

图 8-5 命令输入窗口

(7) 命令记录（显示）窗口。如图 8-6 所示的命令记录窗口 Gambit 的左下方，且可以显示每一步操作的命令和结果。用户可以通过这个窗口了解到自己的每一步操作是否成功，如果有错误或警告，也可以在此窗口看到相关的提示信息。

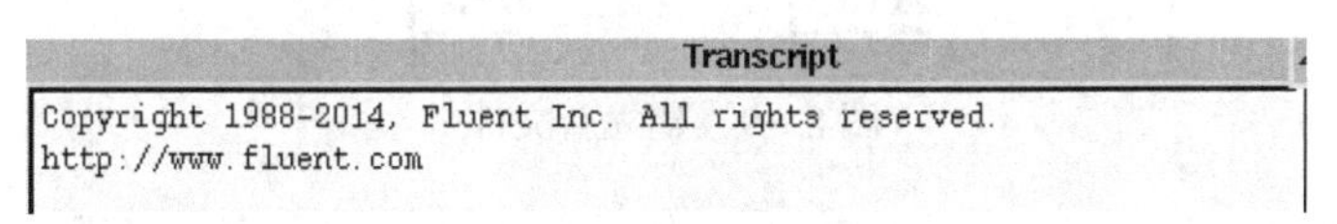

图 8-6 命令记录窗口

8.1.2 Gambit 实例简介

如图 8-7 所示，平板的长宽度远远大于它的厚度，平板的上部保持高温 t_h，平板的下部保持低温 t_c。平板的长高比为 30，可作为一维问题进行处理。需要求解平板内的温度分布以及整个稳态传热过程的传热量。

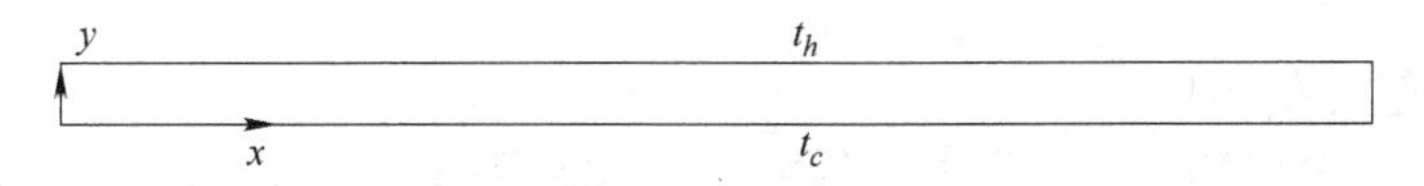

图 8-7 导热计算区域示意图

8.1.3　Gambit 实例操作步骤

步骤 1：启动 Gambit 软件并建立新文件

在路径 C：\Fluent. Inc\ntbin\ntx86 下打开 gambit 文件（双击后稍等片刻），其窗口布局如图 8－8 所示。

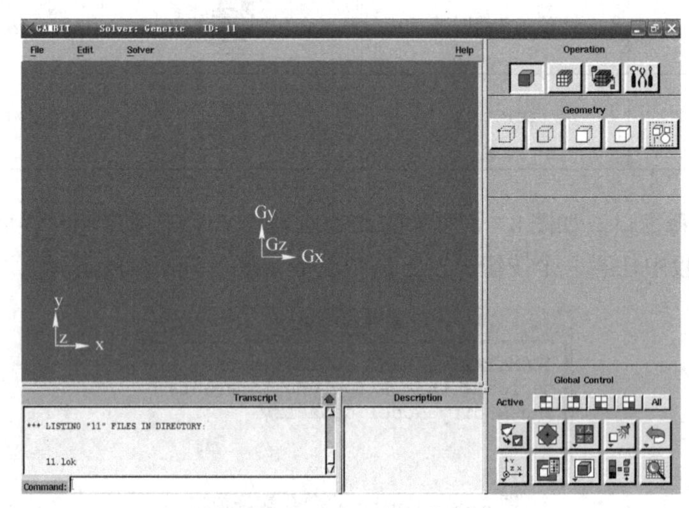

图 8－8　Gambit 窗口的布局

然后是建立新文件，操作为选择 File→New 打开如图 8－9 所示的对话框。

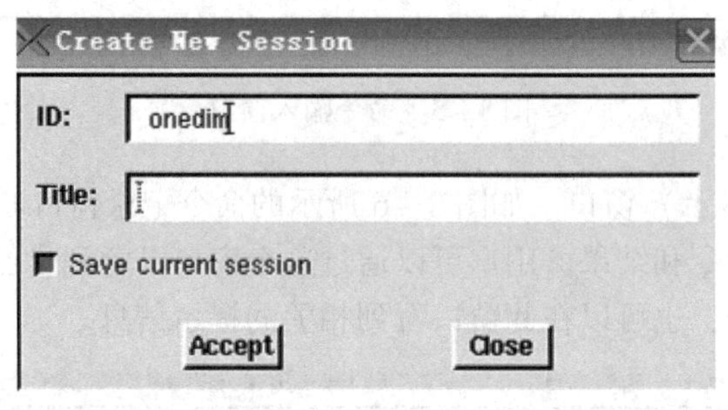

图 8－9　建立新文件

在 ID 文本框中输入 onedim 作为文件名，然后单击 Accept 按钮，在随后显示的图 8－10 的对话框中单击 Yes 按钮保存。

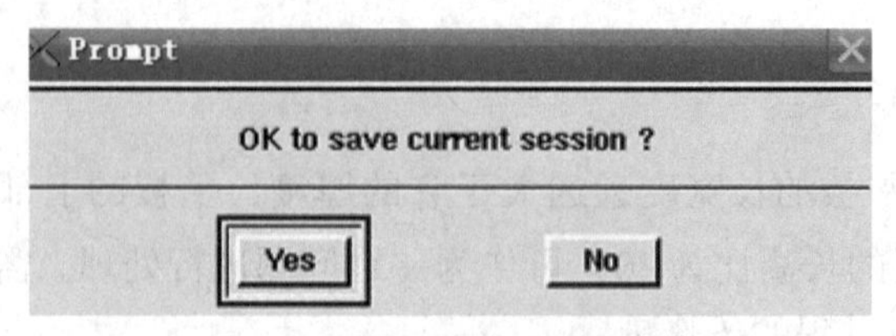

图 8－10　确认保存对话框

步骤 2：创建几何图形

选择 Operation →Geometry →Face ，打开如图 8－11 所示的对话框。

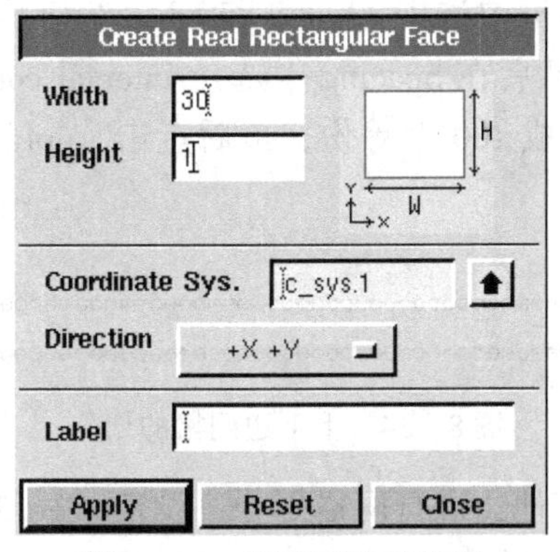

图 8－11　创建面的对话框

在 Width 内输入 30，在 Height 中输入 1，在 Direction 下选择 $+X+Y$ 坐标方向，然后单击 Apply，并在 Global Control 下点击  ，则出现如图 8－12 所示的几何图形。

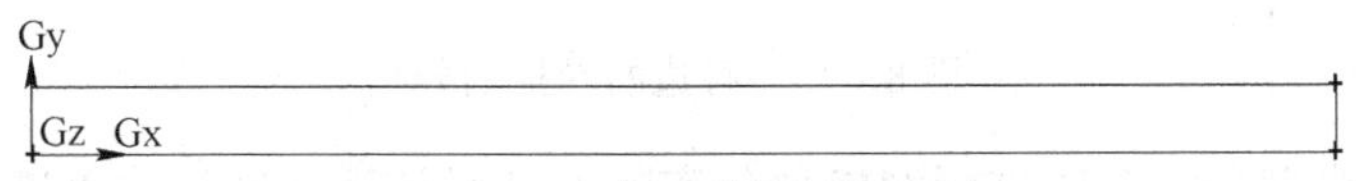

图 8－12　几何图形的显示

步骤 3：网格划分

（1）边的网格划分。当几何区域确定之后，接下来就需要对几何区域进行离散化，即进行网格划分。选择 Operation  →Mesh  →Edge  ，打开如图 8－13 所示的对话框。

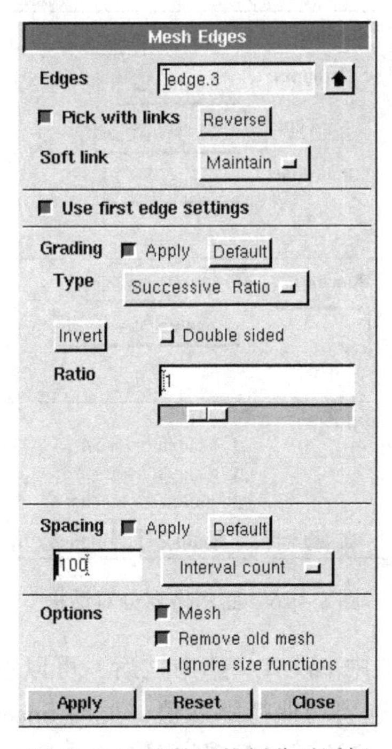

图 8－13　边的网格划分对话框

在 Edges 后面的黄色对话框中选中 edge. 1 和 edge. 3。也可以采用 Shift + 鼠标左键的方法选中 edge. 1 和 edge. 3。然后在 Spacing 中选择 Interval count，在其左边的对话框中输入 100，即将这两个边各划分成 100 个等份，最后点击 Apply 确认。则出现如图 8 - 14 所示的边网格划分。

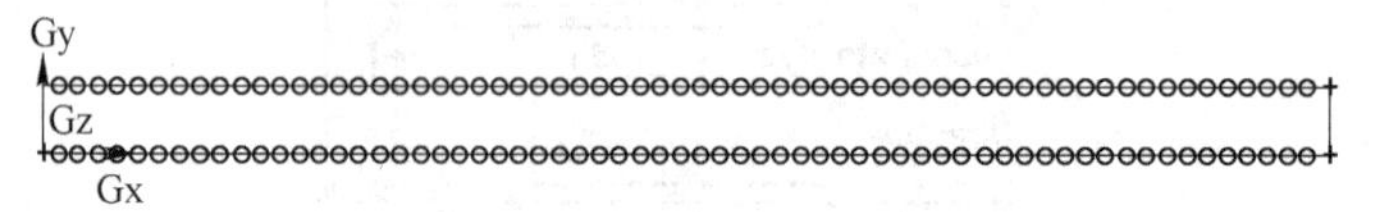

图 8 - 14　上下边网格的划分

采用同样的方法对面的其他边进行网格划分，设定 edge. 2 和 edge. 4 的 Spacing 对应的数值为 10，注意 Spacing 的类型仍然为 Interval count，可以得到如图 8 - 15 所示面上各边的网格划分。

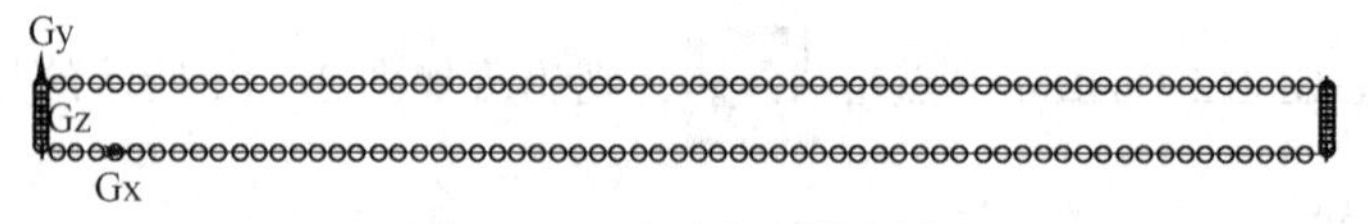

图 8 - 15　各边的网格划分

(2) 面的网格划分。对边进行网格划分实际上是对计算区域的边界进行离散化，计算区域的内部同样需要进行离散化，需要对计算区域进行面网格划分。

选择 Operation →Mesh →Face ，打开如图 8 - 16 所示的对话框。

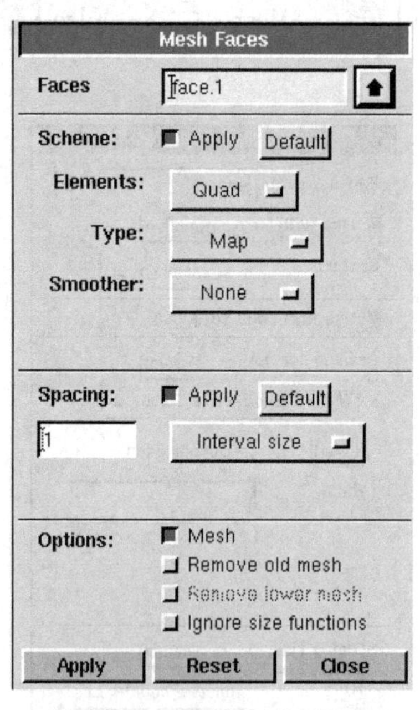

图 8 - 16　面网格划分对话框

在 Faces 后面的黄色框中选中 face. 1，选中之后，可以看到面上的边均变成红色，表示选择成功。对话框中的其他选项均保持默认值，此时 Spacing 的类型为 Interval size，它左边的默认值为 1。点击 Apply 确认可以看到如图 8 - 17 所示的面网格划分情况。

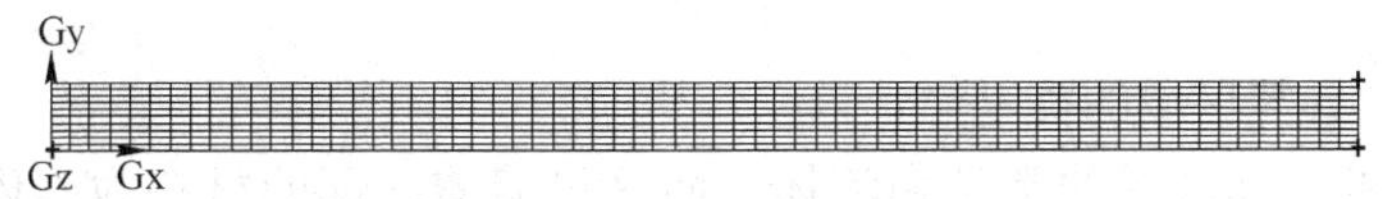

图 8－17　面的网格划分

步骤 4：边界条件类型的指定

在指定边界条件之前，需要选定一个求解器，因为不同求解器的边界类型不一样。这里选择 Solve→Fluent 5/6。

选择 Operation →Zone ，打开如图 8－18 所示的对话框，指定边界条件的类型。

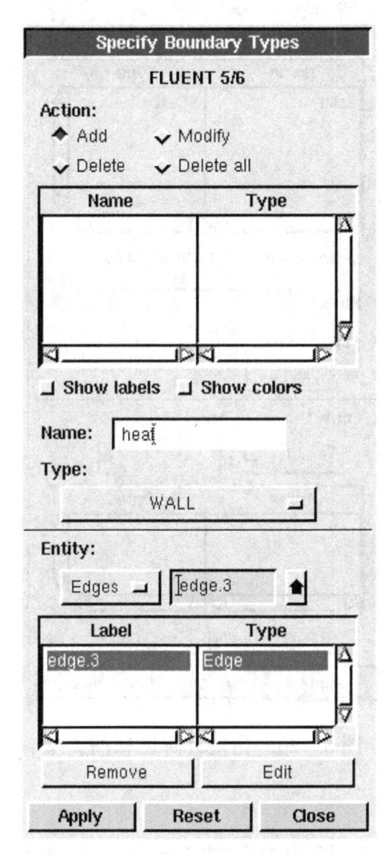

图 8－18　边界条件指定对话框

首先指定面的上边为热源。具体操作为在 Name 右边的白色框中输入 heat，选择 Entity 下面的类型为 Edges，然后在 Edges 右边的黄色对话框中选择热源对应的边 edge.3，点击 Apply 之后就将 edge3 定义成了热源。用同样的方法可以将下边定义成冷源 cold。左右两条边可以不需要定义，保持 Gambit 默认即可。都定义完之后，可以得到如图 8－19 所示的边界名称和

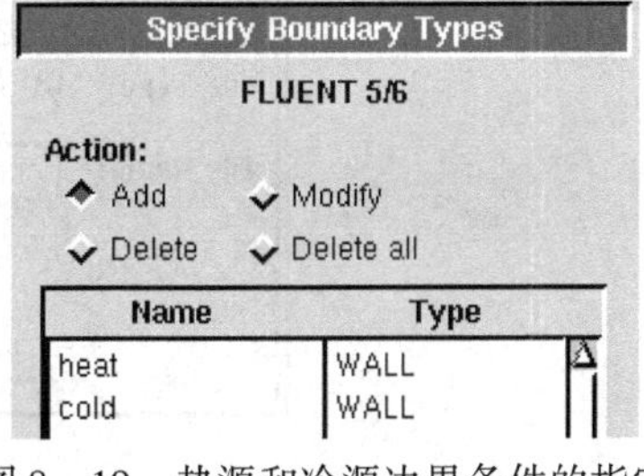

图 8－19　热源和冷源边界条件的指定

边界类型。

步骤 5：指定计算区域的类型

Gambit 默认的计算区域的类型为流体，而这里墙体内部的材料为固体，因此需要设置。设置方法为：选择 Operation →Zone ，打开如图 8－20 所示窗口，选择 Type 为 Solid，选择 Entity 为 Faces，并在 Faces 右边的黄色对话框中选择面 face. 1，然后点击应用，即将计算区域的类型指定为固体区域。

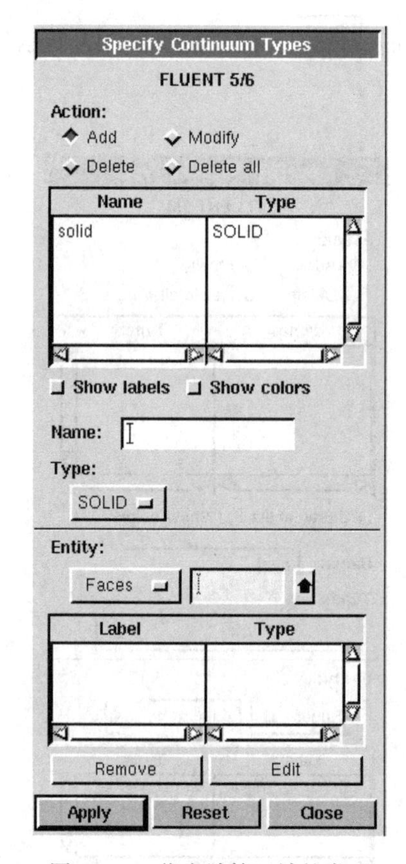

图 8－20　指定计算区域的类型

步骤 6：网格文件的输出

选择 File→Export→Mesh 打开输出文件的对话框，如图 8－21 所示。

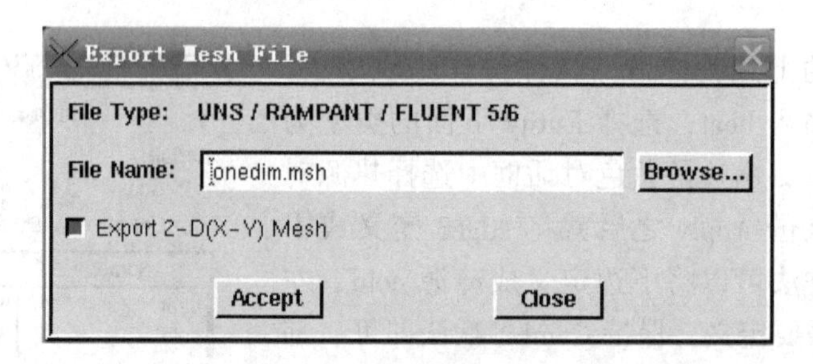

图 8－21　输出文件对话框

注意：只有选择了 Export 2 - D(*X* - *Y*) Mesh 选项之后才能输出为 . msh 文件。点击 Accept 之后，窗口下面的 Transcript 内出现 Mesh was successfully written to onedim. msh，表示网格文件输出成功。

视频8-1
Gambit 界面及导热建模

8.2　Fluent 求解器求解

8.2.1　Fluent 图形用户界面

下面将以 Fluent 15. 0 介绍其用户界面及实例应用。

在 Fluent 15. 0 启动以后会弹出如图 8 - 22 所示的操作界面，集中了 Fluent 中的常用功能。这一部分将在后面的小节中详细地介绍。

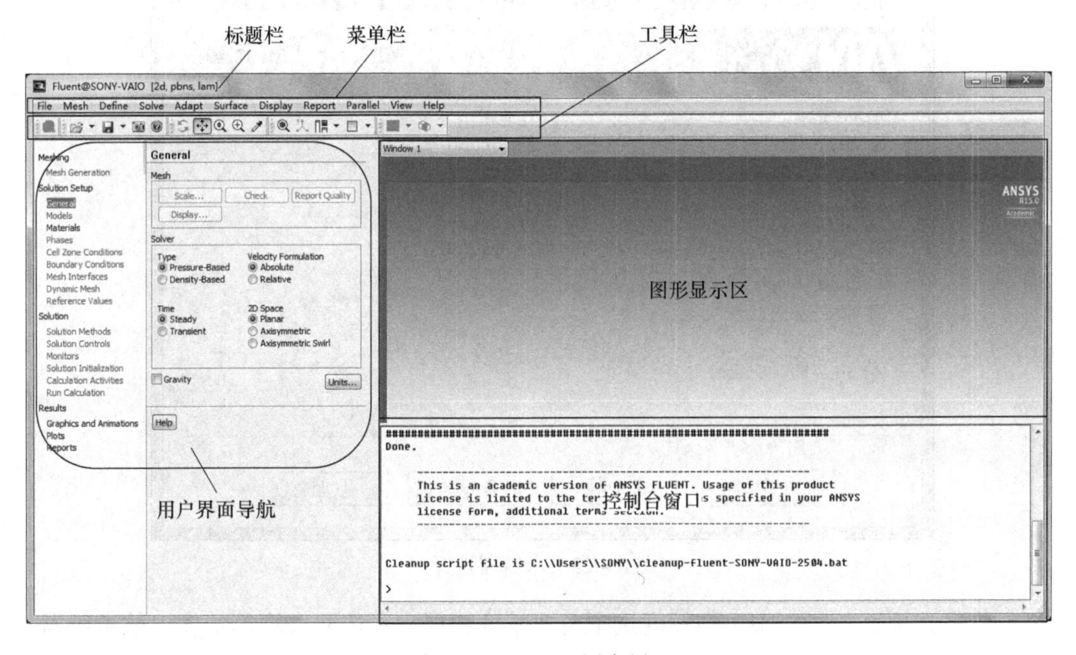

图 8 - 22　Fluent 用户界面

8.2.2　Fluent 数值模拟步骤简介

利用 Gambit（接上面例子）软件绘制出几何图形、划分网格、指定边界类型以及输出 Mesh 文件，然后用 Fluent 将网格文件导入，便可以对其进行数值求解。

下面简要说明 Fluent 数值模拟的主要步骤：

（1）根据具体问题选择 2D 或 3D Fluent 求解器，从而进行数值模拟。

（2）导入网格（File→Read→Case，然后选择由 Gambit 导出的 . msh 文件）。

（3）检查网格（Grid Cheek）。如果网格最小体积为负值，就要重新进行网格划分。

（4）选择计算模型。

（5）确定流体物理性质（Define→Materials）。

（6）定义操作环境（define→Operating Conditions）。

（7）指定边界条件（define→Boundary Conditions）。

（8）求解方法的设置及其控制。

（9）流场初始化（Solve→Initialize）。

（10）迭代求解（Solve→Iterate）。

（11）检查结果。

（12）保存结果，后处理等。

为了更好地了解 Fluent 的求解过程，下面来介绍上述步骤中可能遇到的相关操作。

步骤 1：求解器的选择

使用 Fluent 时，会发现 Fluent 有如图 8－23 所示的求解选项。

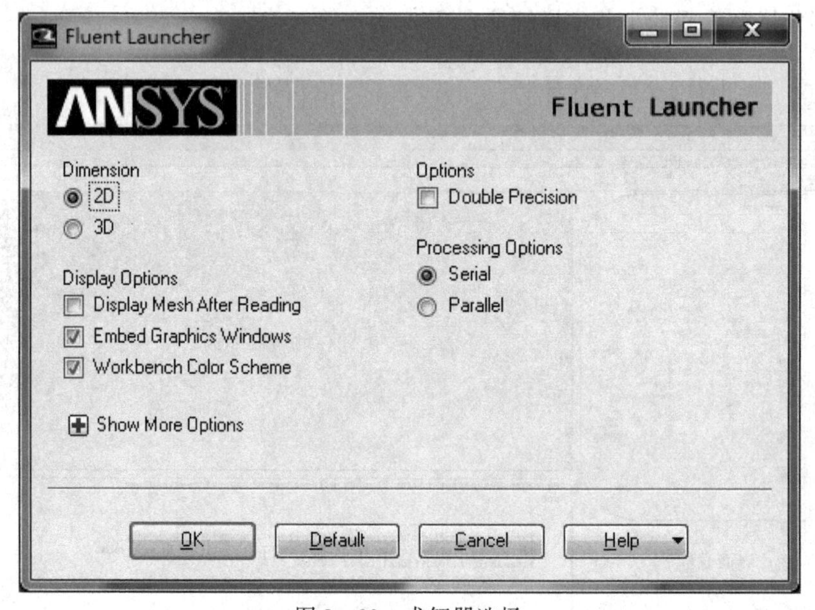

图 8－23　求解器选择

在维数选项有 2D 和 3D，在精度选项有双精度选项，不选取表示单精度，故求解器有以下组合：

. Fluent 2d：二维单精度求解器。

. Fluent 3d：三维单精度求解器。

. Fluent 2ddp：二维双精度求解器。

. Fluent 3ddp：三维双精度求解器。

本例在 Versions 中选择 2D，单击 OK 按钮就可以启动 Fluent 15.0 求解器。

步骤 2：网格文件的读入、检查及显示

启动 Fluent 的 2D 求解器之后，首先需要对网格文件进行读入并检查。

（1）网格文件的读入。选择 File→Read→Case（或 mesh）在 C：\Fluent. Inc\ntbin\ntx86 下找到 onedim. msh 文件并将其读入，如图 8－24 所示。

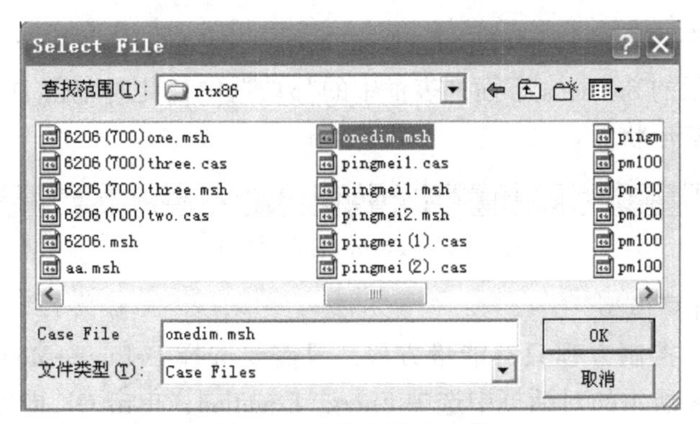

图 8－24　导入网格文件

（2）检查网格文件。选择 Grid→Check 对网格文件进行检查，这里要注意最小的网格体积（minimum volume）值一定要大于 0。

（3）设置计算区域尺寸。模型导航 Solution Setup→General→Mesh→Scale。

打开如图 8－25 所示的对话框，对几何区域的尺寸进行设置。在 Grid Was Created In 列表中选择相关的单位，然后单击 Scale 按钮就可以对计算区域的几何尺寸进行缩放，从而使它符合求解区域的实际尺寸。

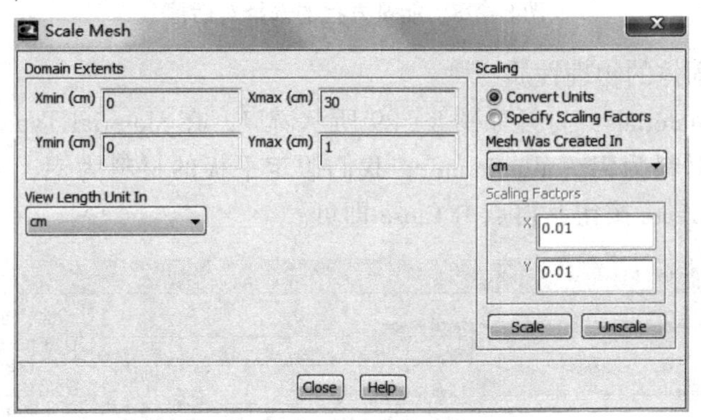

图 8－25　Scale Mesh 对话框

（4）显示网格。模型导航 Solution Setup→General→Mesh→Grid，出现网格显示对话框，如图 8－26 所示。

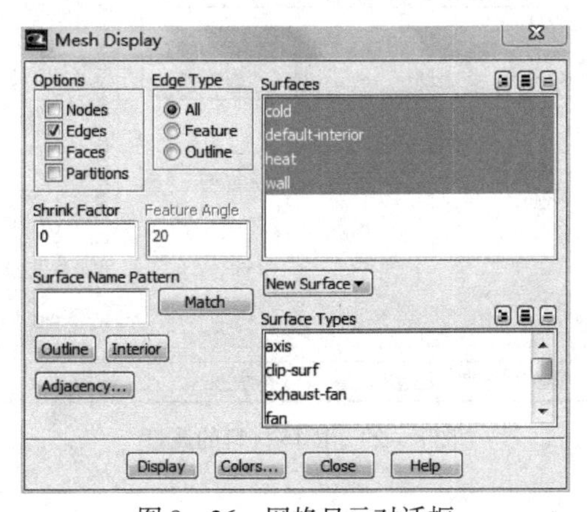

图 8－26　网格显示对话框

网格文件的各个部分的显示可以通过 Surfaces 下面列表框中某个部分是否选中来控制。如图 8－26 所示的 Surfaces 下面列表框中的都被选中，此时单击 Display，就会看到如图 8－27 所示的网格形状。

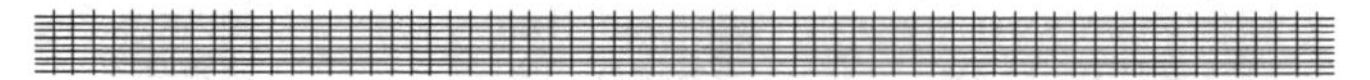

图 8－27 Fluent 中的网格显示

步骤 3：选择计算模型

一维导热模型的控制方程只有能量方程，只需要选择 Define→Models→Energy，然后在出现的如图 8－28 所示的对话框中选中 Energy Equation，单击 OK 即完成了方程的选择。

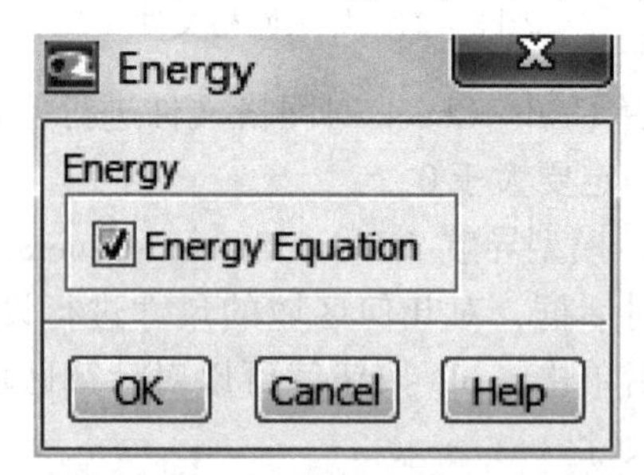

图 8－28 能量方程的选择对话框

步骤 4：定义固体的物理性质

选择 Define→Materials，打开如图 8－29 所示窗口，在 Material Type 选项中选择 solid，Fluent 默认的固体材料为铝（aluminum），我们假定平板的材料为铝，材料的属性取默认值，点击 Change/Create 按钮，再点击 Close 即可。

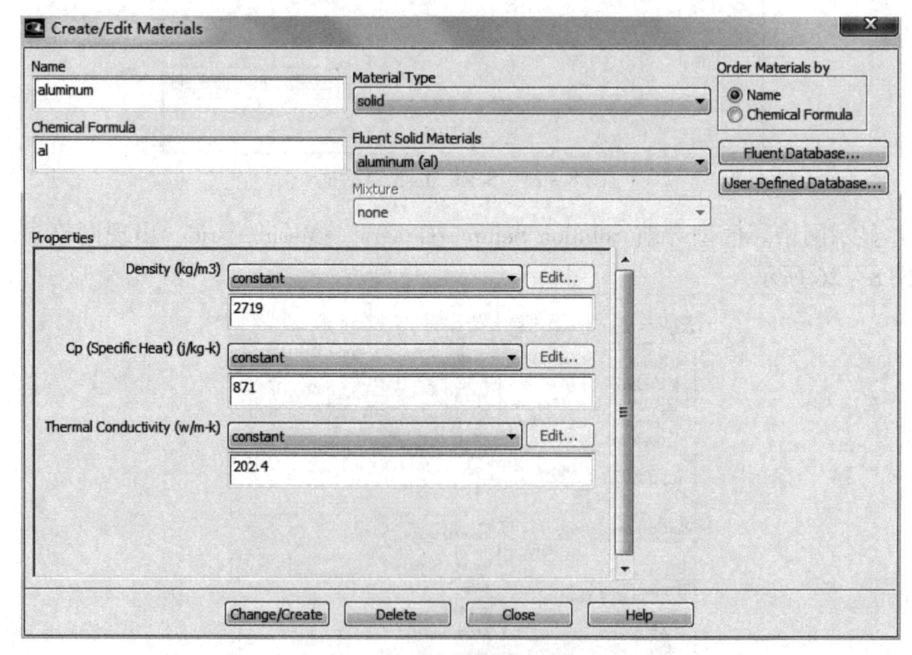

图 8－29 固体材料的属性

步骤 5：设置边界条件

选择 Define→Boundary Conditions，对计算区域的边界条件进行具体设置。对热源 heat 的边界类型 wall 点击 set，出现如图 8－30 所示的对话框，将默认的 Thermal Condition 下的 Heat Flux 改为第一类边界条件 Temperature，在 Temperature 右边的白色文本框内输入 310。用同样的方法对冷源进行设置，其温度为 300。即热源和冷源的温度差为 10K。

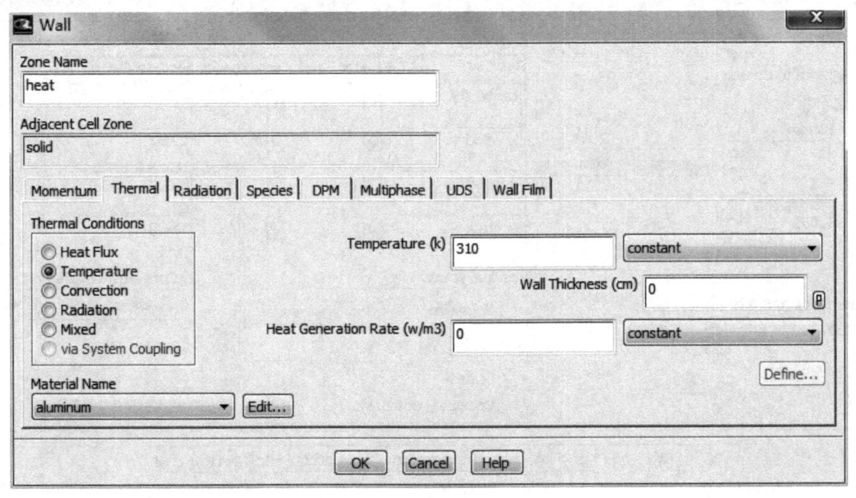

图 8－30　边界条件的设定

步骤 6：求解设置

（1）初始化。选择 Solve→Solution Initializtion→Initialize，打开如图 8－31 所示的对话框。依次点击 Init、Apply 和 Close 按钮。

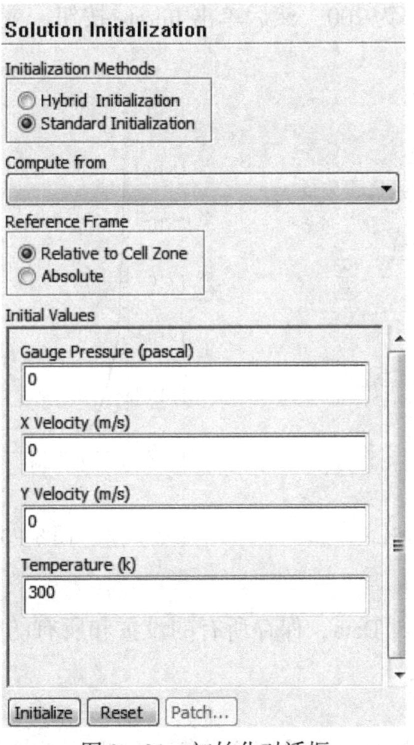

图 8－31　初始化对话框

（2）残差设置。选择 Solve→Monitors→Residual，打开如图 8－32 所示的对话框。选择 Options 下面的 Plot 复选项，则可在计算时动态地显示计算残差。并将 energy 右边的残差设定为 1e－08，然后点击 OK 按钮。

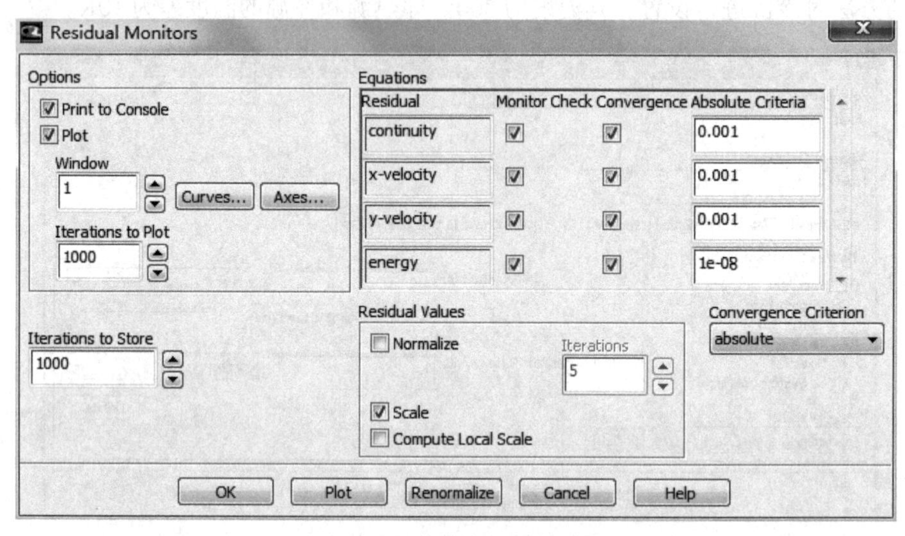

图 8－32　残差设置对话框

（3）保存当前 Case 和 Data 文件。选择 File→Write→Case & Data，保存所有的设置和所有的数据。

（4）迭代计算。选择 Solve→Run Calculation→Calculate，打开如图 8－33 所示的对话框。设置 Number of Iterations 为 200，然后单击 Iterate 按钮，就会显示如图 8－34 所示的计算过程。

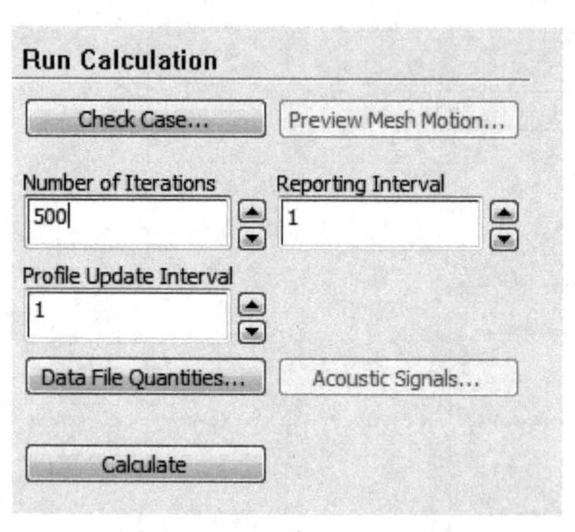

图 8－33　迭代设置对话框

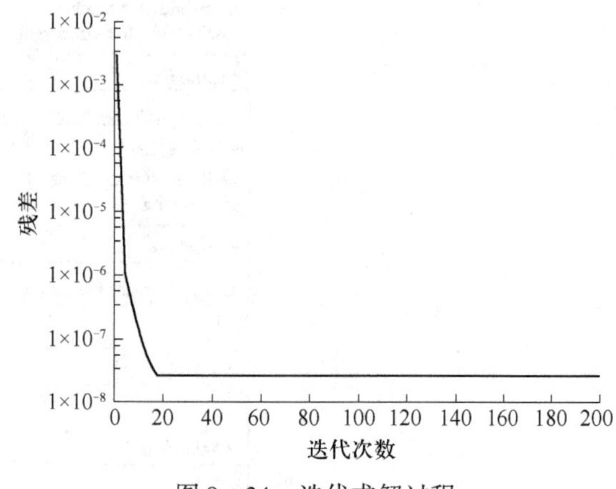

图 8－34　迭代求解过程

步骤 7：保存结果

选择 File→Write→Case & Data，保存所有的设置和所有的数据。

8.2.3　Fluent 模拟结果显示

经过上面的迭代计算，就可以查看模拟计算的结果。模拟结果主要包括三个方面：平板内部的温度分布、平板内部的温度梯度、平板总的传热量。

8.2.3.1 平板的温度分布

选择 Display→Contours，出现如图 8－35 所示的对话框，在 Contours of 下选择 Temperature 和 Static Temperature，单击 Display 出现一个窗口，按住鼠标中间向右拖动将等温度图适当放大（图形的缩放、移动可以通过 Display→Mouse Button 来打开 Mouse Buttons（鼠标按键）面板进行设定），即可得到如图 8－36 所示的温度分布。在 Contours 窗口中选中 Options 中的 Filled，可以得到如图 8－37 所示的温度分布云图。

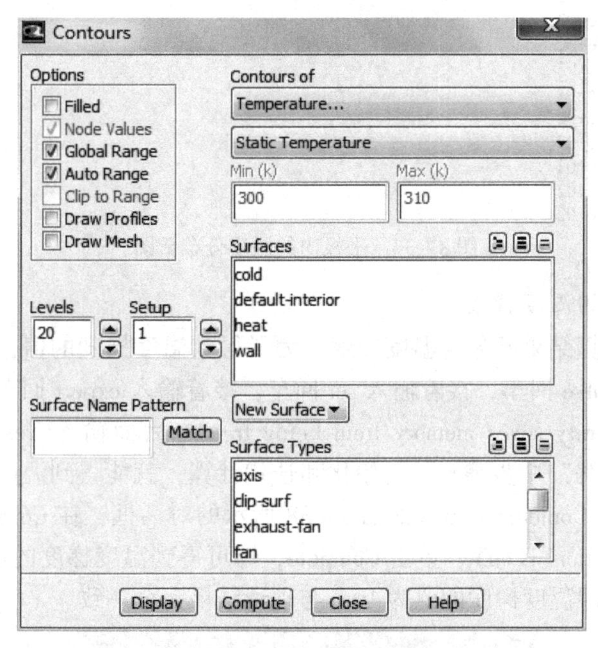

图 8－35 等温线对话框

图 8－36 平板内的等温线分布（局部放大）

从图 8－36 可以得到，等温线在平板内部为水平分层，等温线均与壁面平行。符合一维导热定律的理论结果。

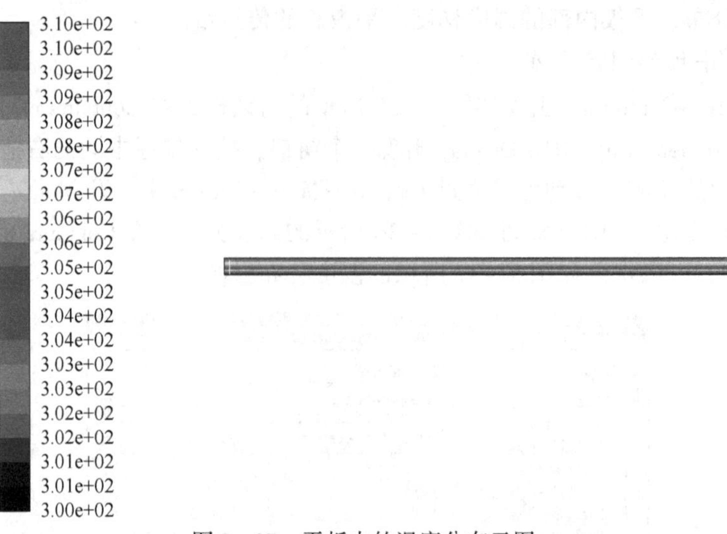

图 8－37　平板内的温度分布云图

8.2.3.2　平板的温度梯度

Fluent 本身的计算结果不包含温度梯度，为了得到温度梯度的值，需要在 Fluent 里按回车键，然后输入 solve 回车，接着输入 set 回车，接着输入 expert 回车，在接下来出现的询问语句 keep temporary sover memory from being freed? 后面输入 Yes。然后重复“利用 Fluent 求解器进行求解”中步骤 6 的初始化和迭代计算，就能得到温度梯度的分布。具体操作为选择 Display→Contours，出现如图 8－38 所示的对话框，在 Contours of 下选择 Temperature 和 Reconstruction dT/dY，单击 Compute，即可得到温度梯度的最小值为 9.998277，最大值为 10.0016，即温度梯度的值为 10，与理论结果完全一致。

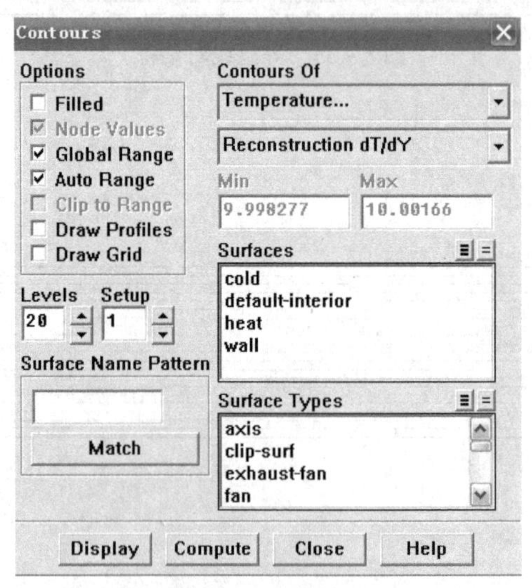

图 8－38　平板内的温度梯度

8.2.3.3　平板的总传热量

选择 Report→Fluxes，打开如图 8－39 所示对话框，在 Options 下选择 Total Heat Transfer Rate。

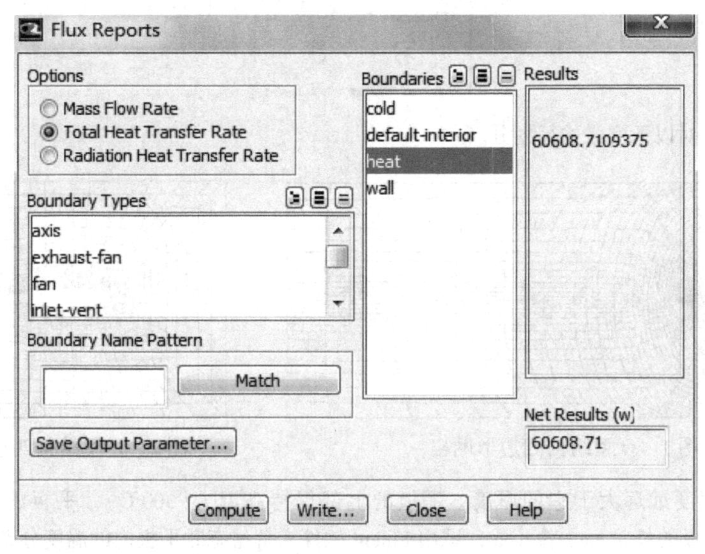

图 8－39　平板的总传热量

在 Boundaries 下选择 heat，然后单击 Compute 即可得到平板的总热流量为 60608.7W。根据傅里叶导热定律计算的理论结果为 60720W，相对误差为 0.01%，表明结果正确。

Fluent 保存和编辑图形的方法：

File→Save Picture 打开如图 8－40 所示的 Save Picture 设置对话框。在 Format 项，选择需要输出的格式，一般输出 JPEG 格式；Coloring 项，可选 Color；如果显示背景为黑色，要输出白底图片，则在 Options 项选择 White Background。设置完成后，则点击 Save 按钮，保存好图片。

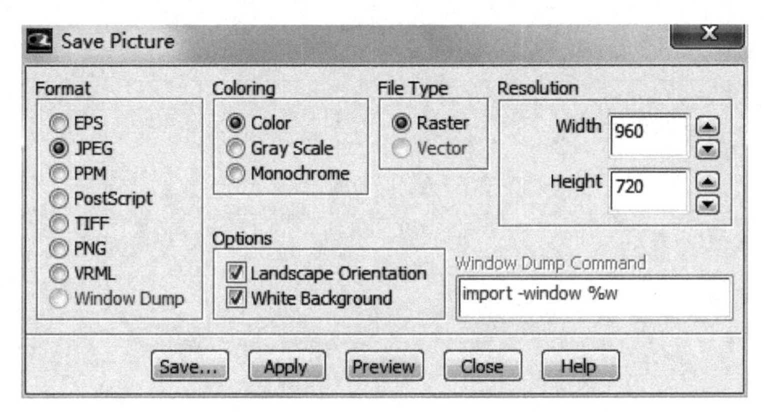

图 8－40　Save Picture 设置对话框

视频8-2
Fluent界面及稳态Fluent求解

习 题

8-1 试用 Gambit 对以下网格进行划分。

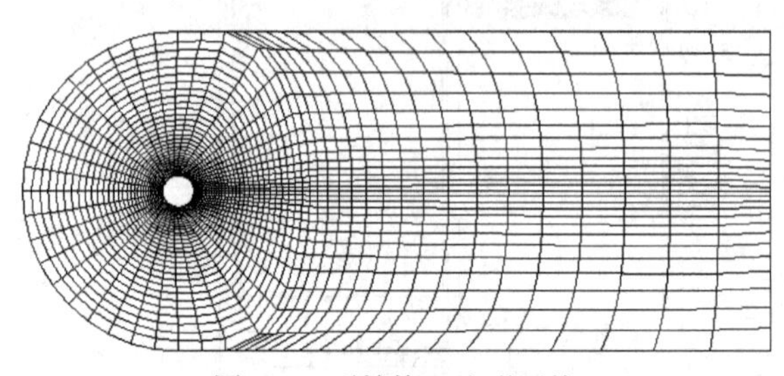

图1 O 型结构四边形网格

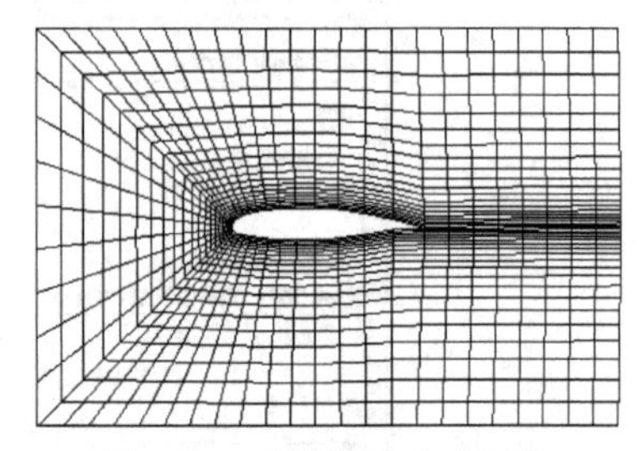

图2 C 型结构四边形网格

8-2 平板的长宽度远远大于它的厚度，平板的上部保持高温 t_h（300℃），平板的下部保持低温 t_c（30℃）。平板的长 30cm，高 1cm，试用 Fluent 软件求解稳态时平板内的温度分布。

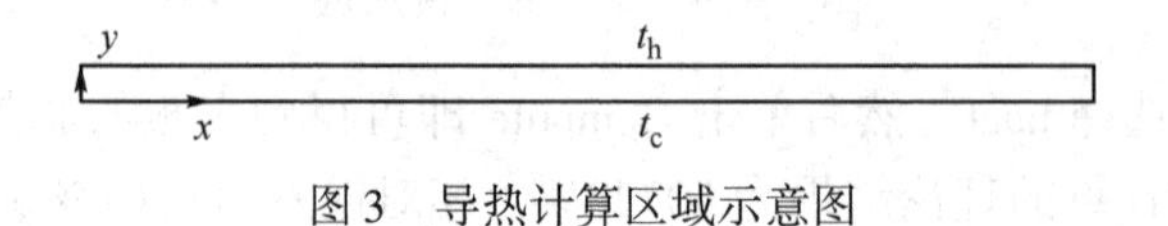

图3 导热计算区域示意图

9 速度场计算

教学目的：

（1）掌握用 Fluent 软件计算定常速度场过程及步骤。

（2）掌握 Fluent 软件计算非定常速度场过程及步骤。

第9章课件

9.1 概　　述

流动有层流和湍流两种状态。当流体处于层流状态时，流体的质点互不掺杂；当流体处于湍流状态时，流层间的流体质点互相掺杂。由于层流比较简单，这里不再赘述。

下面对湍流进行详细描述。湍流会使得流体介质之间相互交换动量、能量和物质，并且变化是小尺度高频率的，所以在实际工程计算中直接模拟湍流对计算机的要求会非常高。实际上，瞬时控制方程可能在时间上、空间上是均匀的，或者可以人为地改变尺度，这样修正后的方程就会耗费较少的计算时间。但是，修正后的方程就会引入其他的变量，其需要用已知变量来确定。计算湍流时，Fluent 会采用一些湍流模型，常用的有 Spalart - Allmaras 模型、$\kappa-\varepsilon$ 模型、$\kappa-\omega$ 模型等。

一般来说，没有一个湍流模型对于所有的问题都通用。选择模型时主要注意：流体是否可压、精度的要求、计算机的能力、计算时间的限制。

9.2 二维定常速度场计算

9.2.1 概述

在实际生活和工程中，管道流动是十分常见的。下面就介绍数值模拟如图 9 - 1 所示的二维变径管道中速度场。

9.2.2 实例简介

如图 9 - 2 所示的二维变径管道计算模型的几何尺寸大径处 D = 200mm，小径 d = 100mm。大径处长度 L_1 = 200mm，小径处长度 L_2 = 200mm，入口处的水流速度为 0. 5m/s。

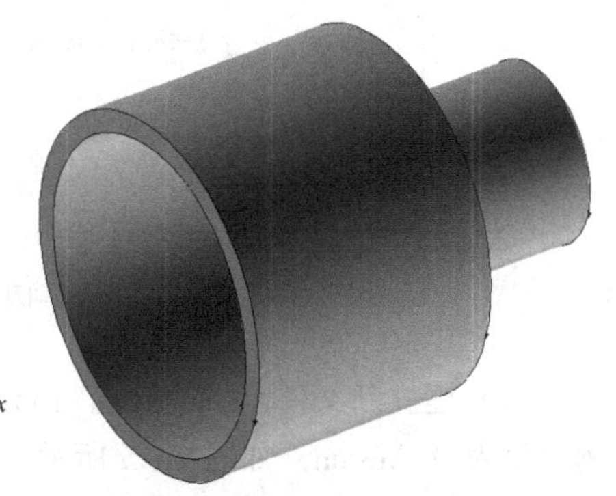

图 9 - 1　二维变径管道示意图

考虑到本算例管道是轴对称的，只需要建立二维模型计算，图 9－2 中实线为实际建立的流体区域模型。Fluent 计算时对称轴要求是 x 轴，所以在 Gambit 建立模型时，将对称轴放在 x 轴上。

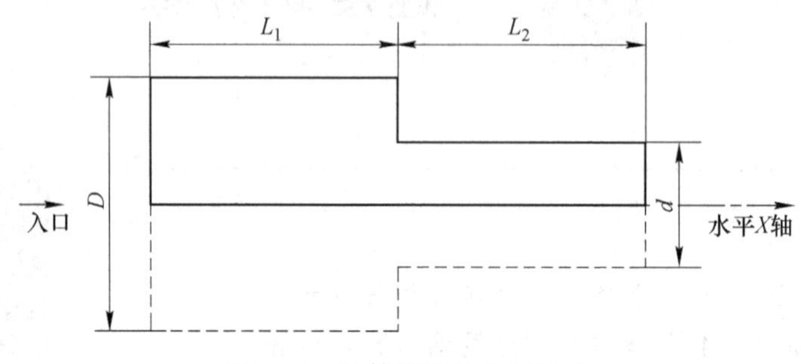

图 9－2　计算模型的几何尺寸

9.2.3　实例操作步骤

对于二维轴对称管道的速度场的数值模拟，首先利用 Gambit 画出计算区域，并且对边界条件类型进行相应的指定，然后导出 Mesh 文件。接着，将 Mesh 文件导入到 Fluent 求解器中，再经过一些设置就得到相应的 Case 文件，再利用 Fluent 求解器进行求解。最后，利用 Fluent 显示结果（也可以将 Fluent 求解的结果导入到 Tecplot 或 Origin 中，并对感兴趣的结果进行进一步的处理）。

9.2.3.1　利用 Gambit 建立计算区域和指定边界条件类型

步骤 1：文件的创建及求解器的选择

（1）启动 Gambit。若是 Cambit 已经安装，并且已经设置好 Gambit 的环境变量，就可以选择“开始”→“运行”打开如图 9－3 所示的对话框，在文本框中输入 gambit，单击“确定”按钮或在桌面点击 Gambit 图标→右键→管理员身份运行，系统就会弹出如图 9－4 所示的对话框，单击 Run 按钮就可以启动 Gambit 软件了。其他版本的 Gambit 的启动方法与提到的启动方法类似，这里不再赘述。

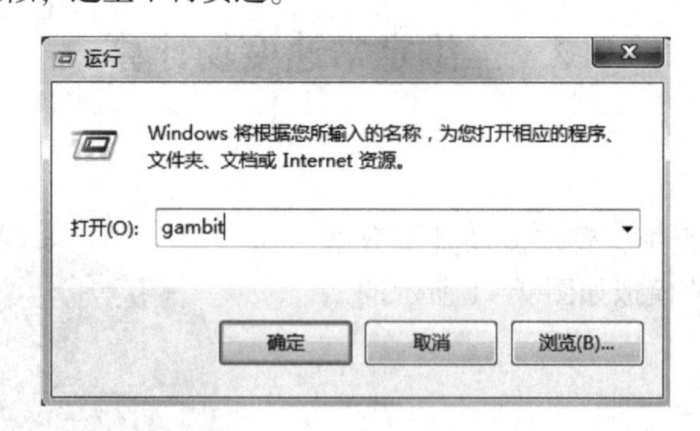

图 9－3　启动 Gambit

（2）建立新文件。Gambit 窗口启动之前，如在图 9－4 中，可以更改工作目录，如本例更改为 D：\exam，如图 9－5 所示。在图 9－5 中 Session Id 可创建新文件名，如本例文件命名为 2d－pipe flow。

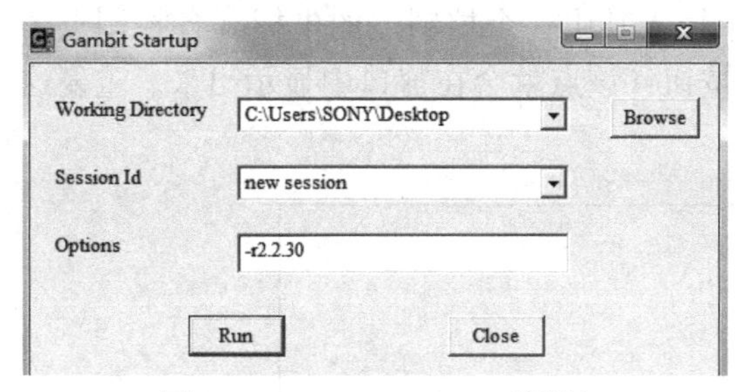

图 9－4　Gambit Startup 对话框

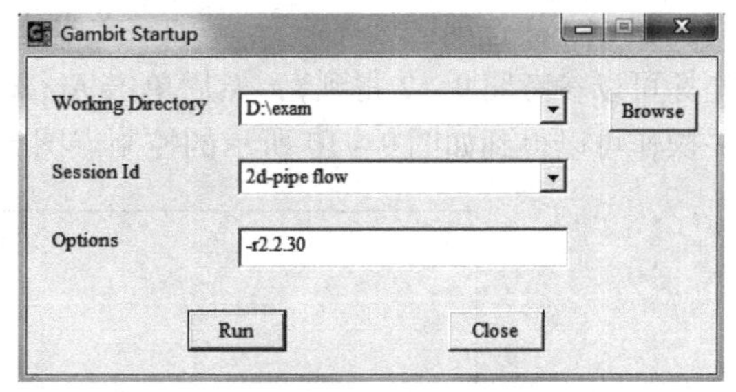

图 9－5　Gambit 工作目录设置对话框

文件名也可在 Gambit 窗口启动以后，可以选择 File→New 打开如图 9－6 所示的对话框。

在 ID 文本框中输入 2d－pipe flow 作为 Gambit 要创建的文件的名称，并且注意要选中 Save current session 复选框（呈现红色）才可以创建新文件。单击 Accept 按钮，会出现如图 9－7 所示的提示。单击 Yes 按钮就可以创建一个名称为 2d－pipe flow 的新文件。

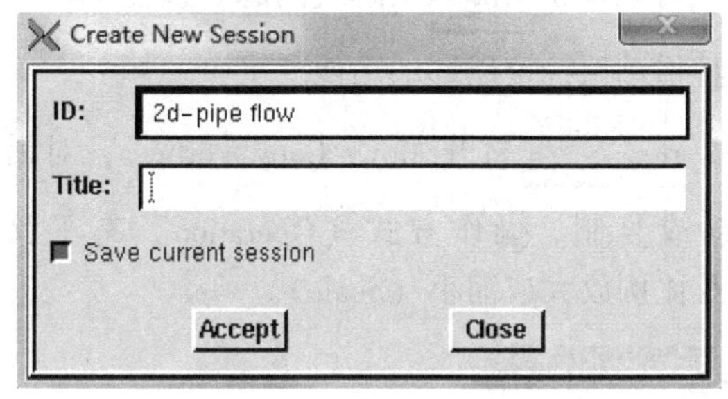

图 9－6　建立新文件

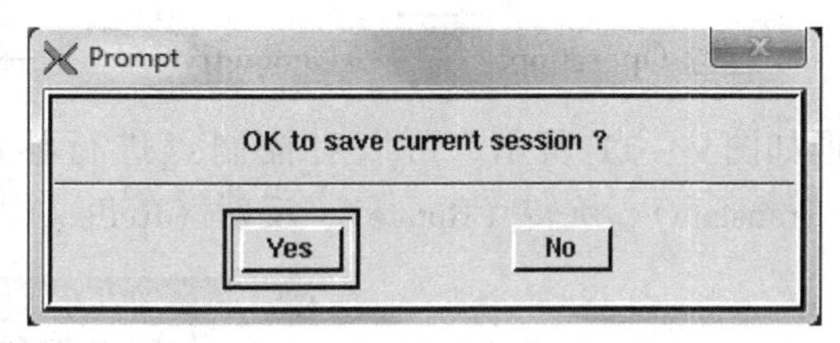

图 9－7　确认保存文件对话框

（3）选择求解器。选择数值模拟时所用的求解器类型，例如 Fluent 求解器、ANSYS 求解器等。单击菜单中的 Solver 菜单项，就会出现如图 9－8 所示的子菜单。

本例选择 Fluent 5/6。

步骤 2：创建控制点

这一步要创建几何区域的主要控制点。这里所说的控制点是用于大体确定几何区域的形状的点。

选择 Operation  →Geometry →Vertex 就可以打开 Create Real Vertex 对话框，如图 9－9 所示。

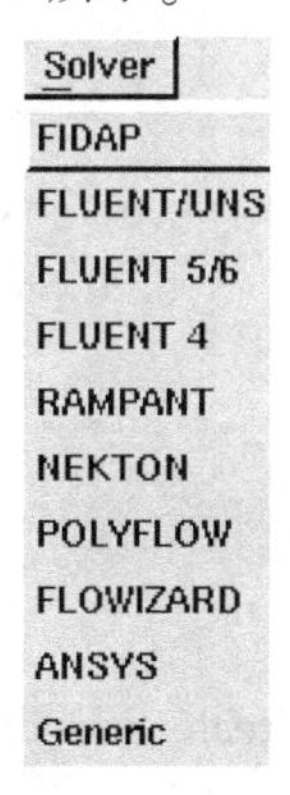

图 9－8　求解器类型

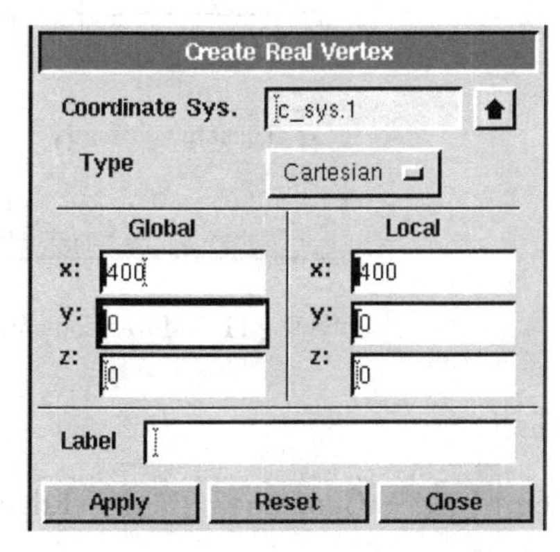

图 9－9　创建点对话框

在 Global 选项区域内的 x，y 和 z 文本框中输入其中一个控制点的坐标（各控制点的坐标可以参考图 9－2 得到），然后单击 Apply 按钮，该点就会在窗口中显示出来。重复这一操作可以得到如图 9－10 所示的控制点图。

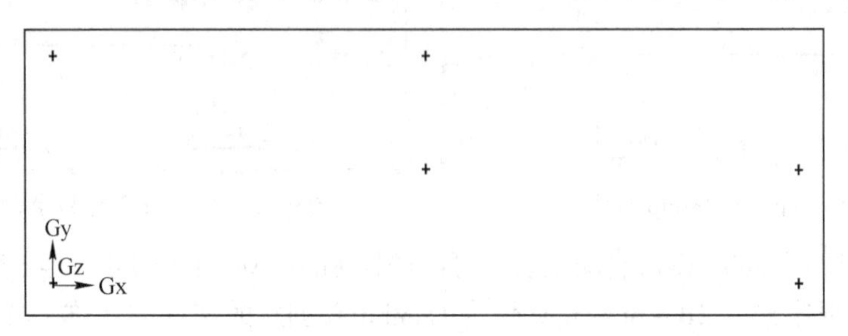

图 9－10　控制点示意图

若是在创建某一点时，该点没有显示出来，可以单击 来解决问题。按住鼠标右键并且上下拖动来缩放图像，按住鼠标中键并且拖动鼠标可以移动图像。

选择 Operation →Geometry →Vertex 打开 Move/Copy Vertices，对话框如图 9－11 所示，可以对控制点进行移动或复制。操作方式（Operation）有平移（Translate）、旋转（Rotate）、反射（Reflect）及比例放大或缩小（Scale）。

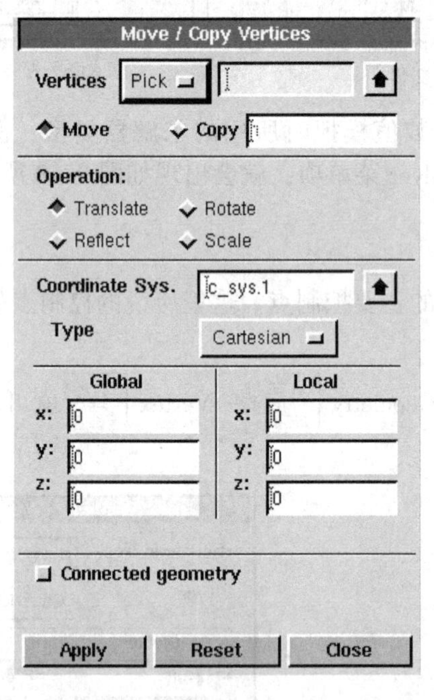

图 9－11　Move/Copy Vertices 对话框

步骤 3：创建边

选择 Operation →Geometry →Edge 打开 Create Straight Edge 对话框，如图 9－12 所示。

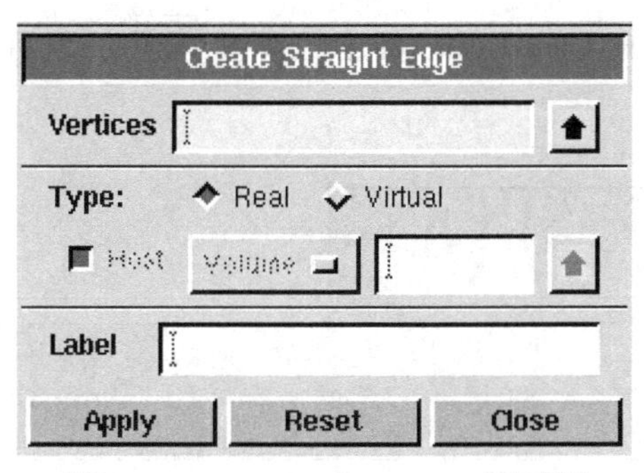

图 9 – 12　Create Straight Edge 对话框

在对话框的 Vertices 列表中选中将要创建边对应的两个端点，然后单击 Apply 按钮就确定了一条边。或者鼠标单击图 9 – 12Vertices 选择框后，用“Shift + 鼠标左键”来选择创建边对应的两个端点，然后单击图 9 – 12 中 Apply 按钮就创建一条边。重复上述操作就可以创建出如图 9 – 13 所示的直边。

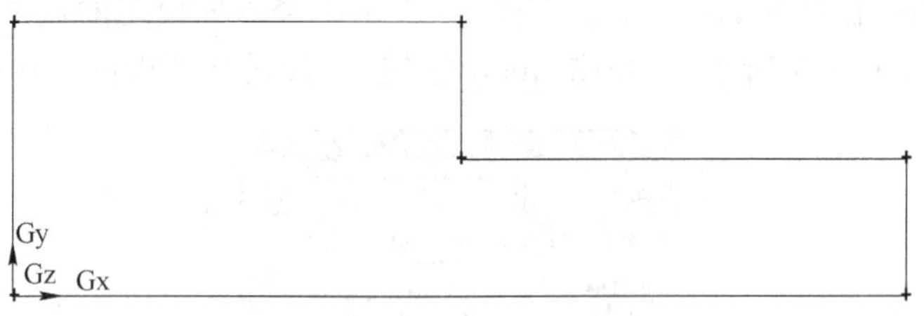

图 9 – 13　计算区域线框图

步骤 4：创建面

选择 Operation →Geometry →Face 打开 Create Face From Wireframe 对话框，如图 9 – 14 所示，利用它可以创建面。

单击这个对话框中的 Edges 文本框，呈现黄色后就可以选择要创建的面所需的几何单元。本例单击黄色文本框的向上箭头，选中所有的边（如图 9 – 15 所示）；或用“Shift + 鼠标左键”来选择创建面对应的线，然后单击 Apply 按钮。在图形窗口中，若所有边都变成了蓝色，就说明创建了一个面。

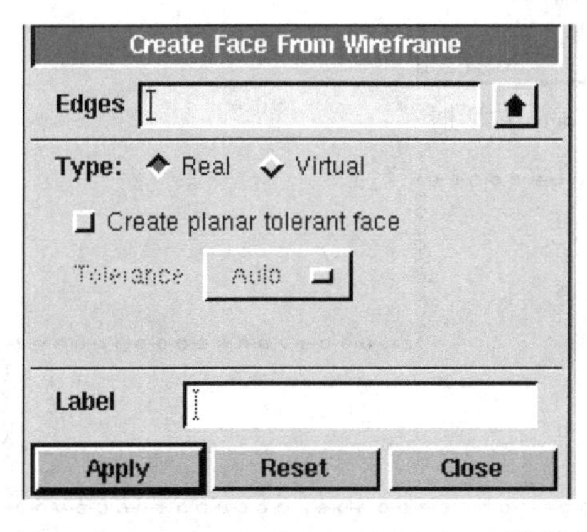

图 9 – 14　Create Face From Wireframe 对话框

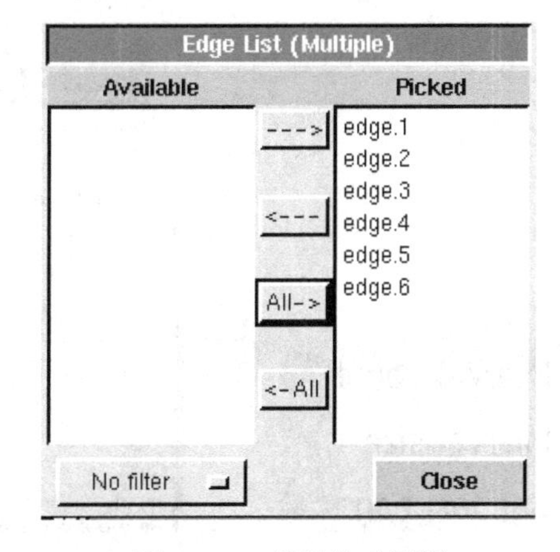

图 9 – 15　选择边对话框

利用 Gambit 软件右下角 Global Control 中的按钮，就可以看到如图 9－16 所示二维面。

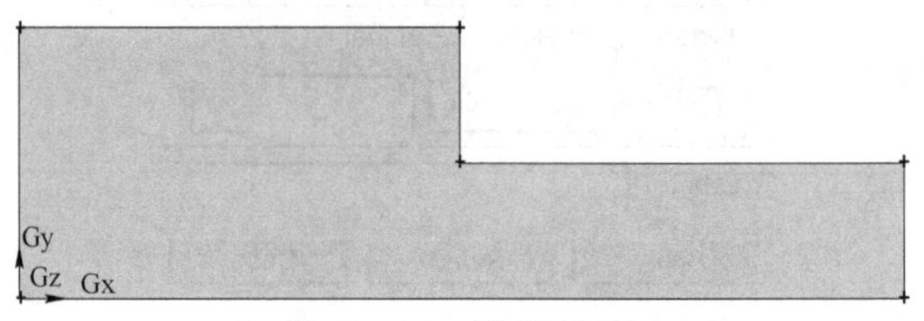

图 9－16 二维面示意图

步骤 5：网格划分

(1) 边的网格划分。选择 Operation 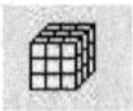 →Mesh  →Edge  打开 Mesh Edges对话框，如图 9－17 所示，利用它可以对线划分网格。设置 Spacing 时，如图 9－18 所示，本计算选用项目是 Interval size，在图 9－2 中半径方面设定的数值为 5，长度 L_1 及 L_2 数值为 10（如图 9－17 所示)，单击 Apply 按钮，可以画出如图 9－19 所示的网格。

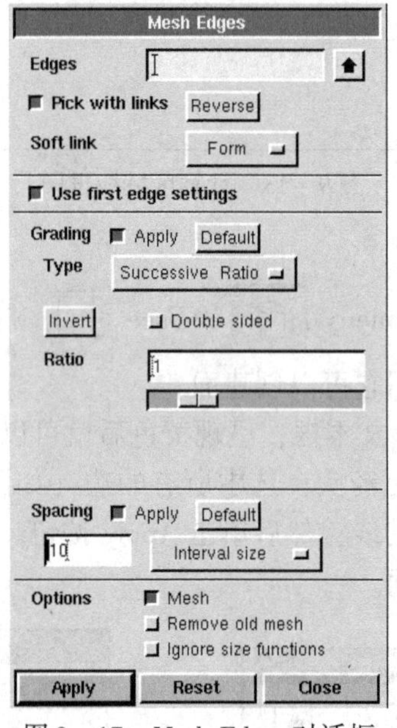

图 9－17 Mesh Edges 对话框

Interval count
Interval size
Shortest edge %

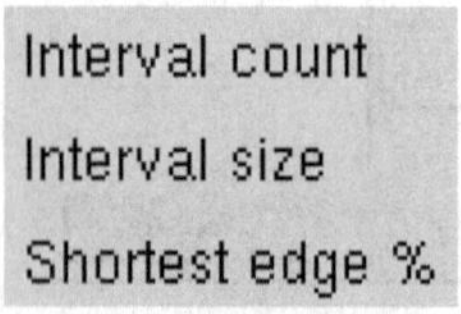

图 9－18 Spacing 选项

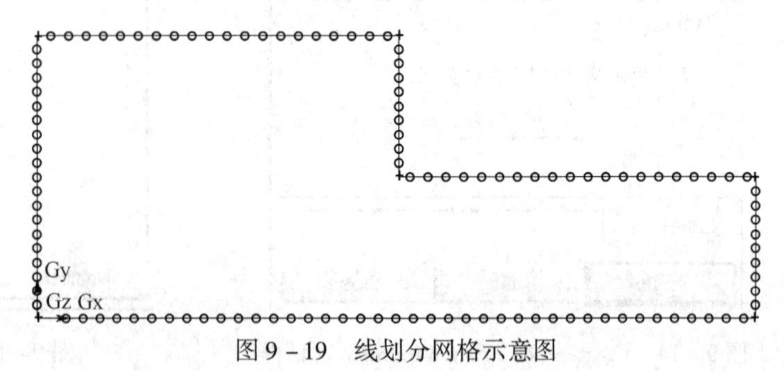

图 9－19 线划分网格示意图

（2）面的网格划分。选择 Operation  →Mesh 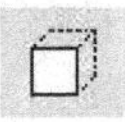 →Edge  打开 Mesh Faces 对话框，如图 9－20 所示，利用它可以对面划分网格。具体操作如下：单击对话框中的 Faces 文本框，呈现黄色后，用“Shift＋鼠标左键”选中要进行画网格操作的面。由于线已划分网格，设置 Spacing 时，可关闭其 Apply 选项，由线来控制面网格，单击 Apply 按钮，可以画出如图 9－21 所示的网格。

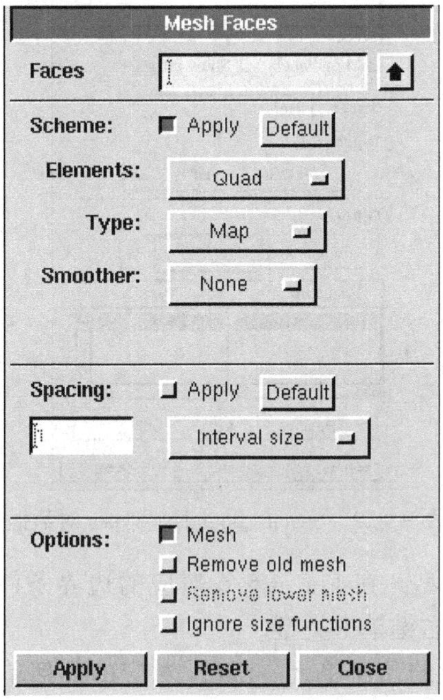

图 9－20　Mesh Faces 对话框

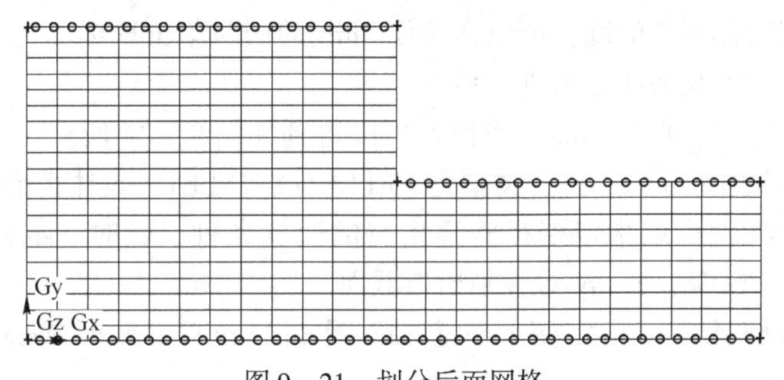

图 9－21　划分后面网格

步骤 6：边界条件类型的指定

选择 Operation  →Zones  打开 Specify Boundary Types 对话框，如图 9－22 所示，利用它可以进行边界条件类型设定。具体步骤如下：

（1）指定要进行的操作。在 Action 项下选 Add，也就是添加边界条件。

（2）给出边界的名称。在 Name 选项后面输入一个名称给指定的几何单元。如本例中指定为 inlet。

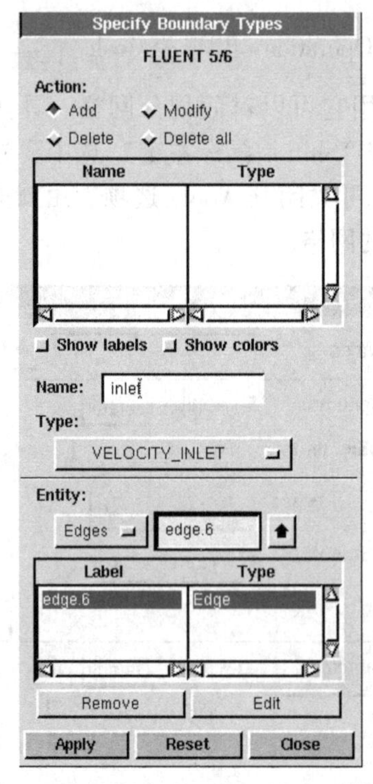

图 9－22 Specify Boundary Types 对话框

（3）指定边界条件的类型。在 Fluent 5/6 对应的边界条件中选中 VELOCITY_INLET，选择的方法就是利用鼠标的右键单击类型。

（4）指定边界条件对应的几何单元。Entity 对应的几何单元的类型如图 9－23 所示。本例选择 Edges。在 Edges 文本框中单击鼠标左键，然后利用“Shift＋鼠标左键”在图形窗口中选中入口处的线单元。如误选了与目标相邻的线，可以在按住 Shift 的同时单击鼠标中键，在目标线和它的相邻线之间进行切换。

Groups
Faces
Edges

图 9－23 Entity 类型

上述的设置完成后，单击 Apply 按钮就可以得到如图 9－24 所示中的 Name 列表添加了 inlet；并且类型是 VELOCITY_INLET，具体情形如图 9－24 所示。

重复上面的步骤就可以指定变径管道出口的边界条件，此时 Name 对应的是 outlet，Type 对应的是 OUTFLOW，Entity 对应是出口截面。

重复上面的步骤就可以指定变径管道轴对称边界条件，此时 Name 对应的是 axis，Type 对应的是 AXIS。

设置完上述参数后单击 Apply 按钮，可以看到如图 9－25 所示的边界设定结果。

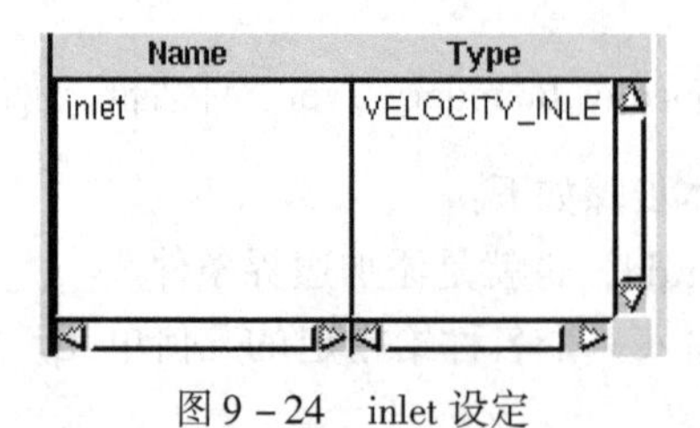

图 9－24 inlet 设定

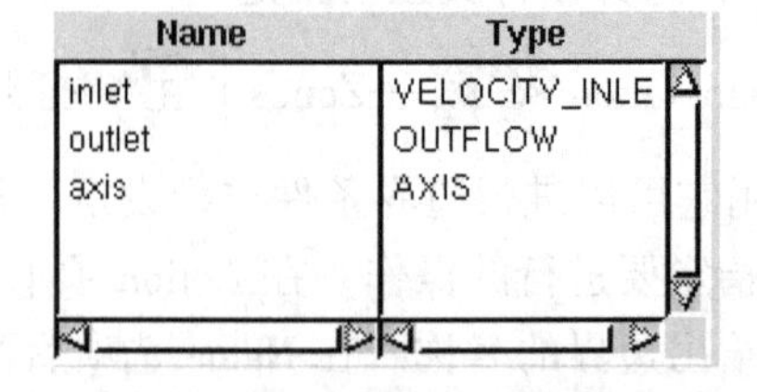

图 9－25 边界条件设定结果

Gambit 默认的边界条件类型为 wall 类型，所以，其余的边界条件不需要特意指定。

步骤 7：Mesh 文件的输出

选择 File→Export→Mesh 就可以打开如图 9 – 26 所示的输出文件的对话框。

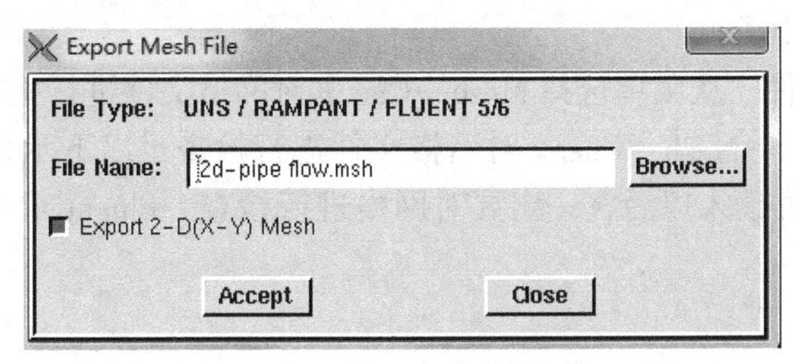

图 9 – 26　输出文件的对话框

注意：Export 2 – D(X – Y) Mesh 选项要选中，因为这个选项用来输出三维的网格文件，而本例中输出的是二维网格文件。

文件的输出情况可以从命令记录窗口的 Transcript 的信息看出，若是输出文件有错误，从这里可以找到错误的相关信息，用以指导修改。

视频9-1
二维定常速度场Gambit建模

9.2.3.2　利用 Fluent 求解器求解

上面的操作是利用 Gambit 软件对计算区域进行几何建构，并且指定边界条件类型，最后输出 2d – pipe flow。下面要把 2d – pipe flow 导入 Fluent 且进行求解。

步骤 1：Fluent 求解器的选择

本例中的管道的流动是一个二维问题，问题对求解的精度要求不高，所以在启动 Fluent 时，要选择二维的单精度求解器，如图 9 – 27 所示。单击 OK 按钮就可以启动 Fluent 15.0 求解器。

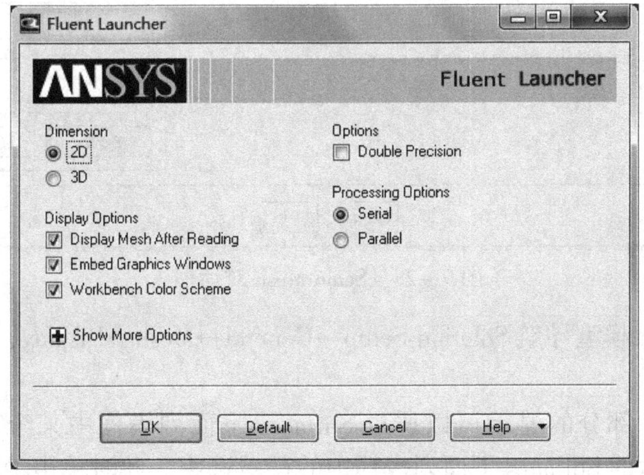

图 9 – 27　求解器选择

步骤2：网格的相关操作

（1）网格文件的读入。选择 File→Read→Case（或 Mesh）。

打开文件导入对话框，找到 2d - pipe flow. msh 文件，单击 OK 按钮，Mesh 文件就被导入到 Fluent 求解器中了。

（2）检查网格文件。从菜单选择 Mesh→Check 对网格文件进行检查，也可从模型导航 Solution Setup→General→Mesh→Check 对网格文件进行检查，以下示例步骤均以模型导航来说明操作。网格文件读入以后，一定要对网格进行检查。Fluent 求解器检查网格的部分信息如下所示：

```
Domain Extents:
x - coordinate:min(m) =0.000000e+000,max(m) =4.000000e+002
y - coordinate:min(m) =0.000000e+000,max(m) =1.000000e+002
Volume statistics:
  minimum volume(m3):5.000000e+001
  maximum volume(m3):5.000000e+001
  total volume(m3):3.000000e+004
```

可以看出网格体积大于0，否则网格不能用于计算。

（3）设置计算区域尺寸。模型导航 Solution Setup→General→Mesh→Scale。

打开如图9-28所示的对话框，对几何区域的尺寸进行设置。Fluent 默认的单位是 m，而本例给出单位为 mm，在 Mesh Was Created In 列表中选择 mm，选择 View Length Unit In 将单位换成 mm，然后单击 Scale 按钮就可以对计算区域的几何尺寸进行缩放，从而使它符合求解区域的实际尺寸。最后单击 Close 按钮关闭对话框。

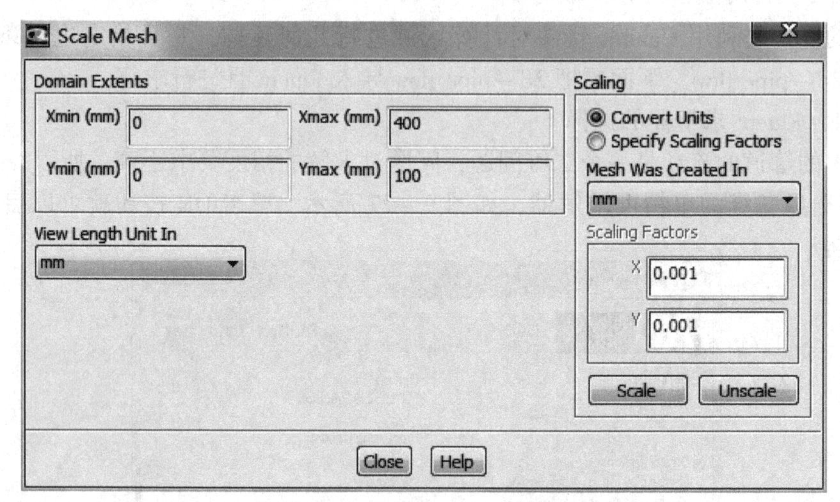

图9-28　Scale Mesh 对话框

（4）显示网格。模型导航 Solution Setup→General→Mesh→Display，出现网格显示对话框，如图9-29所示。

网格文件的各个部分的显示可以通过 Surfaces 下面列表框中某个部分是否选中来控制。如图9-29所示的 Surfaces 下面列表框中的都被选中，此时单击 Display，就会看到如图9-30所示的网格形状。

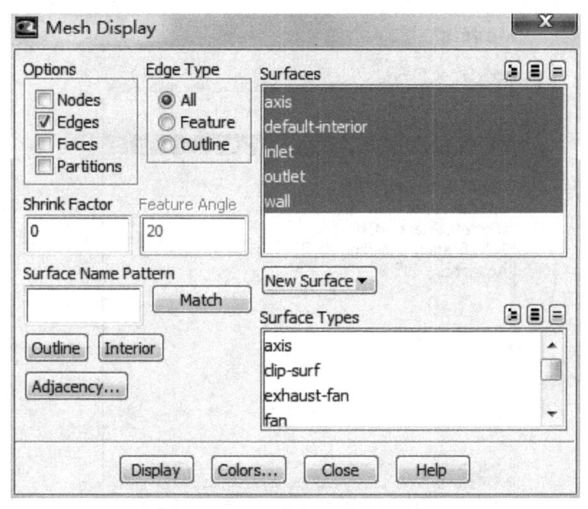

图 9－29　网格显示对话框

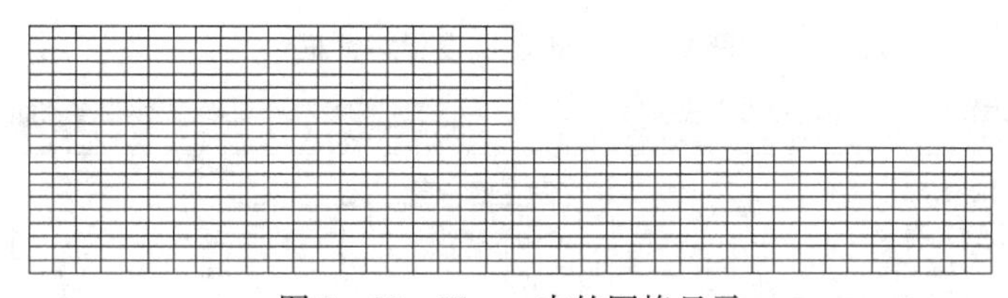

图 9－30　Fluent 中的网格显示

步骤 3：选择计算模型

当网格文件检查完毕以后，就可以为这一网格文件指定计算模型。

（1）基本求解器的定义。模型导航 Solution Setup→General→Solver。

打开如图 9－31 所示的对话框。本例是轴对称模型，因此在 Space 项选择 Axisymmetric，其他默认设置即可。

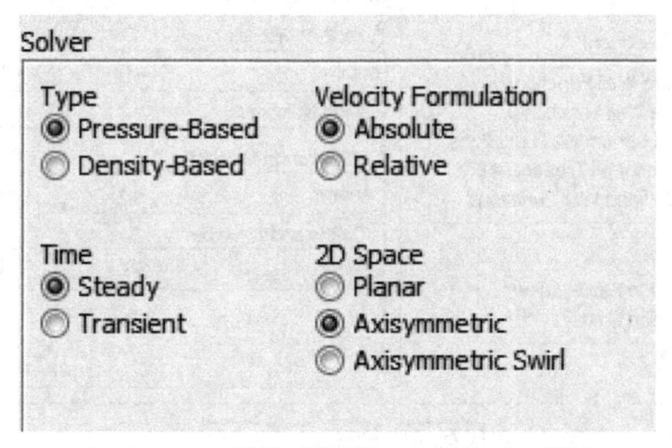

图 9－31　基本求解器 Solver 的对话框

（2）湍流模型的指定。模型导航 Solution Setup→Models→Viscous Model。

由雷诺数计算可知，本流场的流态为湍流，要对湍流模型进行设置。在 Viscous－双击或在 Models（如图 9－32 所示）下点击 Edit，湍流模型设置如图 9－33 所示。Fluent 默认的黏性模型是层流（Laminar），本示例选择标准 k－epsilon（$\kappa-\varepsilon$）湍流模型。设置后，点击 OK 关闭 Viscous Model 设置对话框。

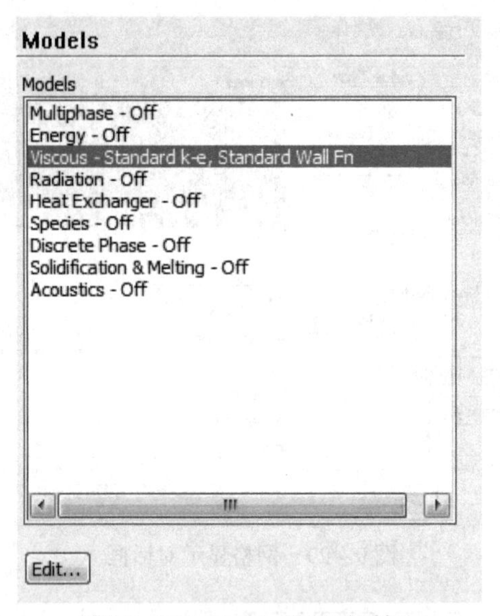

图 9－32 Models 设置对话框

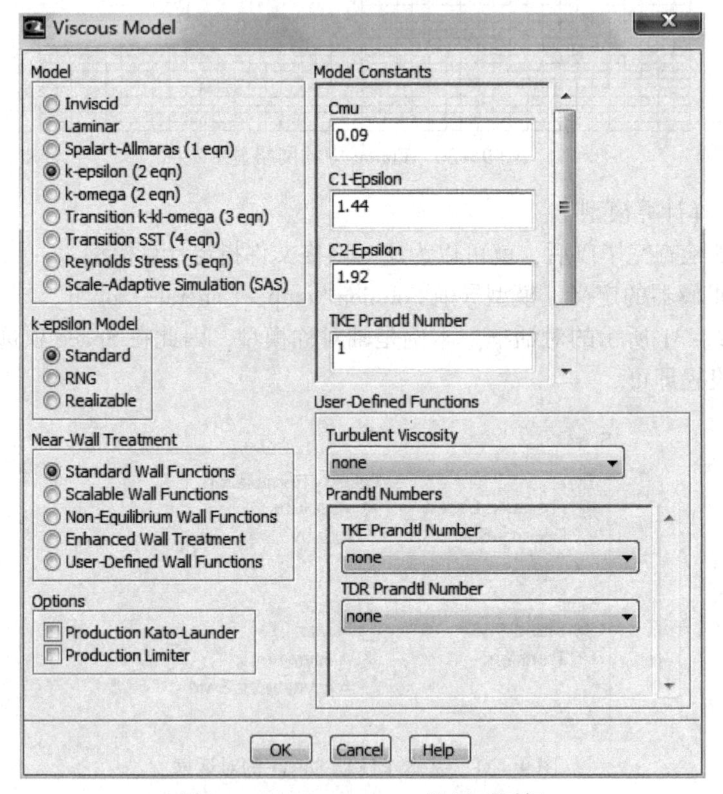

图 9－33 Viscous Model 设置对话框

步骤 4：定义材料的物理性质

模型导航 Solution Setup→Meterials→Create/Edit。

在对计算模型进行了定义以后，需要定义流体的物理性质。这里的流体在本例中为水的物理性质，关于它的定义可以通过上面的操作打开如图 9－34 所示的对话框来进行。

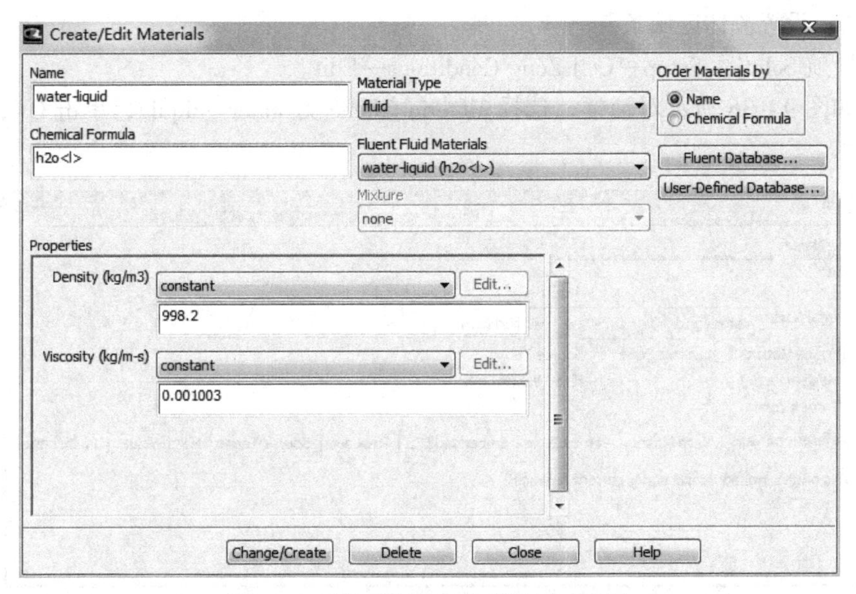

图 9－34　物质的物理性质设置对话框

单击图 9－34 的 Fluent Database 按钮，就会弹出如图 9－35 所示对话框。在 Fluent Fluid Materials 列表选中 water－liquid，点击 Copy 按钮就可以把水的此物理性质从数据库调出，然后再单击图 9－35 中的 Close 按钮。

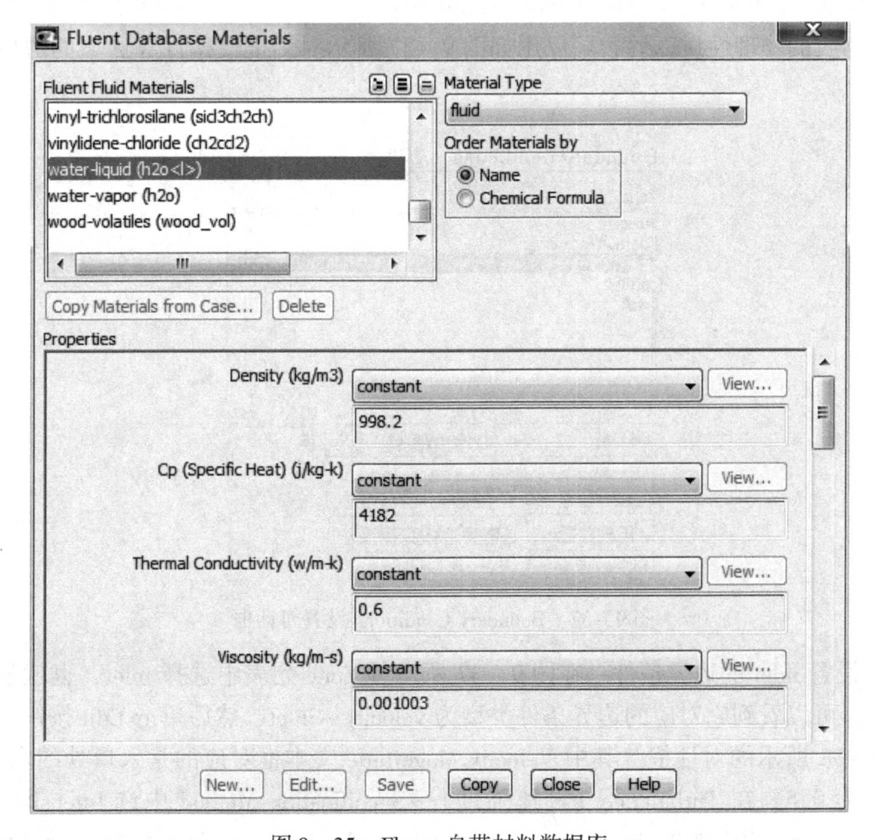

图 9－35　Fluent 自带材料数据库

步骤5：设置流体区域条件

模型导航 Solution Setup→Cell Zone Conditions→Edit。

弹出如图9－36所示对话框，选择 Material Name 为 water－liquid，单击 OK，关闭对话框。

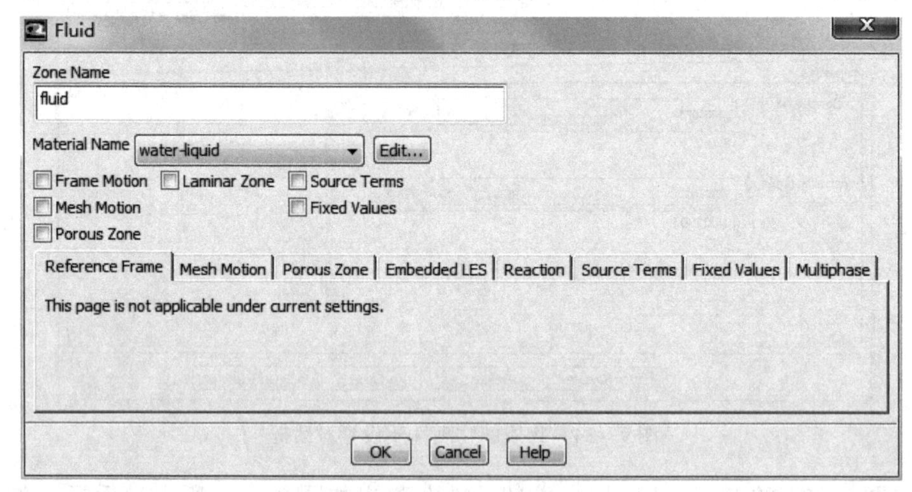

图9－36 设置流体区域

步骤6：设置边界条件

模型导航 Solution Setup→Boundary Conditions。

设定物质的物理性质以后，可以用如图9－37所示对话框使得计算区域的边界条件具体化。

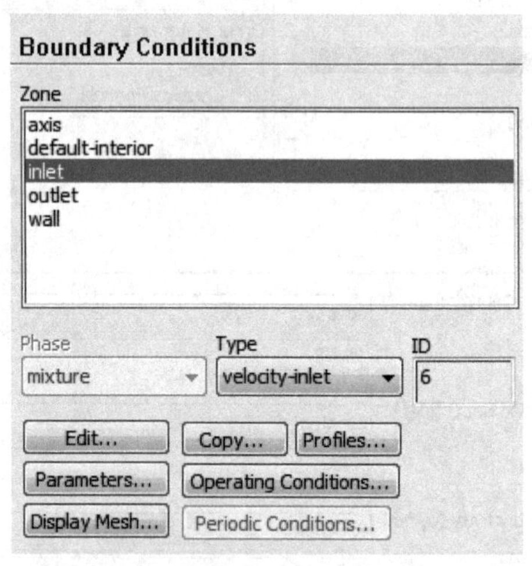

图9－37 Boundary Conditions 设置对话框

（1）设置 inlet 的边界条件。在图9－37所示的 Zone 列表中选择 inlet，也就是矩形区域的入口，可以看到它对应的边界条件类型为 velocity－inlet，然后单击 Edit 按钮。可以看到如图9－38所示的对话框。其中 Velocity Magnitude 文本框对应的是入口处的水流速度，此处设定为0.5，在 Turbulence（湍流强度）→Specification Method 中选 Intensity and Hydraulic Diameter，相应项 Turbulent intensity 及 Hydraulic Diameter 分别设置5及200，单击

OK 按钮退出。

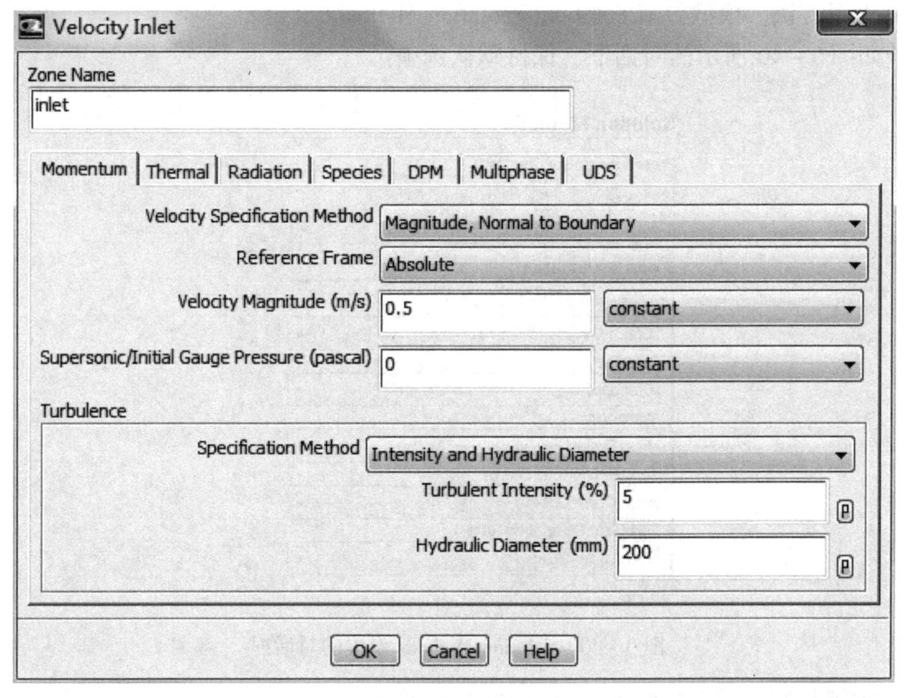

图 9-38 Velocity Inlet 设置的对话框

（2）设置 outlet 的边界条件。按照同样的方法也可以指定 outlet 的边界条件，其中的此参数的设置保持默认。

（3）设置对称轴 axis 的边界条件。按照同样的方法也可以指定 axis 的边界条件，其中的此参数的设置保持默认。

（4）设置 wall 的边界条件。在本例中，区域 wall 处的边界条件的设置保持默认。

（5）操作环境的设置。单击图 9-37 中 Operating Conditions 打开如图 9-39 所示的对话框。本例默认的操作环境就可以满足要求，所以没有对它进行改动，单击 OK 按钮即可。

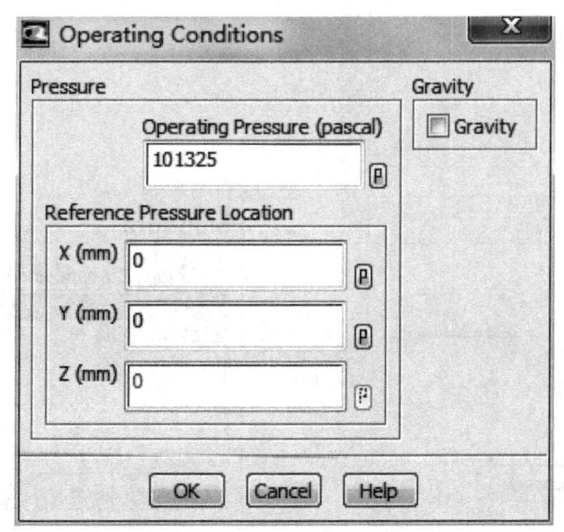

图 9-39 操作环境设置对话框

步骤7：求解方法的设置及其控制

（1）求解方法。模型导航 Solution→Solution Methods。

打开如图9－40所示的对话框，保持默认选项。

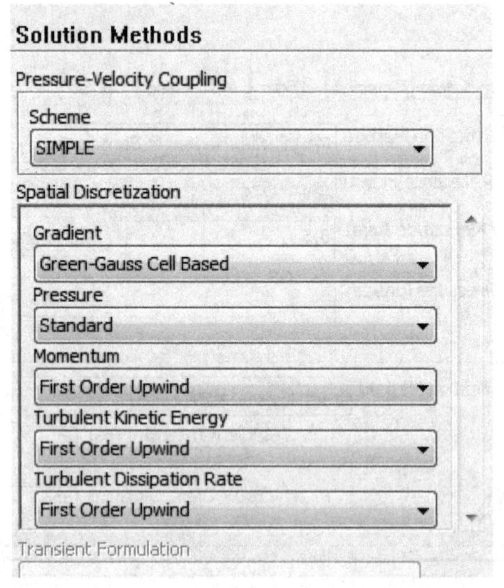

图9－40　Solution Methods 设置的对话框

（2）求解控制。模型导航 Solution→Solution Controls。

打开如图9－41所示的对话框，保持默认选项。

（3）打开残差图。模型导航 Solution→Monitors→Residuals。

打开图9－42 Monitors 选项框，选择 Residuals，单击 Edit，弹出图9－43所示 Residual Monitors 设置的对话框。选择 Options 后面的 Plot，从而在迭代计算时动态显示计算残差；Convergence 对应的数值均为0.001，最后单击 OK 按钮确认以上设置。

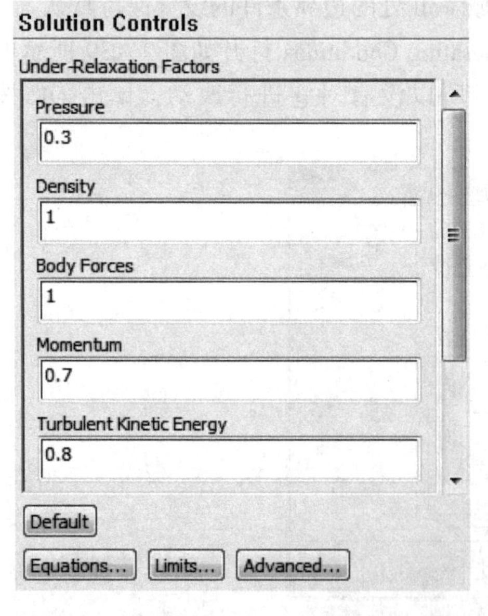

图9－41　Solution Controls 设置的对话框

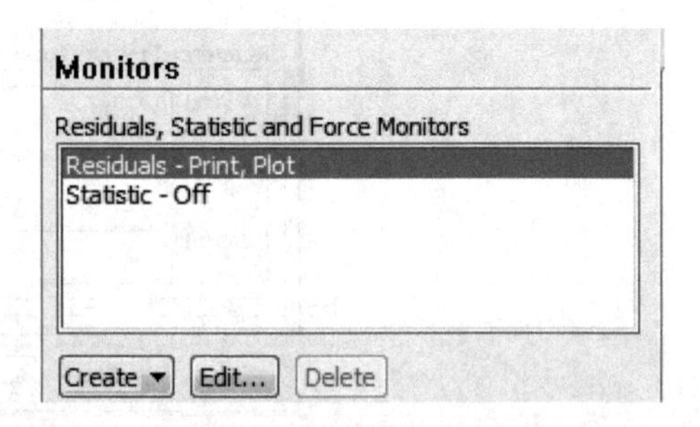

图9－42　Monitors 选项框

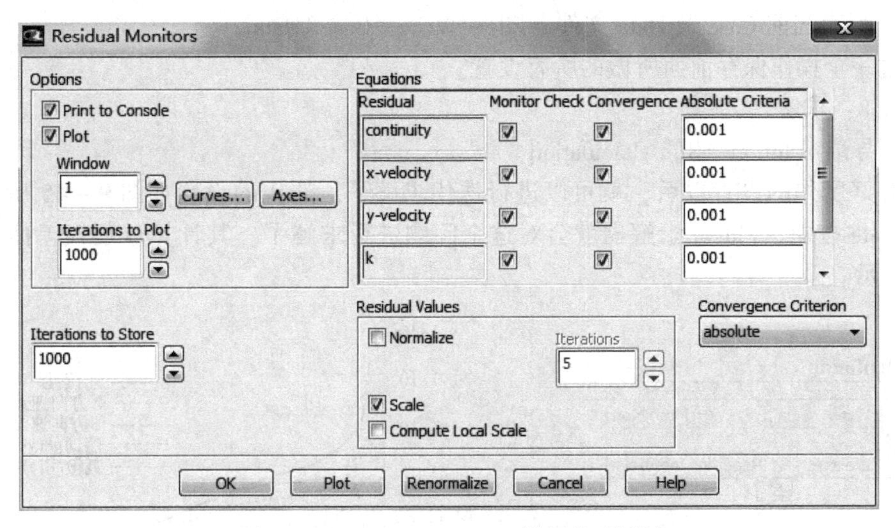

图 9 – 43 Residual Monitors 设置的对话框

（4）初始化。模型导航 Solution→Solution Initialization→Initialize。

打开如图 9 – 44 所示的对话框。在 Initialization Methods 选择 Stadard Initialization，并且设置 Compute from 为 inlet，依次单击 Initialize 按钮。

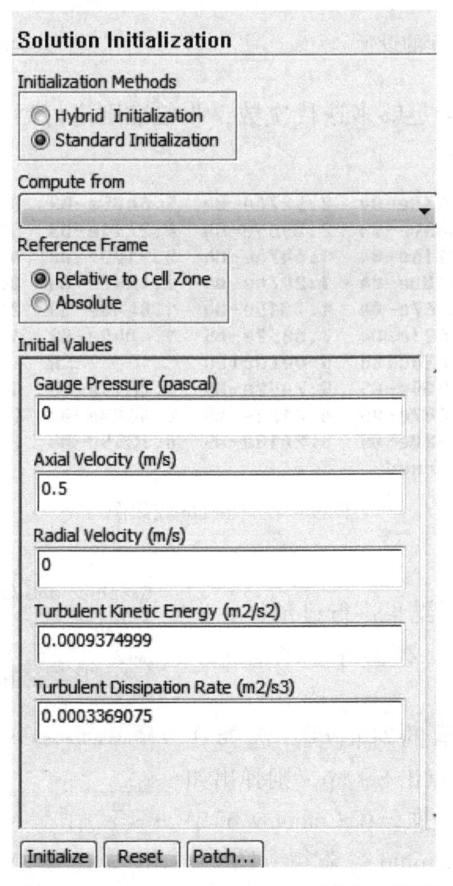

图 9 – 44 Solution Initialization 设置对话框

（5）保存当前 Case 及 Data 文件。File→Write→Case&Data。

通过一个操作保存前面所做的所有设置。

步骤 8：求解

模型导航 Solution→Run Calculation。

保存好所作的设置以后，就可以进行迭代求解了，迭代的设置如图 9－45 所示。单击 Calculate 按钮，Fluent 求解器就会对这个问题进行求解了。其计算过程残差曲线如图 9－46 所示。

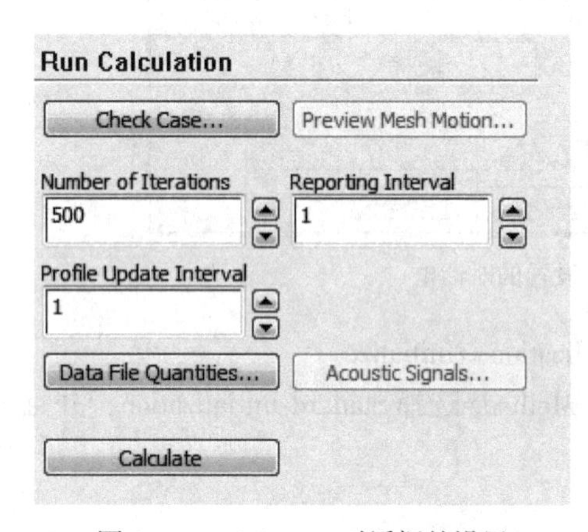

图 9－45　Calcutate 对话框的设置

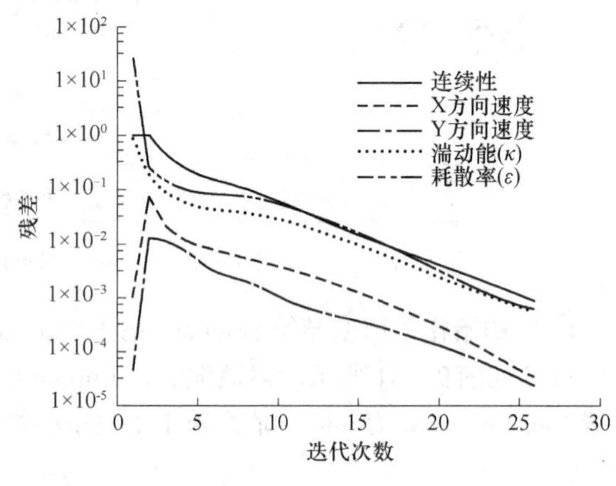

图 9－46　残差曲线

稳态求解过程中，要给足够多迭代次数，收敛准则定好后，直到计算出现 solution is converged，如图 9－47 所示。

```
   17  8.5413e-03  7.3670e-04  2.5276e-04  5.6405e-03  8.2935e-03  0:00:07  483
   18  6.5965e-03  5.4430e-04  2.0565e-04  4.2711e-03  5.9669e-03  0:00:05  482
   19  5.1345e-03  4.0116e-04  1.6476e-04  3.2199e-03  4.2558e-03  0:00:04  481
   20  4.0395e-03  2.9100e-04  1.2974e-04  2.4287e-03  3.0289e-03  0:00:03  480
   21  3.1392e-03  2.0767e-04  1.0015e-04  1.8443e-03  2.1614e-03  0:00:03  479
   22  2.4360e-03  1.4621e-04  7.6352e-05  1.4048e-03  1.5660e-03  0:00:02  478
 iter  continuity  x-velocity  y-velocity           k     epsilon     time/iter
   23  1.8707e-03  9.9909e-05  5.7452e-05  1.0815e-03  1.1657e-03  0:00:02  477
   24  1.4319e-03  6.7647e-05  4.3122e-05  8.4600e-04  9.0166e-04  0:01:37  476
   25  1.1165e-03  4.7420e-05  3.2013e-05  6.7355e-04  7.3323e-04  0:01:17  475
!  26 solution is converged
```

图 9－47　Iterate 收敛图

步骤 9：结果显示

迭代收敛以后，可以对结果进行显示。

（1）显示速度轮廓线。模型导航 Results→Graphics and Animations。

进入如图 9－48 所示的对话框，选择在 Graphics 项的 Contours，再点击 Set up，则弹出如图 9－49 所示云图设置对话框，在 Contours of 中选择 Velocity 及 Velocity Magnitude，就得到图 9－50 所示的速度轮廓线。

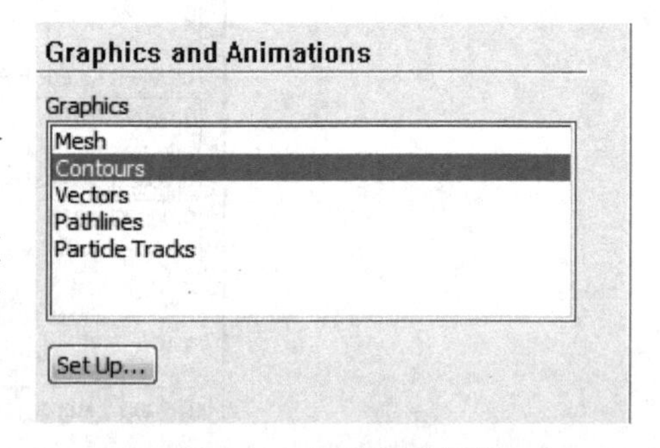

图 9－48　图选项对话框

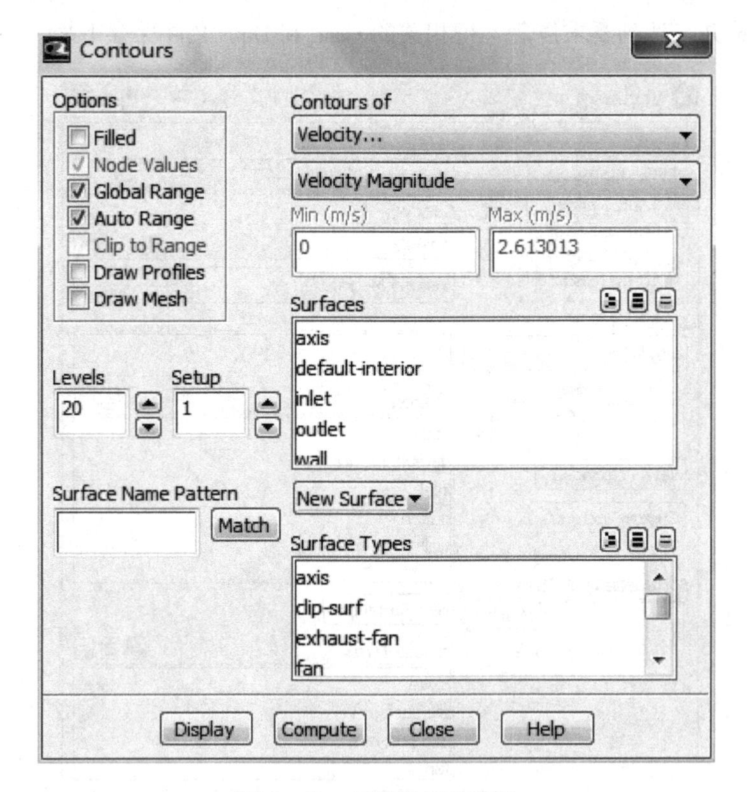

图 9-49　云图设置对话框

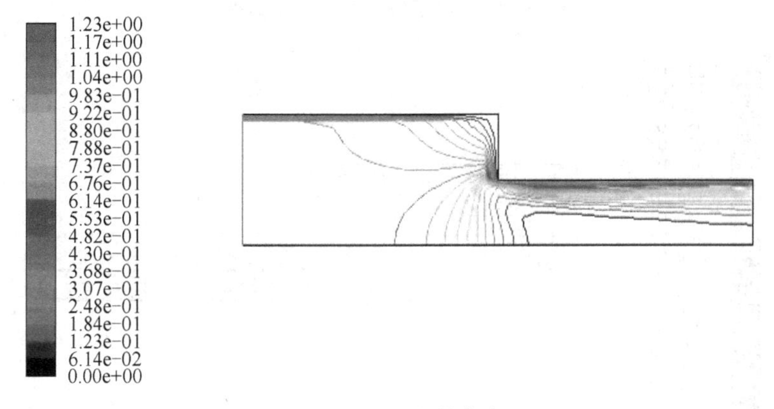

图 9-50　速度轮廓线

（2）显示速度矢量。模型导航 Results→Graphics and Animations。

在图 9-48 中选择在 Graphics 项中 Vectors，再点击 Set up，则弹出如图 9-51 设置对话框，在 Vectors of 中选择 Velocity，在 Color by 选择 Velocity 及 Velocity Magnitude，就得到图 9-52 所示的速度矢量图。

其他结果读者可根据需要以相同方法操作。

步骤 10：保存计算后的 Case 和 Data 文件

File→Write→Case&Data。

当迭代完成并且达到要求以后，把相关的 Case 和 Data 文件保存下来。

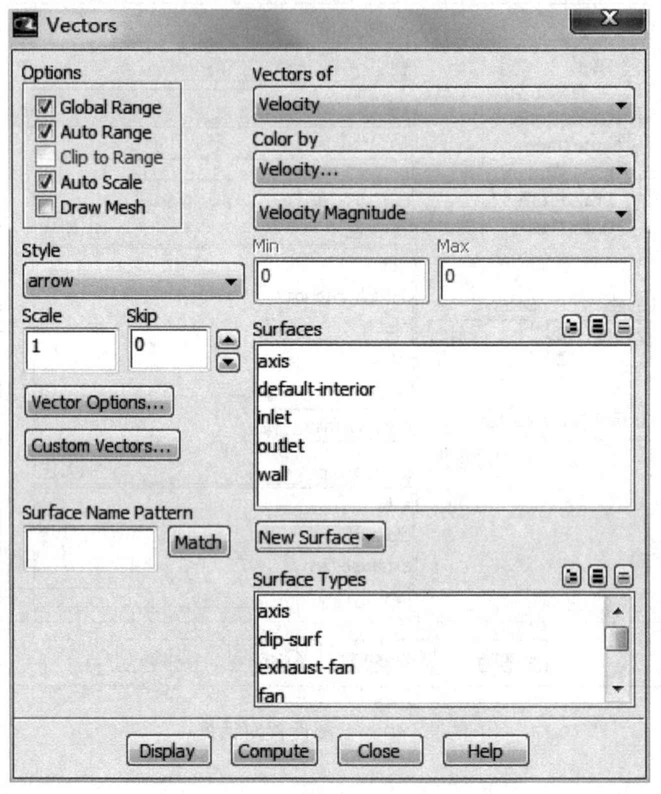

图 9－51　速度矢量显示的对话框

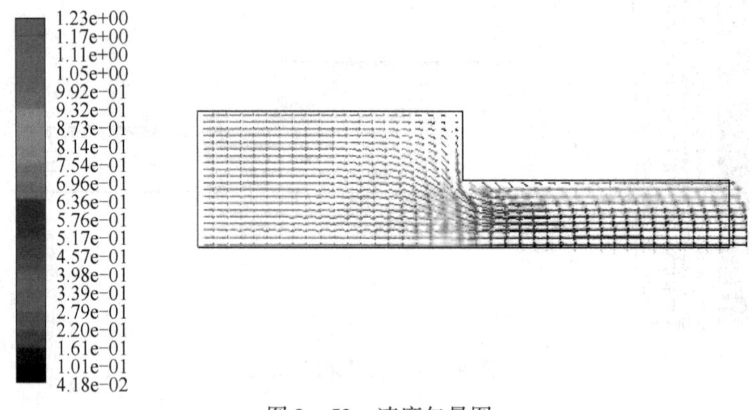

图 9－52　速度矢量图

视频9-2
二维定常速度场Fluent求解

9.3 非定常速度场计算

9.3.1 概述

当黏性流体绕过圆柱时，其流场的特性随着 Re 变化。当 $1<Re<6$ 时，流体沿着圆柱表面运动，流场基本上是定常的，并且流线是关于圆柱的中心线对称；当 Re 大约是 10 时，流体在圆柱表面的后驻点附近脱落，形成对称的反向漩涡。随着 Re 的进一步增大，分离点前移，漩涡也会相应地增大。当 Re 大约为 46 时，脱体漩涡就不再对称，而是以周期性的交替方式离开圆柱表面，在尾部就形成了著名的卡门涡街。涡街使其表面周期性变化的阻力和升力增加，从而导致物体振荡，产生噪声。接下来利用 Fluent 对 $Re>46$ 的情况下产生的卡门涡街进行数值模拟。

9.3.2 实例简介

图 9－53 给出了圆柱绕流的计算区域的几何尺寸，其中 $L=1\text{m}$，$W=0.2\text{m}$，$r=0.02\text{m}$，$l_1=0.2\text{m}$，$l_2=0.1\text{m}$。入口处的水流速度为 0.01m/s。

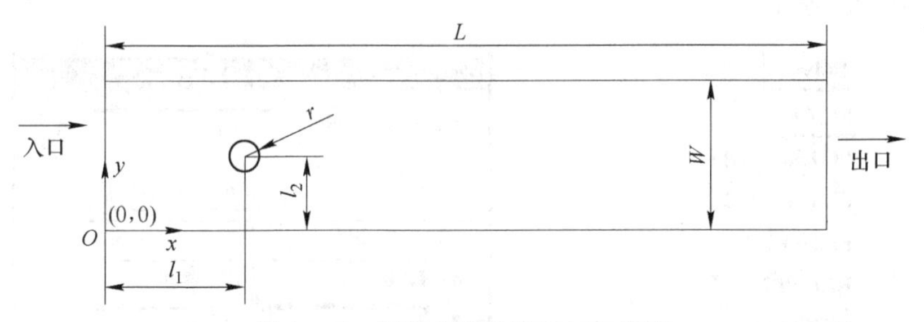

图 9－53 圆柱绕流计算区域示意图

9.3.3 实例操作步骤

在关于卡门涡街的数值模拟中，首先利用 Gambit 画出要计算的流体区域，并且对边界条件类型进行相应的指定，从而得到相应问题的计算模型。然后再利用 Fluent 求解器对这种模型进行求解。

9.3.3.1 利用 Gambit 建立计算区域和指定边界条件类型

步骤 1：文件的创建及求解器的选择

（1）启动 Gambit 软件。选择“开始”→“运行”打开图 9－54 所示的对话框，在文本框中输入 gambit，单击“确定”按钮或在桌面点击 Gambit 图标→右键→管理员身份运行，系统就会弹出图 9－54 所示的对话框，单击 Run 按钮就可以启动 Gambit 软件了。

（2）建立新文件。选择 File→New 打开如图 9－55 所示的对话框。

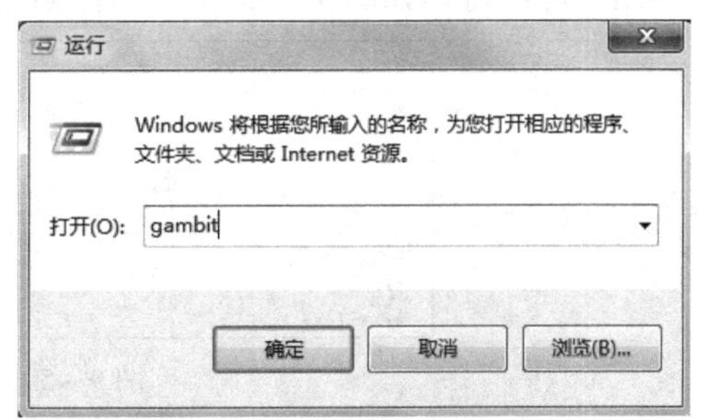

图 9－54 启动 Gambit

在 ID 文本框输入 vortex1 作为 Gambit 要创建的文件的名称，并且注意要选中 Save current session 复选框（呈现红色）才可以创建新文件。单击 Accept 按钮，会出现如图 9－56 所示的提示。单击 Yes 按钮就可以创建一个名称为 vortex1 的新文件。

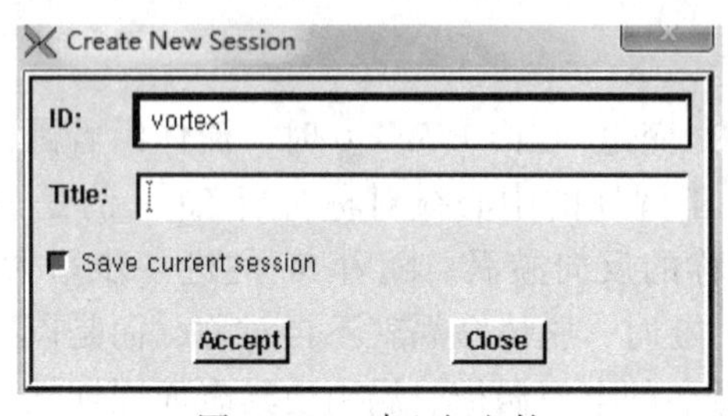

图 9－55　建立新文件

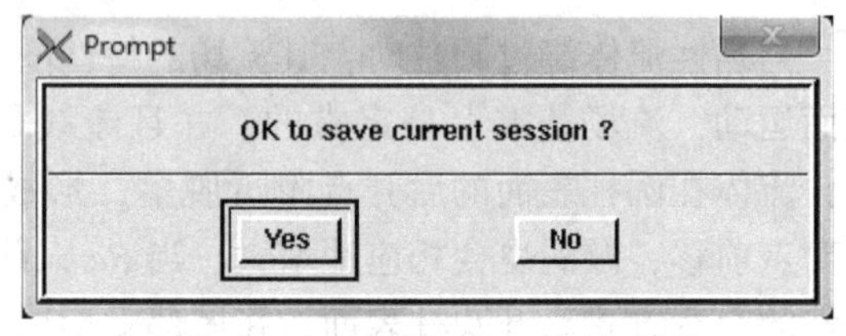

图 9－56　确认保存文件对话框

（3）选择求解器。单击菜单中的 Solver 菜单项，就会出现如图 9－57 所示的子菜单，选择求解器 Fluent 5/6。

步骤 2：创建控制点

选择 Operation →Geometry →Vertex 就可以打开 Create Real Vertex 对话框，如图 9－58 所示。

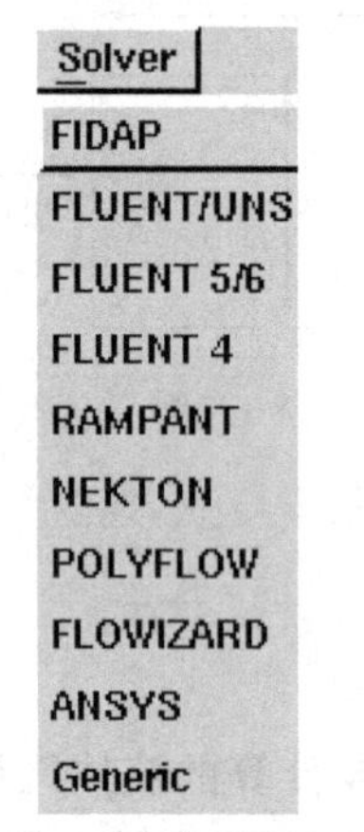

图 9－57　求解器类型

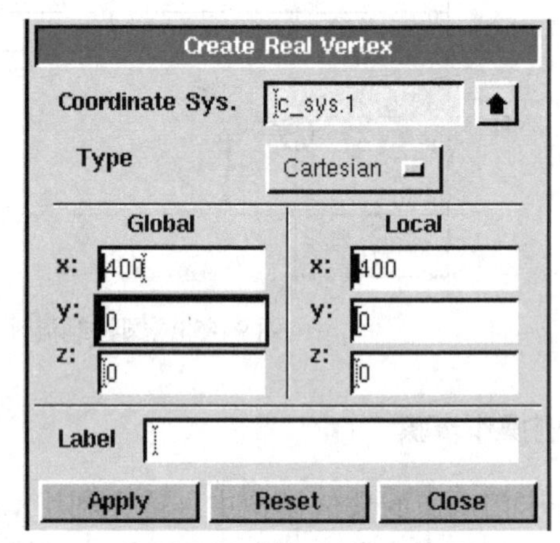

图 9－58　创建点对话框

在 Global 选项区域内的 x、y 和 z 文本框中输入其中一个控制点的坐标（各控制点的坐标可以参考图 9－53 得到），然后单击 Apply 按钮，该点就会在窗口中显示出来。重复这一操作可以得到如图 9－59 所示的控制点图。

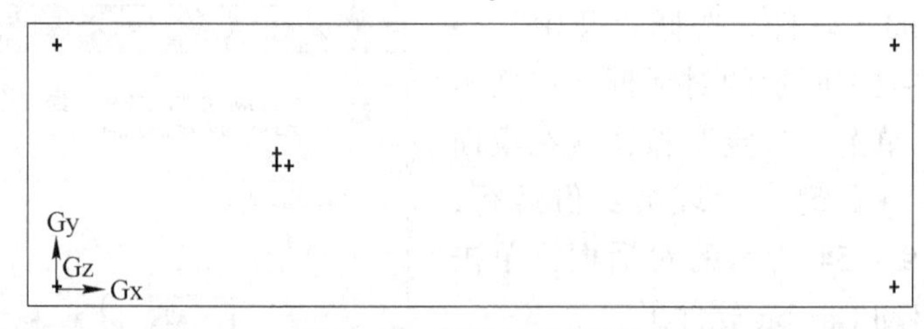

图 9－59　控制点示意图

步骤 3：创建边

为了了解每个控制点的名称，可以单击 Gambit 右下角如图 9－60 中所示的按钮 ，得到如图 9－61 所示的对话框。

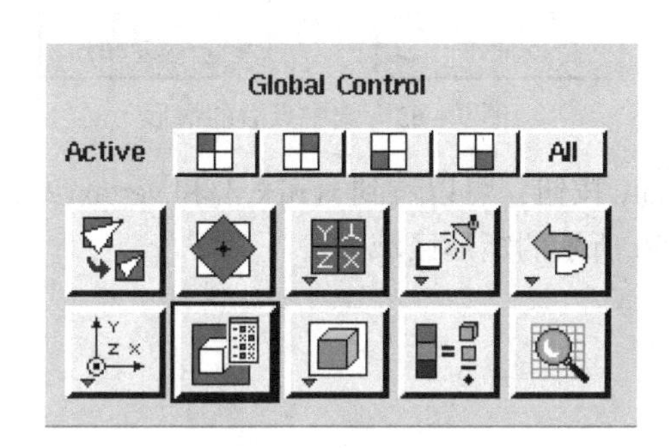

图 9－60 Global Control

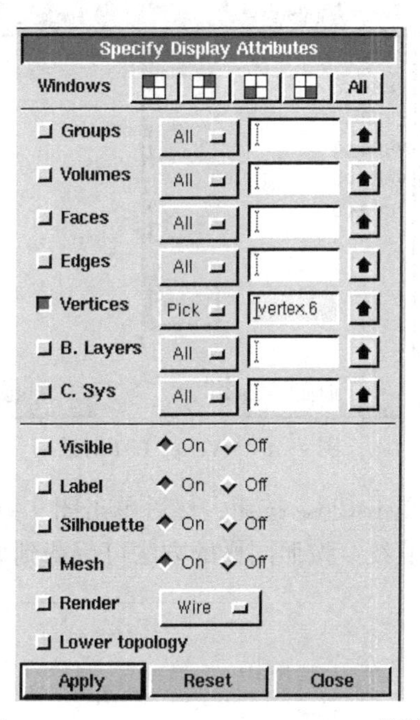

图 9－61 Specify Display Attributes 对话框

单击 Label 选项前面的按钮，使得 Label 被选中，且 Label 后面的 On 选项被选中，单击 Apply 按钮，可以看到其中的各个控制点相应的名称，如图 9－62 所示。

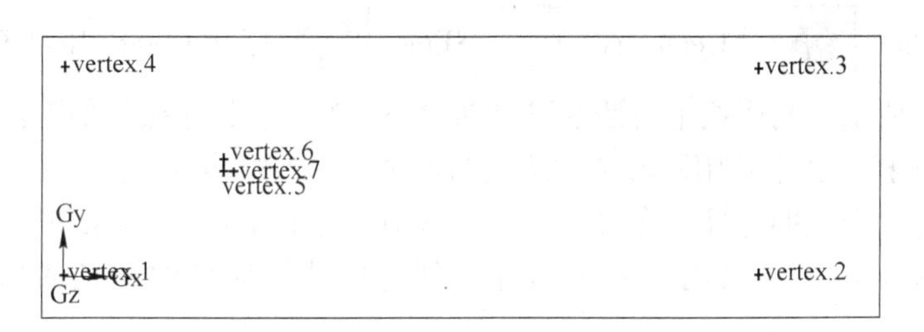

图 9－62 各个控制点相应的名称

选择 Operation → Geometry → Edge 打开 Create Straight Edge 对话框，如图 9－63 所示。

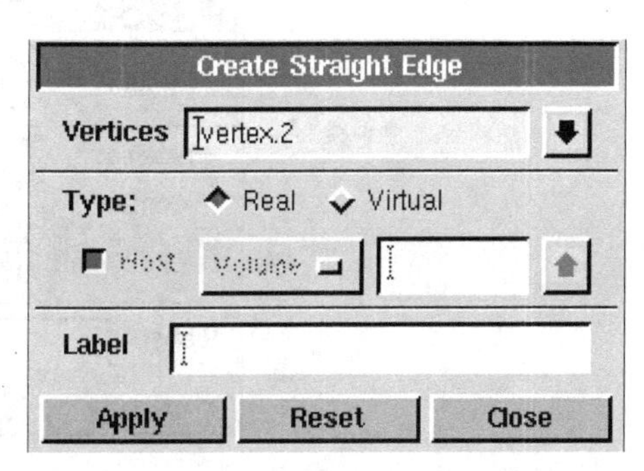

图 9－63 Create Straight Edge 对话框

单击 Vertices 文本框后面的向上箭头，可以出现如图 9－64 所示的对话框。

在 Available 列表中选 vertex. 1 及 vertex. 2，然后单击向右的箭头，就会出现如图 9－65 所示的情况。

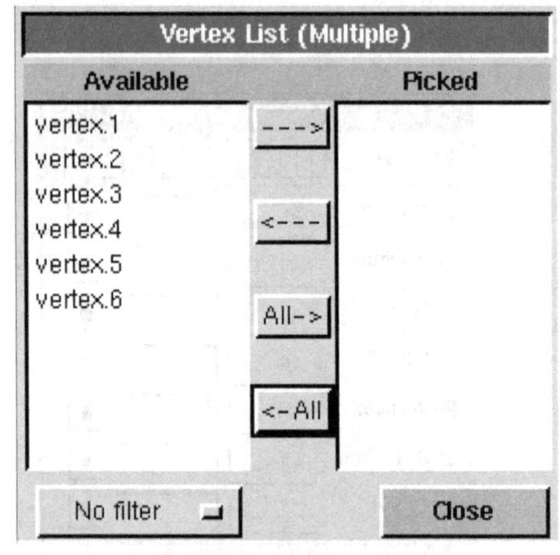

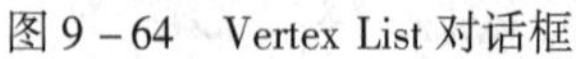
图 9－64　Vertex List 对话框

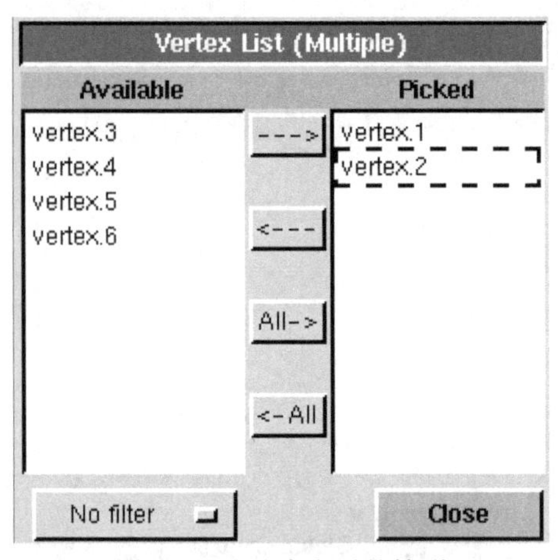

图 9－65　选中点后的情形

单击 Close 按钮，然后单击图 9－63 的 Apply 按钮，可以看到 vertex. 1 和 vertex. 2 之间连成直线。按照同样的方法可以得到如图 9－66 所示的矩形区域。

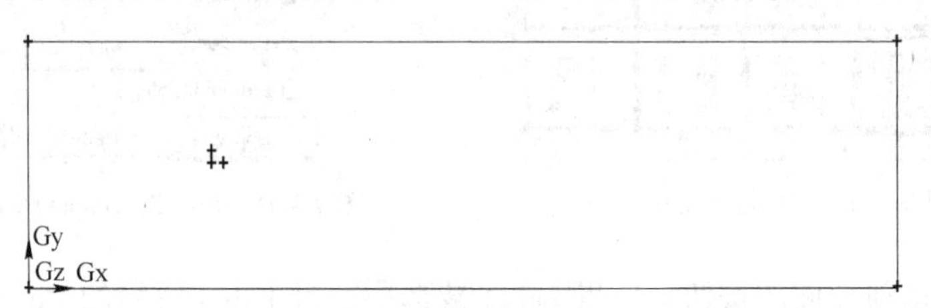

图 9－66　四个控制点连成的矩形区域

选择 Operation →Geometry →Edge 打开 Create Real Full Circle 对话框，如图 9－67 所示。利用这个对话框可以创建一个整圆。具体操作如下：

Method 的选择。选中利用圆心和圆边上两点来确定整圆的方法。

圆心和圆边上两点的选择。在 Center 文本框中选择 vertex. 5，在 End－Points 文本框中选择 vertex. 6 和 vertex. 7，单击 Apply 按钮。创建出计算区域中圆柱的形状，如图 9－68 所示。

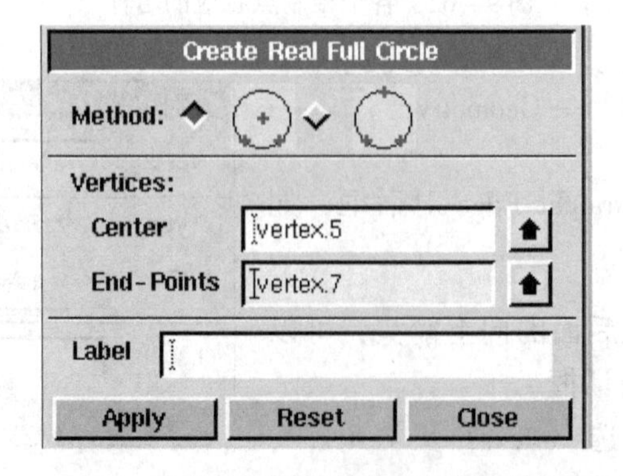

图 9－67　Create Real Full Circle 对话框

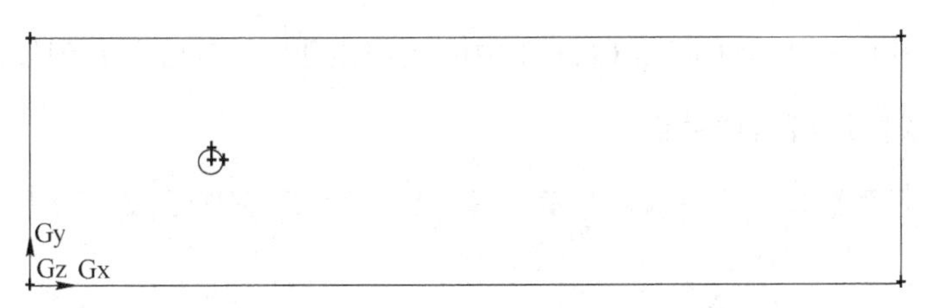

图 9－68　几何区域的框架图

步骤 4：创建面

按照上面提到的显示几何单元名称的方法，可以显示出如图 9－69 所示的各个边和点的名称。

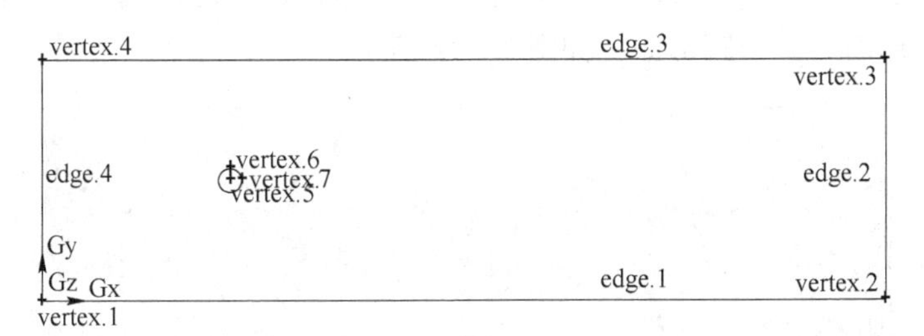

图 9－69　各个几何单元名称显示

在对上面的几何单元的名称了解以后，利用前面介绍的方法关掉名称显示。

选择 Operation →Geometry →Face 打开 Create Face From Wireframe 对话框，如图 9－70 所示，利用它可以创建面。

单击这个对话框中的 Edges 文本框，呈现黄色后就可以选择要创建的面所需的几何单元。本例单击黄色文本框的向上箭头，选中矩形四条边 edge. 1、edge. 2、edge. 3 及 edge. 4（如图 9－71 所示）；或用快捷键"Shift + 鼠标左键"来选择创建面对应的线，出现红色说明目标被选中，然后单击 Apply 按钮。在图形窗口中，若选中四条边都变成了蓝色，就说明创建了一个面。

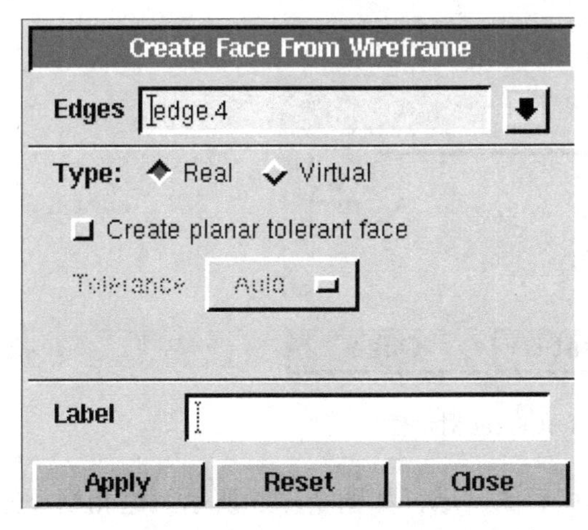

图 9－70　Create Face From Wireframe 对话框

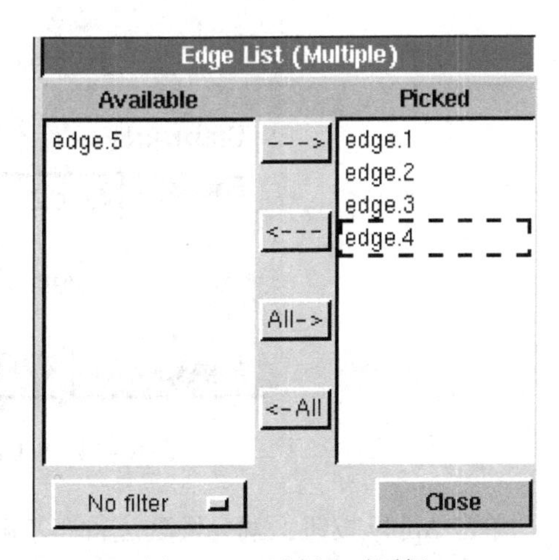

图 9－71　选择边对话框

利用 Gambit 软件右下角 Global Control 中的按钮，就可以看到如图 9－72 所示刚才选中四条边组成区域所组成的面。

图 9－72 矩形区域面示意图

重复上面的矩形面的创建方法，利用图 9－72 中的整圆可以创建一个圆面。这样就有两个面，一个矩形面，一个圆形面，如图 9－73 所示。

图 9－73 矩形面及圆形面示意图

但是在利用 Fluent 进行流体计算时的区域仅仅局限于流体区域，而不需对圆柱区域内的区域进行计算，所以就要利用面与面之间的布尔运算得到 Fluent 计算区域。

选择 Operation →Geometry →Face 打开 Subtract Real Faces 对话框，利用这个对话框可以对面进行布尔减的运算。其中的 face. 1 和 face. 2 分别对应矩形面和圆形面，可以利用“Shift + 鼠标左键”分别选择，如图 9－74 所示。

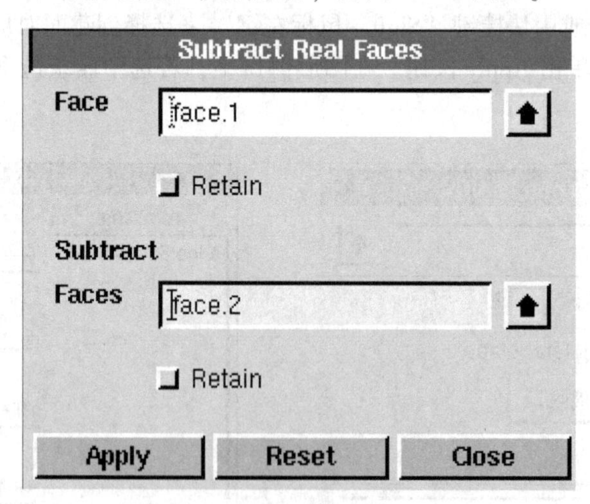

图 9－74 Subtract Real Faces 对话框

单击 Apply 按钮，就会发现进行布尔减运算后的区域，如图 9－75 所示。这相当于矩形区域内部抠掉一个圆形的区域，从而这个区域就是 Fluent 计算所在的区域。

图 9－75　布尔减运算后的面域示意图

步骤 5：网格划分

（1）边的网格划分。选择 Operation →Mesh →Edge 打开 Mesh Edges 对话框，如图 9－76 所示，利用它可以对边进行划分网格。

用这个对话框可以对边进行网格划分，在 Edges 后面的黄色框中选中要操作的边，然后设置 Spacing 数值，数字对应项是 Interval count。如果默认的不是这个项，用鼠标右键单击默认的项目，在出现多个项目时将鼠标移动到需要的项目上放开即可。

用“Shift + 鼠标左键”在图 9－76 所示的对话框中的 Edges 中选择 edge.6，然后在 Spacing 文本框上输入 50。单击 Apply 按钮，就可以看到如图 9－77 所示的圆柱部分的网格。

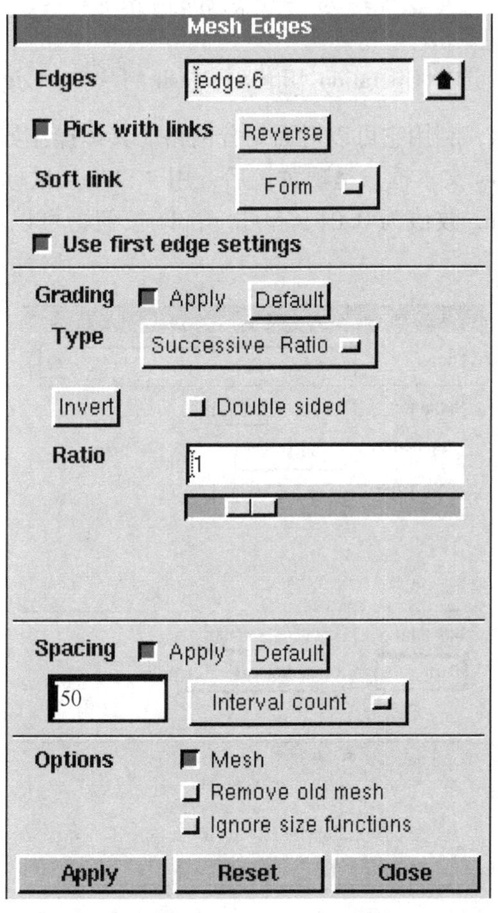

图 9－76　Mesh Edges 对话框

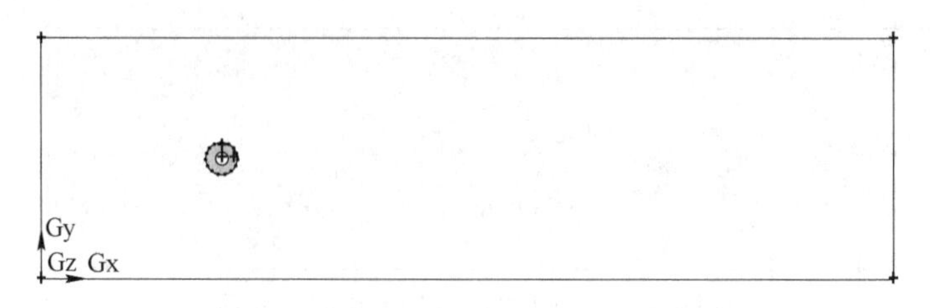

图 9－77 圆柱部分网格图

用同样的方法对矩形框其他边进行网格划分。设定 edge. 1 和 edge. 3 的 Spacing 对应数值为 100，而 edge. 2 和 edge. 4 的 Spacing 对应数值为 20。最后可得到网格划分情况如图 9－78 所示。注意一点，两条对应边划分段数必须相等。

图 9－78 矩形边划分网格图

（2）面的网格划分。选择 Operation →Mesh →Edge 打开 Mesh Faces 对话框，如图 9－79 所示，利用它可以对面划分网格。具体操作如下：

单击对话框中的 Faces 文本框，呈现黄色后，用“Shift＋鼠标左键”选中要进行画网格操作的面。设置 Spacing 数值为 0. 01，单击 Apply 按钮，可以看到如图 9－80 所示的网格。

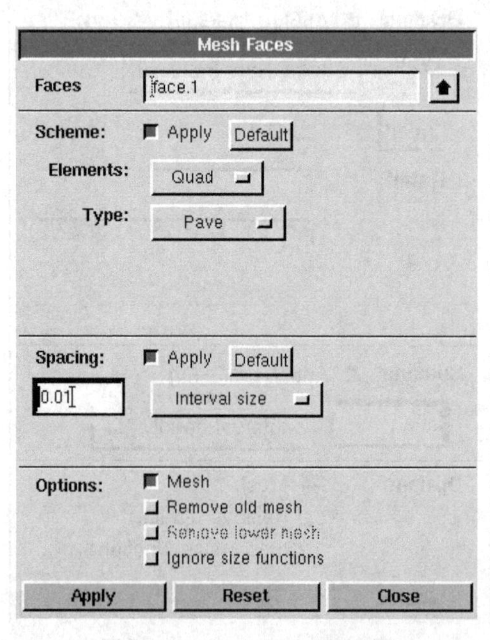

图 9－79 Mesh Faces 对话框

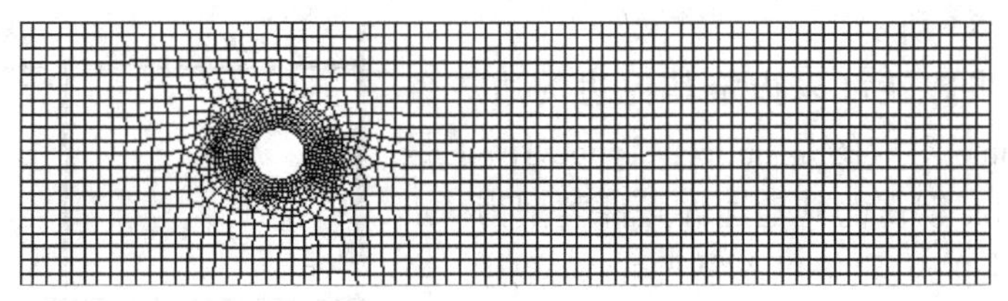

图 9－80 划分后面网格

步骤 6：边界条件类型的指定

选择 Operation →Zones 打开 Specify Boundary Types 对话框，如图 9－81 所示，利用它可以进行边界条件类型设定。具体步骤如下：

（1）指定要进行的操作。在 Action 项下选 Add，也就是添加边界条件。

（2）给出边界的名称。在 Name 选项后面输入一个名称给指定的几何单元。如本例中指定为 inlet。

（3）指定边界条件的类型。在 Fluent 5/6 所有类型如图 9－82 所示对应的 Type 中选中 VELOCITY_INLET，选择的方法就是利用鼠标的右键单击类型，将鼠标移动到需要的类型放开即可。

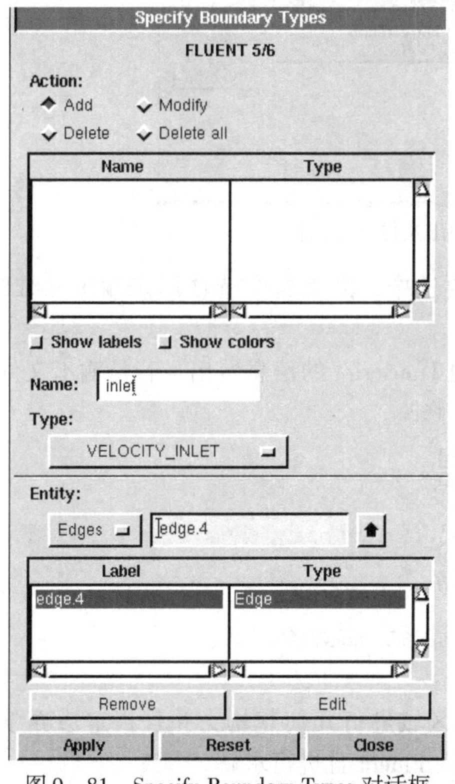

图 9－81 Specify Boundary Types 对话框

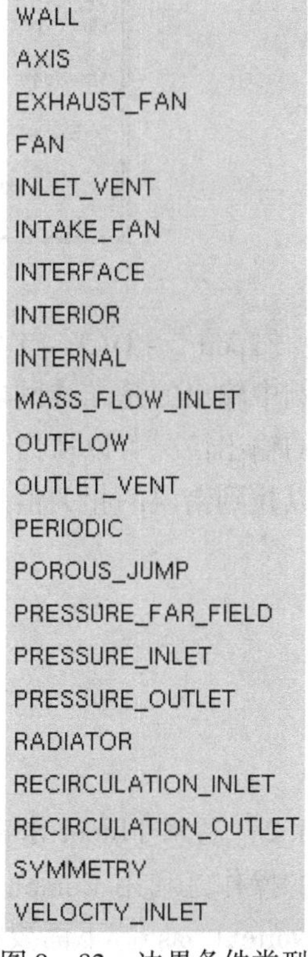

图 9－82 边界条件类型

（4）指定边界条件对应的几何单元。在 Entity 后面对应的几何单元单击，然后在几何图形中选择边界条件对应的几何单元，本例选择 Edge. 4。上述的设置完成后，单击 Apply 按钮就可以得到图 9－83 中的 Name 列表中添加了 inlet；并且类型是 VELOCITY_INLET，具体情形如图 9－83 所示。

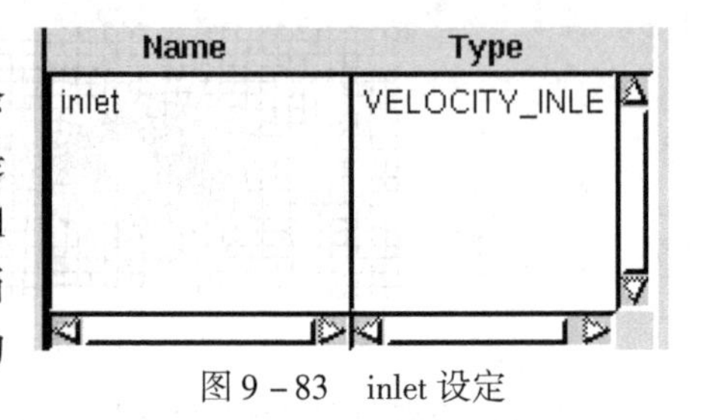

图 9－83 inlet 设定

重复上面的步骤就可以指定其他边的边界条件，此时出口 Name 对应的是 outlet，Type 对应的是 OUTFLOW，Gambit 默认的其他边界条件类型为 wall 类型，所以，其余的边界条件不需要特意指定。当 Show labels 被选中时，就可以看到图 9－84 所示的所有边界条件的定义。

步骤 7：Mesh 文件的输出

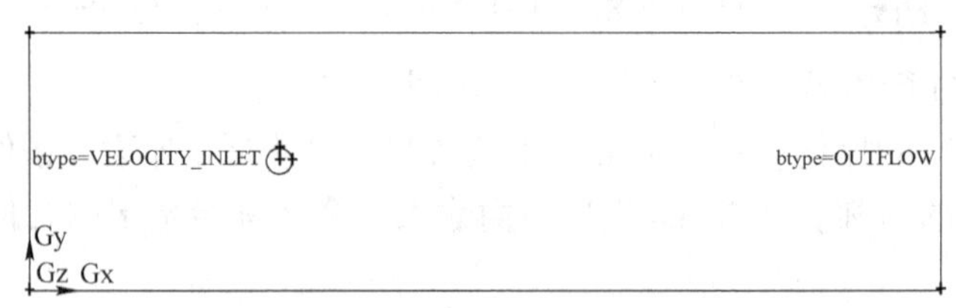

图 9－84 边界条件类型的显示

选择 File→Export→Mesh 就可以打开如图 9－85 所示的输出文件的对话框。

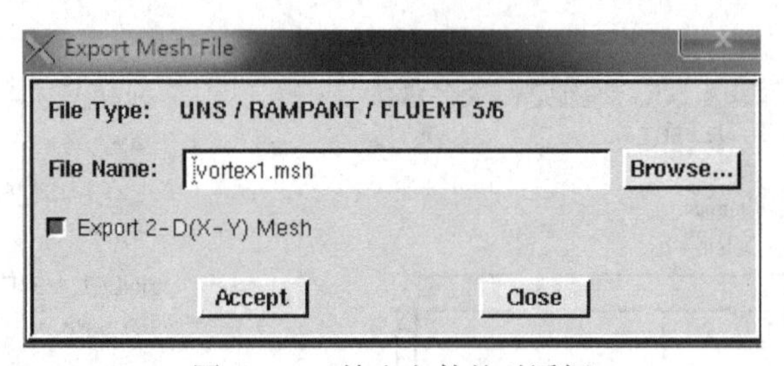

图 9－85 输出文件的对话框

注意：Export 2－D(X－Y) Mesh 选项要选中，因为这个选项用来输出三维的网格文件，而本例中输出的是二维网格文件。

文件的输出情况可以从命令记录窗口的 Transcript 的信息看出，若是输出文件有错误，从这里可以找到错误的相关信息，用以指导修改。

视频9-3
二维非定常速度场Gambit建模

9.3.3.2 利用 Fluent 求解器求解

上面的操作是利用 Gambit 软件对计算区域进行几何建构，并且指定边界条件类型，最后输出 vortex1. msh。下面要把 vortex1 导入 Fluent 且进行求解。

步骤 1：Fluent 求解器的选择

本例中的流动是一个二维问题，问题对求解的精度要求不高，所以在启动 Fluent 时，要选择二维的单精度求解器，如图 9－86 所示。单击 Run 按钮就可以启动 Fluent 求解器。

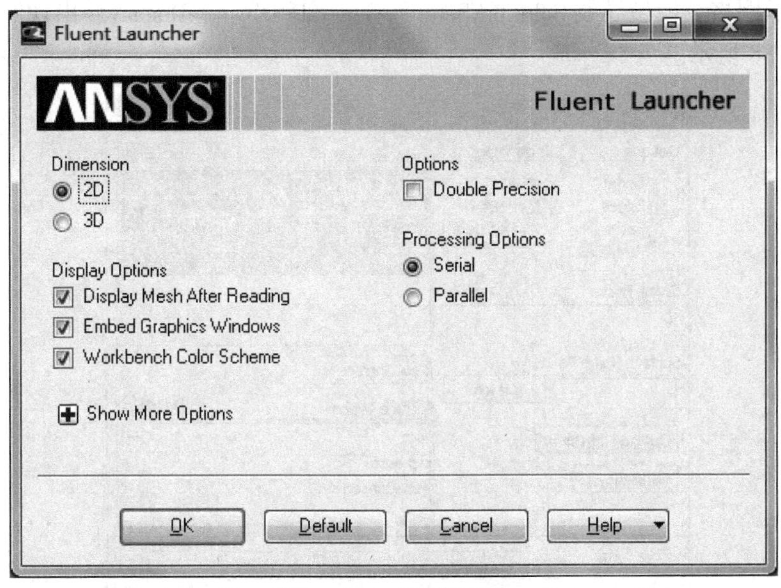

图 9-86 求解器选择

步骤 2：网格的相关操作

（1）网格文件的读入。选择 File→Read→Case（或 Mesh）。

打开文件导入对话框，找到 vortex1. msh 文件，单击 OK 按钮，Mesh 文件就被导入到 Fluent 求解器中了。

（2）检查网格文件。模型导航 Solution Setup→General→Mesh→Check 对网格文件进行检查。网格文件读入以后，一定要对网格进行检查。可以看出网格体积大于 0，否则网格不能用于计算。

（3）设置计算区域尺寸。模型导航 Solution Setup→General→Mesh→Scale。

打开如图 9-87 所示的对话框，对几何区域的尺寸进行设置。Fluent 默认的单位是 m，然后单击 Scale 按钮就可以对计算区域的几何尺寸进行缩放，从而使它符合求解区域的实际尺寸。最后单击 Close 按钮关闭对话框。

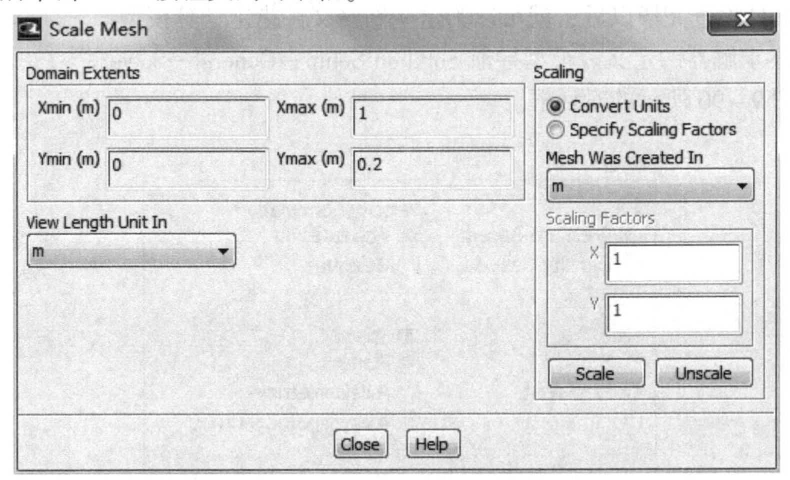

图 9-87 Scale Mesh 对话框

(4) 显示网格。模型导航 Solution Setup→General→Mesh→Display，出现网格显示对话框，如图 9－88 所示。

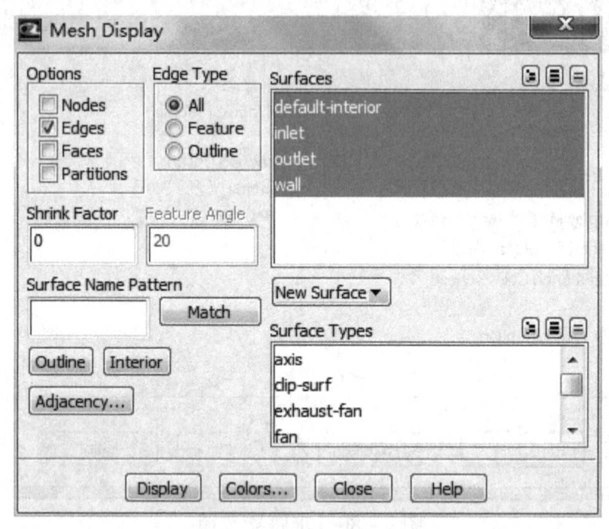

图 9－88　网格显示对话框

网格文件的各个部分的显示可以通过 Surfaces 下面列表框中某个部分是否选中来控制。如图 9－88 所示的 Surfaces 下面列表框中的都被选中，此时单击 Display，就会看到如图 9－89 所示的网格形状。

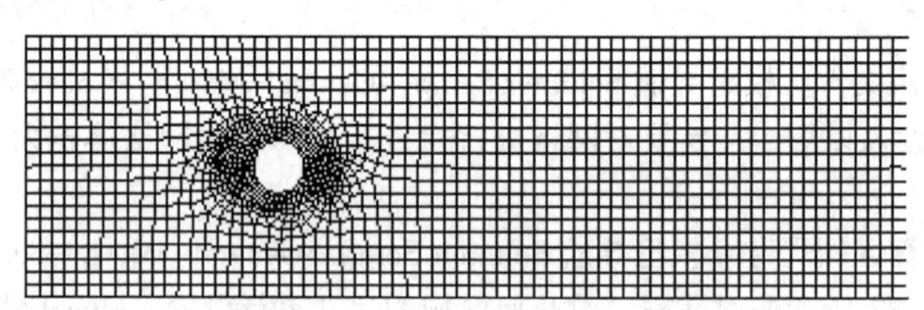
图 9－89　Fluent 中的网格显示

步骤 3：选择计算模型

当网格文件检查完毕以后，就可以为这一网格文件指定计算模型。

(1) 基本求解器的定义。模型导航 Solution Setup→General→Solver。

打开如图 9－90 所示的对话框。

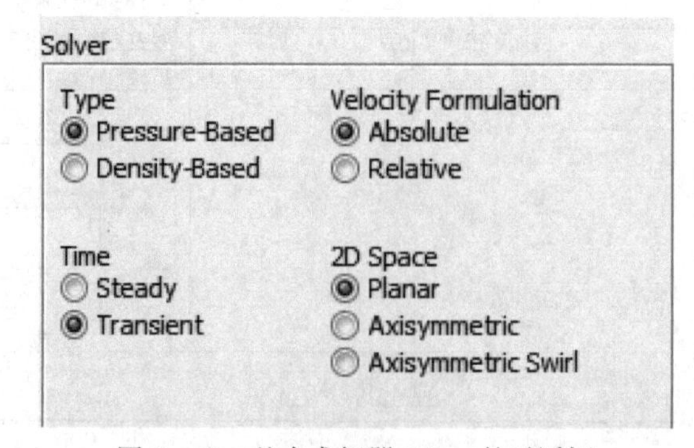

图 9－90　基本求解器 Solver 的对话框

本例是非稳态模型，Time 项目对应 Transient，用该模型才能模拟涡脱落。其他默认设置。

（2）湍流模型的指定。模型导航 Solution Setup→Models→Viscous Model。

由雷诺数计算可知，本流场的流态为层流，保持默认层流模型进行设置。

步骤 4：定义材料的物理性质

模型导航 Solution Setup→Meterials→Create/Edit。

打开 Meterials 对话框定义流体的物理性质，从 Fluent 自带的数据库中调出水的物理参数。

步骤 5：设置流体区域条件

模型导航 Solution Setup→Cell Zone Conditions→Edit。

弹出如图 9－91 所示对话框，选择 Material Name 为 water－liquid，单击 OK，关闭对话框。

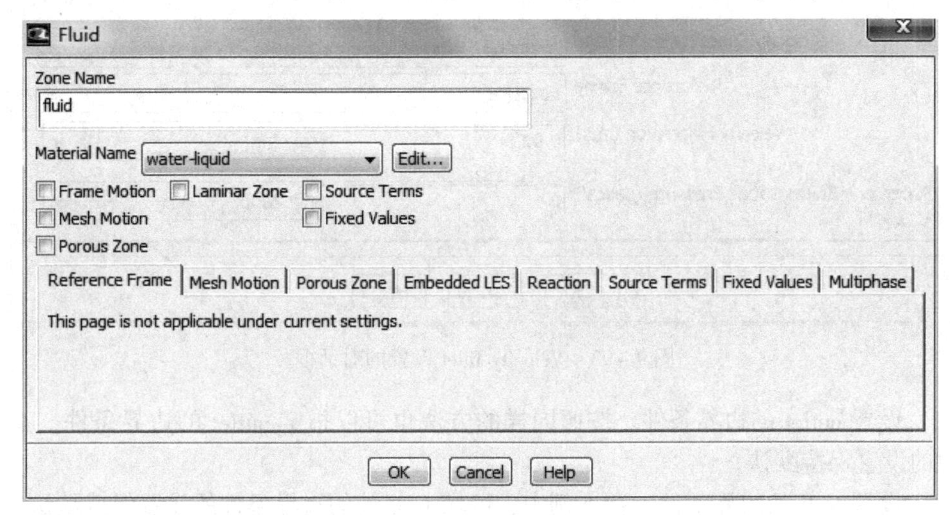

图 9－91　设置流体区域

步骤 6：设置边界条件

模型导航 Solution Setup→Boundary Conditions。

设定物质的物理性质以后，可以用如图 9－92 所示对话框使得计算区域的边界条件具体化。

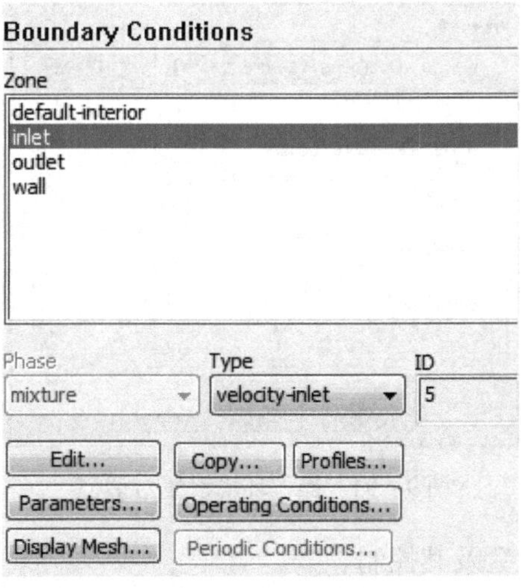

图 9－92　Boundary Conditions 设置对话框

（1）设置 inlet 的边界条件。在 Zone 列表中选择 inlet，也就是矩形区域的入口，可以看到它对应的边界条件类型为 velocity－inlet，然后单击 Edit 按钮。可以看到如图 9－93 所示的对话框。其中 Velocity Magnitude 文本框对应的是入口处的水流速度，此处设定为 0.01，单击 OK 按钮退出。

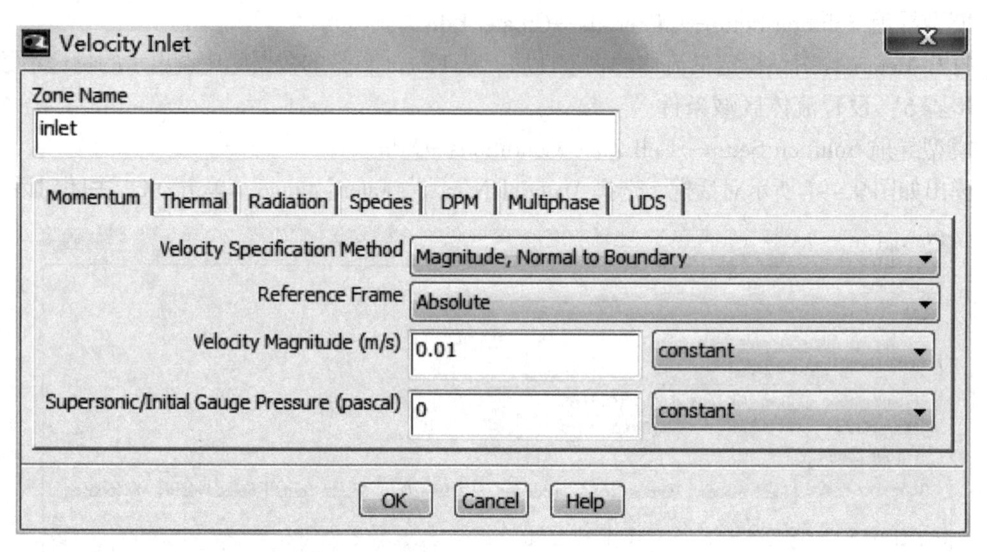

图 9－93　Velocity Inlet 设置的对话框

（2）设置 outlet 的边界条件。按照同样的方法也可以指定 outlet 的边界条件，其中的此参数的设置保持默认。

（3）设置 wall 的边界条件。在本例中，区域 wall 处的边界条件的设置保持默认。

（4）操作环境的设置。单击图 9－92 中 Operating Conditions 打开如图 9－94 所示的对话框。本例默认的操作环境就可以满足要求，所以没有对它进行改动，单击 OK 按钮即可。

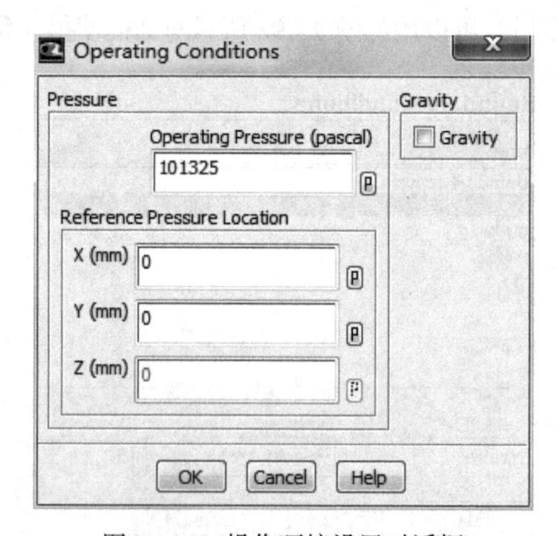

图 9－94　操作环境设置对话框

步骤 7：求解方法的设置及其控制

（1）求解方法。模型导航 Solution→Solution Methods。

打开如图 9－95 所示的对话框，设置 Pressure－Velocity Coupling 对应的求解方式为 SIMPLEC；Spatial Discretization 对应的 Pressure 为 Second Order；Momentum 为 Second Order Upwind，设置的具体情况如图 9－95 所示。

（2）求解控制。模型导航 Solution→Solution Controls。

打开如图 9－96 所示的对话框，保持默认选项。

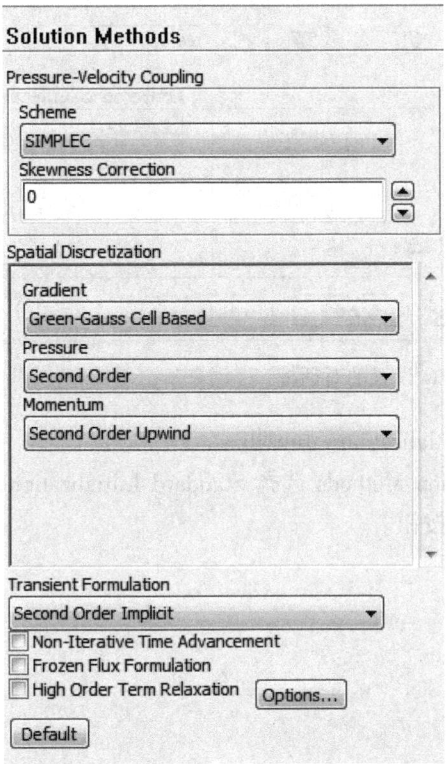

图 9－95 Solution Methods 设置的对话框

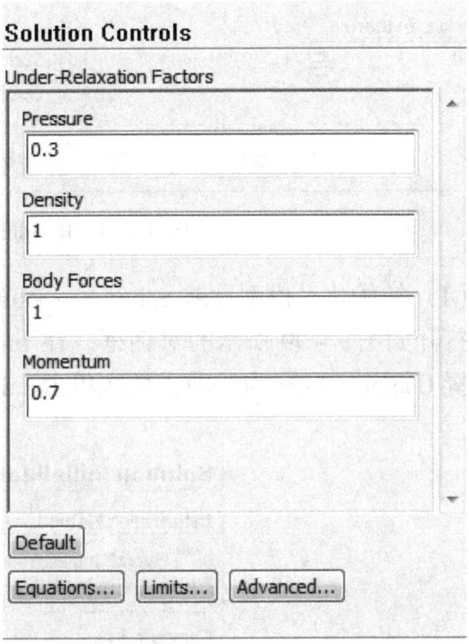

图 9－96 Solution Controls 设置的对话框

（3）打开残差图。模型导航 Solution→Monitors→Residuals。

打开图 9－97 Monitors 选项框，选择 Residuals，单击 Edit，弹出图 9－98 Residual Monitors 设置的对话框。选择 Options 后面的 Plot，从而在迭代计算时动态显示计算残差；Convergence 对应的数值均为 0.00001，最后单击 OK 按钮确认以上设置。

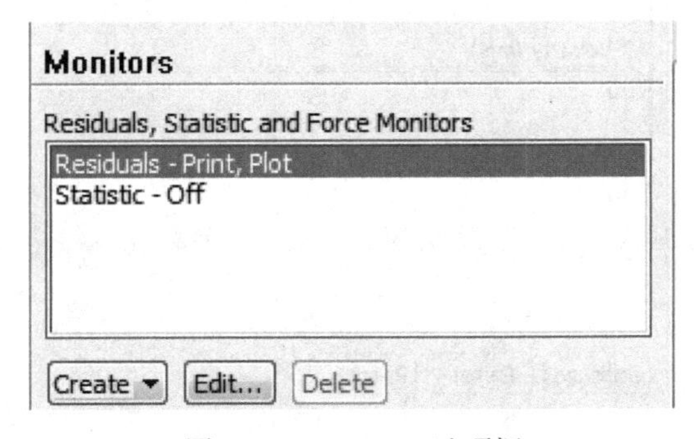

图 9－97 Monitors 选项框

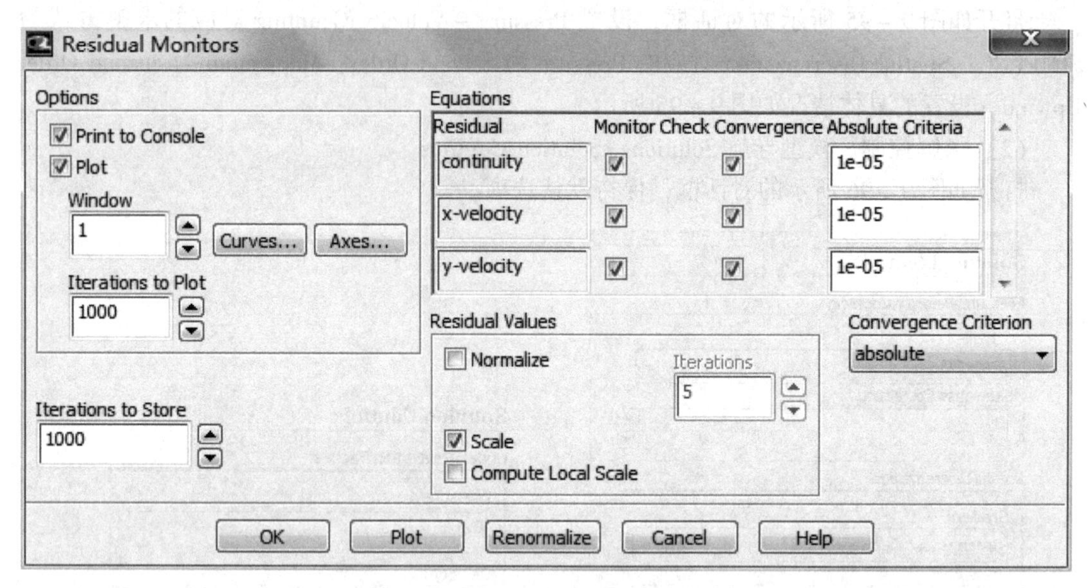

图 9 - 98　Residual Monitors 设置的对话框

（4）初始化。模型导航 Solution→Solution Initialization→Initialize。

打开如图 9 - 99 所示的对话框。在 Initialization Methods 选择 Standard Initialization，并且设置 Compute from 为 inlet，依次单击 Initialize 按钮。

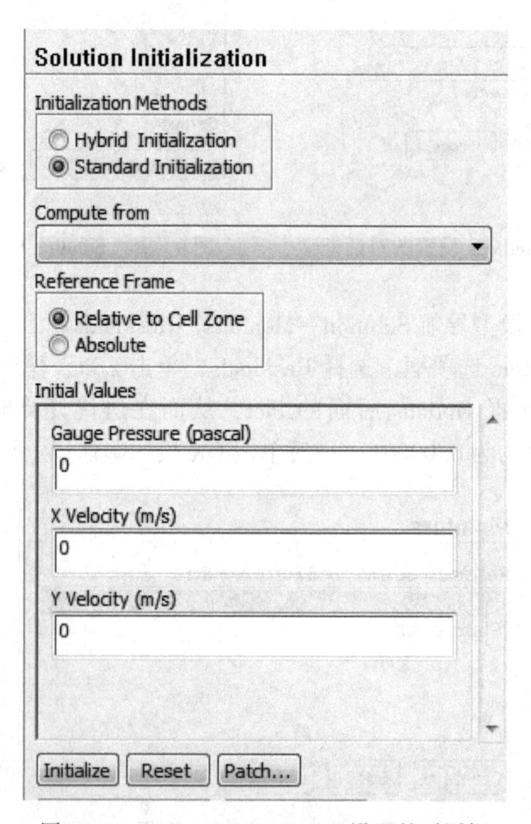

图 9 - 99　Solution Initialization 设置的对话框

（5）求解活动的设置。

1）自动保存结果设置。非稳态求解时，通常需要了解中间计算结果，可以设置自动保存结果。

模型导航 Solution→Calculation Activities→Autosave Every(Time Steps)。

打开图 9－100 Calculation Activities 设置的对话框，在 Autosave Every(Time Steps) 中设置合适时间步，本例设置 10。也可点击 Autosave Every(Time Steps) 项 Edit 打开图 9－101 Autosave 设置对话框，以自动保存文件夹等进行设置。

图 9－100 Calculation Activities 设置的对话框

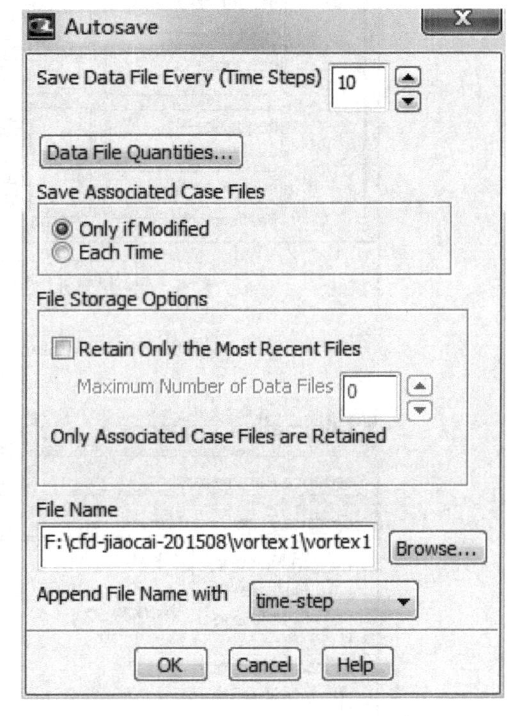

图 9－101 Autosave 设置对话框

2）动画的设置。为了显示动态的涡脱落，就要对该涡脱落过程进行监控或者称为录像。

模型导航 Solution→Calculation Activities→Solution Animations。

点击图 9－100 Solution Animations 项处 Create/Edit，打开如图 9－102 所示 Solution Animations 项。其中 Animation Sequences 列表框中的 1 表示只对一个物理量进行录像，Actice Name 对应的 movie 是录像的名称，Every 对应的 1 表示一个时间步，Time Step 作为录像的一帧。

单击 Define 按钮打开如图 9－103 所示的对话框定义录像的内容。Storage Type 表示录像的存储类型，In Memory 表示存在内存中，Window 对应的 2 表示要在计算时为录像另开一个窗口。需要注意的是，Window 对应 Set 一定要单击一下才会出现一个黑色无物的窗口，而窗口显示的图形是在 Display Type 里定义的，Fluent 可以做很多类型的录像。本例是做涡流场的动画，所以在 Display Type 选择区域选择 Contours，紧接着就会弹出如图 9－104 所示的对话框，因此速度参数可以在此进行具体的设置。

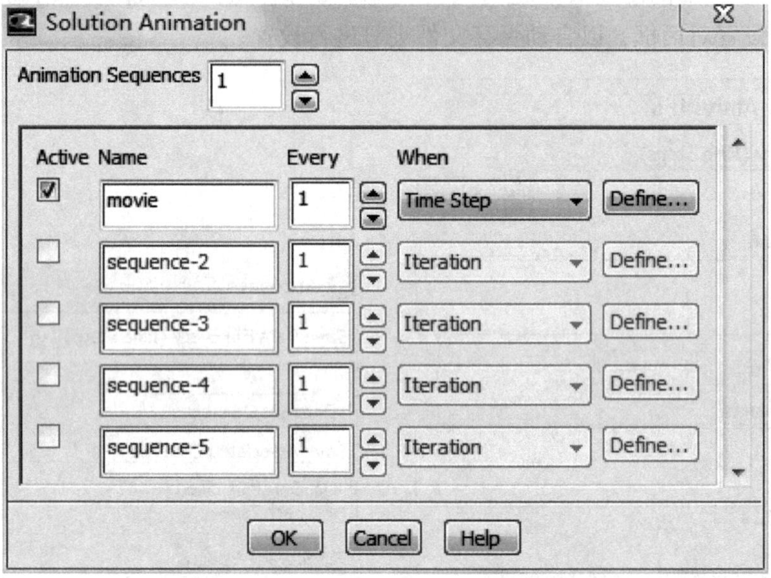

图 9－102　Solution Animation 设置对话框

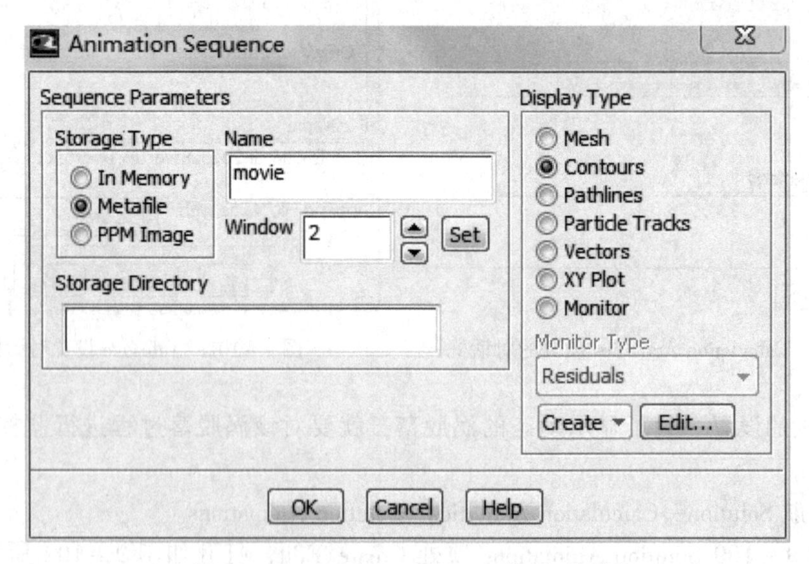

图 9－103　Animation Sequence 设置对话框

选中图 9－104 中的 Options 对应的 Filled，然后单击 Display 按钮，原本空的窗口出现了如图 9－105 所示的图形。在迭代求解时，这一个窗口中图形的形状不断变化，从而演示了涡脱落的过程。

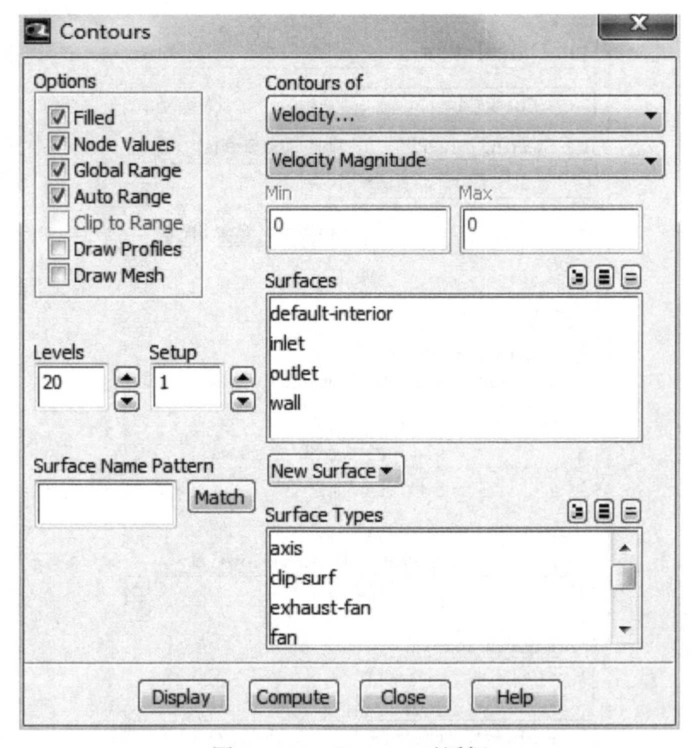

图 9-104　Contours 对话框

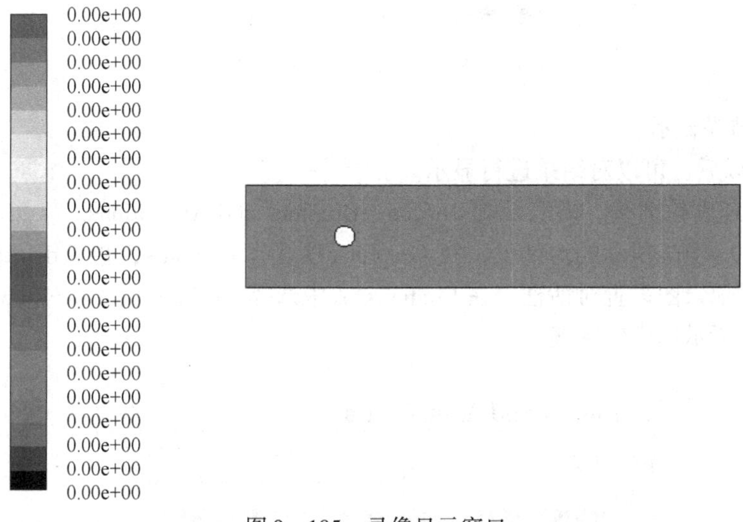

图 9-105　录像显示窗口

(6) 保存当前 Case 及 Data 文件。File→Write→Case&Data。

通过这个操作保存前面所做的所有设置。

步骤 8：求解

模型导航 Solution→Run Calculation。

保存好所作的设置以后，就可以进行迭代求解了，迭代的设置如图 9-106 所示。单击 Calculate 按钮，Fluent 求解器就会对这个问题进行求解了。

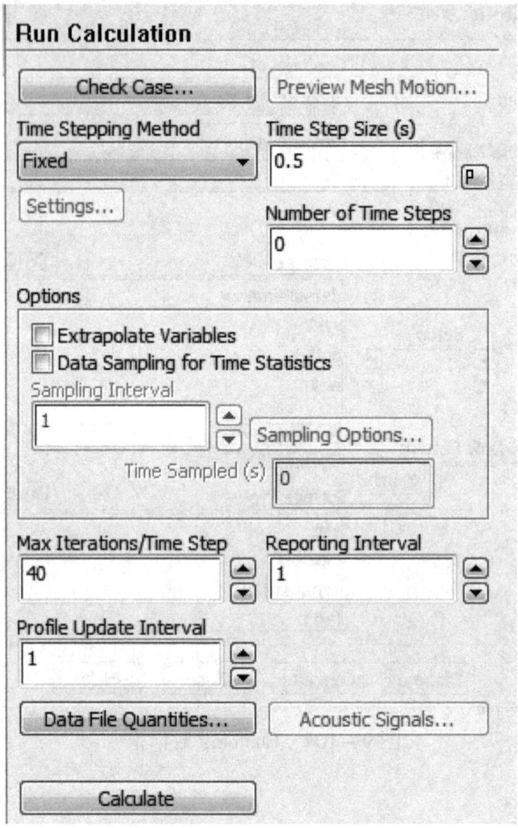

图 9－106　Calculate 对话框的设置

步骤 9：结果显示

迭代结束以后，可以对结果进行显示。

(1) 显示速度轮廓线。模型导航 Results→Graphics and Animations。

进入如图 9－107 所示的对话框，在 Graphics 项选择 Contours，再点击 Set up，则弹出如图 9－108 所示云图设置对话框，在 Contours of 中选择 Velocity 及 Velocity Magnitude，就得到图 9－109 所示速度轮廓线。

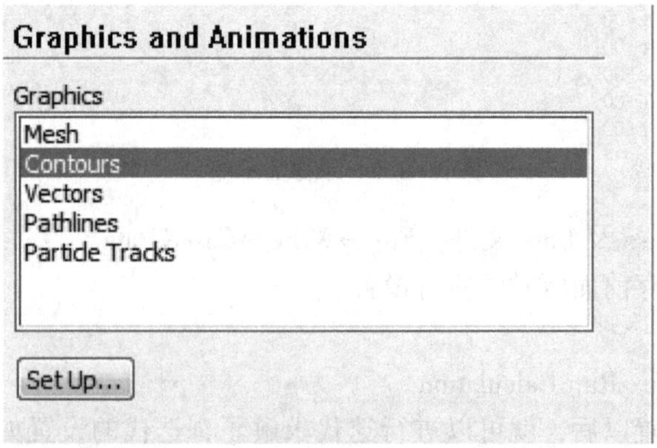

图 9－107　图选项对话框

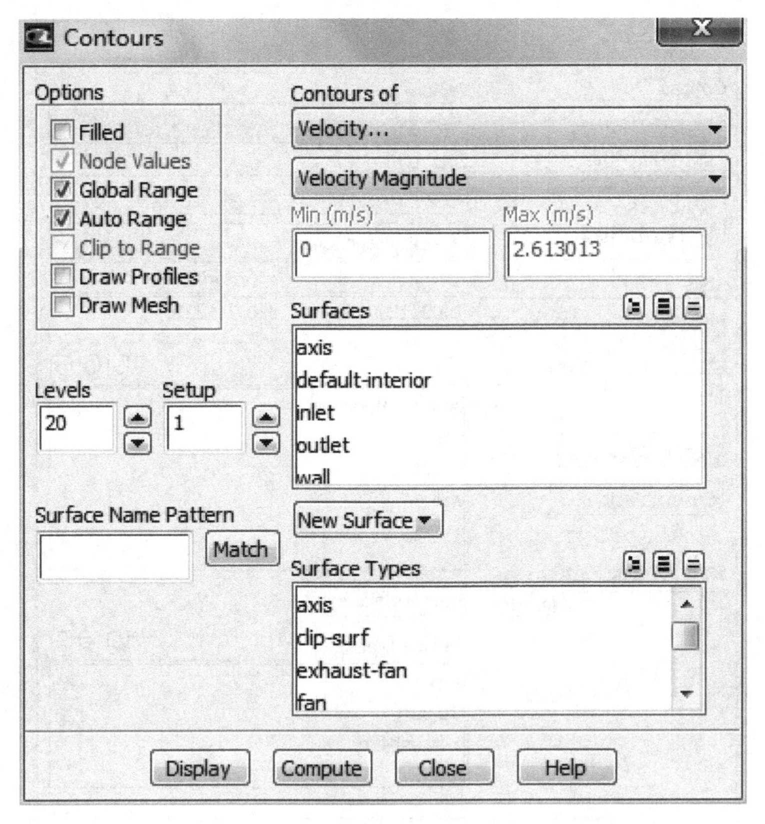

图 9-108　云图设置对话框

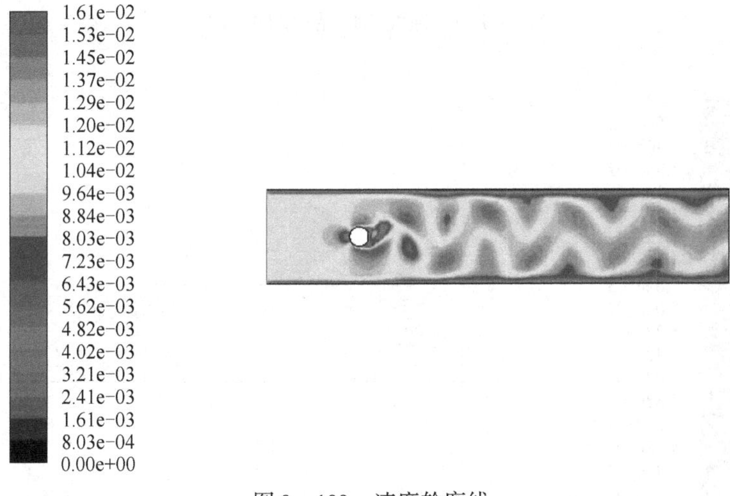

图 9-109　速度轮廓线

（2）显示速度矢量。模型导航 Results→Graphics and Animations。

在图 9-107 Graphics 项选择 Vectors，再点击 Set up，则弹出如图 9-110 设置对话框，在 Vectors of 中选择 Velocity，在 Color by 选择 Velocity 及 Velocity Magnitude，就得到图 9-111 所示速度矢量图。

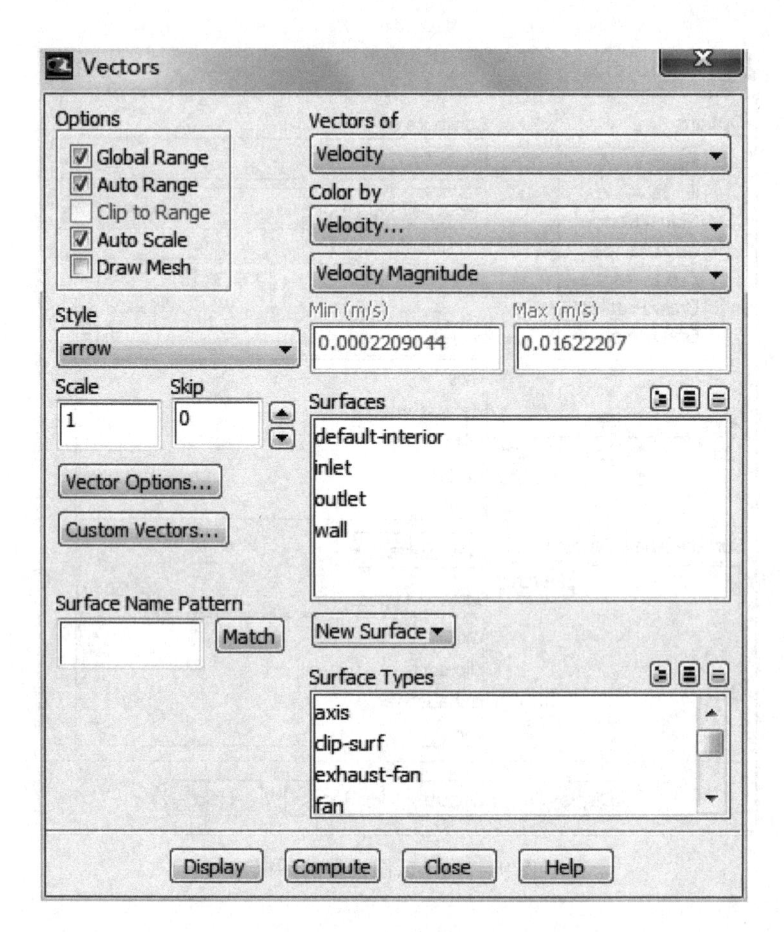

图 9-110 速度矢量显示的对话框

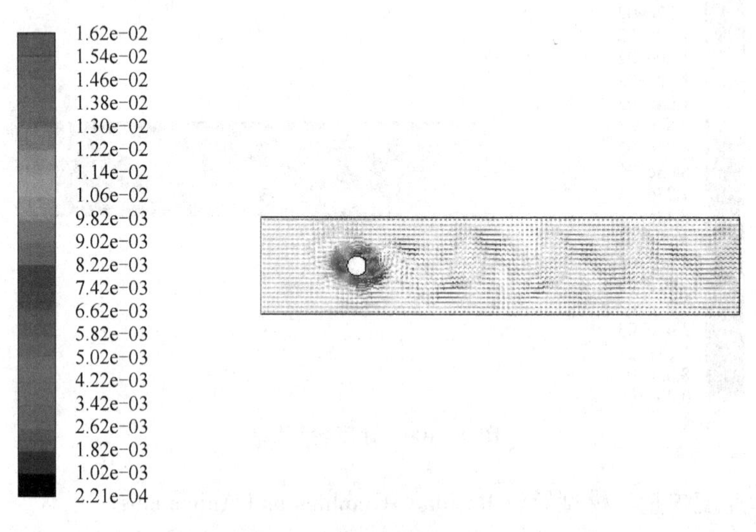

图 9-111 速度矢量图

（3）录像的回放和保存。模型导航 Results→Graphics and Animations。

当 Fluent 对涡脱落过程录制好了以后，要以通过以上的命令打开如图 9－112 所示的 Solution Animation Playback 来对录像进行重放，也可以把这一过程转成其他格式的视频。点击图 9－112 中 Set Up 后，弹出图 9－113 视频回放对话框。在 Playback Mode 列表框中可以选择播放格式为 Play Once，然后单击向右的箭头开始播放，可以看到涡脱落的整个过程。把视频转为其他播放能够播放的格式，可以在 Write/Record Format 列表中选择 MPEG，然后单击 Write 按钮输出。

图 9－112　Animations 设置选项

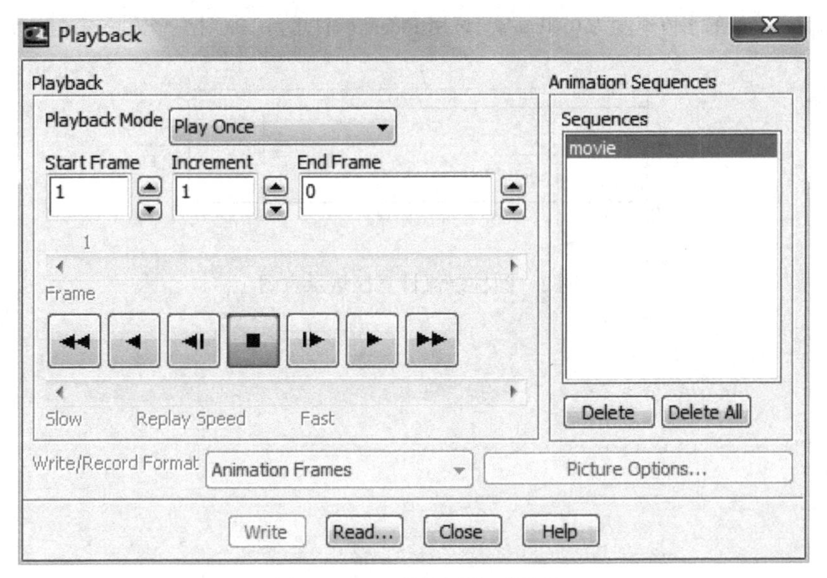

图 9－113　视频回放对话框

步骤 10：保存计算后的 Case 和 Data 文件

File→Write→Case&Data。

当迭代完成并且达到要求以后，把相关的 Case 和 Data 文件保存下来。

视频9-4
速度云图

视频9-5
二维非定常速度场Fluent求解

习　　题

9-1　如图1所示的二维变径管道的几何尺，入口大径 $D=300$mm，出口小径 $d=150$mm。大径处长度 $L_1=300$mm，小径处长度 $L_2=300$mm，入口处的水流速度为2.5m/s，试用 Fluent 软件建立二维轴对称模型来求解稳定状态时出口速度。

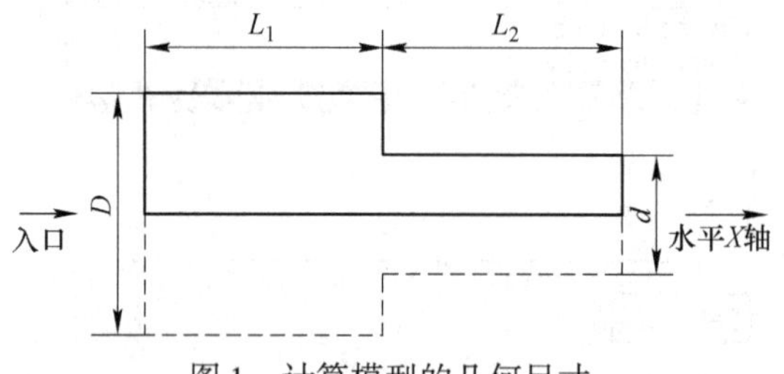

图1　计算模型的几何尺寸

9-2　图2给出了圆柱绕流的计算区域的几何尺寸，其中 $L=2$m，$W=0.3$m，$r=0.03$m，$l_1=0.4$m，$l_2=0.15$m。入口处的水流速度为0.01m/s，试用 Fluent 软件求解10s时整个流场速度分布。

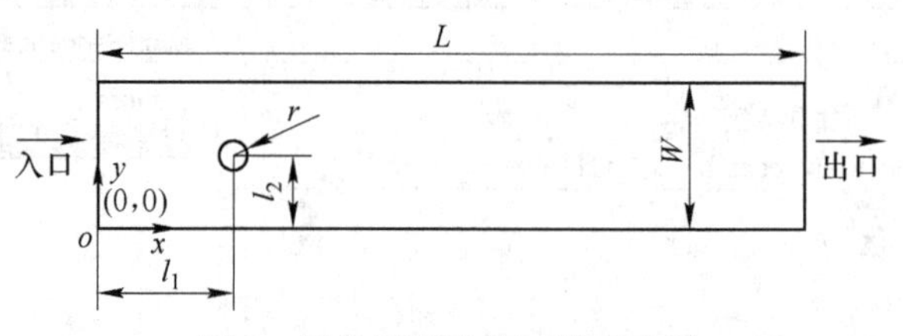

图2　圆柱绕流计算区域示意图

10 温度场计算

教学目的：

掌握用 Fluent 软件进行温度场计算过程及步骤。

第10章课件

10.1 概　　述

实际生活中，冷热流体的混合是典型的温度场计算问题。如热水箱（混合）、换热器等装置是常用的流体的流动与传热应用。一些有对称面（或轴）流体区域可简化为二维问题来计算。

10.2 实例简介

一个冷、热水混合器的内部流动与热量交换的问题。温度为 353K 的热水自右下侧小管嘴流入，与左侧小喷管嘴流入的温度为 293K 的冷水在混合器内进行热量与动量交换后，自右侧上部的小管嘴流出，混合器结构如图 10－1 所示（图中单位为 mm）。

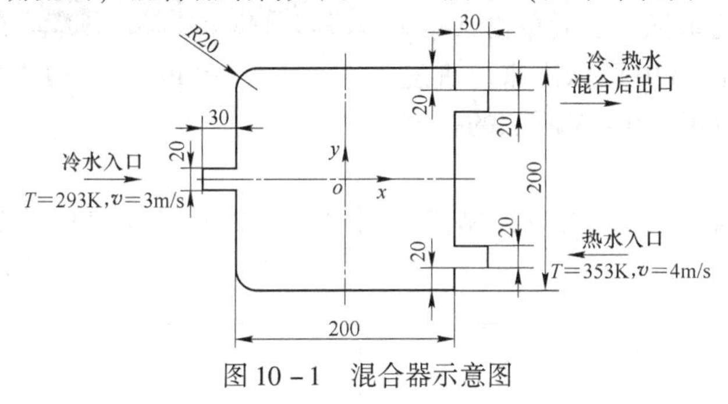

图 10－1　混合器示意图

10.3 实例操作步骤

10.3.1 利用 Gambit 建立计算区域和指定边界条件类型

步骤 1：文件的创建及求解器的选择

（1）启动 Gambit 软件。选择“开始”→“运行”打开运行对话框，在文本框中输入 gambit，单击“确定”按钮或在桌面点击 Gambit 图标→右键→管理员身份运行，单击 Run 按钮就可以启动 Gambit 软件了。

（2）建立新文件。选择 File→New 打开如图 10－2 所示的对话框。

在 ID 文本框输入 2d－heat transfer 作为 Gambit 要创建的文件的名称，并且注意要选中 Save current session 复选框（呈现红色）才可以创建新文件。单击 Accept 按钮，会出现如图 10－3 所示的提示。单击 Yes 按钮就可以创建一个名称为 2d－heat transfer 的新文件。

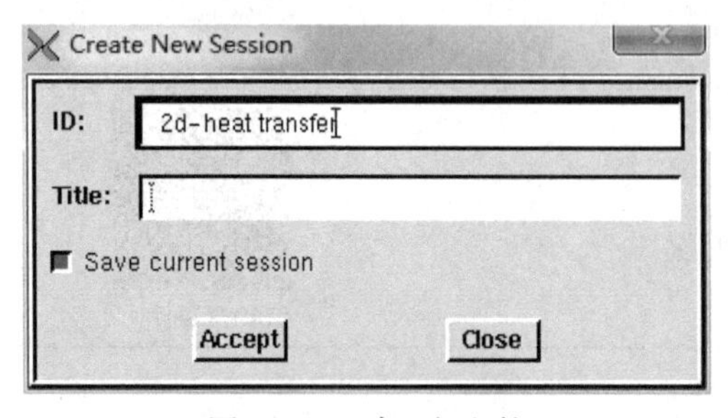

图 10－2　建立新文件

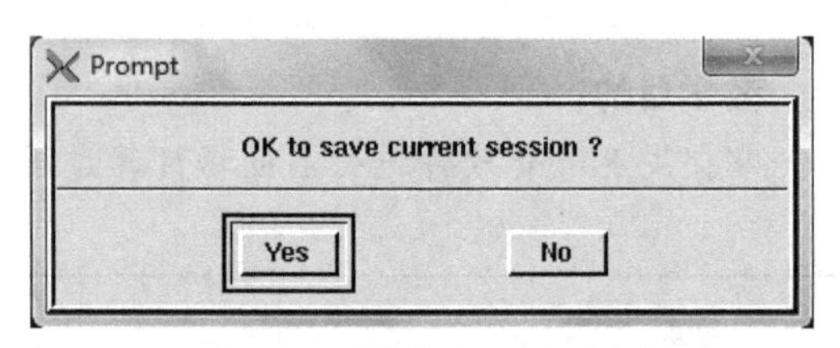

图 10－3　确认保存文件对话框

（3）选择求解器。单击菜单中的 Solver 菜单项，选择求解器 Fluent 5/6。

步骤 2：创建控制点

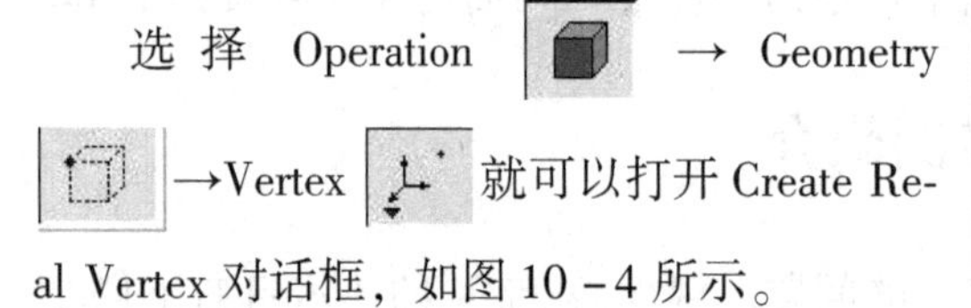

选择 Operation → Geometry →Vertex 就可以打开 Create Real Vertex 对话框，如图 10－4 所示。

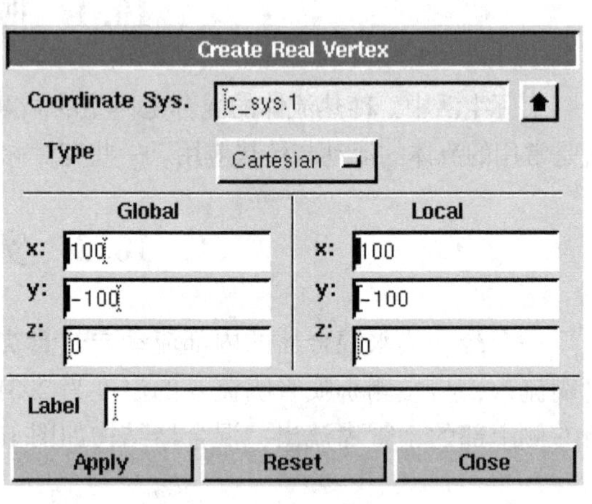

图 10－4　创建点对话框

（1）创建冷热混合区域控制点。在 Global 选项区域内的 x，y 和 z 文本框中输入其中一个控制点的坐标，然后单击 Apply 按钮，该点就会在窗口中显示出来。重复这一操作可以得到如图 10－5 所示的控制点图。

（2）创建冷、热入口及出口控制点。创建冷、热入口及出口控制点，如图 10－6 所示。

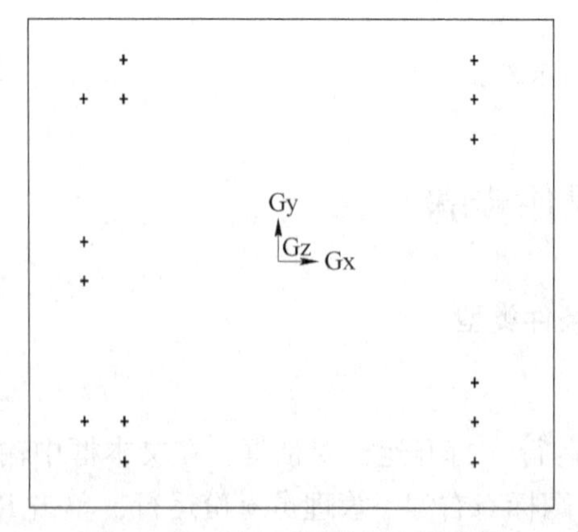

图 10－5　混合区域控制点示意图

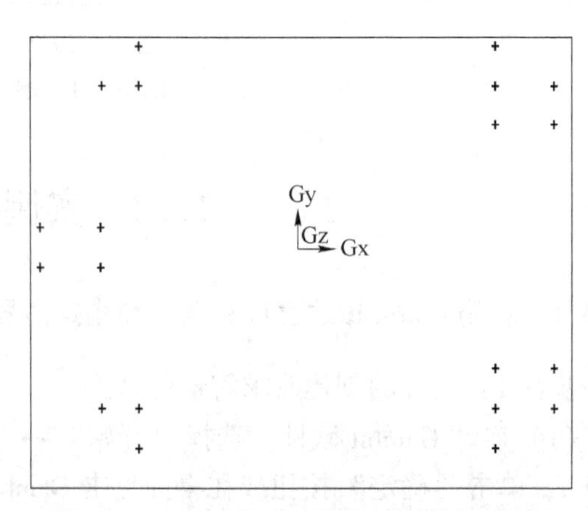

图 10－6　冷、热入口及出口控制点示意图

步骤3：创建边

（1）创建冷热混合区域直边。选择 Operation →Geometry →Edge 打开 Create Straight Edge 对话框，如图10－7所示。

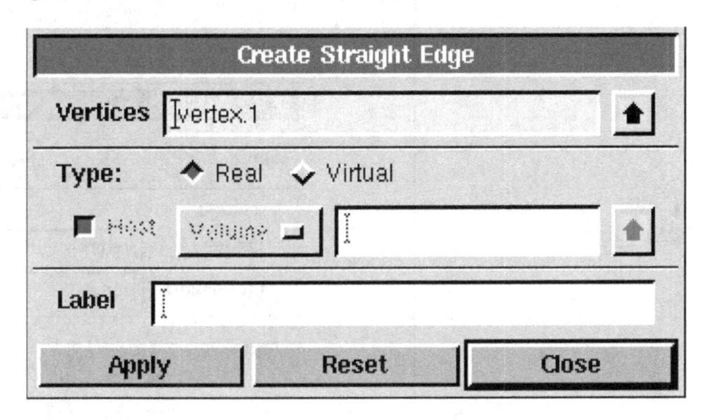

图10－7 Create Straight Edge 对话框

单击 Vertices 文本框后面的向上箭头，可以出现如图10－8所示的对话框。

在 Available 列表中选 vertex.1 及 vertex.2，然后单击向右的箭头，就会出现如图10－9所示的情况。

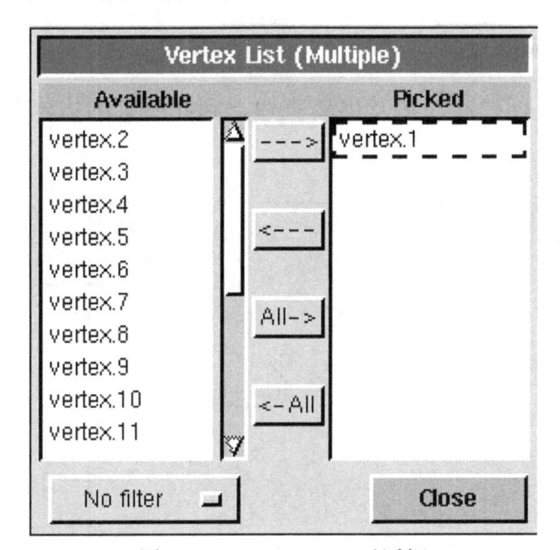

图10－8 Vertex List 对话框

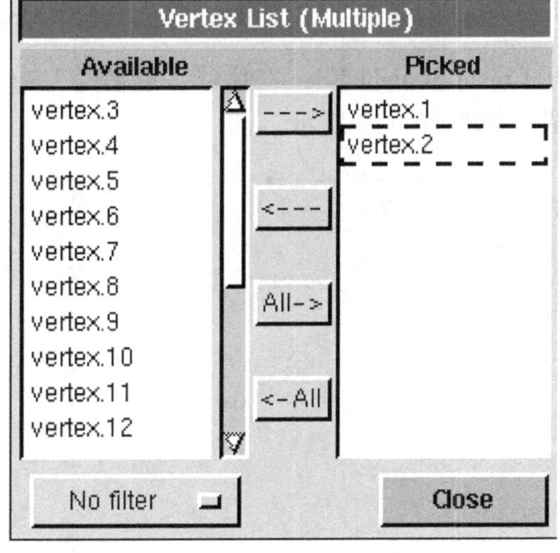

图10－9 选中点后的情形

单击 Close 按钮，然后单击图10－7的 Apply 按钮，可以看到 vertex.1 和 vertex.2 之间连成直线。按照同样的方法可以得到如图10－10所示的区域。

（2）创建冷热混合区域圆弧。选择 Operation →Geometry →Edge 打开 Create Real Circular Arc 对话框，如图10－11所示。利用这个对话框可以创建圆弧。具体操作如下：

Method 的选择。选中利用圆心和圆边上两点来确定圆弧的方法。

圆心和圆边上两点的选择。在 Center 文本框中选择 vertex.8；在 End－Points 文本框中，选择 vertex. 7 和 vertex. 9，单击 Apply 按钮。重复上述操作，另一圆弧也可创建，如图 10－12 所示。

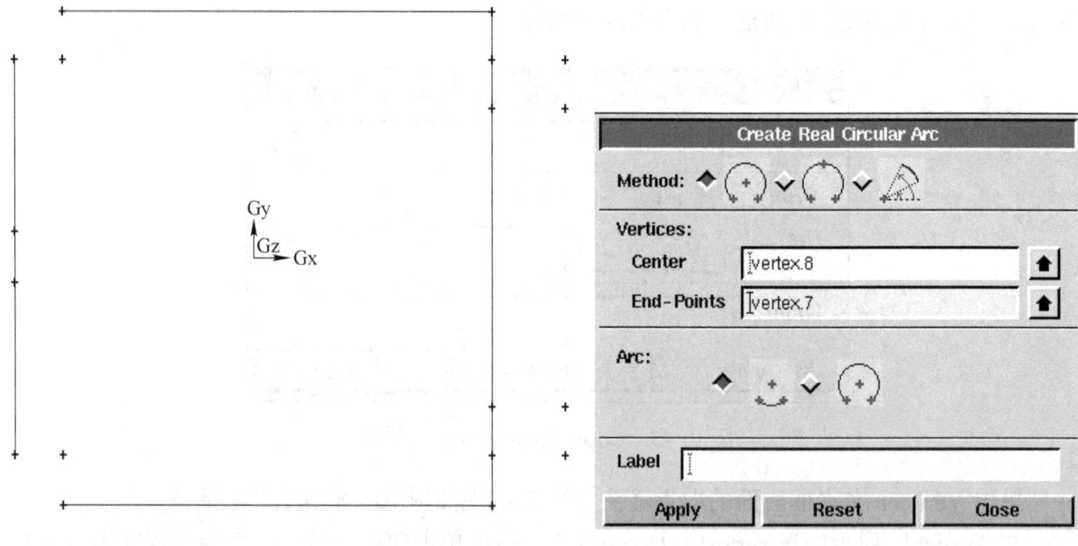

图 10－10　冷热混合区域直边　　　　图 10－11　Create Real Circular Arc 对话框

（3）创建冷、热及出口直边。选择 Operation →Geometry →Edge 打开 Create Straight Edge 对话框，重复以上操作，创建冷、热及出口直边，到此所有的边建成，如图 10－13 所示。

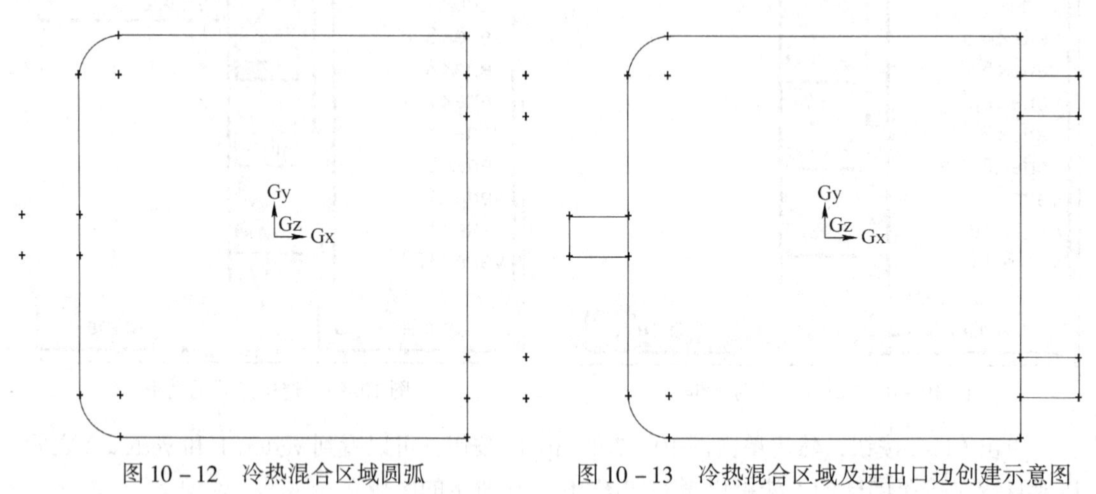

图 10－12　冷热混合区域圆弧　　　　图 10－13　冷热混合区域及进出口边创建示意图

步骤 4：创建面

按照上面提到的显示几何单元名称的方法，可以显示出如图 10－14 所示的各个边的名称。

选择 Operation →Geometry →Face 打开 Create Face From Wireframe 对话框，如图 10－15 所示，利用它可以创建面。

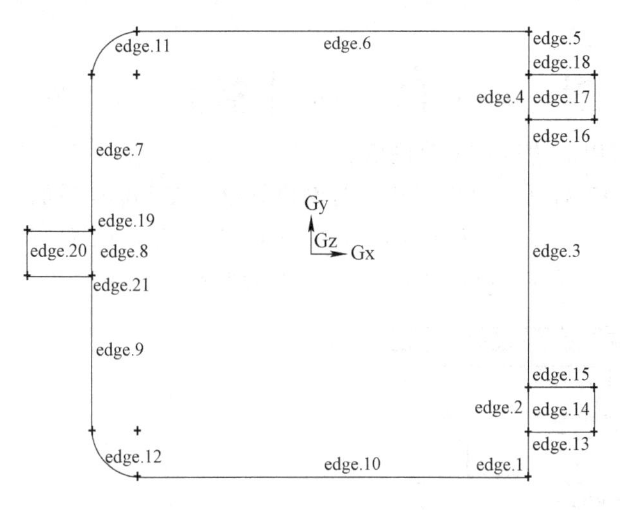

图 10－14 各个几何单元名称显示

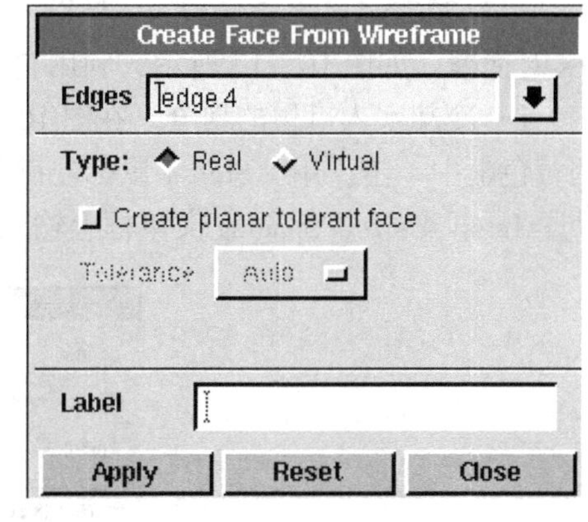

图 10－15 Create Face From Wireframe 对话框

（1）创建混合器主体的面。单击这个对话框中的 Edges 文本框，呈现黄色后就可以选择要创建的面所需的几何单元，用快捷键“Shift + 鼠标左键”来选择创建面对应的线 edge. 1、edge. 2、edge. 3、edge. 4、edge. 5、edge. 6、edge. 7、edge. 8、edge. 9、edge. 10、edge. 11、edge. 12，出现红色说明目标被选中，然后单击 Apply 按钮。在图形窗口中，若选中所有边都变成了蓝色，就说明创建了一个面。

（2）创建冷水入口的面。重复上述操作，选择创建面对应的线 edge. 8、edge. 19、edge. 20、edge. 21，然后单击 Apply 按钮确认。

（3）创建热水入口的面。重复上述操作，选择创建面对应的线 edge. 2、edge. 13、edge. 14、edge. 15，然后单击 Apply 按钮确认。

（4）创建混冷、热水混合出口的面。重复上述操作，选择创建面对应的线 edge. 4、edge. 16、edge. 17、edge. 18，然后单击 Apply 按钮确认。

利用 Gambit 软件右下角 Global Control 中的按钮，就可以看到上述组成区域是图 10－16 所组成的面。

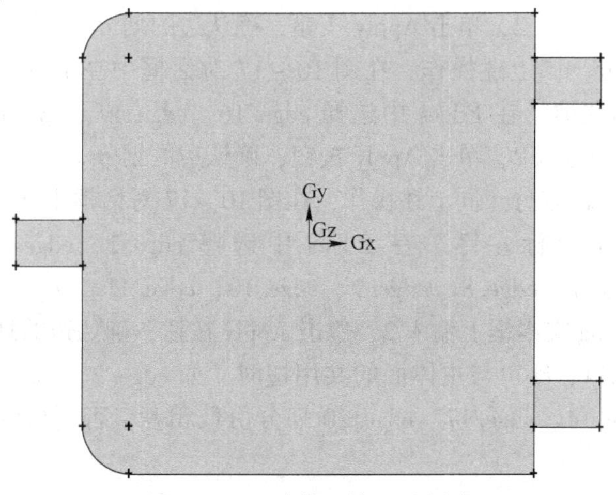

图 10－16 流体区域面示意图

步骤 5：网格划分

（1）边的网格划分。选择 Operation →Mesh →Edge 打开 Mesh Edges 对话框，如图 10－17 所示，利用它可以对边进行划分网格。

1）冷却水入口边的划分。在图 10－17 对话框可以对边进行网格划分，在 Edges 后面的黄色框中单击，用“Shift＋鼠标左键”在 Edges 中选择 edge. 19、edge. 20，Spacing 对应项是 Interval size，Spacing 文本框上输入 2，单击 Apply 按钮，确认边的划分。

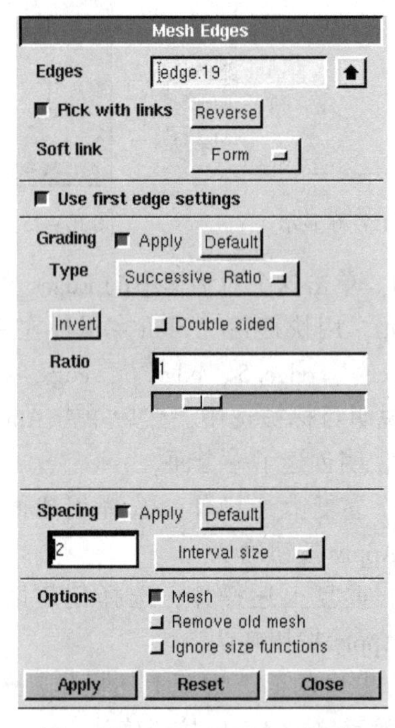

图 10－17 Mesh Edges 对话框

2）热水入口边的划分。同上述操作，在图 10－17 对话框中在 Edges 后面的黄色框中单击，用“Shift＋鼠标左键”在 Edges 中选择 edge. 13、edge. 14，Spacing 对应项是 Interval size，Spacing 文本框上输入 2，单击 Apply 按钮，确认边的划分。

3）出口边的划分。同上述操作，在图 10－17 对话框中在 Edges 后面的黄色框中单击，用“Shift＋鼠标左键”在 Edges 中选择 edge. 16、edge. 17，Spacing 对应项是 Interval size，Spacing 文本框上输入 2，单击 Apply 按钮，确认边的划分。

4）混合器主体边的划分。同上述操作，在图 10－17 对话框中在 Edges 后面的黄色框中单击，用“Shift＋鼠标左键”在 Edges 中选择 edge. 1、edge. 2、edge. 3、edge. 4、edge. 5、edge. 6、edge. 7、edge. 8、edge. 9、edge. 10、edge. 11、edge. 12，Spacing 对应项是 Interval size，Spacing 文本框上输入 2，单击 Apply 按钮，确认边的划分。

注意：在划分入口、出口与主体面的共用边时，如 edge. 2、edge. 4、edge. 8，要保证与各自对应的边 edge. 14、edge. 17、edge. 20 划分份数相等，否则后续面不能用 map（映射）方式划分网格。

（2）面的网格划分。

1）冷却水入口面。选择 Operation 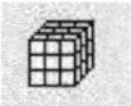 →Mesh  →Face  打开 Mesh Faces 对话框，如图 10－18 所示，利用它可以对面划分网格。具体操作如下：

单击对话框中的 Faces 文本框，呈现黄色后，用“Shift + 鼠标左键”选中要进行面网格操作的冷却水入口面 face. 2。Spacing 后面数值设置为 1，单击 Apply 按钮，由边来控制面的网格划分，可以看到如图 10－19 所示的网格。

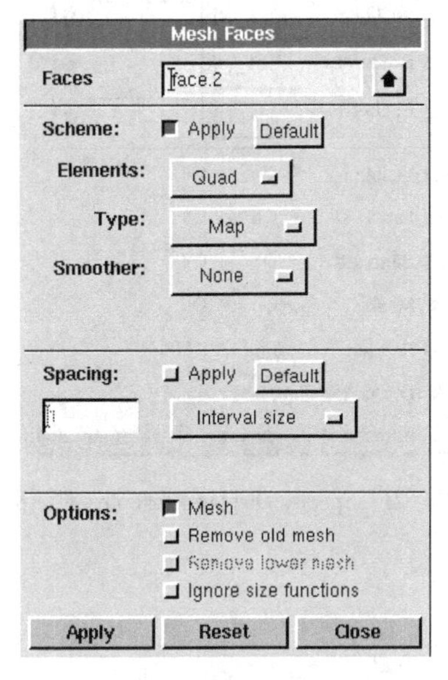

图 10－18　Mesh Faces 对话框

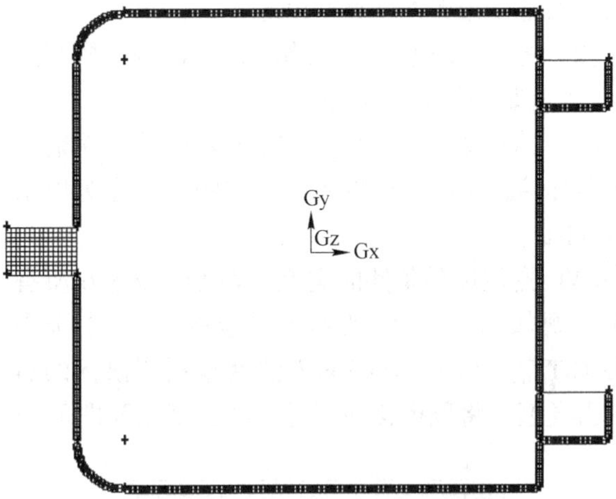

图 10－19　冷却水入口划分后面网格

2）其他面。重复以上操作，依次对热水入口、混合器出口及混合主体面进行网格划分，网格图如图 10－20 所示。

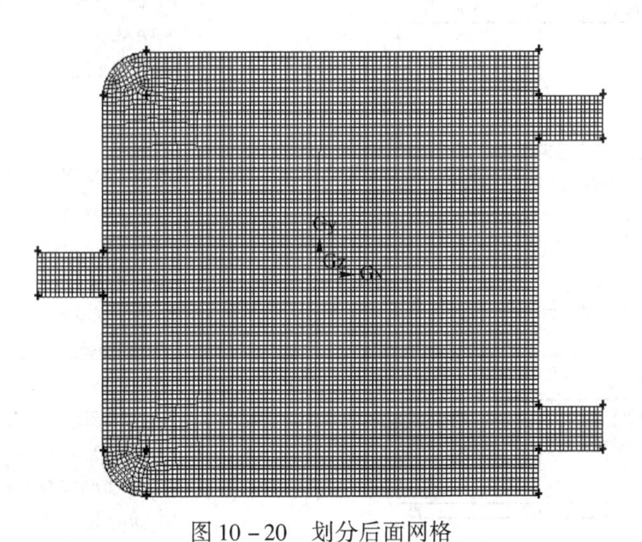

图 10－20　划分后面网格

步骤 6：边界条件类型的指定

（1）关闭网格显示。面网格划分之前，为使边界更加清晰，将网格显示关闭，网格不丢失。具体操作如下：

单击位于右下部工具栏 SPECIFY DISPLAY ATTRIBUTES ，打开 Specify Display Attributes 对话框（如图 10－21 所示），在 Mesh 选项选择 off，然后点击 Apply 按钮，关闭对话框。

选择 Operation →Zones 打开 Specify Boundary Types 对话框，如图 10－22 所示，利用它可以进行边界条件类型设定。

（2）指定要进行的操作。在 Action 项下选 Add，也就是添加边界条件。

（3）给出边界的名称。在 Name 选项后面输入一个名称给指定的几何单元。如本例中指定为冷水进口 inlet1。

（4）指定边界条件的类型。在 Fluent 5/6 所有边界类型如图 10－23 所示，对应的 Type 中选中 VELOCITY_INLET，选择的方法就是利用鼠标的右键单击类型，将鼠标移动到需要的类型放开即可。

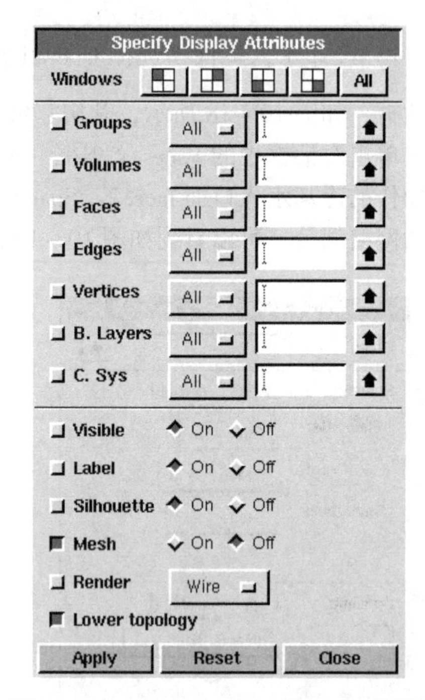

图 10－21　Specify Display Attributes 对话框

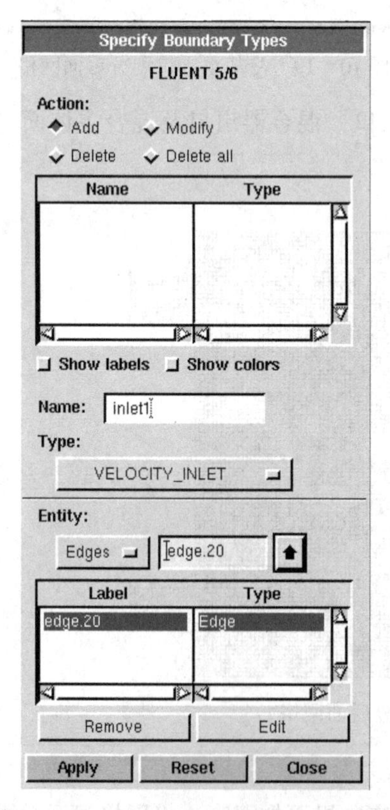

图 10－22　Specify Boundary Types 对话框

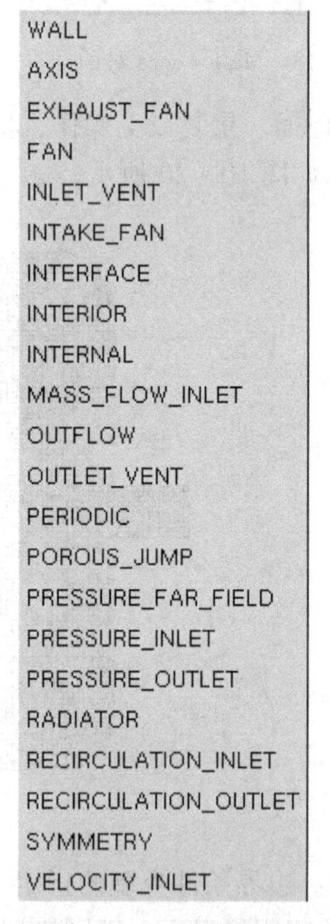

图 10－23　边界条件类型

（5）指定边界条件对应的几何单元。在 Entity 后面对应的几何单元单击，然后在几何图形中选择边界条件对应的几何单元，本例选择冷却水入口 Edge.20（如图 10－13 所示）。上述的设置完成后，单击 Apply 按钮就可以得到图 10－24 中的 Name 列表中添加了 inlet1，并且类型是 VELOCITY_INLET，具体情形如图 10－24 所示。

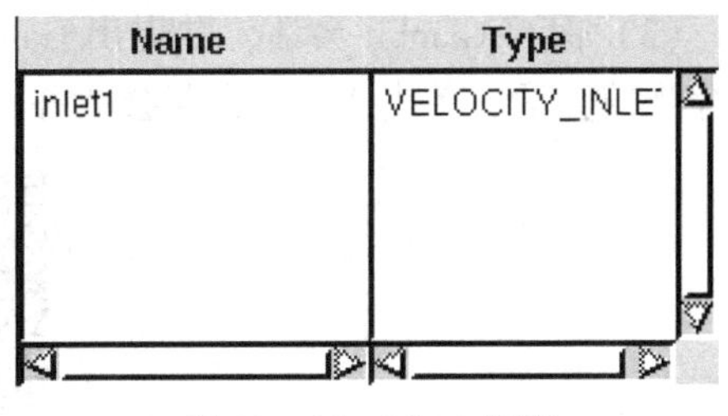

图 10－24　inlet1 设定

重复上面的步骤就可以指定其他边的边界条件，此时热水进口 Name 对应是 inlet2，Type 对应的 VELOCITY_INLET；混合器出口 Name 对应的是 outlet，Type 对应的是 OUTFLOW；Gambit 默认的其他边界条件类型为 wall 类型。所以，其余的边界条件不需要特意指定。当 Show labels 被选中时，就可以看到图 10－25 所示的所有边界条件的定义。

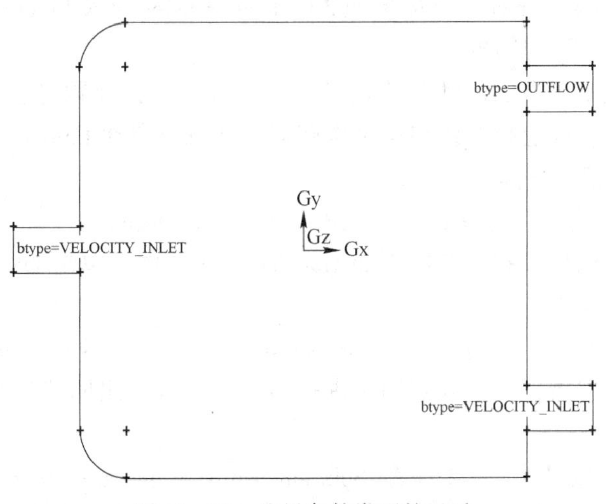

图 10－25　边界条件类型的显示

步骤 7：Mesh 文件的输出并保存会话

（1）Mesh 文件的输出。选择 File→Export→Mesh 就可以打开如图 10－26 所示的输出文件的对话框。

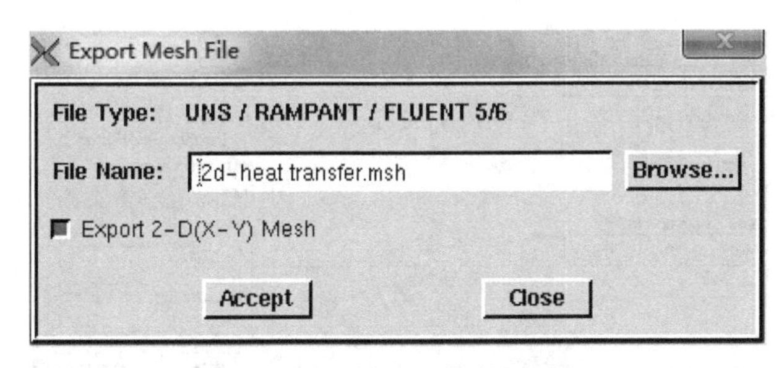

图 10－26　输出文件的对话框

注意：Export 2－D($X-Y$) Mesh 选项要选中，因为这个选项用来输出三维的网格文件，而本例中输出的是二维网格 2d－heat transfer. msh 文件。

文件的输出情况可以从命令记录窗口的 Transcript 的信息看出，若是输出文件有错误，从这里可以找到错误的相关信息，用以指导修改。

（2）保存 Gambit 会话，并退出 Gambit。File→Exit，在退出之前，Gambit 会询问是否保存当前会话，单击 Yes，保存会话并退出 Gambit。

视频10-1
温度场Gambit建模

10.3.2 利用 Fluent 求解器求解

上面的操作是利用 Gambit 软件对计算区域进行几何建构，并且指定边界条件类型，最后输出 2d－heat transfer. msh。下面要把 2d－heat transfer 导入 Fluent 且进行求解。

步骤 1：Fluent 求解器的选择

本例中的冷、热水混合的流动与传热是一个二维问题，问题对求解的精度要求不高，所以在启动 Fluent 时，要选择二维单精度求解器，就可以启动 Fluent。

步骤 2：网格的相关操作

（1）网格文件的读入。选择 File→Read→Case（或 Mesh）。

打开文件导入对话框，找到 2d－heat transfer. msh 文件，单击 OK 按钮，Mesh 文件就被导入到 Fluent 求解器中了。

（2）检查网格文件。模型导航 Solution Setup→General→Mesh→Check 对网格文件进行检查。网格文件读入以后，一定要对网格进行检查。可以看出网格体积大于 0，否则网格不能用于计算。

（3）设置计算区域尺寸。模型导航 Solution Setup→General→Mesh→Scale。

打开如图 10－27 所示的对话框，对几何区域的尺寸进行设置。Fluent 默认的单位是 m，选择 Unit Conversion 中 Grid Was Created 的 mm，单击 View Length Unit In 将单位修改为 mm。然后单击 Scale 按钮就可以对计算区域的几何尺寸进行缩放，从而使它符合求解区域的实际尺寸。最后单击 Close 按钮关闭对话框。

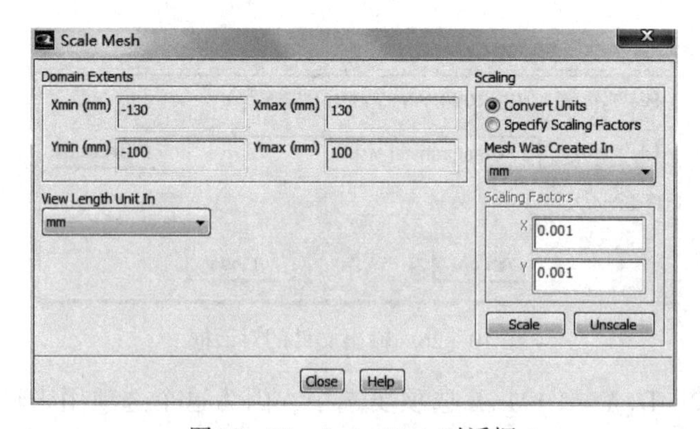

图 10－27 Scale Mesh 对话框

（4）显示网格。模型导航 Solution Setup→General→Mesh→Display，出现网格显示对话框，如图 10－28 所示。

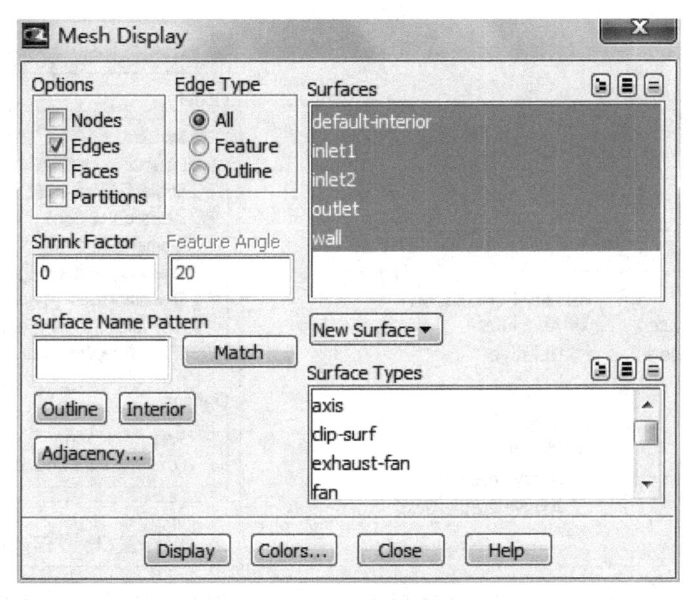

图 10－28　网格显示对话框

网格文件的各个部分的显示可以通过 Surfaces 下面列表框中某个部分是否选中来控制。如图 10－28 所示的 Surfaces 下面列表框中的都被选中，此时单击 Display，就会看到如图 10－29 所示的网格形状。

图 10－29　Fluent 中的网格显示

步骤 3：选择计算模型

当网格文件检查完毕以后，就可以为网格文件指定计算模型。

（1）基本求解器的定义。模型导航 Solution Setup→General→Solver。打开如图 10－30 所示的对话框。

本例是稳态模型，保持默认设置，设置完毕后单击 OK 按钮即可。

（2）设置湍流计算模型。模型导航 Solution Setup→Models→Viscous。

由于算例流态（由雷诺数计算得到）是湍流，而默认为层流模型（如图 10－31 所示）不合适，选择 k－epsilon 湍流模型，如图 10－32 所示，其他保持默认设置。

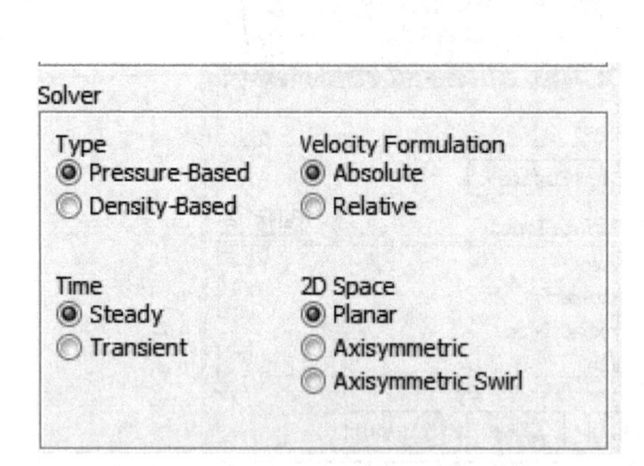

图 10 – 30 基本求解器 Solver 的对话框

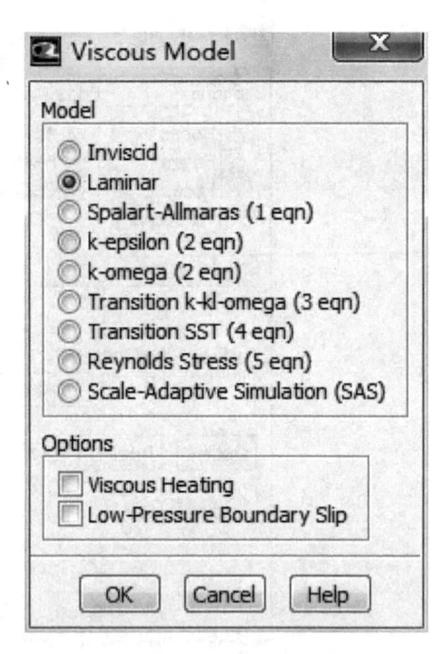

图 10 – 31 湍流模型选择对话框

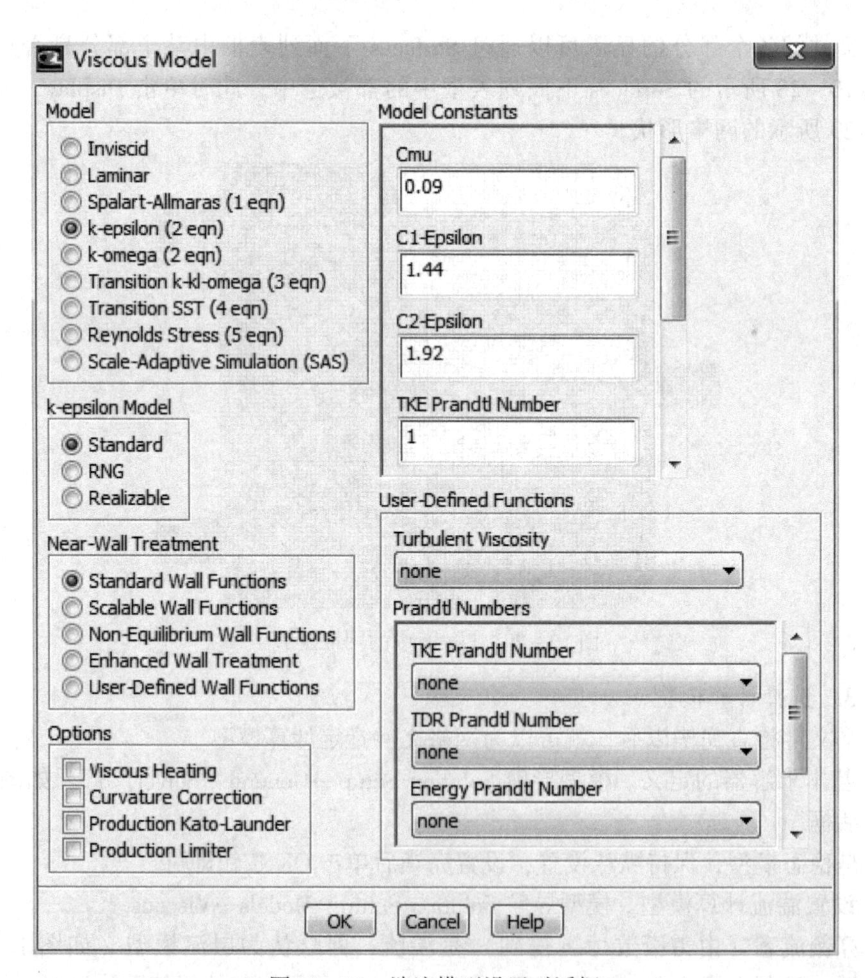

图 10 – 32 湍流模型设置对话框

（3）设置能量方程。模型导航 Solution Setup→Models→Energy。

打开如图 10－33 所示对话框，点击 Energy Equation 左侧按钮，单击 OK。

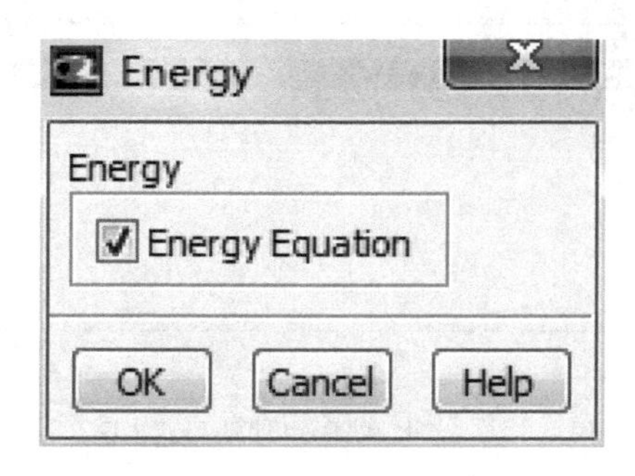

图 10－33　能量方程设置对话框

步骤 4：定义材料的物理性质

模型导航 Solution Setup→Meterials→Create/Edit。

打开 Meterials 对话框定义流体的物理性质，从 Fluent 自带的数据库中调出水的物理参数。

步骤 5：设置流体区域条件

模型导航 Solution Setup→Cell Zone Conditions→Edit。

弹出如图 10－34 所示对话框，选择 Material Name 为 water－liquid，单击 OK，关闭对话框。

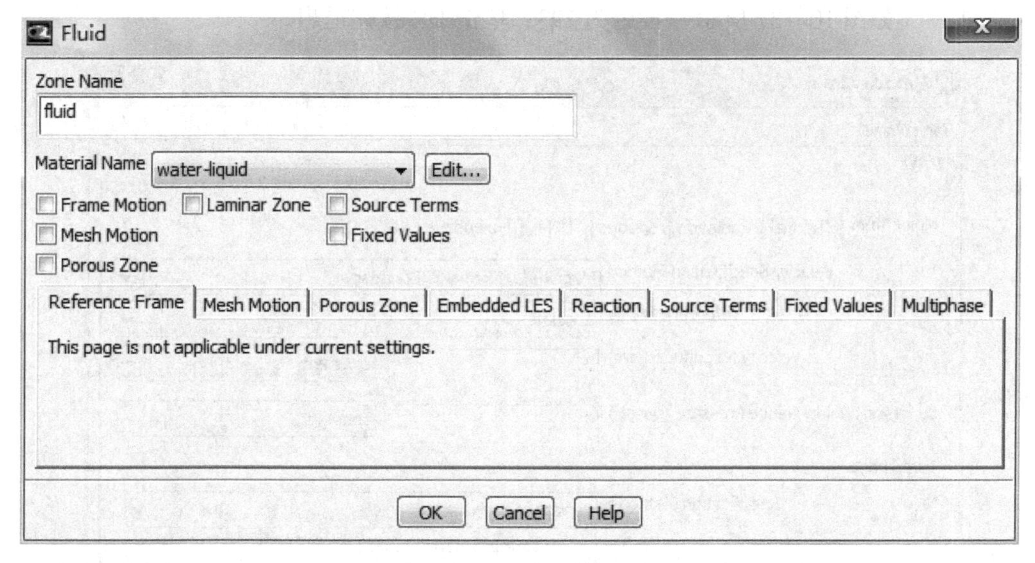

图 10－34　设置流体区域

步骤 6：设置边界条件

模型导航 Solution Setup→Boundary Conditions。

设定物质的物理性质以后，可以用如图 10－35 所示对话框使得计算区域的边界条件具体化。

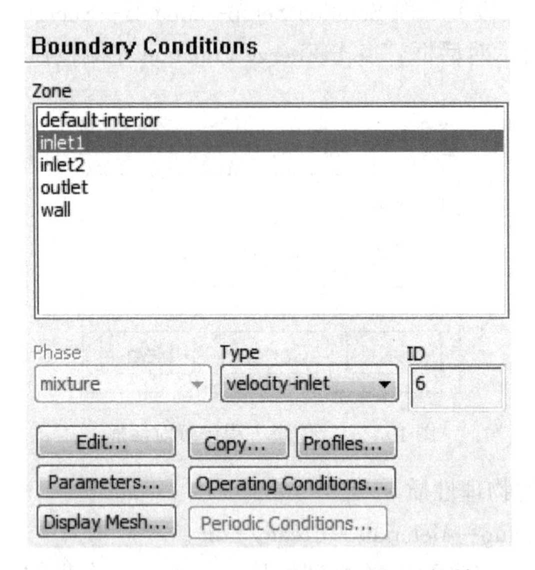

图 10－35　Boundary Conditions 设置对话框

（1）设置 inlet1 的边界条件。在 Zone 列表中选择 inlet1，也就是冷水入口，可以看到它对应的边界条件类型为 velocity－inlet，然后单击 Set 按钮，可以看到如图 10－36 所示的对话框。其中在 Momentum 项 Velocity Magnitude 文本框对应的是入口处的水流速度，此处设定为 3，在 Turbulence（湍流强度）→Specification Method 中选 Intensity and Hydraulic Diameter，相应项 Turbulent intensity 及 Hydraulic Diameter 分别设置为 5 及 20；在 Thermal 项 Temperature（如图 10－37 所示）设定为 293，单击 OK 按钮退出。

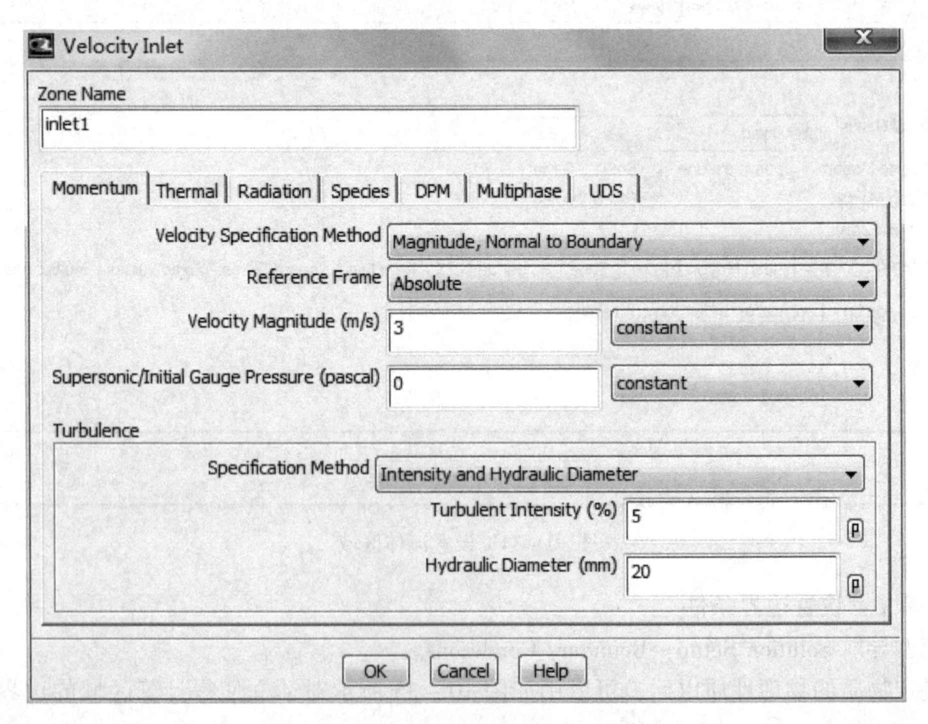

图 10－36　Velocity Inlet 设置的对话框

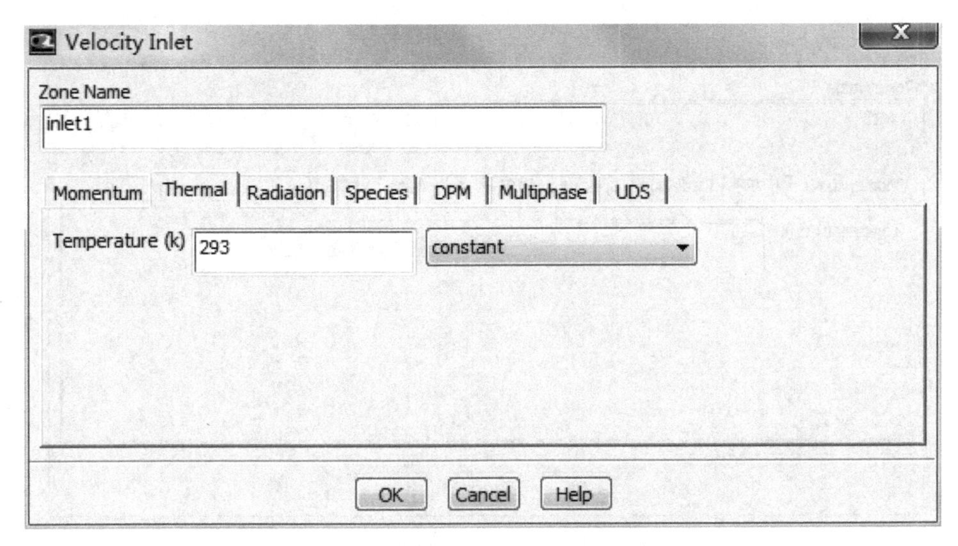

图 10－37　Temperature 设置的对话框

（2）设置 inlet2 的边界条件。同样，在 Zone 列表中选择 inlet2，也就是热水入口，可以看到它对应的边界条件类型为 velocity－inlet，然后单击 Set 按钮，可以看到如图 10－38 所示的对话框。其中在 Momentum 项 Velocity Magnitude 文本框对应的是入口处的水流速度，此处设定为 4，在 Turbulence（湍流强度）→Specification Method 中选 Intensity and Hydraulic Diameter，相应项 Turbulent intensity 及 Hydraulic Diameter 分别设置为 5 及 20；在 Thermal 项 Temperature（如图 10－39 所示）设定为 353，单击 OK 按钮退出。

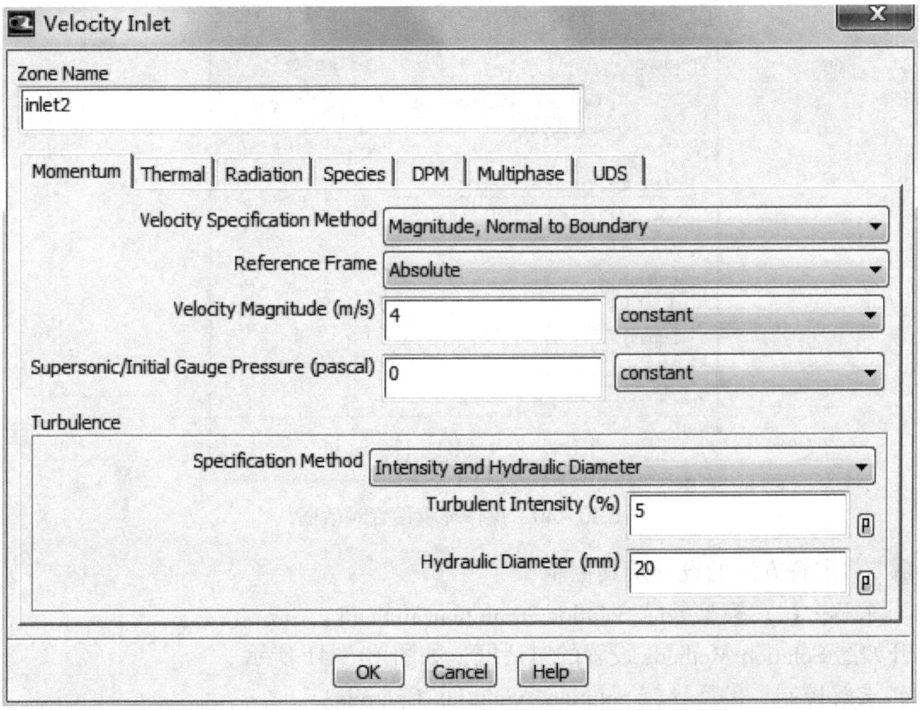

图 10－38　Velocity Inlet 设置的对话框

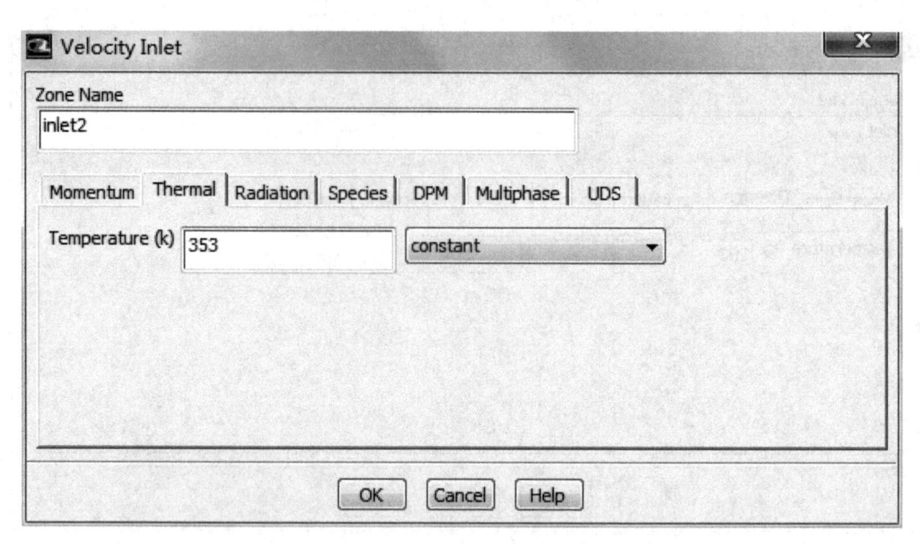

图 10－39 Temperature 设置的对话框

(3) 设置 outlet 的边界条件。按照同样的方法也可以指定 outlet 的边界条件，其中此参数的设置保持默认。

(4) 设置 wall 的边界条件。在本例中，区域 wall 处的边界条件的设置保持默认。

(5) 操作环境的设置。Define→Operating Conditions。

单击图 10－35 中 Operating Conditions 打开如图 10－40 所示的对话框。本例默认的操作环境就可以满足要求，所以没有对它进行改动，单击 OK 按钮即可。

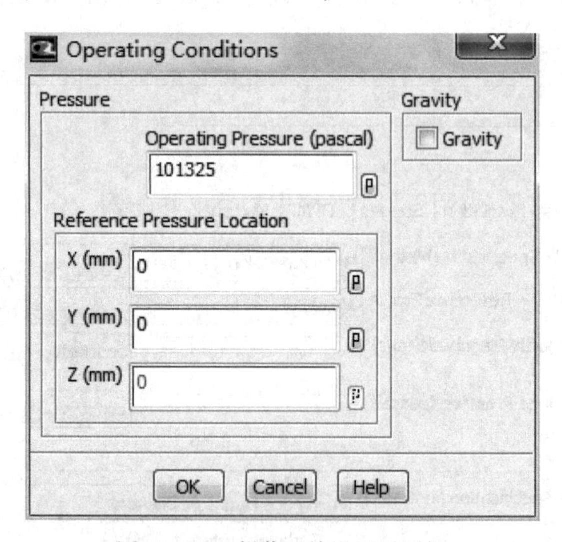

图 10－40 操作环境设置对话框

步骤 7：求解方法的设置及其控制

(1) 求解方法。模型导航 Solution→Solution Methods。

打开如图 Solution Methods 设置的对话框，如图 10－41 所示。

(2) 求解控制。模型导航 Solution→Solution Controls。

打开如图 10－42 所示的对话框，保持默认选项。

Solution Methods

Pressure-Velocity Coupling
Scheme: SIMPLE
Spatial Discretization
Gradient: Green-Gauss Cell Based
Pressure: Standard
Momentum: First Order Upwind
Turbulent Kinetic Energy: First Order Upwind
Turbulent Dissipation Rate: First Order Upwind
Transient Formulation
Non-Iterative Time Advancement
Frozen Flux Formulation
Pseudo Transient
High Order Term Relaxation　Options...
Default

图 10－41　Solution Methods 设置的对话框

Solution Controls

Under-Relaxation Factors
Pressure: 0.3
Density: 1
Body Forces: 1
Momentum: 0.7
Turbulent Kinetic Energy: 0.8
Default
Equations...　Limits...　Advanced...

图 10－42　Solution Controls 设置的对话框

（3）打开残差图。模型导航 Solution→Monitors→Residuals。

打开图 10－43 Monitors 选项框，选择 Residuals，单击 Edit，弹出图 10－44 Residual Monitors 设置的对话框。选择 Options 后面的 Plot，从而在迭代计算时动态显示计算残差；保持默认设置，最后单击 OK 按钮确认以上设置。

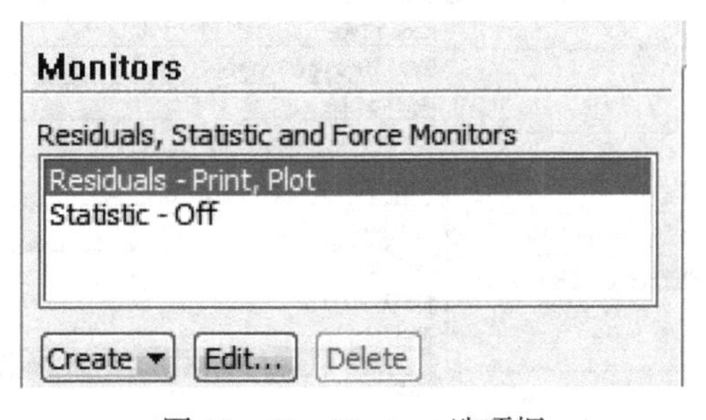

图 10－43　Monitors 选项框

（4）设置监视窗口。模型导航 Solution→Monitors→Surface Monitors。

打开图 10－45 所示 Surface Monitor 选项框，单击 Create 就打开图 10－46 所示 Surface Monitor 设置对话框，将 Surface Monitor 数目增加到 1，选择 Plot（若同时选择 Write，还可将结果写入文件）。在 Report Type 下拉列表中选择 Area－Weighted Average（面积平均），在 Field Variable 项选择 Temperature 和 Static Temperature，在 Surfaces 项选择监测表面为 outlet，点击 OK。

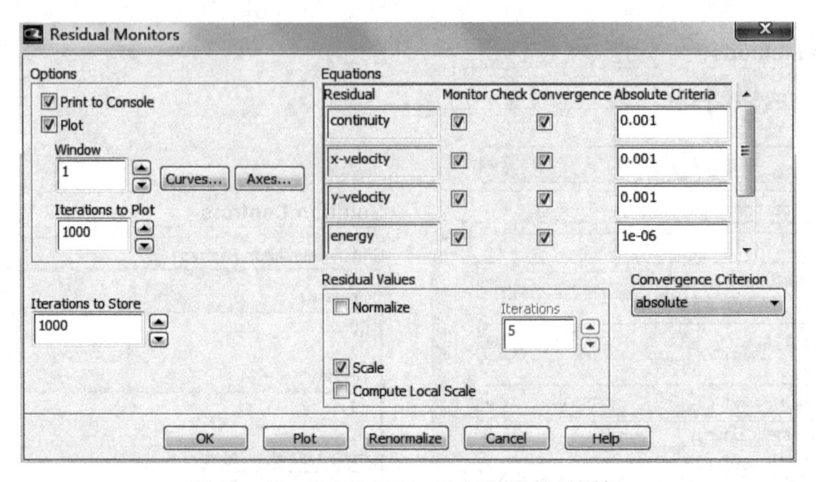

图 10－44　Residual Monitors 设置的对话框

Monitors

Residuals, Statistic and Force Monitors

Residuals - Print, Plot

Statistic - Off

Create　Edit...　Delete

Surface Monitors

monitor-1 - Area-Weighted Average, Static Tempera

Create...　Edit...　Delete

图 10－45　Surface Monitor 选项框

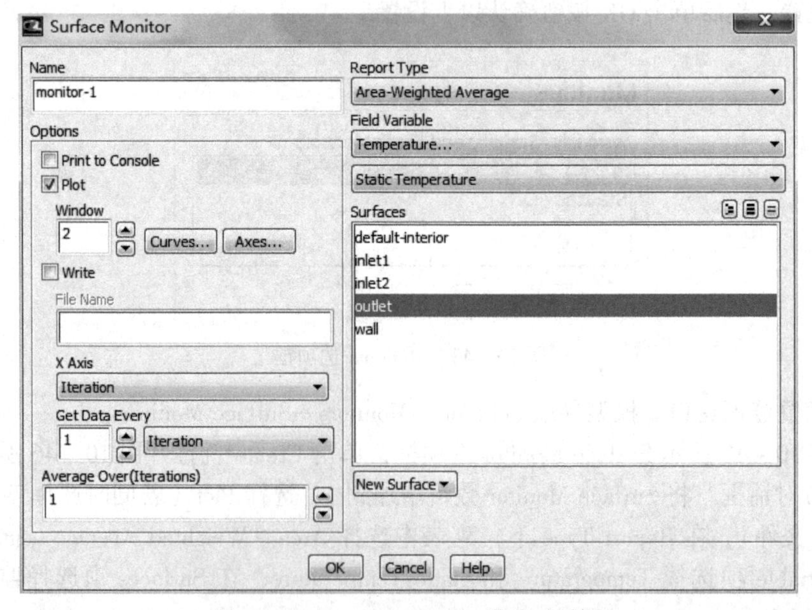

图 10－46　Surface Monitor 设置对话框

（5）初始化。模型导航 Solution→Solution Initialization→Initialize。

打开如图 10－47 所示的对话框。在 Initialization Methods 选择 Standard Initialization，并且设置 Compute from 为 inlet，依次单击 Initialize 按钮。

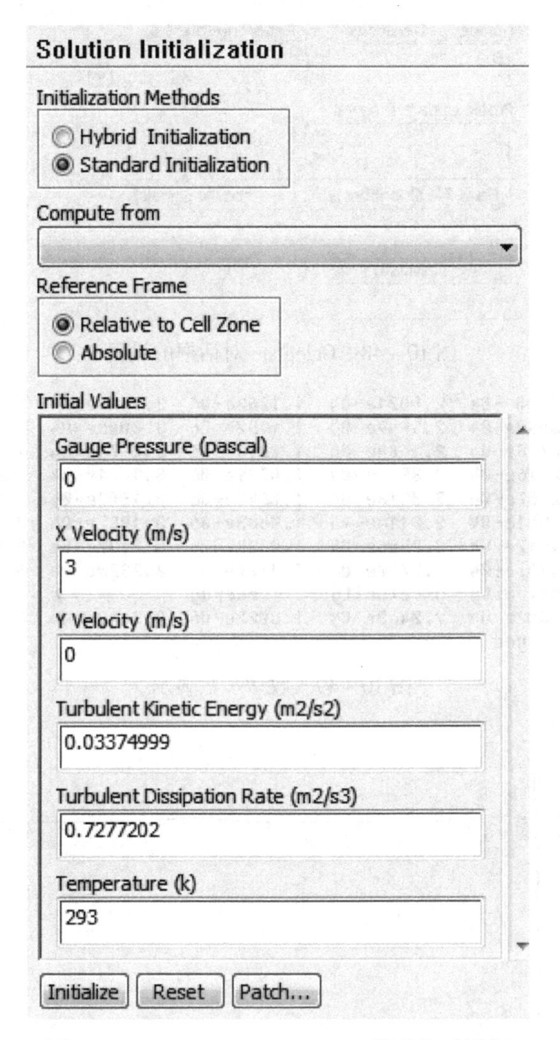

图 10－47 Solution Initialization 设置的对话框

说明：鉴于初始化仅是对内部流动一个猜测值，可以对其数值进行更改，其结果只会影响迭代的收敛速度。

（6）保存当前 Case 及 Data 文件。File→W′rite→Case&Data。通过这个操作保存前面所做的所有设置。

步骤 8：求解

模型导航 Solution→Run Calculation。

保存好所作的设置以后，就可以进行迭代求解了，迭代的设置如图 10－48 所示。单击 Calculate 按钮，Fluent 求解器就会对这个问题进行求解了。注意：稳态计算时，要设置足够多迭代数，直到收敛。本例求解 534 步收敛，如图 10－49 所示。出口平均温度变化曲线如图 10－50 所示。

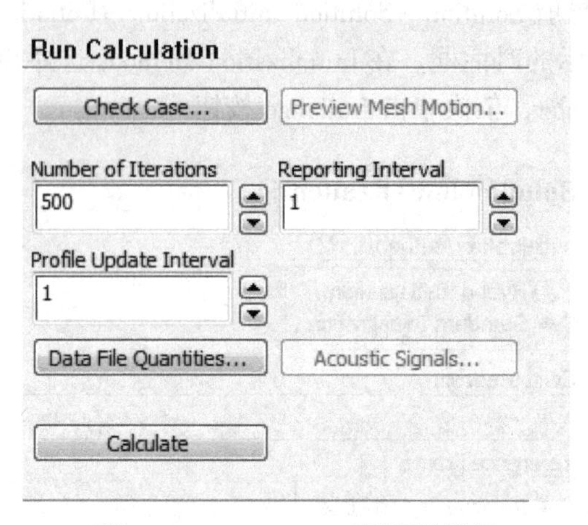

图 10－48 Calculate 对话框的设置

```
 525  1.1257e-04  2.3300e-04  2.4021e-04  1.1263e-06  2.9645e-04  2.4153e-04  0:00:58  475
 526  1.1231e-04  2.3039e-04  2.3849e-04  1.1152e-06  3.0005e-04  2.5228e-04  0:02:21  474
 527  1.1263e-04  2.2773e-04  2.3684e-04  1.0963e-06  3.0571e-04  2.7602e-04  0:01:53  473
 528  1.1315e-04  2.2476e-04  2.3506e-04  1.0795e-06  3.1071e-04  3.0510e-04  0:01:30  472
 529  1.1335e-04  2.2167e-04  2.3313e-04  1.0648e-06  3.1502e-04  3.3631e-04  0:01:12  471
 530  1.1281e-04  2.1841e-04  2.3114e-04  1.0483e-06  3.1852e-04  3.6496e-04  0:00:57  470
 531  1.1318e-04  2.1517e-04  2.2886e-04  1.0329e-06  3.2132e-04  3.9093e-04  0:02:20  469
 532  1.1315e-04  2.1147e-04  2.2707e-04  1.0177e-06  3.2328e-04  4.1397e-04  0:01:51  468
iter  continuity  x-velocity  y-velocity      energy           k     epsilon     time/iter
 533  1.1318e-04  2.0802e-04  2.2463e-04  1.0022e-06  3.2448e-04  4.3410e-04  0:01:29  467
! 534 solution is converged
```

图 10－49 收敛步数显示

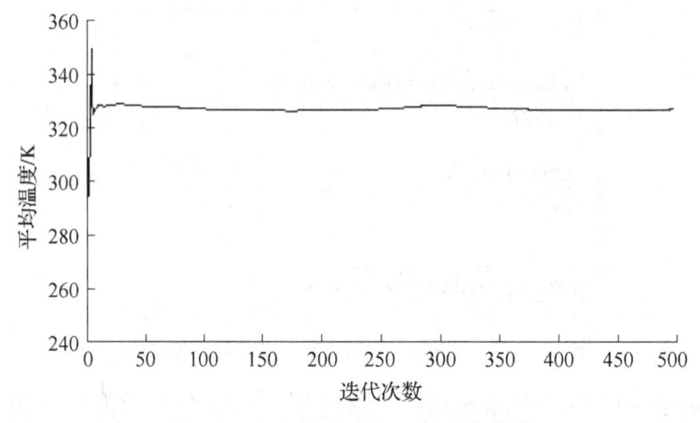

图 10－50 出口平均温度变化曲线

步骤 9：结果显示

迭代结束以后，可以对结果进行显示。

（1）显示温度云图。模型导航 Results→Graphics and Animations。

进入如图 10－51 所示的对话框，在 Graphics 项选择 Contours，再点击 Set up，则弹出如图 10－52 所示云图设置对话框，在 Contours of 中选择 Temperature 及 Static Temperature，就得到图 10－53 所示温度云图。

注意：在图 10－52 中，Options 中 Filled 勾选，显示为云图；如果不勾选，显示为等值线图。

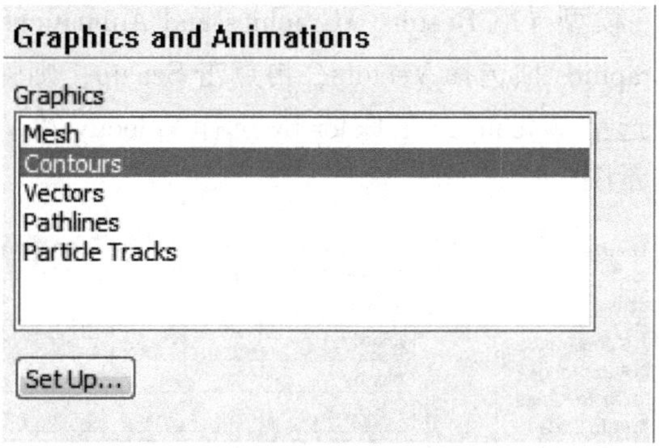

Graphics and Animations

Graphics

Mesh
Contours
Vectors
Pathlines
Particle Tracks

Set Up...

图 10－51　图选项对话框

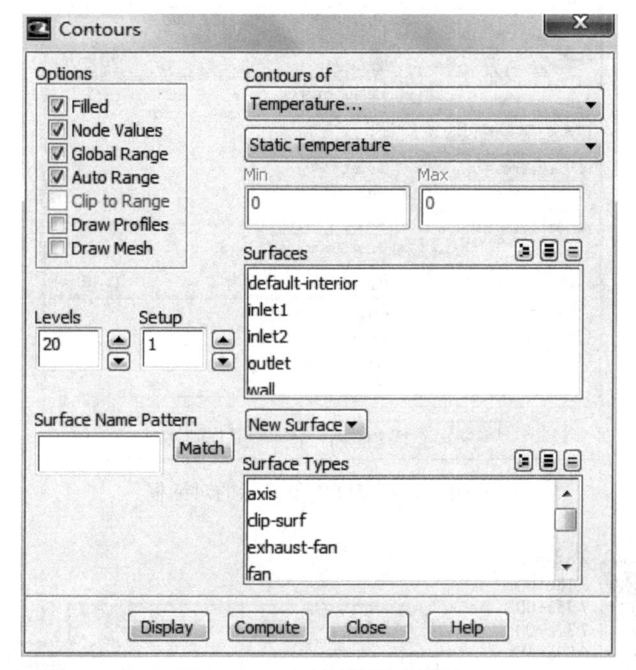

图 10－52　云图设置对话框

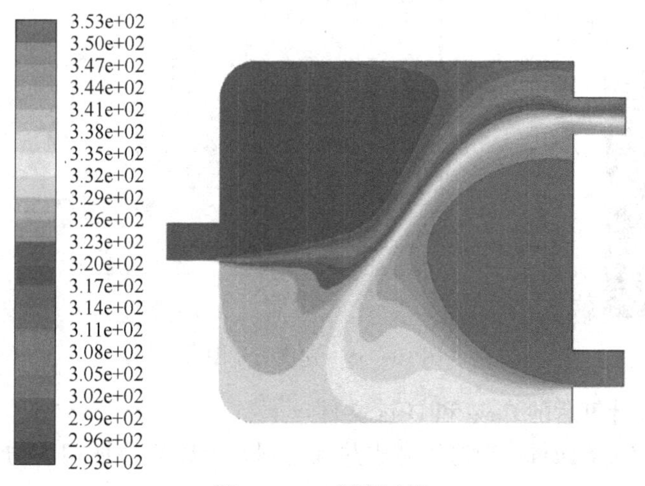

图 10－53　温度云图

（2）显示速度矢量。模型导航 Results→Graphics and Animations。

在图 10－51 中在 Graphics 项选择 Vectors，再点击 Set up，则弹出如图 10－54 设置的对话框，在 Vectors of 中选择 Velocity，在 Color by 选择 Velocity 及 Velocity Magnitude，就得到图 10－55 所示速度矢量图。

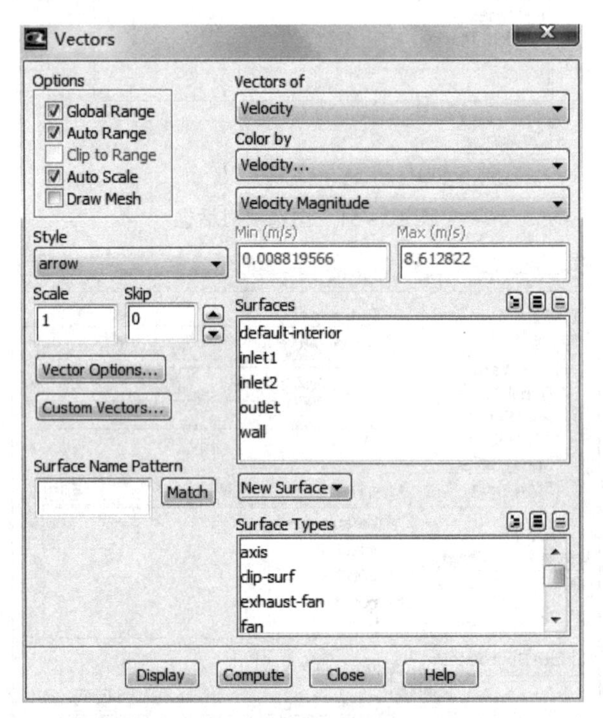

图 10－54　速度矢量显示的对话框

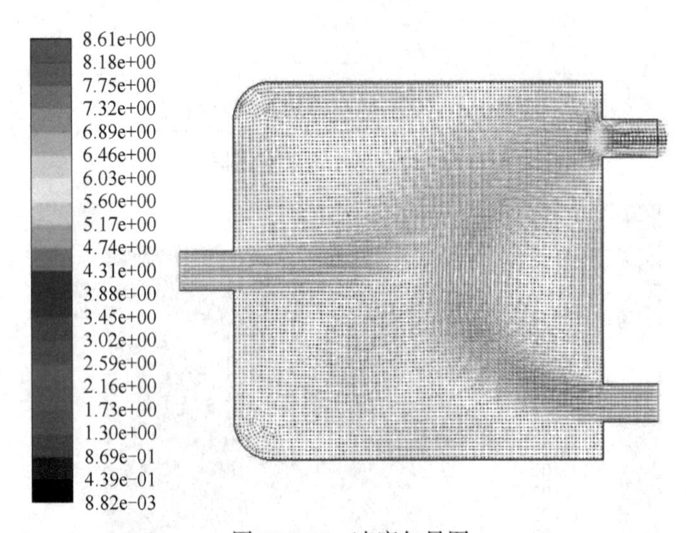

图 10－55　速度矢量图

步骤 10：保存计算后的 Case 和 Data 文件

File→Write→Case&Data。当迭代完成并且达到要求以后，把相关的 Case 和 Data 文件保存下来，退出 Fluent。

视频10-2
温度场计算Fluent求解及结果显示

习　题

10-1　一个矩形水箱，有一个热水进口，一个冷水进口和一个出口（结构尺寸如图所示，图中单位为cm）。热水口进水温度为90℃，进口速度为2m/s；冷水口进水温度为20℃，进口速度为3m/s。试用Fluent软件模拟得出在稳态状况时：（1）二维模型的网格图；（2）整个流体区域速度矢量分布图；（3）整个流体区域温度分布云图；（4）出口水的速度分布图（用 xy 线图）；（5）出口水的温度分布图（用 xy 线图）。

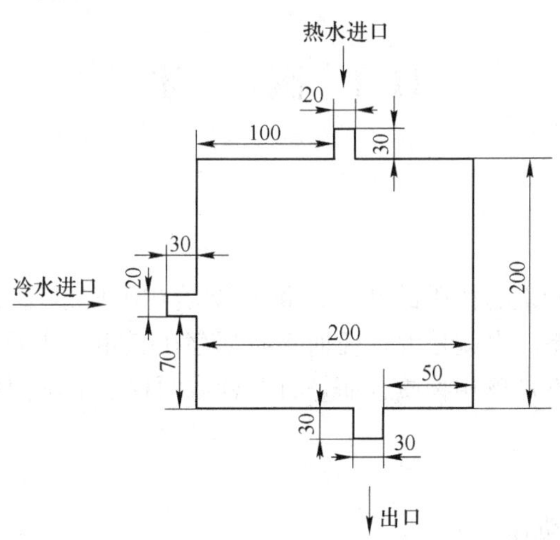

10-2　一个冷、热水混合器的内部流动与热量交换的问题。温度为80℃的热水自左侧 ϕ30cm 小管嘴流入，与上侧 ϕ30cm 小喷管嘴流入的温度为20℃的冷水在混合器内进行热量与动量交换后，自右侧的 ϕ40cm 小管嘴流出大气，混合器（200cm×300cm×200cm）结构如图所示。冷水及热水入口流速分别为3m/s、2m/s，试用Fluent软件求流动5min（非稳态时）时出口的温度大小。

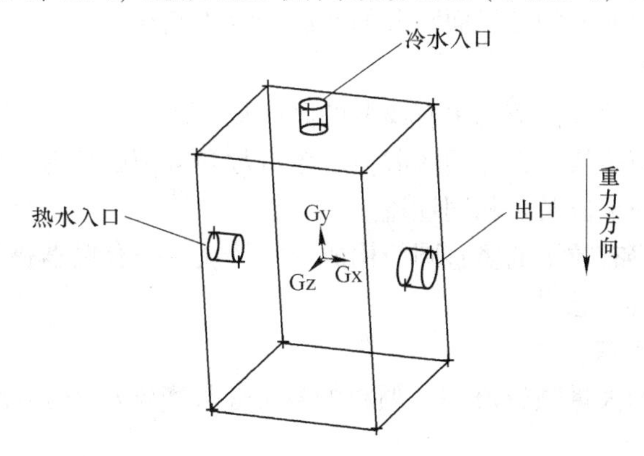

11 多相流模型

教学目的：

（1）了解多相流的概念。

（2）了解多相流研究方法。

（3）掌握 Fluent 中的多相流模型的特点及应用。

（4）掌握用 Fluent 软件进行多相流（如 VOF 模型、Mixture 模型）计算过程及步骤。

第11章课件

11.1 概　　述

11.1.1 多相流

11.1.1.1 定义

所谓相，就是通常所说的物质的状态。每种物质在不同的温度下可能有三种物理状态，即固态、液态和气态。也就是说，任何物质都存在三相，即固相、液相和气相。多相流就是在流体的流动中不是单相物质，而是有两种或两种以上不同相的物质同时存在的一种流体运动。

11.1.1.2 分类

（1）气液或液液流动有：

气泡流动：连续流体中存在离散的气泡或液泡。

液滴流动：连续相为气相，其他相为液滴。

栓塞（泡状）流动：在连续流体中存在尺寸较大的气泡。

分层自由流动：由明显的分界面隔开的非混合流体流动。

（2）气固两相流动有：

粒子负载流动：连续气体流动中有离散的固体粒子。

气力输运：流动模式依赖，如固体载荷、雷诺数和例子属性等。最典型的模式有沙子的流动，泥浆流，填充床以及各相同性流。

流化床：有一个盛有粒子的竖直圆筒构成，气体从一个分散器进入筒内，从床底不断冲入的气体使得颗粒得以悬浮。

（3）液固两相流动有：

泥浆流：流体中的大量颗粒流动。颗粒的 stokes 数通常小于 1。大于 1 是成为流化了的液固流动。

水力运输：在连续流体中密布着固体颗粒。

沉降运动：在有一定高度的盛有液体的容器内，初始时刻均匀散布着颗粒物质，随后，流体会出现分层。

（4）三相流。以上各种情况的组合。

11.1.1.3　多相流动系统的实例

（1）气泡流：抽吸、通风、空气泵、气穴、蒸发、浮选、洗刷。

（2）液滴流：抽吸、喷雾、燃烧室、低温泵、干燥机、蒸发、气冷、洗刷。

（3）栓塞流：管道或容器中有大尺度气泡的流动。

（4）分层流：分离器中的晃动、核反应装置沸腾和冷凝。

（5）粒子负载流：旋风分离器、空气分类器、洗尘器、环境尘埃流动。

（6）气力输运：水泥、谷粒和金属粉末的输运。

（7）流化床：流化床反应器、循环流化床。

（8）泥浆流：泥浆输运、矿物处理。

（9）水力输运：矿物处理、生物医学、物理化学中的流体系统。

（10）沉降流动：矿物处理。

11.1.2　多相流研究方法

目前用于研究多相流的方法有欧拉－欧拉法及欧拉－拉格朗日法。

在欧拉－欧拉法中，不同的相被处理成相互贯穿的连续介质。由于一种相所占的体积无法再被其他相占有，故此引入相体积率（Phase Volume Fraction）的概念。体积率是时间和空间的连续函数，各相的体积率之和等于1。从各相的守恒方程可以推导出一组方程，其对于所有的相都具有类似的形式。从实验得到的数据可以建立一些特定的关系，从而使上述方程封闭。

在欧拉－拉格朗日法中，其中只把流体相当作连续介质，在欧拉坐标系内加以描述，把分散相则当作离散体系，也称为颗粒（液滴或气泡）轨道法。离散相与流体相之间存在动量、质量和能量的交换。该方法适用的前提是：作为离散相的第二相的体积分数应很低。即便当 $m_{species} \geqslant m_{fluid}$，粒子运动轨迹的计算也是独立的，它们被安排在液体相计算的指定间隙内完成。

颗粒轨道模型把颗粒作为离散体系，在拉氏坐标系中考察颗粒运动，并且考虑两相间的滑移，颗粒对流体的质量、动量和能量的作用，因而是双向耦合的模型。近年来提出的随机轨道模型则考虑颗粒的湍流脉动。表11－1总结了两相流动的分散相模型的特点。

表11－1　两相流动的分散相模型

模型种类	处理方法	相间耦合	相间滑移	坐标系	颗粒湍流脉动
单颗粒动力学模型	离散体系	单向	有	拉氏	无（扩散冻结）
小滑移拟流体模型	连续介质	单向	滑移＝扩散	欧拉	滑移＝扩散
无滑移拟流体模型	连续介质	部分的双向	无	欧拉	有（扩散平衡）
颗粒轨道模型	离散体系	双向	有	拉氏	无（确定轨道）或有（随机轨道）
双流体模型（颗粒欧拉模型）	连续介质	双向	有	欧拉	有

在欧拉－拉格朗日法中，对应的Fluent模型是离散相（DPM，Discrete Volume Fraction）模型，假定第二相（分散相）非常稀薄，因而颗粒－颗粒之间的相互作用、颗粒体积分数对连续相的影响均未加以考虑。这种假定意味着分散相的体积分数必然很低，一般说来要小于10% ~12%。但颗粒质量承载率可以大于10% ~12%，即分散相质量流率等于或大于连续相的流动。

11.1.3　Fluent 中多相流模型

在 Fluent 中，有三种欧拉－欧拉多相流模型，有 VOF（Volume of Fluid）模型、混合物模型和欧拉模型。

VOF 模型是应用于固定的 Euler 网格上的两种或多种互不相融的流体的界面追踪技术。在 VOF 模型中，不同的流体组分共用一套动量方程，计算时在整个流场的每个计算单元内，都记录下各流体组分所占有的体积率。VOF 适用范围很广，所解决的问题涉及化学、热能、机械、水利等众多学科和不同领域。VOF 模型主要应用于分层流、有自由表面流动、液体灌注、容器内液体振荡、液体中气泡运动、堰流、喷注破碎的预测和气－液界面的稳态与瞬态追踪等。但在使用 VOF 模型时有一些限制，VOF 不能用于没有任何流体的空区域，也就是说 VOF 的所有控制体积必须充满单一流体相或者相的联合；VOF 也不能用于大涡模拟湍流模型和黏流模型。

混合模型可用于两相流或多相流（流体和颗粒），由于混合模型引入了滑移速度的概念，所以它可以用来模拟具有不同速度的多相流；也可以用来模拟耦合作用很强的各相同性多相流和各相以相同速度运动的均匀多相流。混合模型主要是用来求解混合物的动量方程、连续性方程和能量方程、次级相体积分数方程以及相对速度的代数表达式来模拟 n 个相（流体或颗粒）的运动。混合物模型的应用包括低负载的粒子负载流、气泡流、沉降和旋风分离器，也可用于没有离散相相对速度的均匀多相流，但是如果各相之间可以相互反应，这种流动不能使用混合模型；同样大涡模拟湍流模型也不能使用此模型。

欧拉模型是最复杂的多相流模型。Fluent 中的欧拉模型可以模拟多相分离流以及相间的相互作用。相可以是单相，也可以是任意两相的结合，或者是液体、气体、固体的联合。Euler 模型对每一相求解动量方程和连续性方程，通过压力和相间交换系数来实现耦合，所以相的类型可以决定处理耦合的方式。混合和欧拉模型适合于流动中有相混合或分离，或者分散相的体积分数超过10%的情形（如果分散相有着宽广的分布，混合模型是最可取的；如果分散相只集中在区域的一部分，应当使用欧拉模型）。欧拉模型通常比混合模型能给出更精确的结果。Euler 模型主要适应于气泡柱、浇铸冒口、颗粒悬浮和流化床等。压缩流、无黏流以及热传递这些情况不可以使用 Euler 模型。

11.1.4　Fluent 中多相流模型的选择

11.1.4.1　基本原则

（1）对于体积分数小于10%的气泡、液滴和粒子负载流动，采用离散相模型。

（2）对于离散相混合物或者单独的离散相体积率超出10%的气泡、液滴和粒子负载流动，采用混合模型或欧拉模型。

（3）对于栓塞流、泡状流，采用 VOF 模型。

（4）对于分层/自由面流动，采用 VOF 模型。

（5）对于气动输运，均匀流动采用混合模型，粒子流采用欧拉模型。

（6）对于流化床，采用欧拉模型。

（7）泥浆和水力输运，采用混合模型或欧拉模型。

（8）沉降采用欧拉模型。

（9）对于更一般的，同时包含多种多相流模式的情况，应根据最感兴趣的流动特征，选择合适的流动模型。此时由于模型只是对部分流动特征采用了较好的模拟，其精度必然低于只包含单个模式的流动。

11.1.4.2　混合模型和欧拉模型的选择原则

VOF 模型适合于分层的或自由表面流，而混合模型和欧拉模型适合于流动中有相混合或分离，或者分散相的体积分数超过 10% 的情况（小于 10% 可使用离散相模型）。

（1）如果分散相有宽广的分布（如颗粒的尺寸分布很宽），最好采用混合模型，反之使用欧拉模型。

（2）如果相间曳力规律已知，欧拉模型通常比混合模型更精确；若相间曳力规律不明确，最好选用混合模型。

（3）如果希望减小计算，最好选用混合模型，它比欧拉模型少解一部分方程；如果要求精度而不在意计算量，欧拉模型可能是更好的选择。但是要注意，复杂的欧拉模型比混合模型的稳定性差，可能会遇到收敛困难。

11.2　VOF 模型

11.2.1　概述

在日常生活中，经常会遇到如图 11－1 所示的喷水现象，这种现象就是流体力学中的射流问题。这里通过 Fluent 数值模拟方法对这种问题进行研究。

图 11－1　自来水管喷水

11.2.2　实例简介

图 11－2 为自来水管喷水简化几何模型图，其尺寸如下：水管直径 $d=15\text{mm}$，出水口（对计算模型来说，是入口）距水池高度 $H=200\text{mm}$，计算区域 $D=100\text{mm}$，入口水速度

为 2m/s。对于垂直圆管喷水来说，建立计算模型时，只需建立二维轴对称模型即可。考虑到在 Fluent 计算对称轴为 x 轴，故建立如图 11－3 所示计算模型。

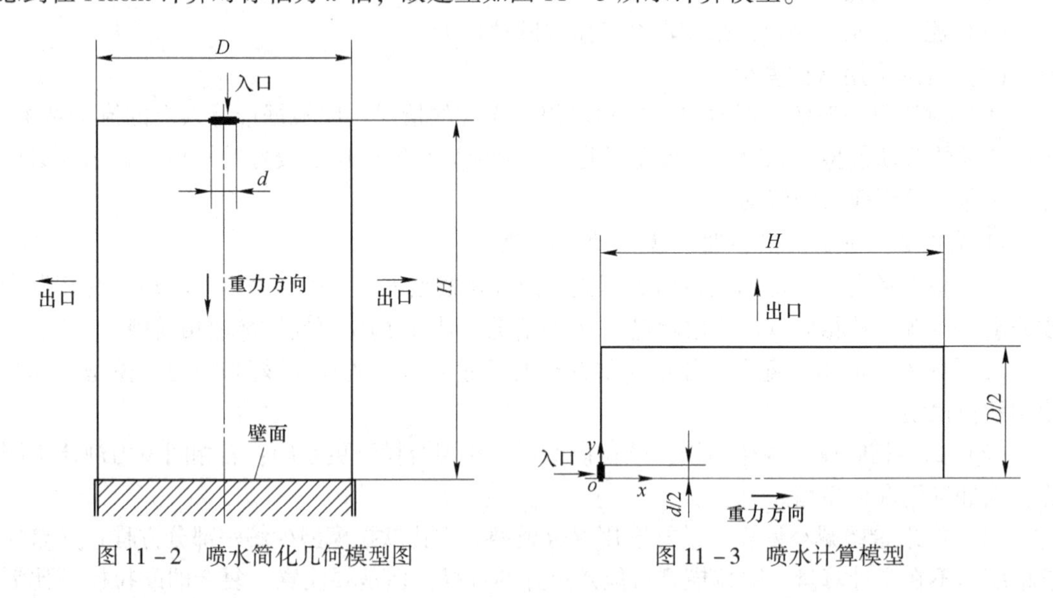

图 11－2 喷水简化几何模型图　　图 11－3 喷水计算模型

11.2.3 实例操作步骤

11.2.3.1 利用 Gambit 建立计算区域和指定边界条件类型

步骤 1：文件的创建及求解器的选择

（1）启动 Gambit。选择“开始”→“运行”打开运行对话框，在文本框中输入 gambit，单击“确定”按钮或在桌面点击 Gambit 图标→右键→管理员身份运行，单击 Run 按钮就可以启动 Gambit 软件了。

（2）建立新文件。选择 File→New 打开对话框，在 ID 文本框输入 2d－jet 创建一个名称为 2d－jet 的新文件。

（3）选择求解器。单击菜单中的 Solver 菜单项，选择 Fluent 5/6。

步骤 2：创建控制点

这一步要创建几何区域的主要控制点。这里所说的控制点是用于大体确定几何区域的形状的点。

选择 Operation →Geometry →Vertex 就可打开 Create Real Vertex 对话框，在 Global 选项区域内的 x，y 和 z 文本框中输入其中一个控制点的坐标，然后单击 Apply 按钮，该点就会在窗口中显示出来。重复这一操作可以得到如图 11－4 所示的控制点图。

说明：在图 11－4 中 vertex.3 为辅助点，便于射流区域划分网格。

步骤 3：创建边

选择 Operation →Geometry →Edge 打开 Create Straight Edge 对话框，在对话框的 Vertices 列表中选中将要创建边对应的两个端点，然后单击 Apply 按钮就确定了一条边。重复上述操作就可以创建出如图 11－5 所示的直边。

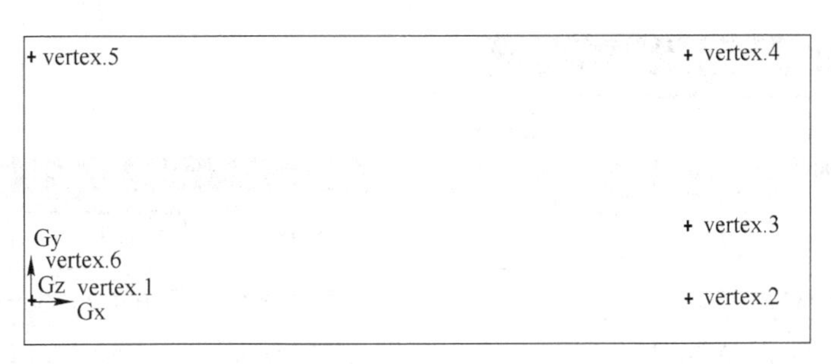

图 11－4 控制点示意图

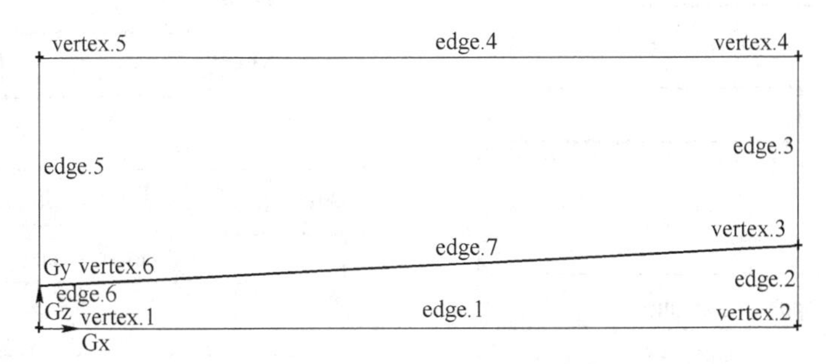

图 11－5 计算区域线框图

步骤 4：创建面

选择 Operation →Geometry →Face 打开 Create Face From Wireframe 对话框，单击这个对话框中的 Edges 文本框，呈现黄色后，用“Shift + 鼠标左键”来选择创建面对应的线，然后单击 Apply 按钮。在图形窗口中，若选择边都变成了蓝色，就说明创建了一个面。本例由 edge. 1、edge. 2、edge. 7 及 edge. 6 创建一面，主要为射流区域，由 edge. 3、edge. 4、edge. 5 及 edge. 7 创建另一面，主要为空气区域。

步骤 5：网格划分

（1）边的网格划分。选择 Operation →Mesh →Edge 打开 Mesh Edges 对话框，如图 11－6 所示，利用它可以对线划分网格。选中对话框中 Edges，利用“Shift + 鼠标左键”来选择 edge. 6（射流喷口），并设置 Spacing 下面数值为 15（计算选用项目是 Interval count）。单击 Apply 按钮，可以完成喷口边的网格划分。

重复以上操作，对图 11－5 所对应的边 edge. 1 和 edge. 3 进行网格划分，它们的 Spacing 数值分别为 100 和 35，计算选用项目也是 Interval count。

（2）面的网格划分。选择 Operation →Mesh →Face 打开 Mesh Faces 对话框，如图 11－7 所示，利用它可以对面划分网格。具体操作如下：单击对话框中的 Faces 文本框，呈现黄色后，用“Shift + 鼠标左键”先选中 face. 1 面。由于线已划分网格，设置 Spacing 时，可关闭其 Apply 选项，由边来控制面网格，单击 Apply 按钮，可以完成 face. 1 面网格划分。重复上述操作，可以对 face. 2 面进行网格划分。划分后的网格如图 11－8 所示。

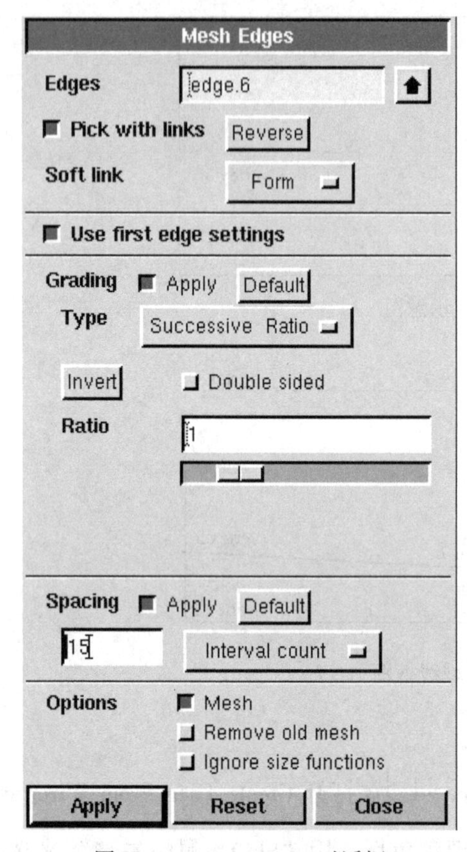

图 11 - 6　Mesh Edges 对话框

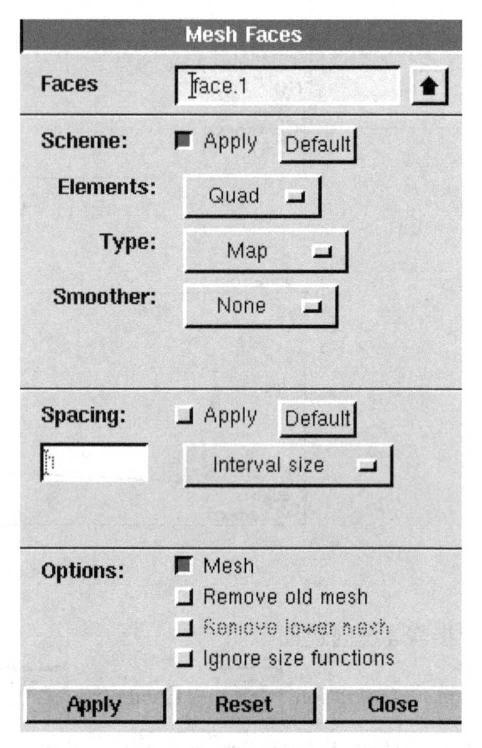

图 11 - 7　Mesh Faces 对话框

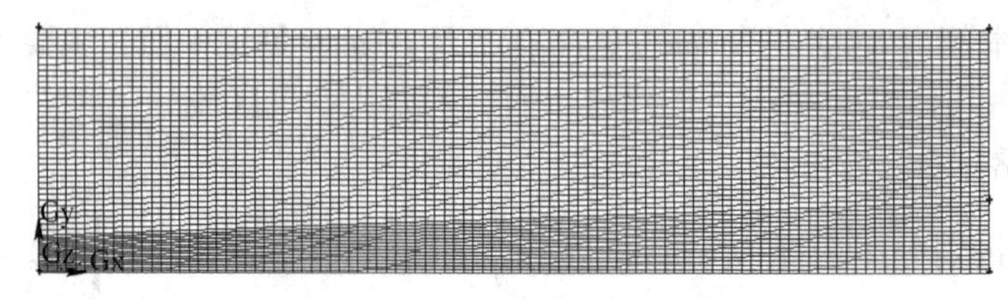

图 11 - 8　划分后面网格

步骤 6：边界条件类型的指定

选择 Operation →Zones 打开 Specify Boundary Types 对话框，如图 11 - 9 所示，利用它可以进行边界条件类型设定。具体步骤如下：

（1）指定要进行的操作。在 Action 项下选 Add，也就是添加边界条件。

（2）给出边界的名称。在 Name 选项后面输入一个名称给指定的几何单元。如本例中指定为 inlet。

（3）指定边界条件的类型。在 Fluent 5/6 对应的边界条件中选中 VELOCITY_INLET，选择的方法就是利用鼠标的右键单击类型。

（4）指定边界条件对应的几何单元。Entity 对应的几何单元选择 Edges，在 Edges 文本框中单击鼠标左键，然后利用“Shift + 鼠标左键”在图形窗口中选中入口处的线单元。

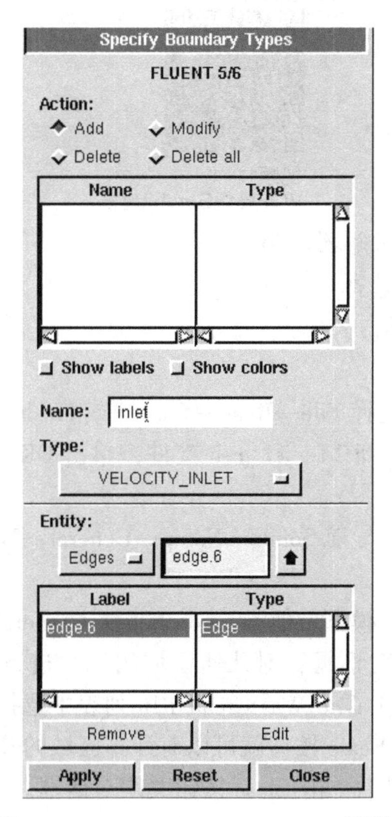

图 11－9　Specify Boundary Types 对话框

上述的设置完成后，单击 Apply 按钮就在 Name 列表中添加了 inlet，并且类型是 VELOCITY_INLE′T，具体情形如图 11－10 所示。

重复上面的步骤就可以指定出口的边界条件，此时 Name 对应的是 outlet，Type 对应的是 PRESSURE_OUTLET；同样，可以指定射流轴对称边界条件，此时 Name 对应的是 axis，Type 对应的是 AXIS。设置完上述参数后单击 Apply 按钮，可以看到如图 11－11 所示的边界设定结果。

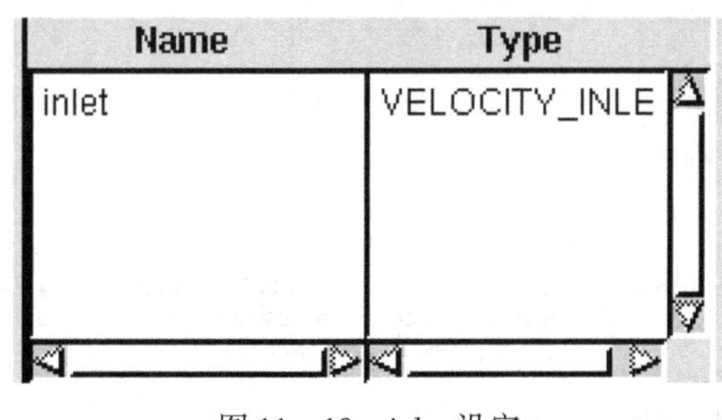

图 11－10　inlet 设定

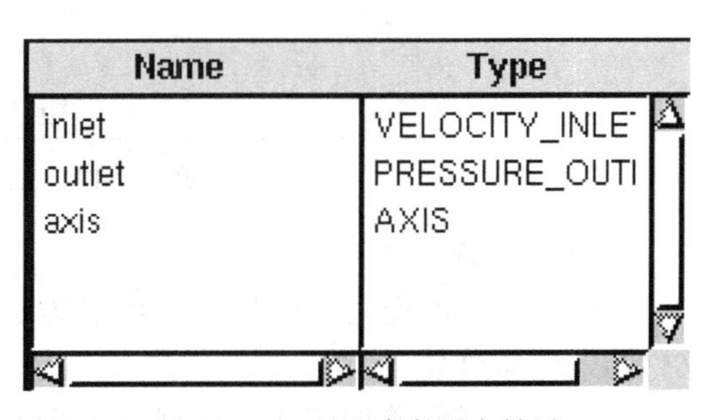

图 11－11　边界条件设定结果

Gambit 默认的边界条件类型为 wall 类型，所以，其余边的边界条件不需要特意指定。

步骤 7：Mesh 文件的输出

选择 File→Export→Mesh 就可以输出文件的对话框。当选中 Export 2－D($X-Y$) Mesh 选项，就可以输出 2d－jet. mesh 文件。

11.2.3.2　利用 Fluent 求解器求解

步骤 1：Fluent 求解器的选择

选择二维的单精度求解器。

步骤 2：网格的相关操作

(1) 网格文件的读入。选择 File→Read→Case（或 Mesh）。

打开文件导入对话框，找到 2d-jet.msh 文件，单击 OK 按钮，Mesh 文件就被导入到 Fluent 求解器中了。

(2) 检查网格文件。模型导航 Solution Setup→General→Mesh→Check 对网格文件进行检查。

(3) 设置计算区域尺寸。模型导航 Solution Setup→General→Mesh→Scale。

打开如图 11-12 所示的对话框，对几何区域的尺寸进行设置。Fluent 默认的单位是 m，而本例给出单位为 mm，在 Grid Was Created In 列表中选择 mm，单击 View Length Unit in 将单位换成 mm，然后单击 Scale 按钮就可以对计算区域的几何尺寸进行缩放，从而使它符合求解区域的实际尺寸。最后单击 Close 按钮关闭对话框。

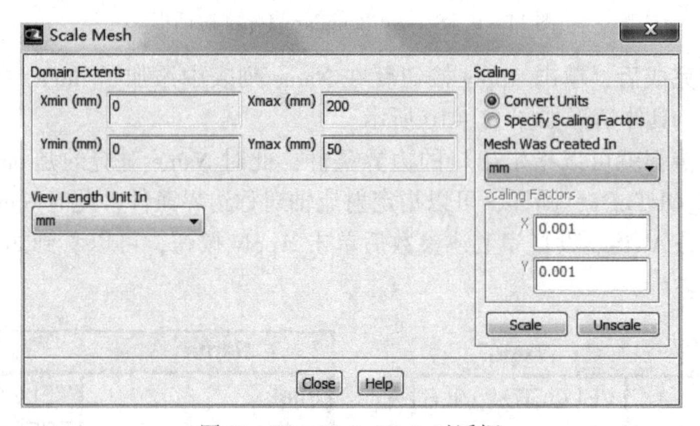

图 11-12　Scale Mesh 对话框

步骤 3：选择计算模型

当网格文件检查完毕以后，就可以为这一网格文件指定计算模型。

(1) 基本求解器的定义。模型导航 Solution Setup→General→Solver。

打开如图 11-13 所示的对话框。本例是轴对称模型，因此在 Space 项选择 Axisymmetric，Time 项选择 Transient，其他默认设置即可。

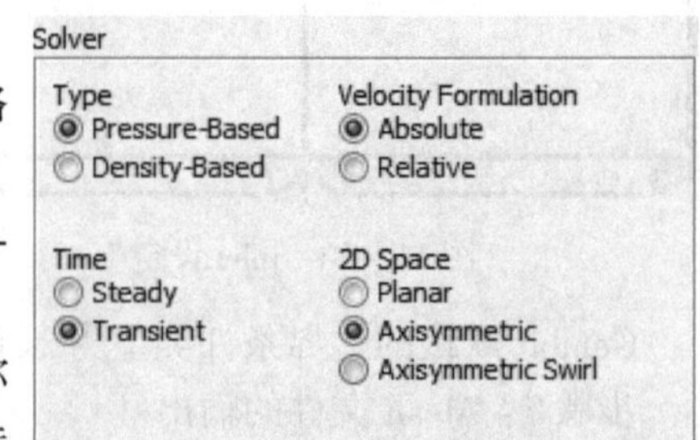

图 11-13　基本求解器 Solver 的对话框

（2）湍流模型的指定。模型导航 Solution Setup→Models→Viscous。

由雷诺数计算可知，本流场的流态为湍流，要对湍流模型进行设置。Fluent 默认的黏性模型是层流（Laminar），本例选标准 k - epsilon（$\kappa - \varepsilon$）湍流模型，设置如图 11 - 14 所示。设置后，点击 OK 关闭 Viscous Model 设置对话框。

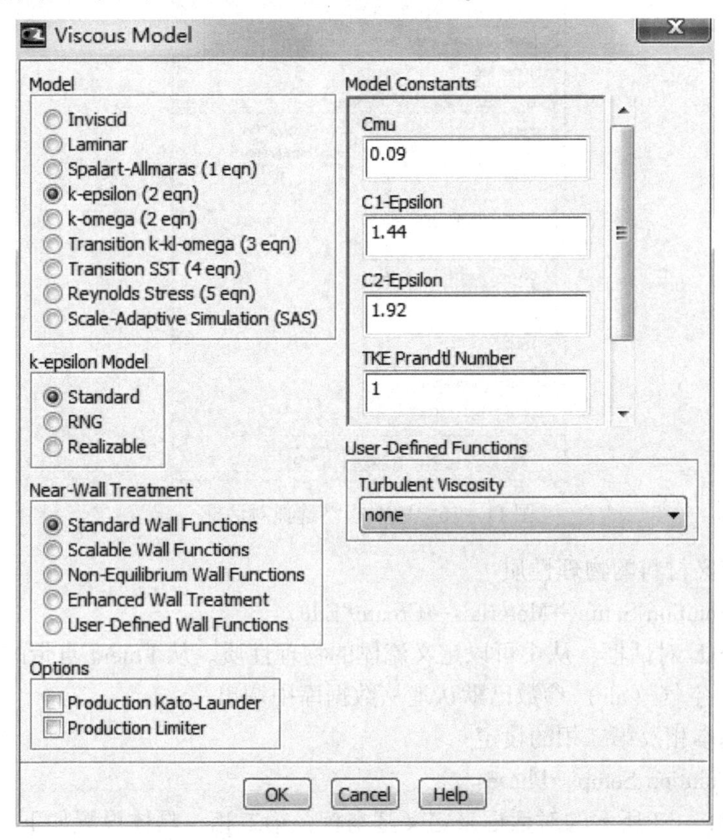

图 11 - 14 Viscous Model 设置对话框

（3）VOF 模型的选择。模型导航 Solution Setup→Models→Multiphase Model。

打开多相流模型对话框，如图 11 - 15 所示。选择 Volume of Fluid 模型，就会展开如图 11 - 16 所示的对话框，在 Number of Eulerian Phases 项下面的数值为 2，VOF 模型的其他设置保持默认即可。

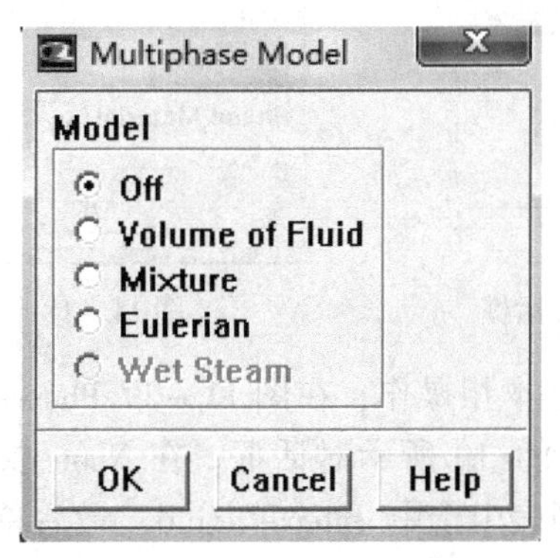

图 11 - 15 多相流模型对话框

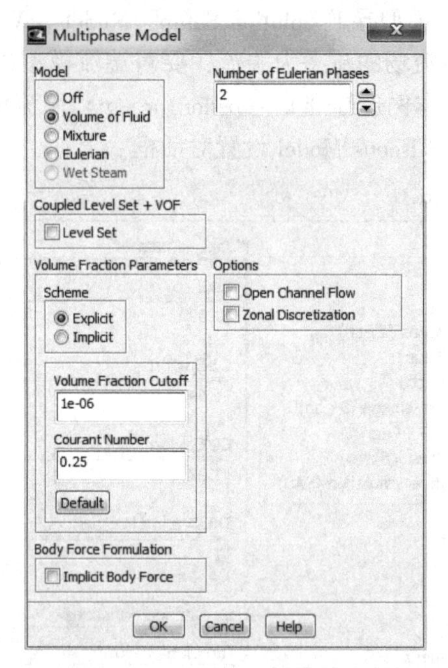

图 11－16　VOF 模型选择对话框

步骤 4：定义材料的物理性质

模型导航 Solution Setup→Meterials→Create/Edit。

打开 Meterials 对话框，从中可以定义流体的物理性质。从 Fluent 自带的数据库中调出水的物理参数，空气（air）参数已默认地从数据库中调出。

步骤 5：基本相及第二相的设定

模型导航 Solution Setup→Phases。

打开如图 11－17 所示的对话框来定义基本相及第二相。具体设置如下：

（1）基本相的设定。在图 11－17 Phases 项选择 Primary Phase，然后点击下面 Edit，打开如图 11－18 所示对话框。在 Name 文本框中输入 air 代替原来 phase－1，在 Phase Material 列表中选中 air，最后单击 OK 按钮即定义了空气为基本相。

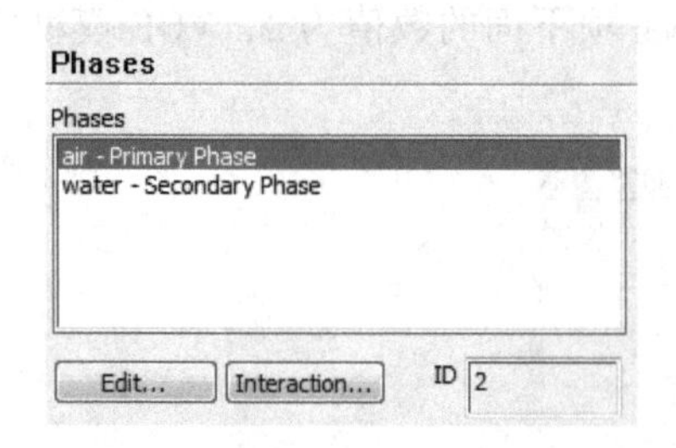

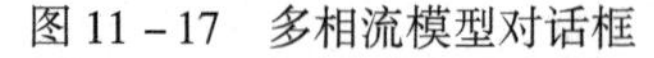
图 11－17　多相流模型对话框

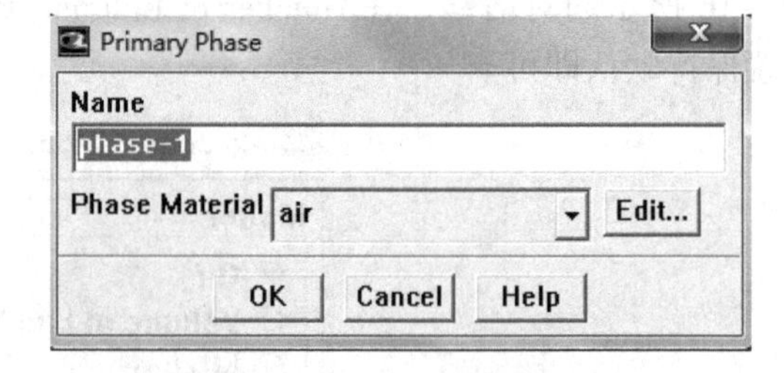

图 11－18　基本相设置对话框

（2）第二相的设定。如基本相操作，在图 11－17 Phases 项选择 Secondary Phase，然后点击下面 Edit，打开如图 11－19 所示对话框。在 Name 文本框中输入 water 代替原来 phase－2，在 Phase Material 列表中选中 water－liquid，最后单击 OK 按钮即定义了水为第二相。

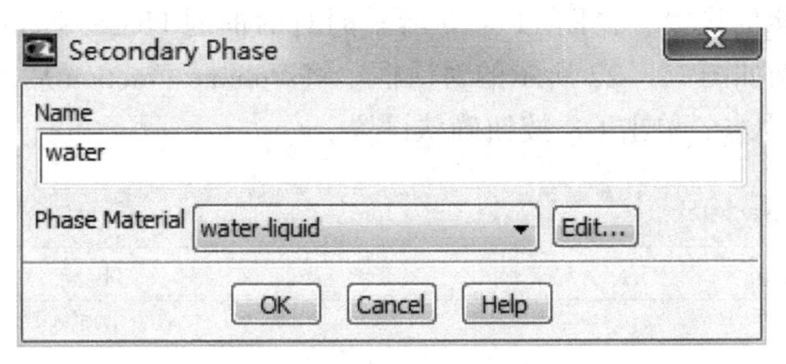

图 11-19 第二相的设置对话框

步骤 6：设置边界条件

模型导航 Solution Setup→Boundary Conditions。

设定物质的物理性质以后，可以用如图 11-20 所示对话框使得计算区域的边界条件具体化。

（1）设置 inlet 的边界条件。在图 11-20 所示的 Zone 列表中选择 inlet，也就是射流的入口，可以看到它对应的边界条件类型为 velocity-inlet，这个区域设置有两种情况。

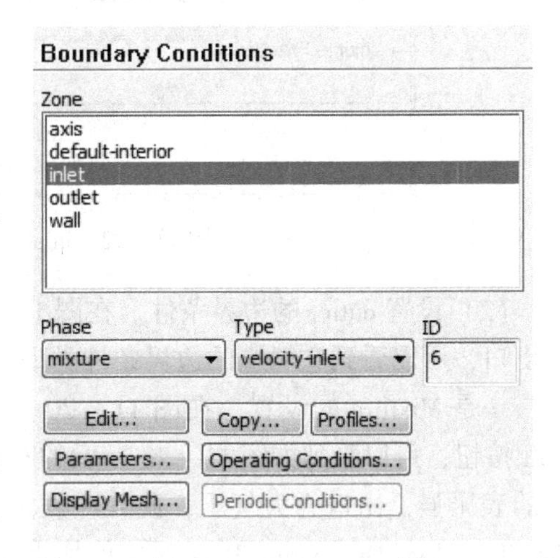

图 11-20 Boundary Conditions 设置对话框

一是 Mixture 的设置。在图 11-20 所示的对话框的 Phase 项选中 mixture，然后单击 Edit 按钮，可以看到如图 11-21 所示的对话框。其中 Velocity Magnitude 文本框对应的是入口处的水流速度，此处设定为 2，在 Turbulence（湍流强度）→Specification Method 中选 Intensity and Hydraulic Diameter，相应项 Turbulent intensity 及 Hydraulic Diameter 分别设置为 5 及 15，单击 OK 按钮退出。

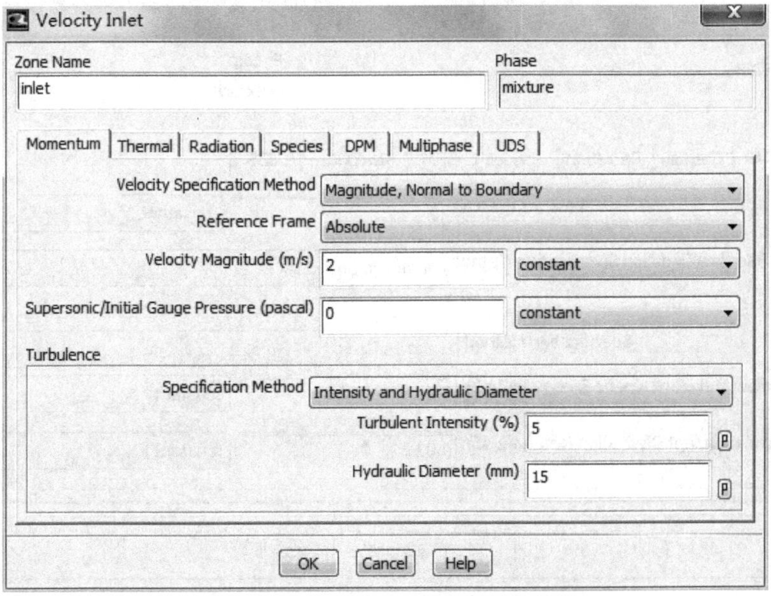

图 11-21 inlet 区域混合相边界条件设置

二是关于第二相的设置。在图 11 - 20 所示的对话框的 Phase 项选中 water，然后单击 Edit 按钮，可以看到如图 11 - 22 所示的对话框。将 Volume Fraction 后面数值设为 1.0，物理意义是 inlet 处都为水。单击 OK 按钮确认设置。

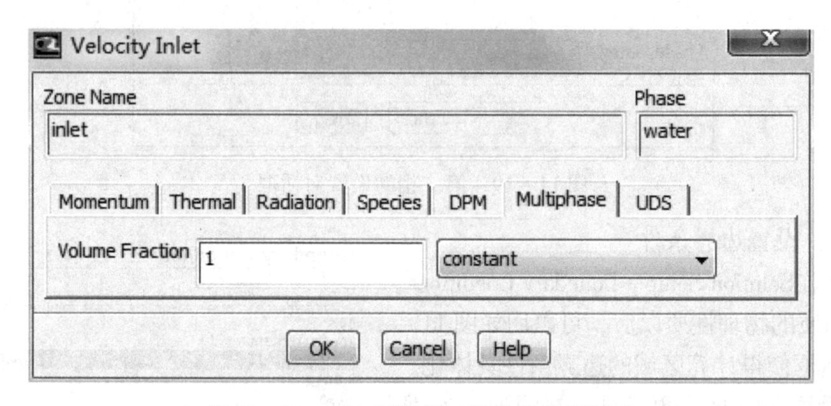

图 11 - 22　inlet 区域第二相边界条件设置

（2）设置 outlet 的边界条件。在图 11 - 20 所示的 Zone 列表中选择 outlet，也就是射流的出口，可以看到它对应的边界条件类型为 pressure - outlet，这个区域设置有两种情况。

一是 Mixture 的设置。在图 11 - 20 所示的对话框的 Phase 项选中 mixture，然后单击 Edit 按钮，可以看到如图 11 - 23 所示的对话框。其中 Gauge Pressure 文本框对应的是出口处的表压强，出口为大气压，此处应设定为 0。Backflow Turbulent Kinetic Energy 和 Backflow Turbulent Dissipation Rate 对应值均为 0.01，单击 OK 按钮确认设置。

二是关于第二相的设置。在图 11 - 22 所示的对话框的 Phase 项选中 water，然后单击 Edit 按钮，可以看到如图 11 - 24 所示的对话框。将 Volume Fraction 后面数值设为 0，物理意义是 outlet 处都为空气。单击 OK 按钮确认设置。

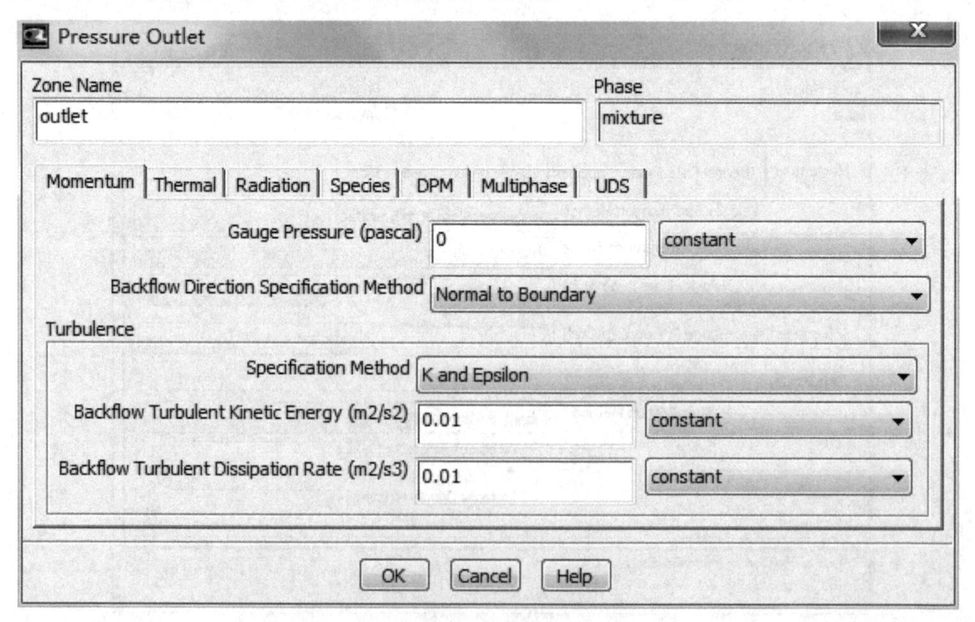

图 11 - 23　outlet 区域混合相边界条件设置

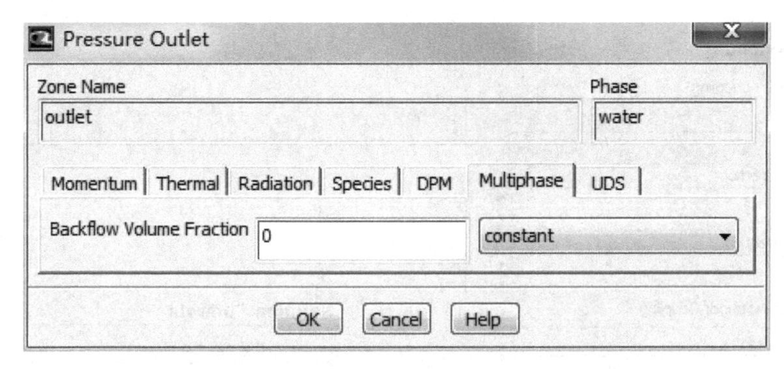

图 11－24 outlet 区域第二相边界条件设置

（3）设置对称轴 axis 的边界条件。按照同样的方法也可以指定 axis 的边界条件，其中此参数的设置保持默认。

（4）设置 wall 的边界条件。在本例中，区域 wall 处的边界条件的设置保持默认。

（5）操作环境的设置。模型导航 Solution Setup→Boundary Conditions→Operating Conditions。

打开 Operating Conditions 的对话框，选中 Gravity 及 Specified Operating Density 项，设置如图 11－25 所示，单击 OK 按钮即可。

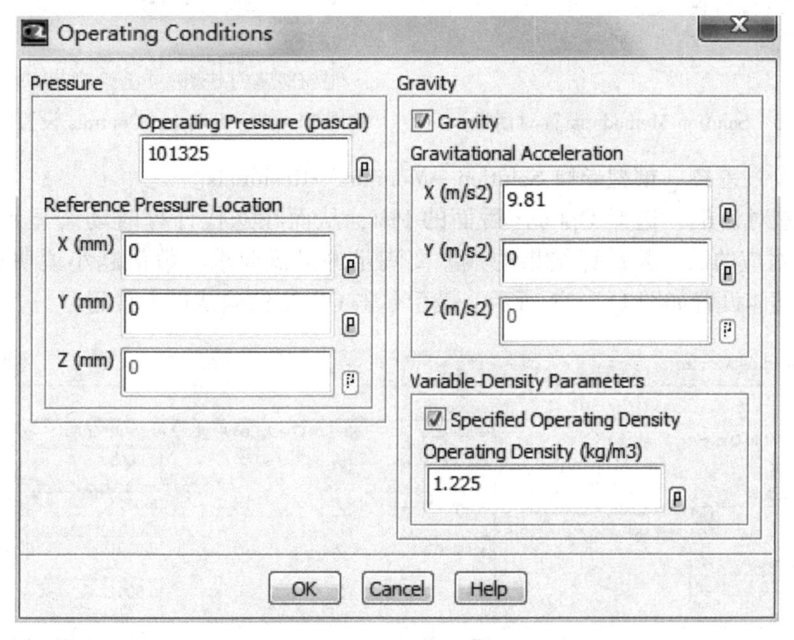

图 11－25 操作环境设置对话框

步骤 7：求解方法的设置及其控制

（1）求解方法。模型导航 Solution→Solution Methods。

打开如图 Solution Methods 设置的对话框，设置如图 11－26 所示。

（2）求解控制。模型导航 Solution→Solution Controls。

打开 Solution Controls 设置的对话框，设置如图 11－27 所示。

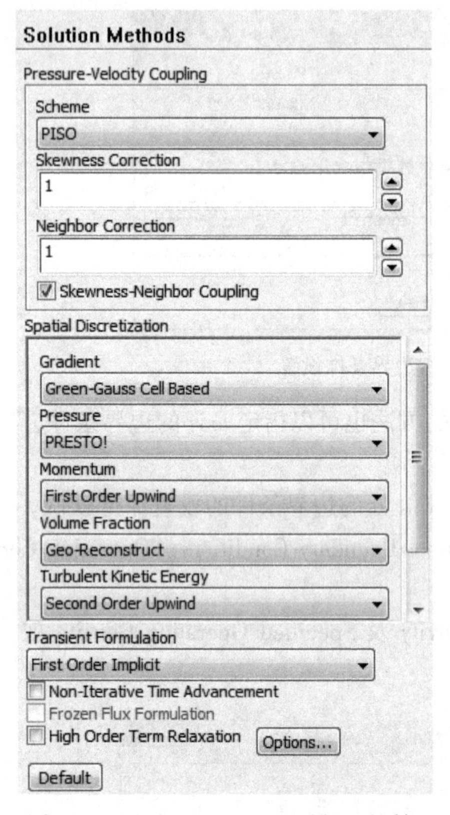

图 11－26　Solution Methods 设置对话框

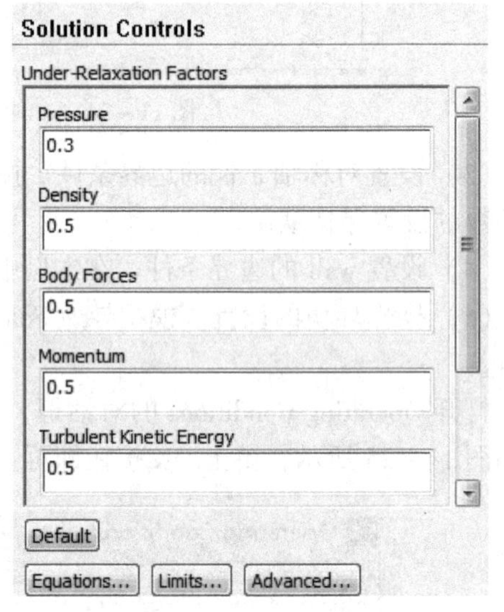

图 11－27　Solution Controls 设置的对话框

（3）打开残差图。模型导航 Solution→Monitors→Residuals。

打开残差对话框，选择 Options 后面的 Plot，从而在迭代计算时动态显示计算残差；Convergence 对应的数值是计算结果的残差要满足的最低要求，数值越小说明计算的精度要求越高，具体设置如图 11－28 所示。最后单击 OK 按钮确认以上设置。

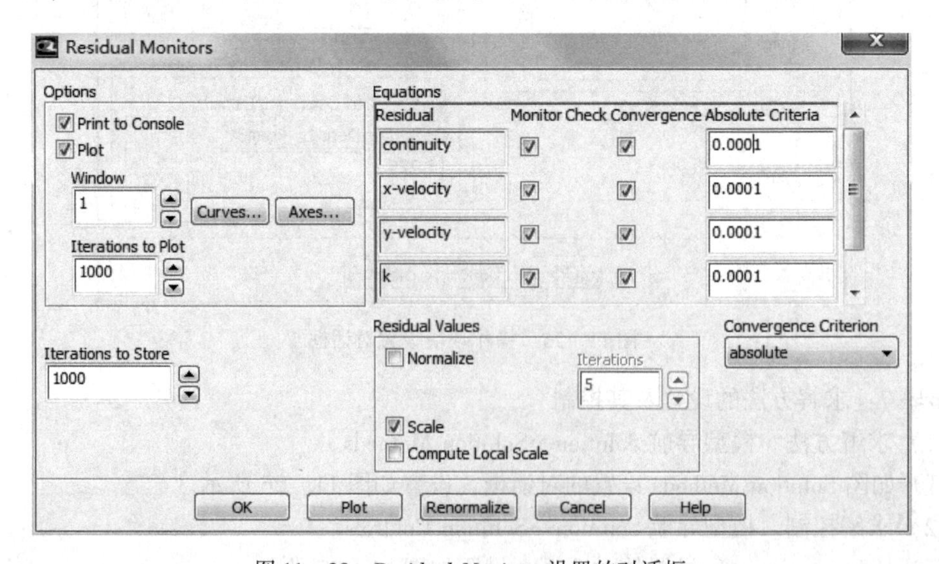

图 11－28　Residual Monitors 设置的对话框

（4）初始化。模型导航 Solution→Solution Initialization→Initialize。

打开如图 11－29 所示的对话框。设置 Compute from 为 inlet，Initial Values 下面的 water Volume Fraction 对应的值为 0，说明初始时刻整个计算区域充满了空气。单击 Initialize 按钮。

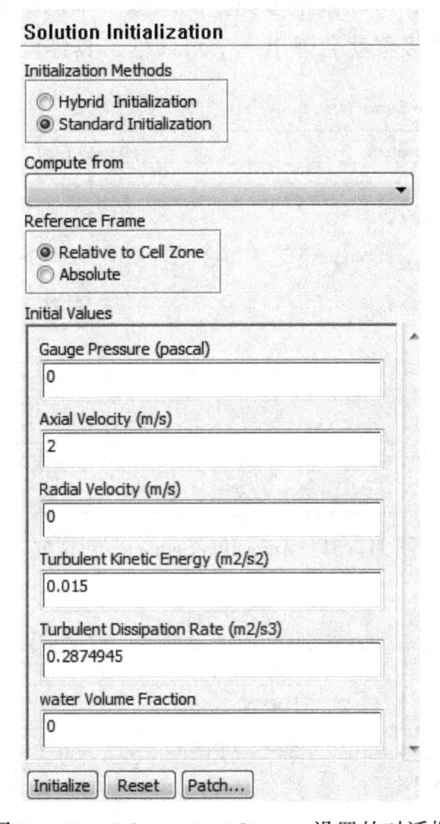

图 11－29　Solution Initialization 设置的对话框

（5）动画的设置。模型导航 Solution→Calculation Activities→Solution Animation。

为了动态显示水流动状态，就要对这一过程进行监控或者称为录像。相应的设置如图 11－30 所示。

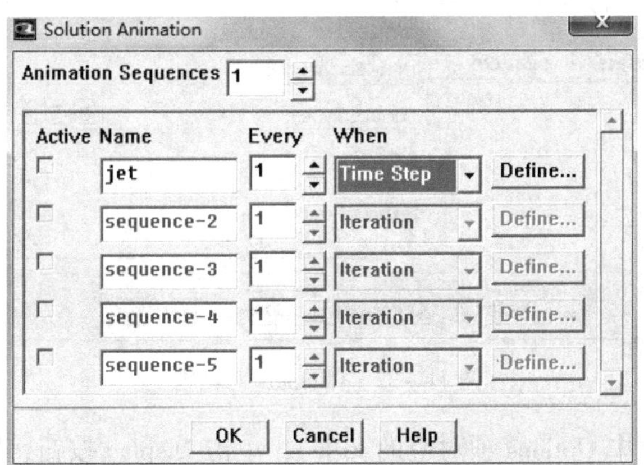

图 11－30　Solution Animation 对话框

其中 Animation Sequences 后面的 1 表示对 1 个物理量进行录像，Name 对应的 jet 是录像名称，Every 对应的 1 表示 1 个时间步，Time Step 作为录像的一帧。

点击图 11－30 中的 Define 后，会弹出图 11－31 Animation Sequences 对话框。需要特别注意的是：Window 后面的 Set 一定要单击一下才会出现录像窗口，要显示的图形是在 Display Type 中定义的，Fluent 可以做很多类型的录像。本例中是做体积分数的动画，所在 Display Type 选 Contours。紧接着就会弹出一个对话框，具体设置如图 11－32 所示。

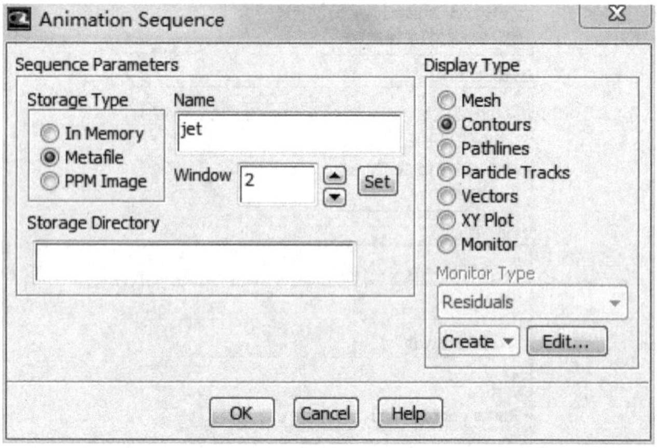

图 11－31　Animation Sequence 对话框

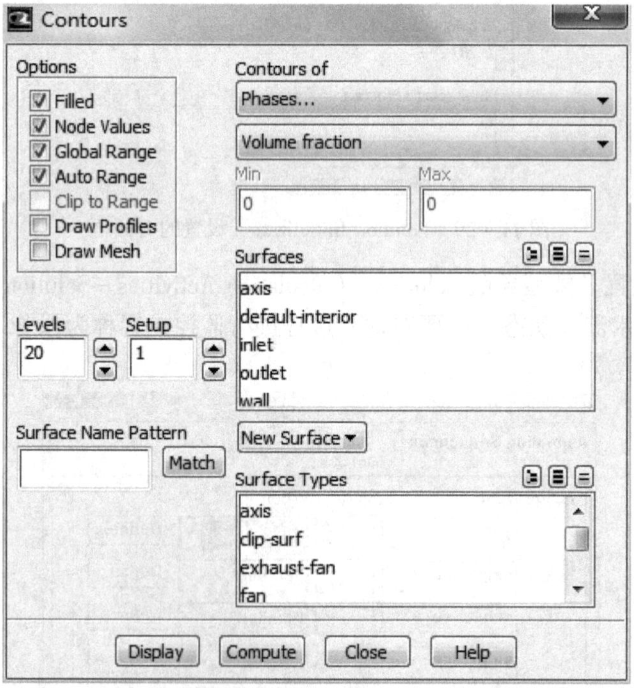

图 11－32　Contours 对话框

选中在图 11－32 中 Options 项对应的 Filled，单击 Display 按钮，原本空的窗口出现了水的体积分布图。在迭代求解过程中窗口的图形不断变化，演示了射流的过程。

视频11-2
VOF模型相体积变化

（6）保存当前 Case 及 Data 文件。File→W'rite→Case&Data。

通过一个操作保存前面所做的所有设置。

步骤 8：求解

模型导航 Solution→Run Calculation。

保存好所作的设置以后，就可以进行迭代求解了，迭代的设置如图 11－33 所示。单击 Calculate，Fluent 求解器就会对这个问题进行求解了。

步骤 9：结果显示

迭代结束以后，可以对结果进行显示。

（1）水的体积分数的显示。模型导航 Results→Graphics and Animations。

迭代结束以后，打开如图 11－34 所示 Contours 对话框，在 Contours of 项选择 Phases 及 Volume fraction，Phase 项选 water，点击 Display，水的体积分数的显示如图 11－35 所示。

Run Calculation
Check Case...
Preview Mesh Motion...
Time Stepping Method
Fixed
Settings...
Time Step Size (s)
0.001
Number of Time Steps
0
Options
Extrapolate Variables
Data Sampling for Time Statistics
Sampling Interval
1
Sampling Options...
Time Sampled (s) 0
Max Iterations/Time Step
20
Reporting Interval
1
Profile Update Interval
1
Data File Quantities...
Acoustic Signals...
Calculate

图 11－33　Calculation 对话框的设置

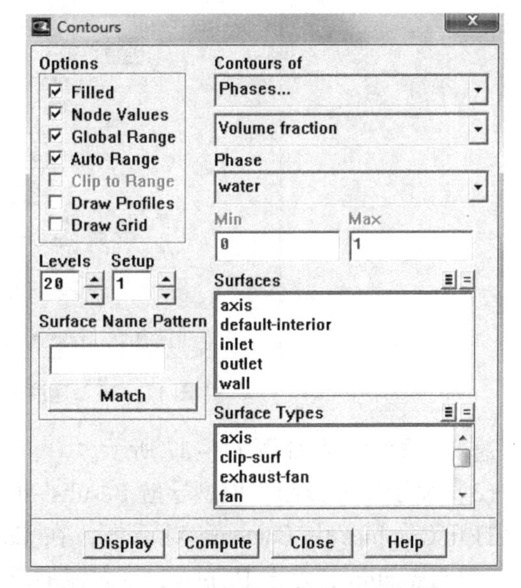

图 11－34　水的体积分数显示的设置

（2）显示速度矢量。模型导航 Results→Graphics and Animations。

迭代结束以后，进入如图 11－36 所示的对话框。

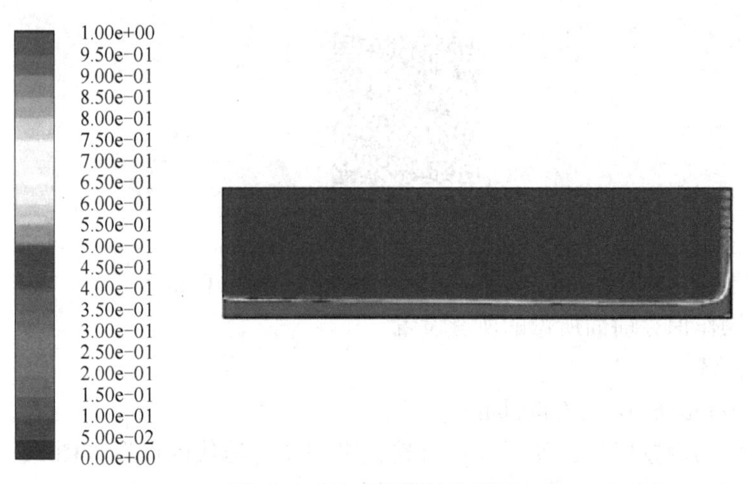

图 11－35　水的体积分数图

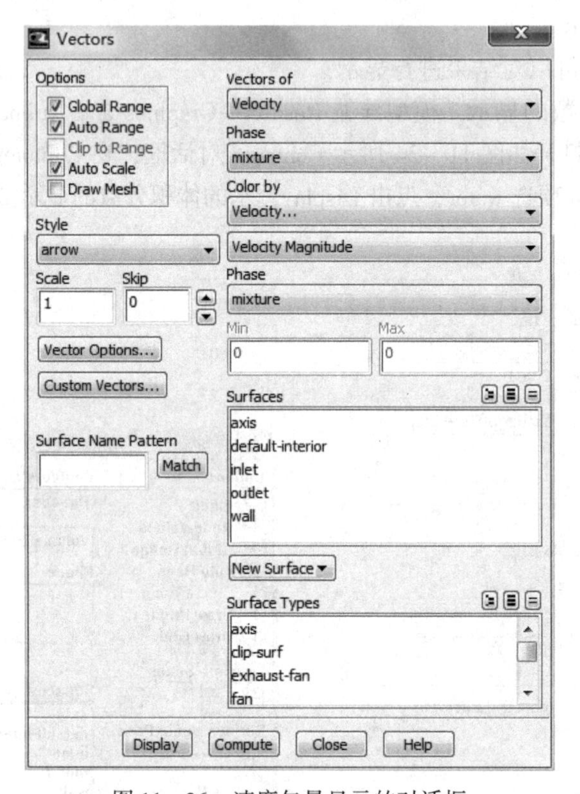

图 11－36　速度矢量显示的对话框

速度矢量的显示如图 11－37 所示。

(3) 显示压力云图。模型导航 Results→Graphics and Animations。

打开 Graphics 中 Contours 对话框，在 Contours of 项选择 Pressure 及 Static Pressure，Phase 项选 mixture，点击 Display，水射流的压力云图显示如图 11－38 所示。

步骤 10：保存计算后的 Case 和 Data 文件

File→Write→Case&Data。

当迭代完成并且达到要求以后，把相关的 Case 和 Data 文件保存下来，退出 Fluent。

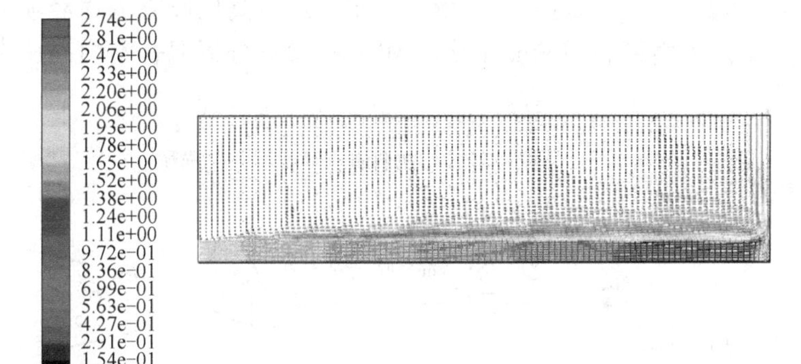

图 11－37　速度矢量图

图 11－38　水射流的压力云图

视频11-3
VOF模型Fluent求解及成果显示

11.3　Mixture 模型

11.3.1　概述

磨料水射流技术是20世纪80年代迅速发展起来的一种新型高效水射流技术。磨料水射流，即在高压纯水射流中添加一定数量且具有一定质量和粒度的磨料粒子而形成的固、液两相流。由于磨料水射流技术有许多独特的优点，并且对环境无污染，系统也比较简单，被广泛应用于工业清洗、除锈及切割等方面。

前混合磨料水射流除鳞的工作原理是预先将磨料和高压水在磨料罐中混合成磨料浆

体，然后与高压纯水在混合室内进行二次混合，最后通过高压胶管输送经喷嘴喷出，其原理如图 11－39 所示。下面将利用 Fluent 软件 Mixture 模型分析混合室内高压水和磨料混合后流场情况。

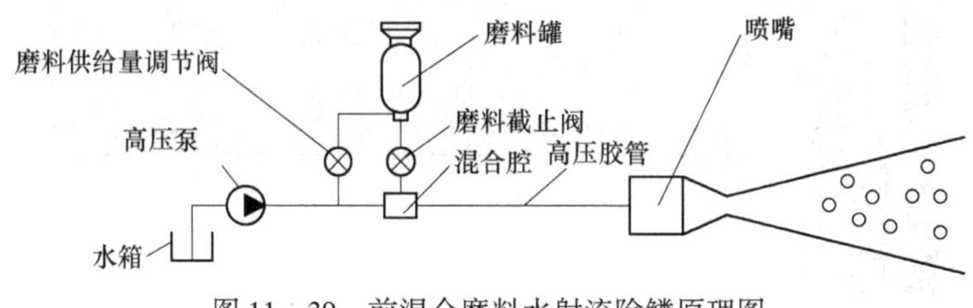

图 11－39　前混合磨料水射流除鳞原理图

11.3.2　实例简介

常见的前混合喷嘴混合腔一般有两种类型入口，分别为磨料入口和高压水入口。为使两者得以充分混合，在喷嘴混合腔的侧面对称设置两个入口。喷嘴混合腔物理模型如图 11－40 所示。

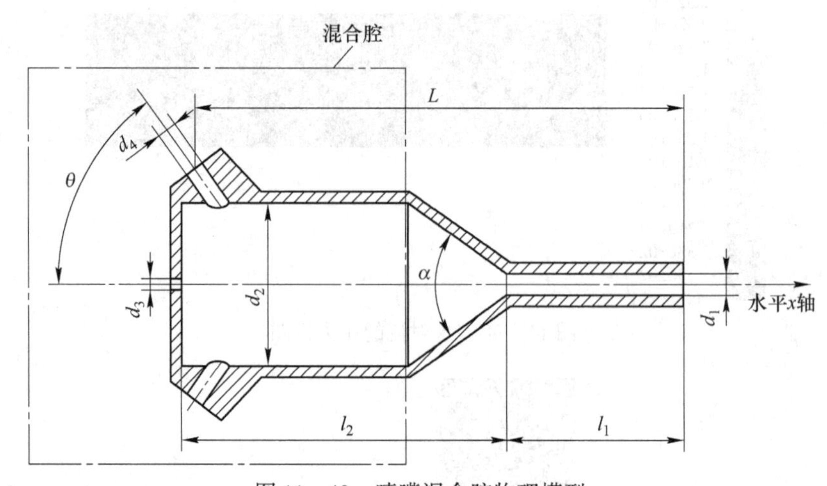

图 11－40　喷嘴混合腔物理模型

喷嘴混合腔的主要几何参数有中间入口直径 d_3、两侧入口直径 d_4、混合腔内腔直径 d_2、两侧入口位置及倾角 θ、圆锥段收缩角 α、出口直径 d_1、出口圆柱段长度 l_1 与混合腔长度 l_2 等。喷嘴混合腔的基本几何参数见表 11－2。

表 11－2　喷嘴混合腔的几何参数　（mm）

d_1	d_2	d_3	d_4	l_1	l_2	L	α/(°)	θ/(°)
2.8	12	1.4	2	25	39	58	45	60

本例仿真相关物性参数见表 11－3。

表 11－3　仿真相关物性参数

水密度 ρ_W/kg · m^{-3}	水黏度 μ_W/Pa · s	磨料密度 ρ_A/kg · m^{-3}	磨料黏度 μ_A/Pa · s	磨料体积分数/%	磨料颗粒直径/mm
998.2	0.001	2660	0.00175	30	0.1

本例（如图 11－40 所示）两侧入口为磨料与水的混合入口，中间入口为高压水入口。其中高压水入口速度为 30m/s，磨料与水的混合入口水的速度为 20m/s，磨料的速度为 18m/s。

11.3.3 实例操作步骤

11.3.3.1 利用 Gambit 建立计算区域和指定边界条件类型

步骤 1：文件的创建及求解器的选择

（1）启动 Gambit。选择“开始”→“运行”打开运行对话框，在文本框中输入 gambit，单击“确定”按钮或在桌面点击 Gambit 图标→右键→管理员身份运行，单击 Run 按钮就可以启动 Gambit 软件了。

（2）建立新文件。选择 File→New 打开对话框，在 ID 文本框输入 3d－mixture 创建一个名称为 3d－mixture 的新文件。

（3）选择求解器。单击菜单中的 Solver 菜单项，选择 Fluent 5/6。

步骤 2：创建几何体

本例为三维模型，也可以如同上述二维建模，从底层建模，即控制点→边→面→体的过程。本例将直接从三维建模，也即从高层建模，得到所需要的几何体。

（1）建立混合器主体。选择 Operation →Geometry →Volume 右键选中 就可以打开 Create Real Cylinder 设置如图 11－41 所示对话框。在 Height（高度）右侧填入 34.4（根据混合腔内腔直径 d_2、圆锥段收缩角 α、出口直径 d_1 计算得到）；Radius 1（半径）右侧填入 6；Radius 2（半径）右侧保留为空白，Gambit 会默认与 Radius 1 的值相同；保留 Coordinate Sys.（坐标系统）的默认设置；在 Axis Location（圆柱的中心轴）项，选择 Negative X（沿 X 轴负向）。然后单击 Apply 按钮，（如果显示不全，点击右下角 ）该几何体就会在窗口中显示出来，如图 11－42 所示。

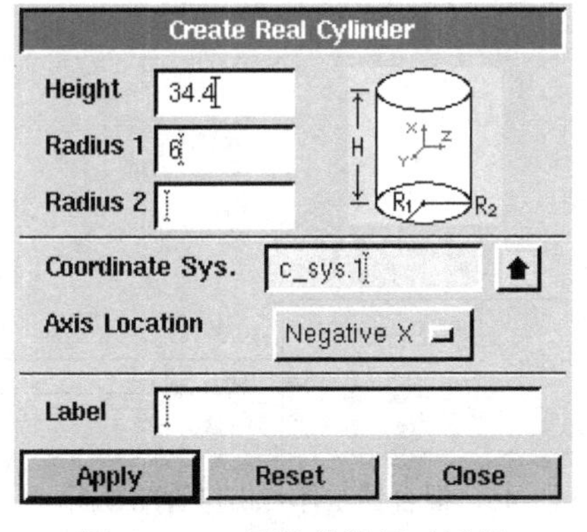

图 11－41 圆柱体设置对话框

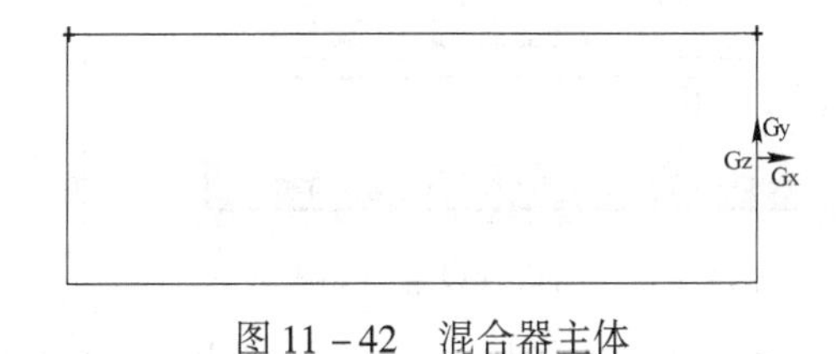

图 11－42 混合器主体

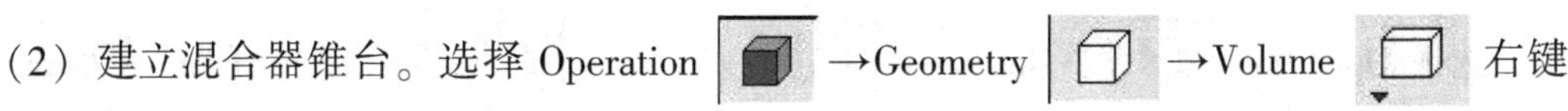
（2）建立混合器锥台。选择 Operation →Geometry →Volume 右键

选中 就可以打开 Create Real Frustum 设置如图 11－43 所示对话框。在 Height（高度）右侧填入 4.6；Radius 1（半径）右侧填入 6；Radius 2（半径）右侧保留为空白，Gambit 会默认与 Radius 1 的值相同；Radius 3（半径）右侧填入 1.4；保留 Coordinate Sys.（坐标系统）的默认设置；在 Axis Location 项，选择 Positive X（沿 X 轴正向）。然后单击 Apply 按钮，该几何体就会在窗口中显示出来，如图 11－44 所示。

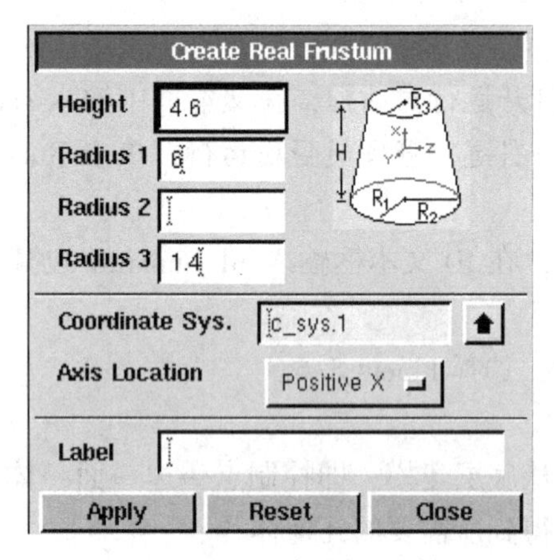

图 11－43　锥台设置对话框

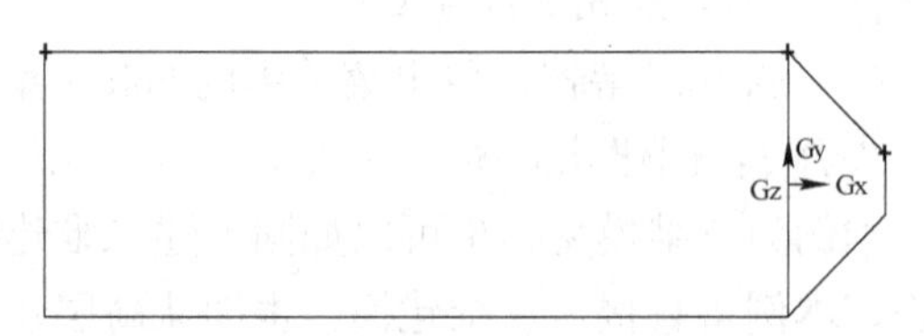

图 11－44　混合器主体与锥台配置图

（3）建立混合器出口管。选择 Operation →Geometry →Volume 右

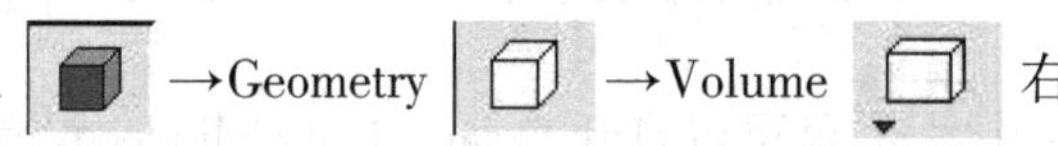

键选中 就可以打开 Create Real Cylinder 设置如图 11－45 所示对话框。在 Height（高度）右侧填入 25；Radius 1（半径）右侧填入 1.4；Radius 2（半径）右侧保留为空白，Gambit 会默认与 Radius 1 的值相同；保留 Coordinate Sys.（坐标系统）的默认设置；在 Axis Location（圆柱的中心轴）项，选择 Positive X（沿 X 轴正向）。然后单击 Apply 按钮，该几何体就会在窗口中显示出来，如图 11－46 所示。

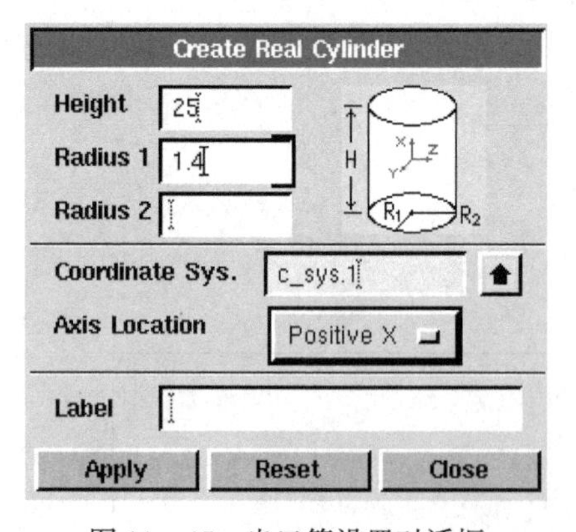

图 11－45　出口管设置对话框

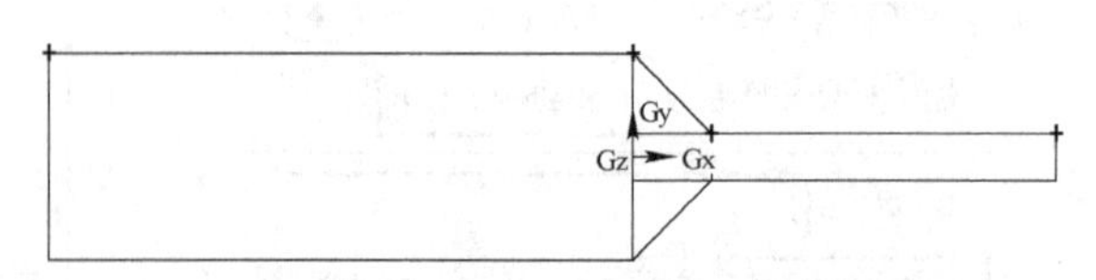

图 11－46　混合器主体与出口管配置图

然后，将出口管移到锥台的边缘。具体操作如下：

选择 Operation →Geometry →Volume 就可以打开 Move/Copy Volumes 设置对话框，如图 11－47 所示。在 Volumes 项，选择 Move，并点击右侧黄色区域，用“Shift + 鼠标左键”点击出口管边线，此时小管变成红色；在 Operation 项，选择 Translate（平移）；在 Global 中，输入 $x=4.6$，$y=0$，$z=0$；然后单击 Apply 按钮，该出口管就会移到锥台边缘，如图 11－48 所示。

（4）建立中间（高压水）入口管。选择 Operation →Geometry →Volume 右键选中 就可以打开 Create Real Cylinder 设置如图 11－49 所示对话框。在 Height（高度）右侧填入 5；Radius 1（半径）右侧填入 0.7；Radius 2（半径）右侧保留为空白，Gambit 会默认与 Radius 1 的值相同；保留 Coordinate Sys.（坐标系统）的默认设置；在 Axis Location（圆柱的中心轴）项，选择 Negative X。然后单击 Apply 按钮，该几何体就会在窗口中显示出来，如图 11－50 所示。

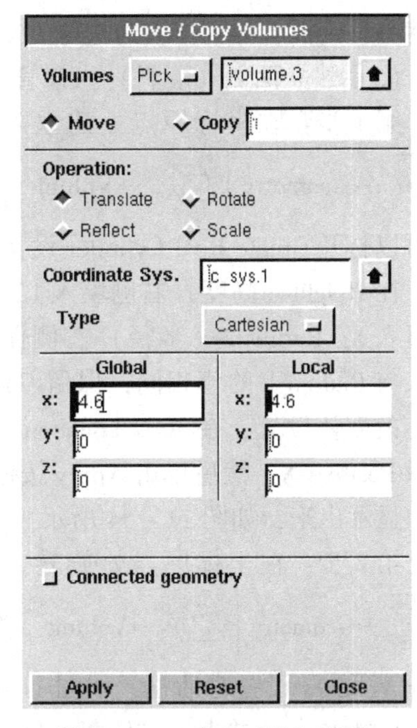

图 11－47　移动/复制对话框

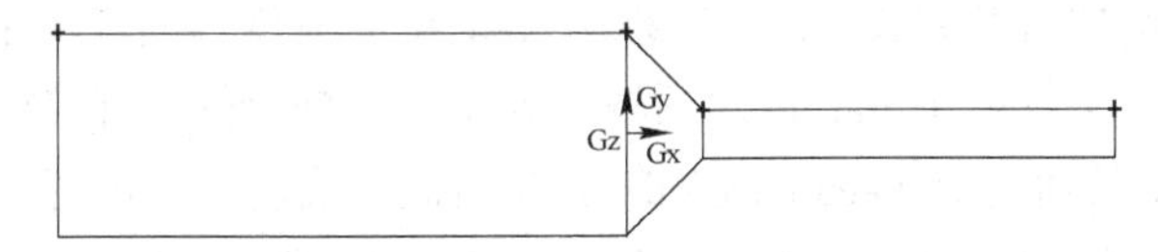

图 11－48　出口管移到锥台的边缘

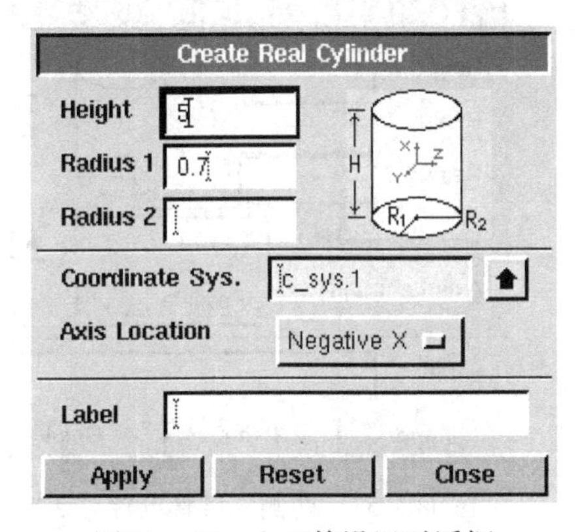

图 11－49　入口管设置对话框

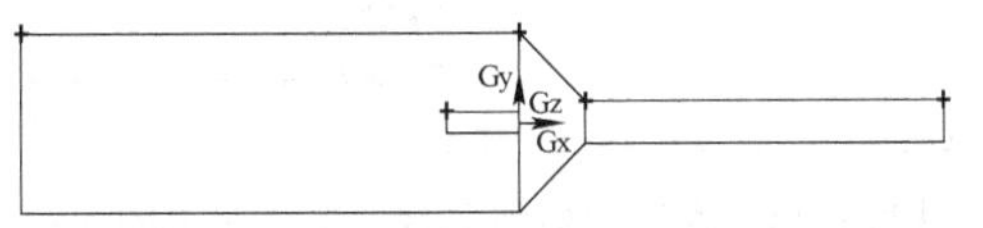

图 11－50　混合器主体与入口管配置图

然后，将入口管移到锥台的边缘。具体操作如下：

选择 Operation →Geometry →Volume 就可以打开 Move/Copy Volumes 设置对话框，如图 11－51 所示。在 Volumes 项，选择 Move，并点击右侧黄色区域，用“Shift + 鼠标左键”点击入口管边线，此时小管变成红色；在 Operation 项，选择 Translate（平移）；在 Global 中，输入 $x=-34.4$，$y=0$，$z=0$；然后单击 Apply 按钮，该入口

管就会移到混合器主体左边边缘，如图 11－52 所示。

（5）建立两侧（磨料）入口管。

第 1 步：在坐标原点处建立入口管。选择 Operation

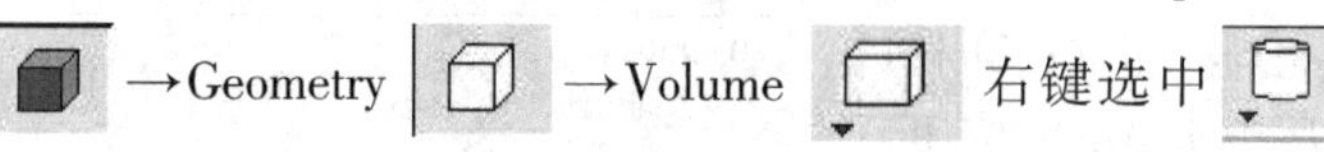

→Geometry →Volume 右键选中 就可以打开 Create Real Cylinder 设置如图 11－53 所示对话框。在 Height（高度）右侧填入 12；Radius 1（半径）右侧填入 1；Radius 2（半径）右侧保留为空白，Gambit 会默认与 Radius 1 的值相同；保留 Coordinate Sys.（坐标系统）的默认设置；在 Axis Location（圆柱的中心轴）项，选择 Positive X。然后单击 Apply 按钮，该几何体就会在窗口中显示出来，如图 11－54 所示。

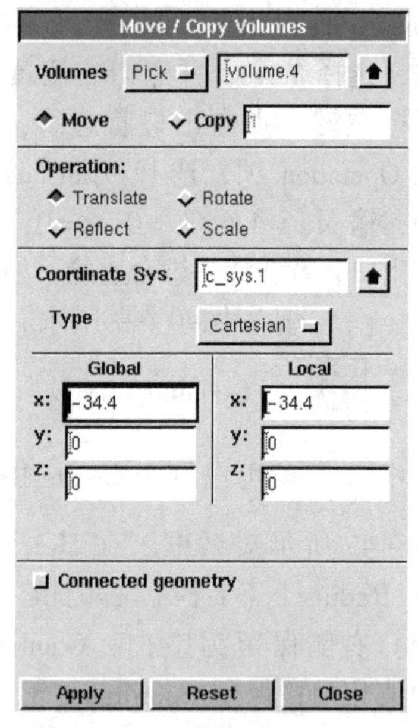

图 11－51 移动/复制对话框

第 2 步：在坐标原点处旋转入口管。选择 Operation

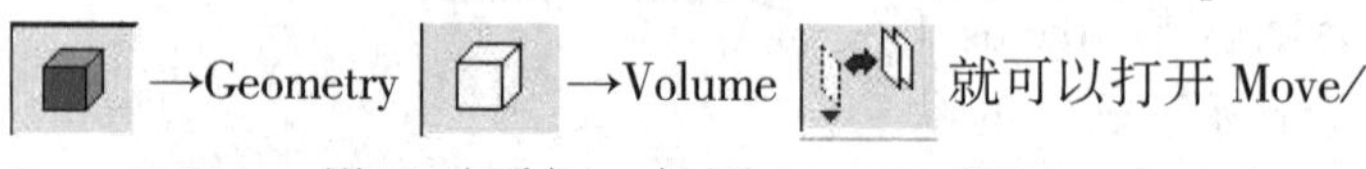

→Geometry →Volume 就可以打开 Move/Copy Volumes 设置对话框，如图 11－55 所示。在 Volumes 项，选择 Move，并点击右侧黄色区域，用“Shift＋鼠标左键”点击磨料入口管边线，此时小管变成红色；在 Operation 项，选择 Rotate（平移）；在 Angle 中，输入 30（这样可满足图 11－40 磨料入口与 X 轴负方向 60°）；在 Axis（旋转轴）后面点击 Define，打开 Vector Definition 对话框，如图 11－56 所示，在 Direction 项选择 Z Positive，然后单击 Apply 按钮关闭 Vector Definition 对话框。最后，点击图 11－55 对话框中 Apply 按钮，该磨料入口管就会旋转到与 X 轴负方向 60°，如图 11－57 所示。

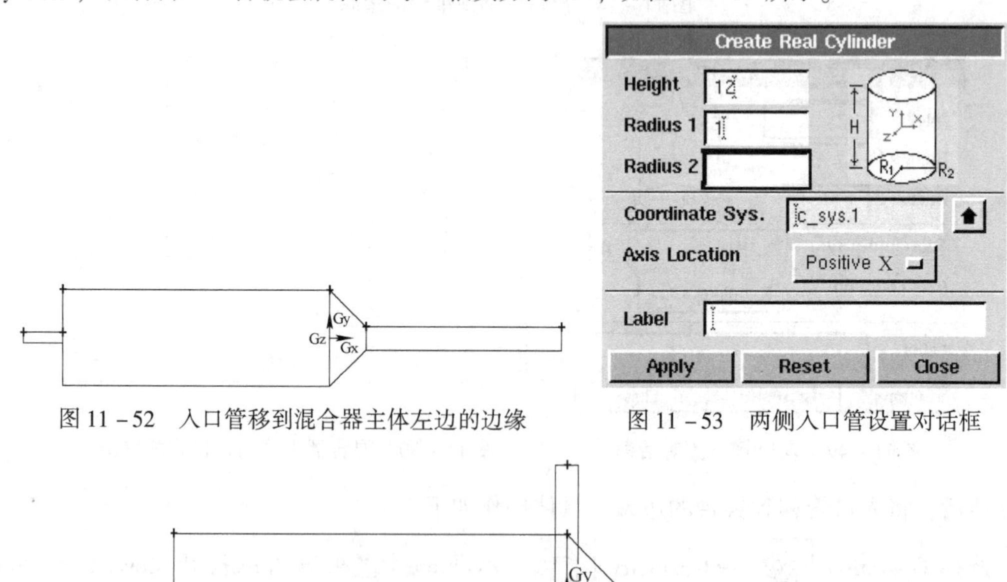

图 11－52 入口管移到混合器主体左边的边缘

图 11－53 两侧入口管设置对话框

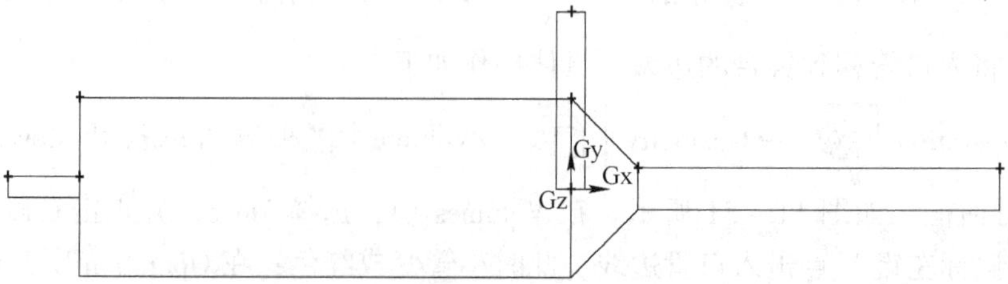

图 11－54 两侧入口管初步建立图

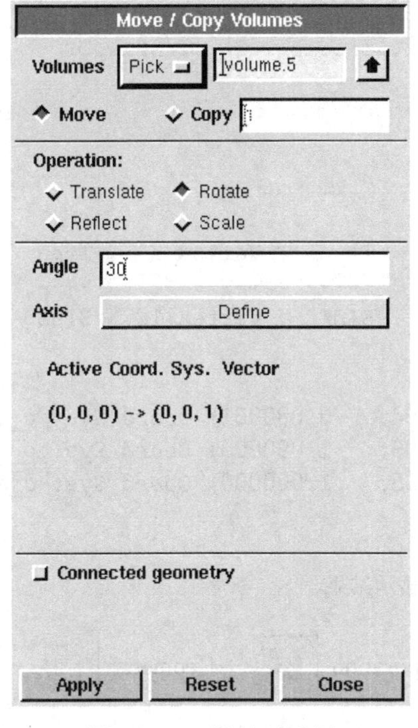

图 11－55　旋转对话框

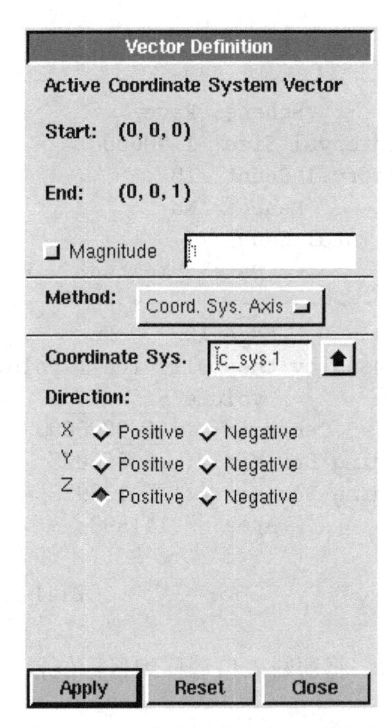

图 11－56　旋转轴方向定义对话框

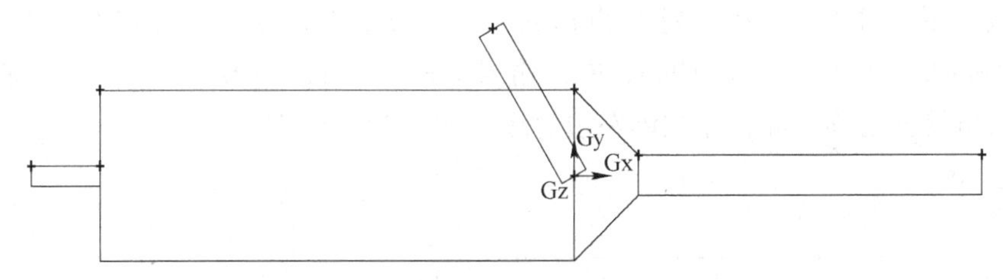

图 11－57　旋转磨料入口管后配置图

第 3 步：将磨料入口管移到混合器主体的边缘。具体操作如下：

首先，测量磨料入面的质心坐标。选择 Operation →Geometry →Face 就可以打开 Summarize 对话框，如图 11－58 所示。在 Faces 项，点击右侧黄色区域，用“Shift＋鼠标左键”点击入口管边面，此时小管入口面变成红色（可以旋转成三维，更好观察）；然后单击 Apply 按钮，该入口面相关信息就会显示在左下角的 Transcript 窗口，如图 11－59 所示，入口面质心 X 坐标为－6。

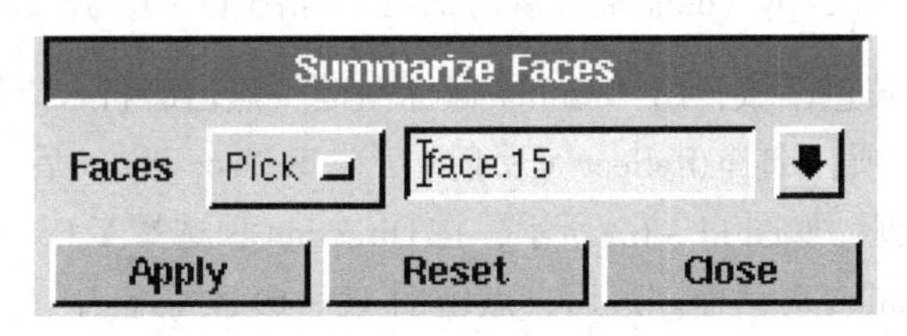

图 11－58　Summarize Faces 查询对话框

```
Face: face.15
-----------------------------------------------------------------
          Scheme: Pave
   Interval Size: 1.000000
  Interval Count: 10
          Meshed: No
     Total Edges: 1
            Name   Meshed:   Vertex_1    Type    Vertex_2    Type
     -------------- -------  --------    ----    --------    ----
         edge.10      No     vertex.10   SIDE    vertex.10   SIDE
Face used by the following 1 volume(s):
            volume.5
        Centroid: ( -6.000000,  10.392304,   0.000001) Coord Sys: c_sys.1
 Bounding Box Min: ( -6.866025,   9.892305,  -1.000000) Coord Sys: c_sys.1
 Bounding Box Max: ( -5.133975,  10.892305,   1.000000) Coord Sys: c_sys.1
            Area: 3.141593
```

图 11－59　查询显示结果

然后，将磨料入口管移到目标位置。选择 Operation →Geometry →Volume 就可以打开 Move/Copy Volumes 设置对话框。在 Volumes 项，选择 Move，并点击右侧黄色区域，用“Shift＋鼠标左键”点击入口管边线，此时小管变成红色；在 Operation 项，选择 Translate（平移）；在 Global 中，输入 $x=-22.4$，$y=0$，$z=0$；然后单击 Apply 按钮，该入口管就会移到混合器主体左边边缘，如图 11－60 所示。

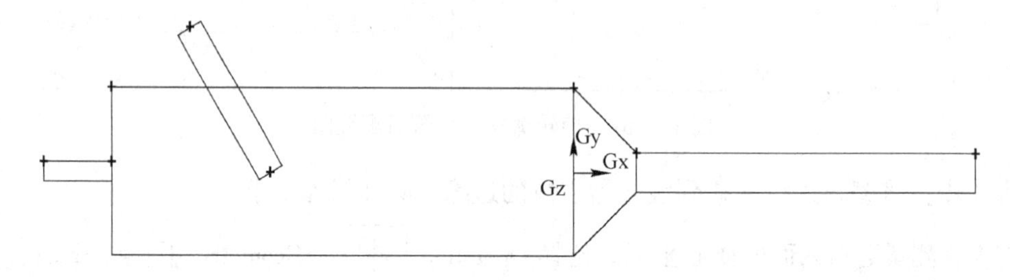

图 11－60　磨料入口管移到目标位置图

第 4 步：建立另一侧磨料入口管。选择 Operation →Geometry →Volume 就可以打开 Move/Copy Volumes 设置对话框，如图 11－61 所示。在 Volumes 项，选择 Copy，并点击右侧黄色区域，用“Shift＋鼠标左键”点击磨料入口管边线，此时小管变成红色；在 Operation 项，选择 Reflect（反射）；在 Reflect Plane 后面点击 Define，打开 Vector Definition 对话框，如图 11－62 所示，在 Direction 项选择 Y Positive，然后单击 Apply 按钮关闭 Vector Definition 对话框。最后，点击图 11－61 对话框中 Apply 按钮，该磨料入口管就会以 Y 轴垂直方向 xoz 面为反射面复制到另一侧，如图 11－63 所示。

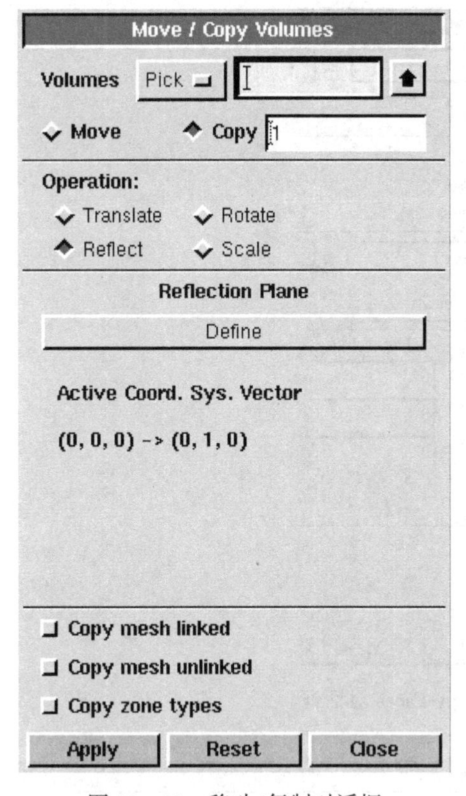

图 11－61　移动/复制对话框

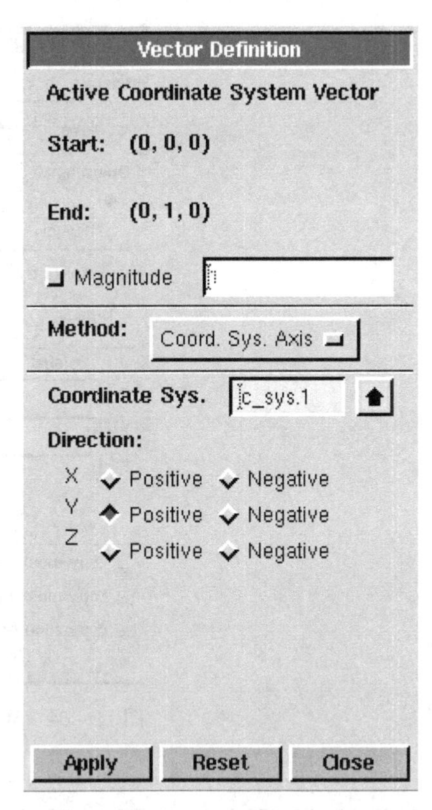

图 11－62　Vector Definition 对话框

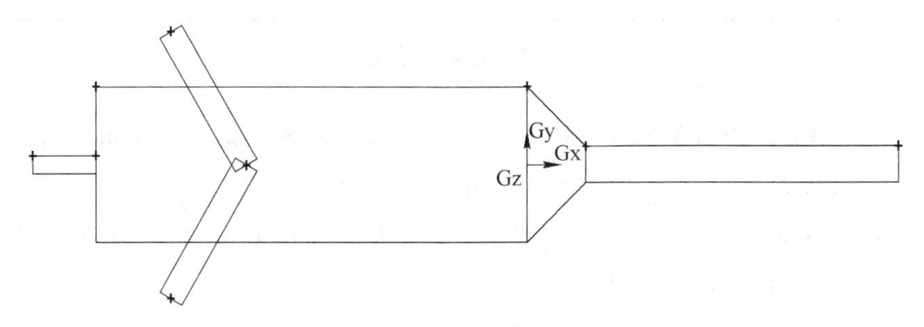

图 11－63　磨料入口管反射复制图

第 5 步：建立入口管切割辅助面。选择 Operation →Geometry →Face 就可以打开 Move/Copy Faces 设置对话框，如图 11－64 所示。在 Faces 项，选择 Copy，并点击右侧黄色区域，用"Shift＋鼠标左键"点击混合器左边面，此时面变成红色；在 Operation 项，选择 Translate；在 Global 中，保持默认（$x=0$，$y=0$，$z=0$）；然后单击 Apply 按钮，就会在原位置复制一相同辅助面，该入口面复制相关信息就会显示在左下角的 Transcript 窗口，如图 11－65 所示，复制新面为 face. 19。

同样的操作方法，将混合器主体圆柱面复制，复制相应新面为 face. 20。

第 6 步：将混合器联成一整体。选择 Operation →Geometry →Volume

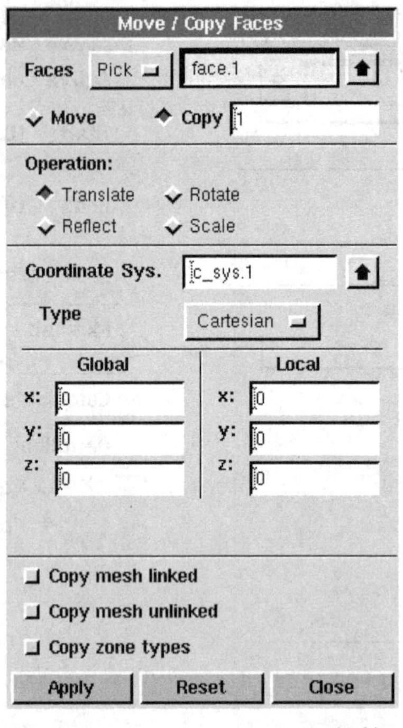

图 11－64 Move/Copy Faces 对话框

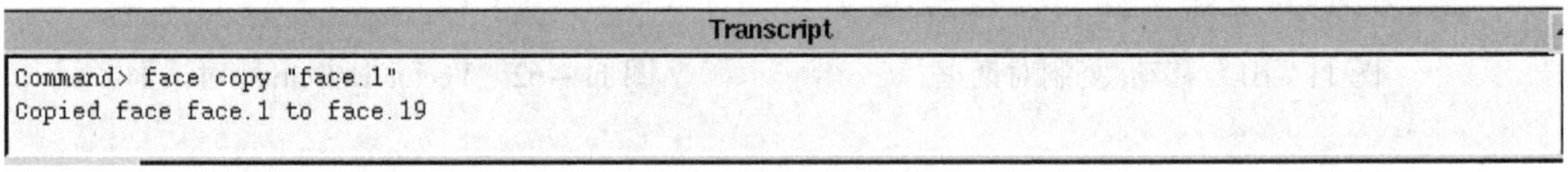

Transcript

```
Command> face copy "face.1"
Copied face face.1 to face.19
```

图 11－65 面复制信息显示

就可以打开 Unite Real Volumes 对话框，如图 11－66 所示。在 Volumes 项，点击右侧黄色区域，用“Shift + 鼠标左键”点击所有几何体，或 Volumes 项，点击向上箭头，打开图 11－67 所示 Volume List 对话框，选择所有体，然后单击 Apply 按钮确认，得到混合器各部分联成一整体，如图 11－68 所示。

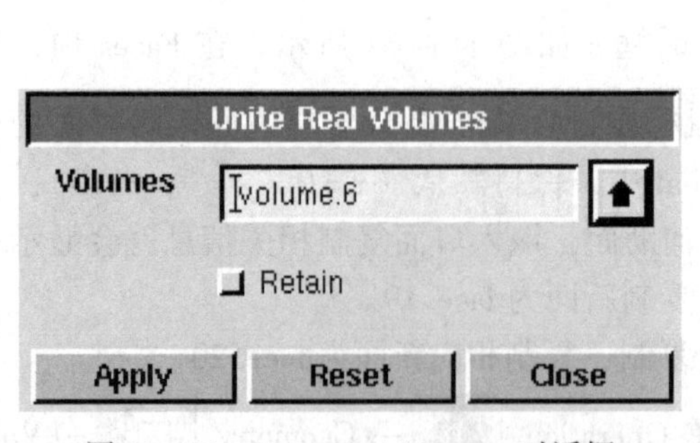

图 11－66 Unite Real Volumes 对话框

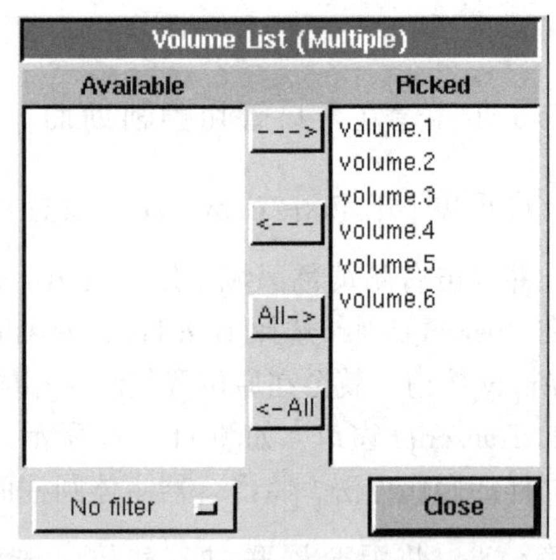

图 11－67 Volume List 对话框

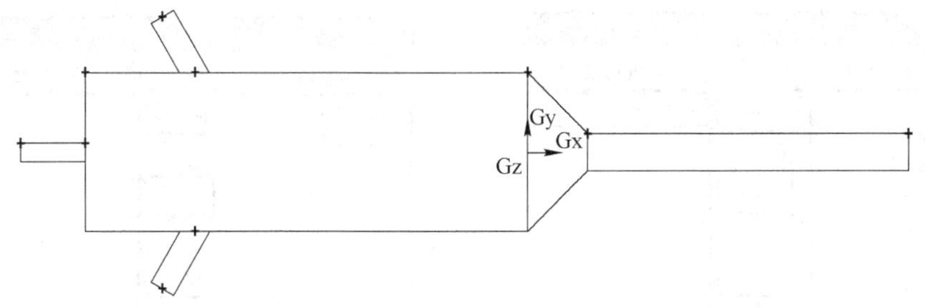

图 11-68 混合器各部分联成一体图

步骤 3：网格划分

可以用 TGrid 对整体进行网格划分，但是在进、出口区域网格质量或较差，或质量可以情况下总体网格数量太多。以下是将整体切分开，对各部分分别划分网格，既可保证网格质量，也可以让网格数量不会太多。

对混合器整体进行切分：

第 1 步：对高压水进口管进行切分。选择 Operation →Geometry →Volume 就可以打开 Split Volume 对话框，如图 11-69 所示。在 Volume 项，点击右侧黄色区域，用“Shift + 鼠标左键”点击（只有一整体）几何体；在 Split With 项，具体选择是鼠标右键点击右边多选框，如图 11-70 所示，选择 Face(Real)；在 Face 项，点击向上箭头，打开图 11-71 所示 Face List 对话框，选择 face.19，图 11-69 下面 Retain、Connected 项选上，然后单击 Apply 按钮确认，混合器主体与高压水管分离，相关信息就会显示在左下角的 Transcript 窗口或用如图 11-72 所示 Volume List 来确认（原来是只有 1 个体，经切割后已变成 2 个体）。

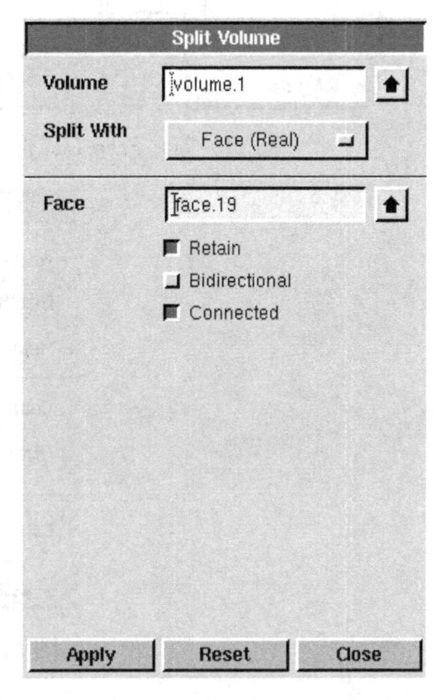

图 11-69 Split Volume 对话框

Volume (Real)
Face (Real)
Faces (Virtual)
Locations (Virtual)

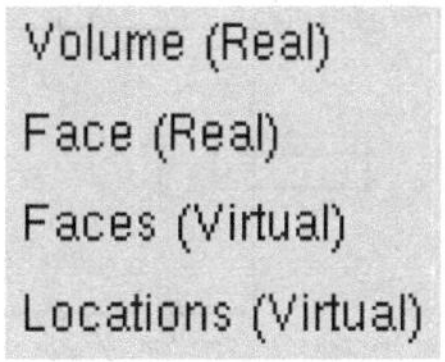

图 11-70 Split With 多选项

第 2 步：对两侧磨料进口管进行切分。同上述操作方法，Split With 项，选择 Face（Real）；在 Face 项，点击向上箭头，打开 Face List 对话框，选择 face.20。然后单击 Apply 按钮确认。

第 3 步：对出口管进行切分。首先，建立辅助体，利用辅助体上面切分出口管。选择 Operation →Geometry →Volume 就可以打开 Create Real Brick 设置如图 11-73 所示对话框。输入 Width(X) = 9.2，Depth(Y) = 30，Height(Z) = 30；Direction 项，选择 Centered。然后单击 Apply 按钮确认，建立如图 11-74 所示辅助体。

同上述操作方法，Split With 项，选择 Face(Real)；在 Face 项，用“Shift + 鼠标左键”点击建立长方体，选择右侧面（用鼠标左键可借助三维模型选择，点击 恢复原视图），选中后，此面变为红色。然后单击 Apply 按钮确认出口被切分。

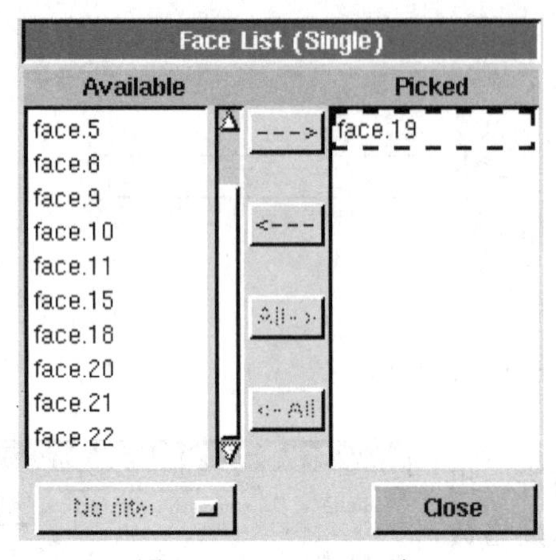

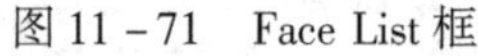
图 11－71　Face List 框

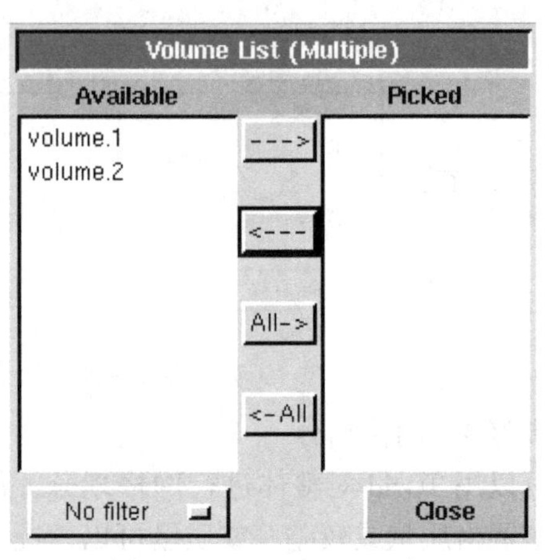

图 11－72　Volume List 框

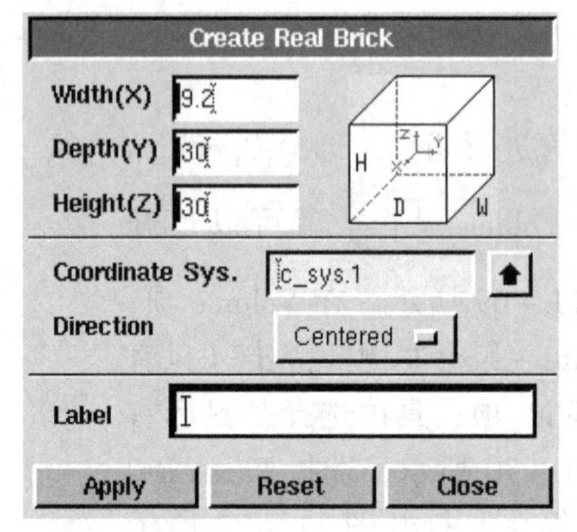

图 11－73　Create Real Brick 对话框

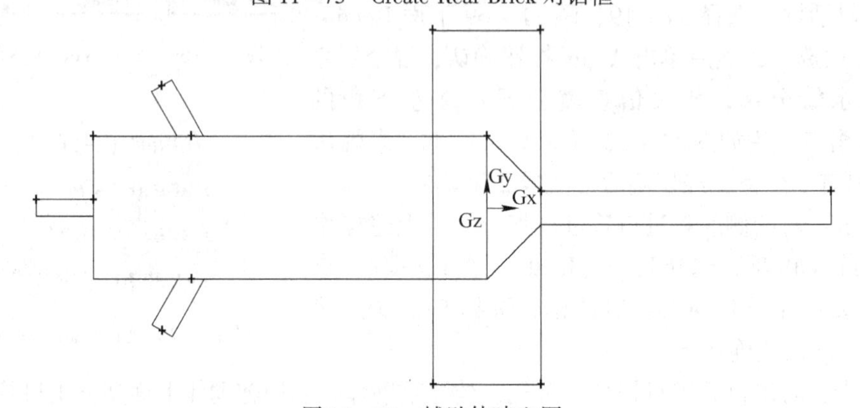

图 11－74　辅助体建立图

第 4 步：对锥台进行切分。首先，利用以上建立的长方体来建立所需辅助面。

选择 Operation →Geometry →Face 就可以打开 Move/Copy Faces 设置对话框。在 Faces 项，选择 Copy，并点击右侧黄色区域，用“Shift＋鼠标左键”点击长方左边面，此时面变成红色；在 Operation 项，选择 Translate；在 Global 中，$x=4.6$，$y=0$，$z=0$；然后单击 Apply 按钮，就会在 $x=0$ 处复制一辅助面（正好与锥台大端面重合），如图 11－75 所示。

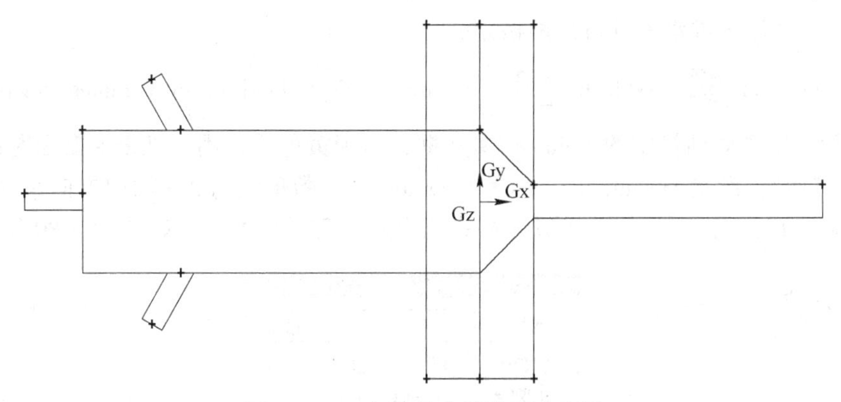

图 11－75 切分锥台辅助面建立图

第 5 步：隐藏辅助体及辅助面。上述所建立的辅助体及辅助面，如果几何体切分完毕，在保证后续操作无误情况下，可以删除。但是，对于许多初学者来说，许多操作有误情况下，可利用辅助体及辅助面进行再操作。如果保留辅助体及辅助面，在后续操作中会影响视线，下面将介绍将其隐藏操作。

点击右下角，打开如图 11－76 所示 Specify Display Attributes 对话框，在 Volumes 项，用“Shift＋鼠标左键”点击长方体；在 Faces 项，用“Shift＋鼠标左键”点击上述建立辅助面；在 Visible 项，选择 Off。然后单击 Apply 按钮确认操作，最后发现辅助体及辅助面被隐藏了。

第 6 步：对高压水进口管进行网格划分。首先，对入口面进行网格划分。

选择 Operation 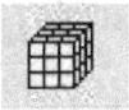 →Mesh 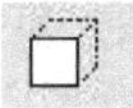 →Face  打开 Mesh Faces 对话框，如图 11－77 所示。单击对话框中的 Faces 文本框，呈现黄色后，用“Shift＋鼠标左键”先选中高压水进口管左侧面。设置 Spacing 时，选择 Interval size，数值设为 0.2，单击 Apply 按钮，可以完成入口面网格划分，如图 11－78 所示。

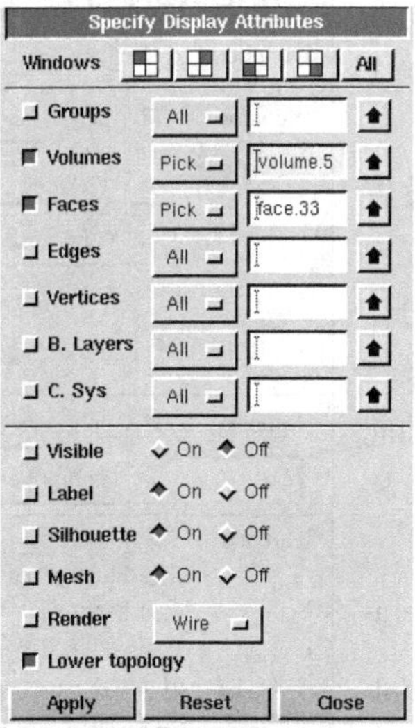

图 11－76 Specify Display Attributes 对话框

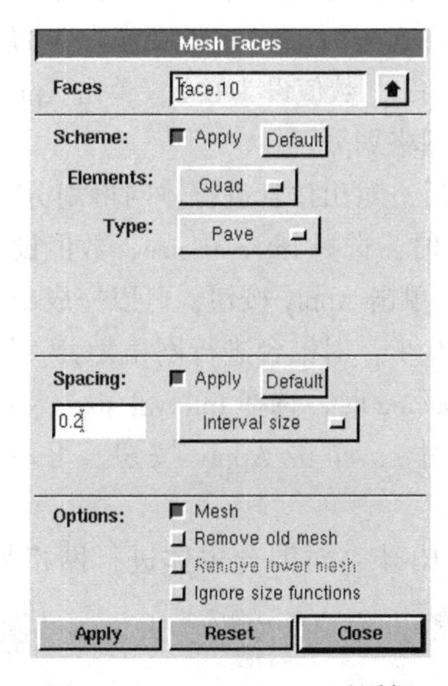

图 11－77 Mesh Faces 对话框

然后，对高压水进水管进行体网格划分。

选择 Operation →Mesh →Volume 打开 Mesh Volumes 对话框，如图 11－79 所示。单击对话框中的 Volumes 文本框，呈现黄色后，用“Shift＋鼠标左键”先选中高压水进口管。设置 Spacing 时，选择 Interval size，数值设为 2（轴向方向尺寸），其余设置为默认。单击 Apply 按钮，可以完成高压水进口管网格划分，如图 11－80 所示。

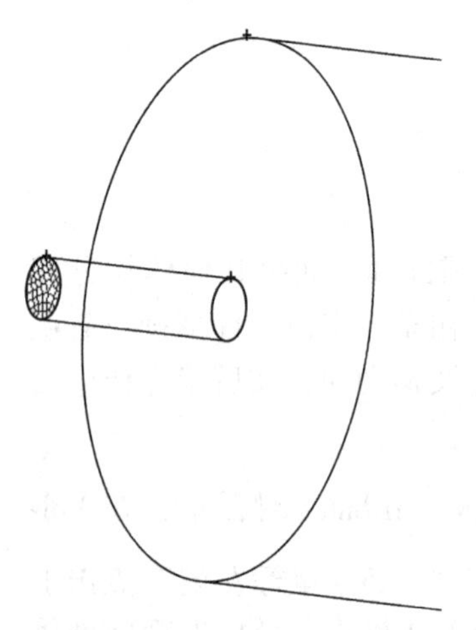

图 11－78 划分后面网格

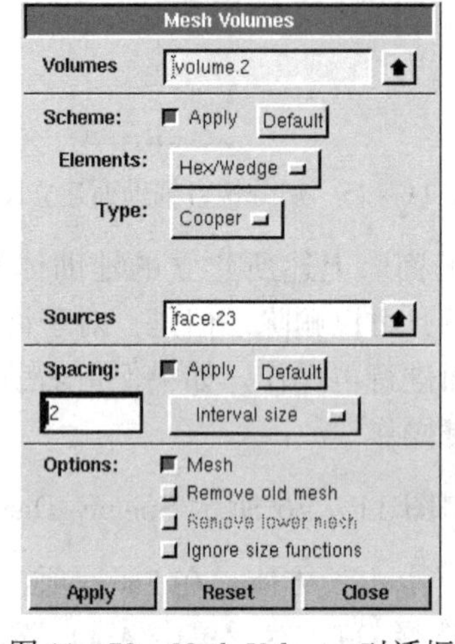

图 11－79 Mesh Volumes 对话框

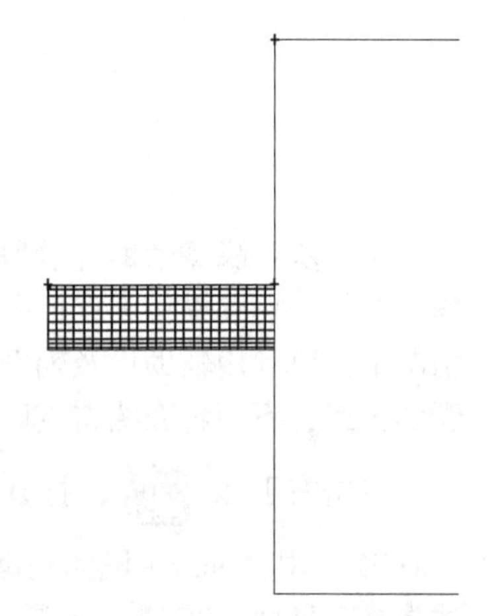

图 11－80 高压水进口管体网格

第 7 步：对磨料进口管进行网格划分。首先，对入口面进行网格划分时，同上述操作在设置 Spacing 时，选择 Interval size，数值设为 0.2，单击 Apply 按钮，可以完成入口面网格划分。

然后，对磨料进口管进行体网格划分。同上述操作设置 Spacing 时，选择 Interval size，数值设为 2（轴向方向尺寸），单击 Apply 按钮，可以完成磨料进口管体网格划分。

第 8 步：对出口管进行网格划分。首先，对出口面进行网格划分时，同上述操作在设置 Spacing 时，选择 Interval size，数值设为 0.2，单击 Apply 按钮，可以完成入口面网格划分。

然后，对出口管进行体网格划分。同上述操作设置 Spacing 时，选择 Interval size，数值设为 2.5（轴向方向尺寸），单击 Apply 按钮，可以完成出口管体网格划分。

第 9 步：对锥台进行网格划分。同上述体网格操作设置 Spacing 时，选择 Interval size，数值设为 2.5（轴向方向尺寸），单击 Apply 按钮，可以完成锥台体网格划分。

第 10 步：对混合主体进行网格划分。选择 Operation →Mesh →Volume 打开 Mesh Volumes 对话框，如图 11－81 所示。单击对话框中的 Vol-

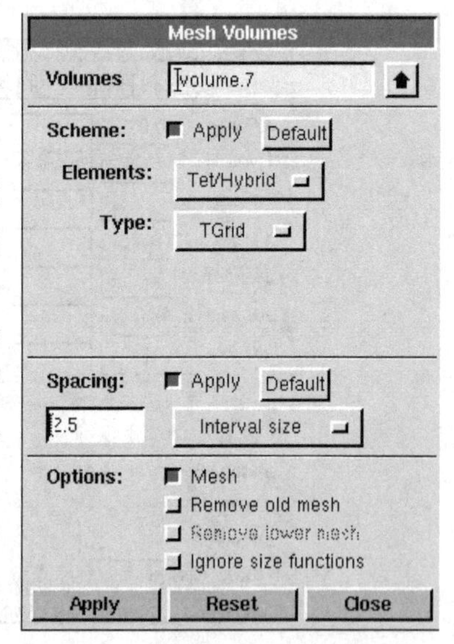

图 11－81 Mesh Volumes 对话框

umes 文本框，呈现黄色后，用“Shift + 鼠标左键”先选中混合主体。设置 Spacing 时，选择 Interval size，数值设为 2.5，其余设置为默认（Type 为 TGrid）。单击 Apply 按钮，可以完成混合主体网格划分，如图 11 – 82 所示。

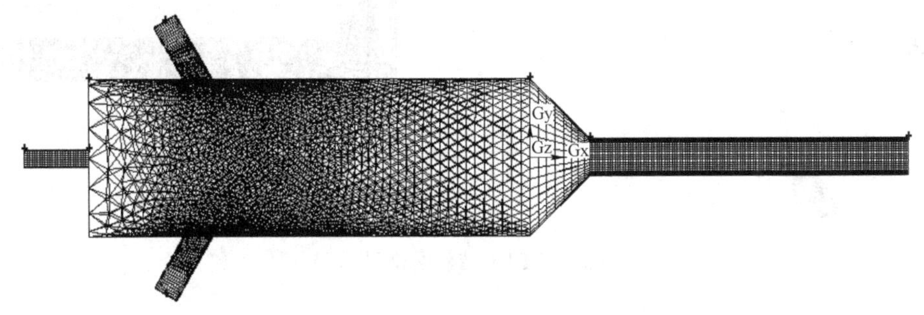

图 11 – 82　混合主体网格

第 11 步：对混合器进行网格检查。点击右下角 ，打开如图 11 – 83 所示 Examine Mesh 对话框，在 Display Type 项，选择 Plane（平面）；本例为 3D Element，如果只选 ，只显示结构网格部分，如图 11 – 84 所示，如选上其后面所有网格类型，则显示包括非结构网格在内所有网格，如图 11 – 85 所示。在 Cut Orientation 项，拖动 x、y 或 z 后面滑动条，就可动态观察网格情况。显示网格的颜色越接近红色（1），说明网格质量差；反之网格的颜色越接近蓝色（0），说明网格质量好。上述以 cooper 类型划分进口、出口及锥台的结构网格质量较好，而混合器以 TGrid 类型划分的非结构网格质量相对较差。

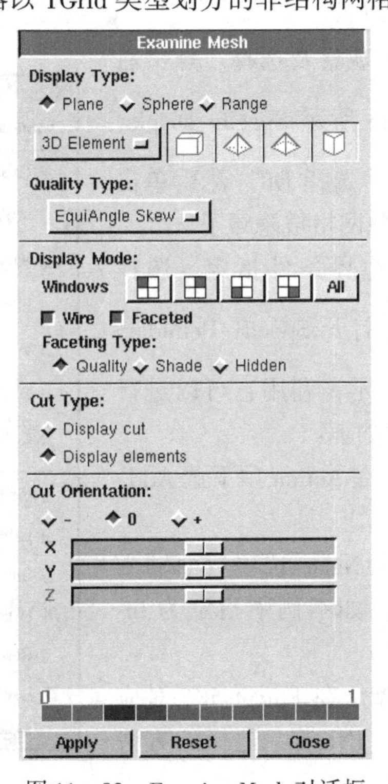

图 11 – 83　Examine Mesh 对话框

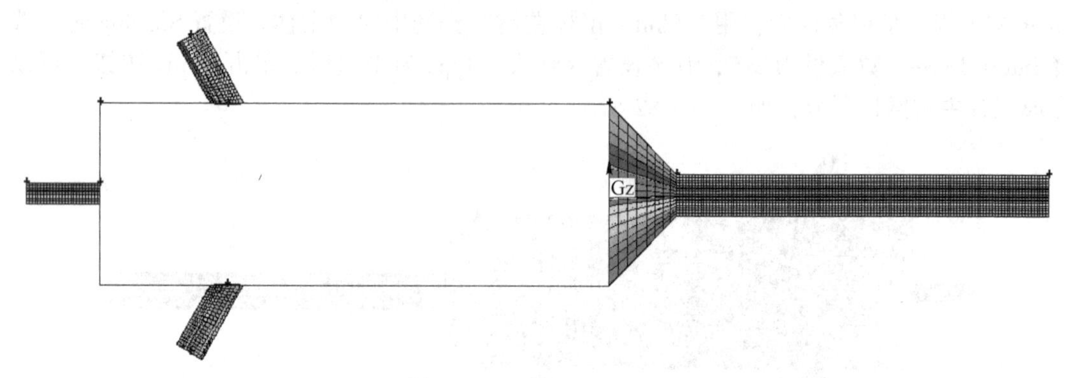

图 11－84　结构网格显示

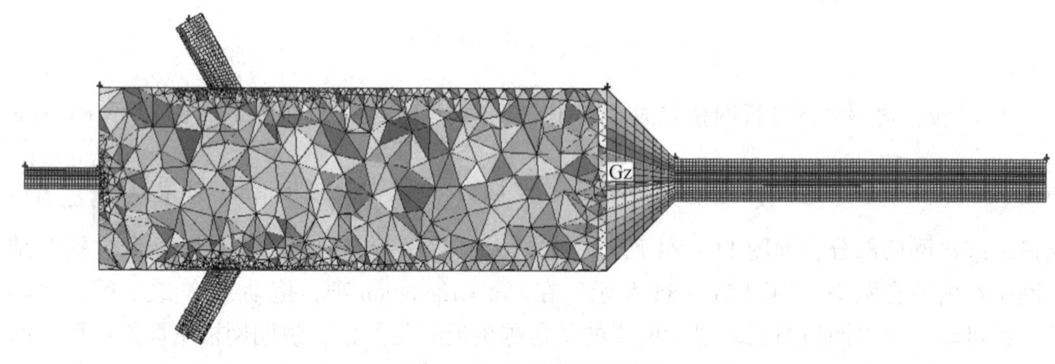

图 11－85　所有网格显示

步骤 4：边界条件类型的指定

首先，将网格隐藏，便于观察及选择。点击右下角，打开如图 11－86 所示 Specify Display Attributes 对话框，在 Mesh 项，选择 Off。然后单击 Apply 按钮确认操作，最后发现网格被隐藏了。

第 1 步：对高压水入口边界条件指定。选择 Operation →Zones 打开 Specify Boundary Types 对话框，如图 11－87 所示，利用它可以进行边界条件类型设定。具体步骤如下：

（1）指定要进行的操作。在 Action 项下选 Add，也就是添加边界条件。

（2）给出边界的名称。在 Name 选项后面输入一个名称给指定的几何单元。如本例中指定为 inlet1。

（3）指定边界条件的类型。在 Fluent 5/6 对应的边界条件中选中 VELOCITY_INLET，选择的方法就是利用鼠标的右键单击类型。

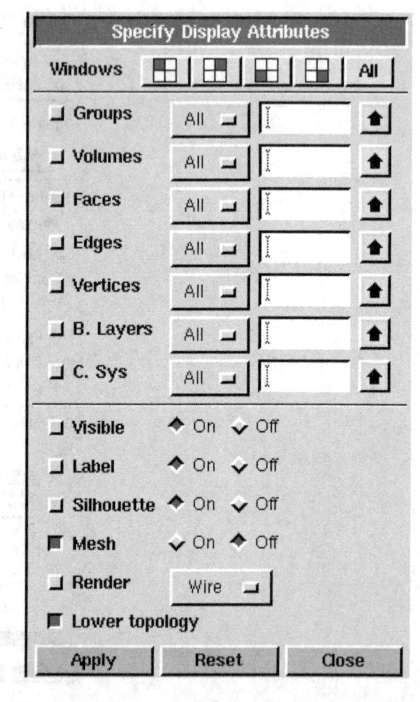

图 11－86　Specify Display Attributes 对话框

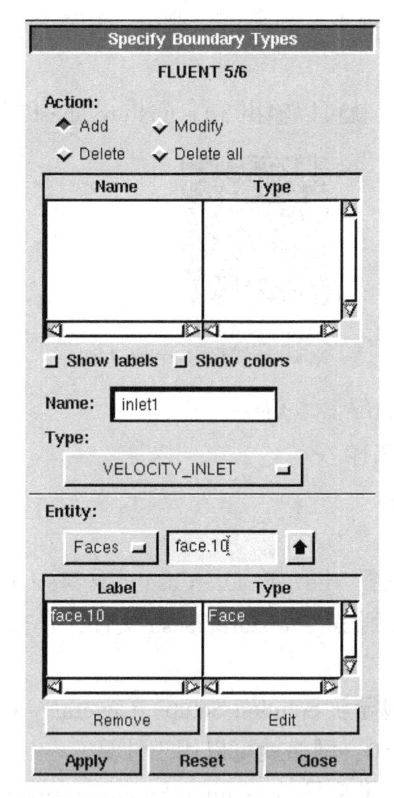

图 11－87 Specify Boundary Types 对话框

（4）指定边界条件对应的几何单元。Entity 对应的几何单元选择 Faces，在 Faces 文本框中单击鼠标左键，然后利用“Shift + 鼠标左键”在图形窗口中选中高压水入口管处的面单元。

上述的设置完成后，单击 Apply 按钮就在 Name 列表中添加了 inlet1，并且类型是 VELOCITY_INLET。

第 2 步：对磨料入口边界条件指定。重复上面的步骤就可以指定磨料入口（两个入口分开定义）的边界条件，此时 Name 对应的分别是 inlet2、inlet3，Type 对应的是 VELOCITY_INLET。

第 3 步：对出口边界条件指定。重复上面的步骤就可以指定出口的边界条件，此时 Name 对应的是 outlet，Type 对应的是 PRESSURE_OUTLET。设置完上述参数后单击 Apply 按钮，可以看到如图 11－88 所示的边界设定结果。

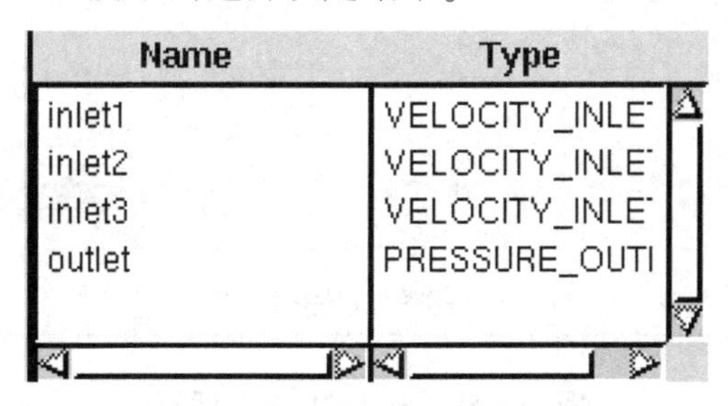

图 11－88 边界条件设定结果

Gambit 默认的边界条件类型为 wall 类型，所以，其余边的边界条件不需要特意指定。

步骤 5：Mesh 文件的输出

选择 File→Export→Mesh，就可以输出 3d - mixture. mesh 文件。

视频11-4
Mixture模型Gambit建模

11.3.3.2　利用 Fluent 求解器求解

步骤 1：Fluent 求解器的选择

选择三维的单精度求解器。

步骤 2：网格的相关操作

（1）网格文件的读入。选择 File→Read→Case（或 Mesh）。

打开文件导入对话框，找到 3d - mixture. mesh 文件，单击 OK 按钮，Mesh 文件就被导入到 Fluent 求解器中了。

（2）检查网格文件。模型导航 Solution Setup→General→Mesh→Check 对网格文件进行检查。若最小的网格体积大于 0，网格就可以用于计算。

（3）设置计算区域尺寸。模型导航 Solution Setup→General→Mesh→Scale。

打开如图 11 - 89 所示的对话框，对几何区域的尺寸进行设置。Fluent 默认的单位是 m，而本例给出单位为 mm，在 Grid Was Created In 列表中选择 mm，单击 View Length Unit in 将单位换成 mm，然后单击 Scale 按钮就可以对计算区域的几何尺寸进行缩放，从而使它符合求解区域的实际尺寸。最后单击 Close 按钮关闭对话框。

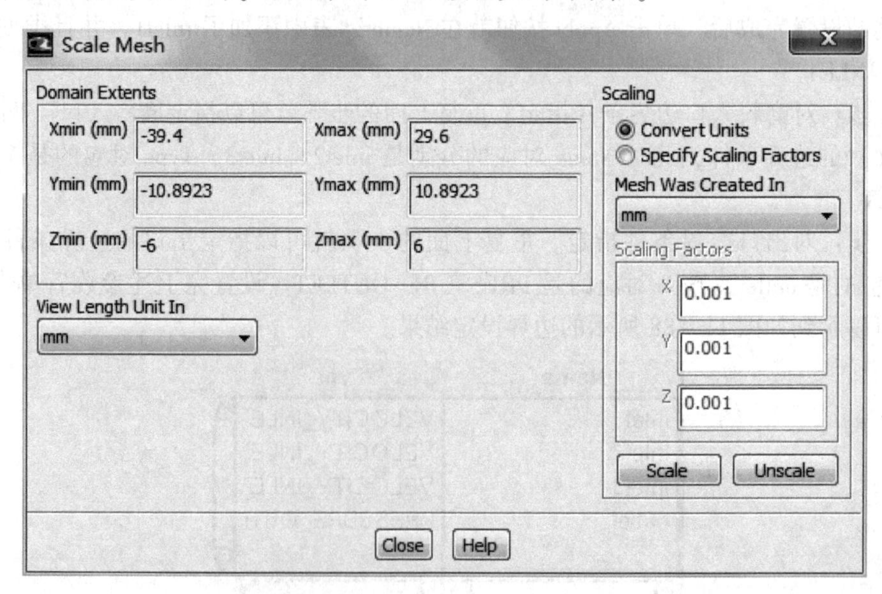

图 11 - 89　Scale Mesh 对话框

步骤 3：选择计算模型

当网格文件检查完毕以后，就可以为这一网格文件指定计算模型。

（1）基本求解器的定义。模型导航 Solution Setup→General→Solver。

打开如图 11－90 所示的对话框，保持默认设置即可。

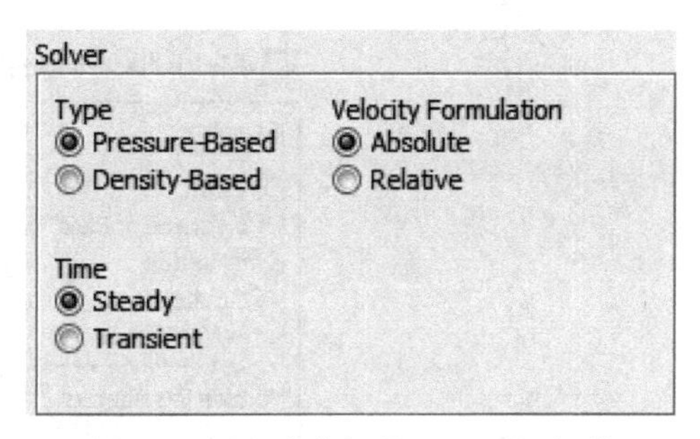

图 11－90　基本求解器 Solver 的对话框

（2）湍流模型的指定。模型导航 Solution Setup→Models→Viscous。

由雷诺数计算可知，本流场的流态为湍流，要对湍流模型进行设置。Fluent 默认的黏性模型是层流（Laminar），本例选中 k－epsilon（$\kappa-\varepsilon$）湍流模型，设置如图 11－91 所示。设置后，点击 OK 关闭 Viscous Model 设置对话框。

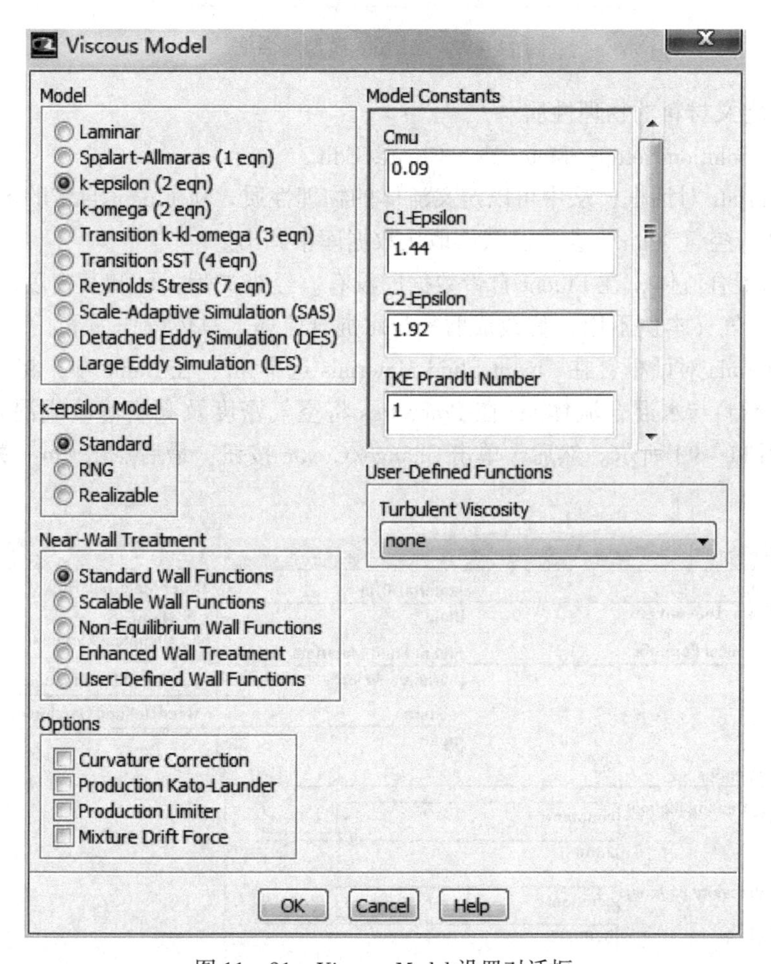

图 11－91　Viscous Model 设置对话框

（3）Mixture 模型的选择。模型导航 Solution Setup→Models→Multiphase Model。

打开多相流模型对话框，选择 Mixture 模型，就会展开如图 11－92 所示的对话框，在 Number of Eulerian Phases 项下面的数值为 2，其他设置保持默认即可，点击 OK 确认设置。

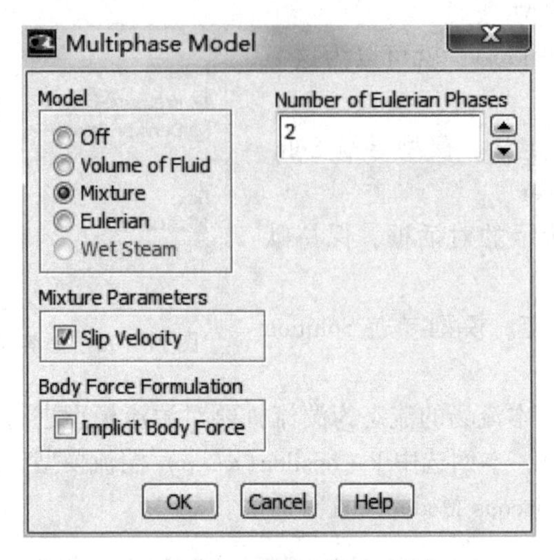

图 11－92 Mixture 模型对话框

步骤 4：定义材料的物理性质

模型导航 Solution Setup→Meterials→Create/Edit。

打开 Meterials 对话框，从中可以定义流体的物理性质。从 Fluent 自带的数据库中调出水的物理参数，空气（air）参数已默认地从数据库中调出。

磨料与水混合流体，在 Fluent 自带数据库没有。经查文献，已知其密度及黏度，见表 11－3。可将空气（本例不用）修改成磨料与水混合流体。具体操作如下：

打开 Meterials 对话框，在 Fluent Fluid Materials 选中 air，在 Name 项，将 air 修改 abrasive－water（磨料与水混合流体）；在 Properties 将空气密度及黏度修改成混合流体参数，具体设置如图 11－93 所示。然后，单击 Change/Create 按钮，最后点击 Close 关闭 Meterials 对话框。

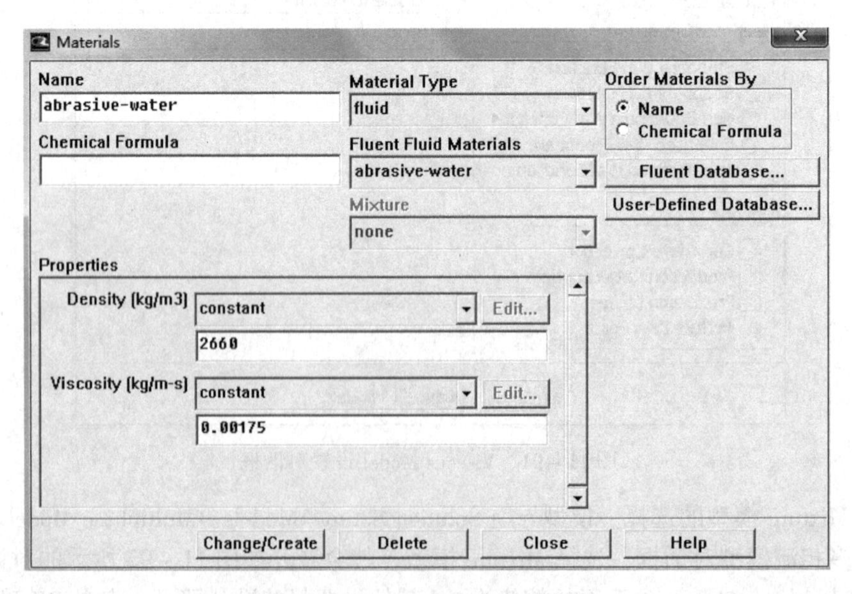

图 11－93 Meterials 设置对话框

步骤 5：基本相及第二相的设定

Define→Phases，打开如图 11－94 所示的对话框来定义基本相及第二相。具体设置如下：

（1）基本相的设定。在 Phases 下面选中 phase－1，在 Type 项下选中 primary phase，然后单击 Edit 按钮打开如图 11－95 所示对话框。在 Name 文本框中输入 water 代替原来 phase－1，在 Phase Material 列表中选中 water－liquid，最后单击 OK 按钮即定义了水为基本相。

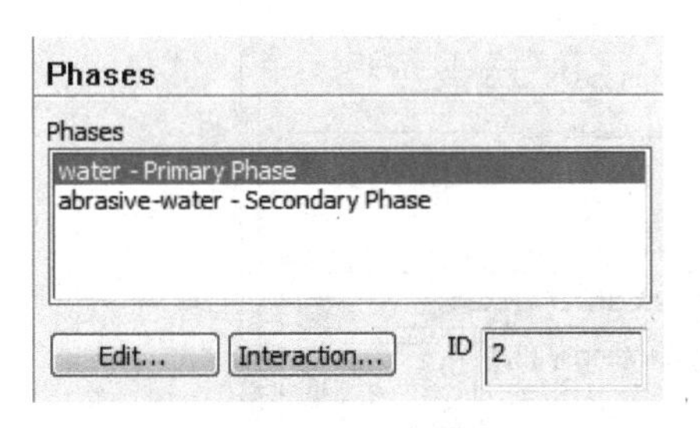

图 11－94　多相流对话框

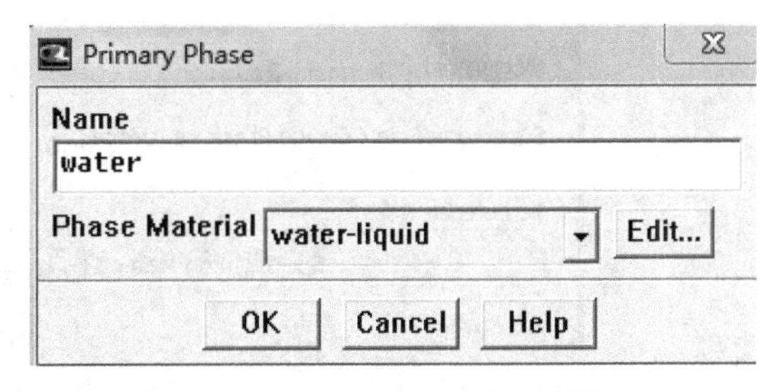

图 11－95　基本相设置对话框

（2）第二相的设定。在 Phase 下面选中 phase－2，在 Type 项下选中 secondary phase，然后单击 Edit 按钮打开如图 11－96 所示对话框。在 Name 文本框中输入 abrasive－water 代替原来 phase－2，在 Phase Material 列表中选中 abrasive－water，然后在 Properties 项，设置磨料粒径为 0.1。最后单击 OK 按钮即定义了混合流体为第二相。

步骤 6：设置边界条件

模型导航 Solution Setup→Boundary Conditions。

设定物质的物理性质以后，可以用如图 11－97 所示对话框使得计算区域的边界条件具体化。

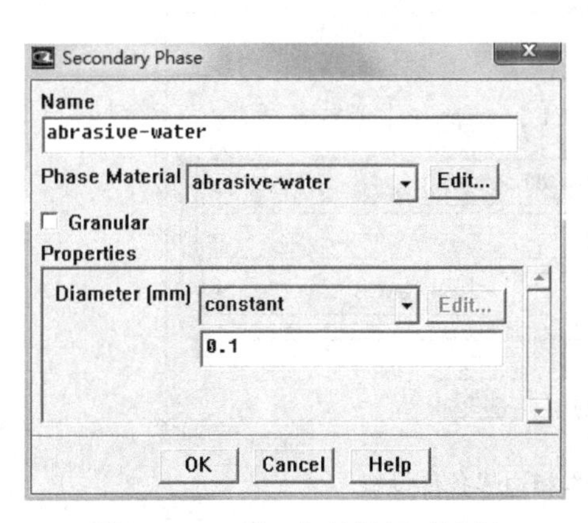

图 11－96　第二相的设置对话框

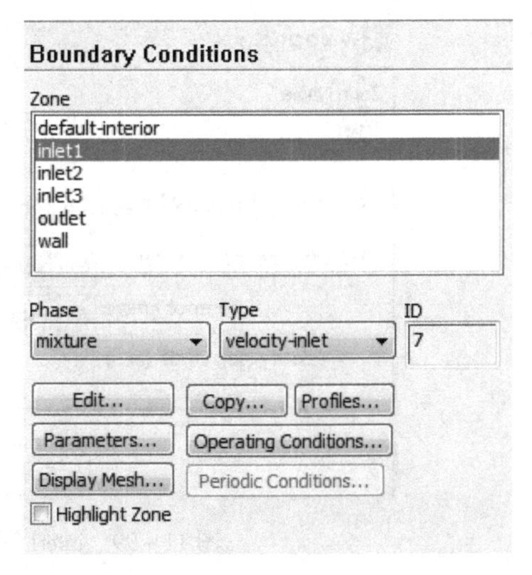

图 11－97　Boundary Conditions 设置对话框

（1）设置 inlet1 的边界条件。在图 11－97 所示的 Zone 列表中选择 inlet1，也就是高压水入口，可以看到它对应的边界条件类型为 velocity－inlet，这个区域设置有三种情况。

一是 Mixture 的设置。在图 11－97 所示的对话框的 Phase 下拉列表选中 mixture，然后单击 Edit 按钮，可以看到如图 11－98 所示的对话框。在 Turbulence（湍流强度）→Specification Method 中选 Intensity and Hydraulic Diameter，相应项 Turbulent Intensity 及 Hydraulic Diameter 分别设置为 10 及 1.4，单击 OK 按钮退出。

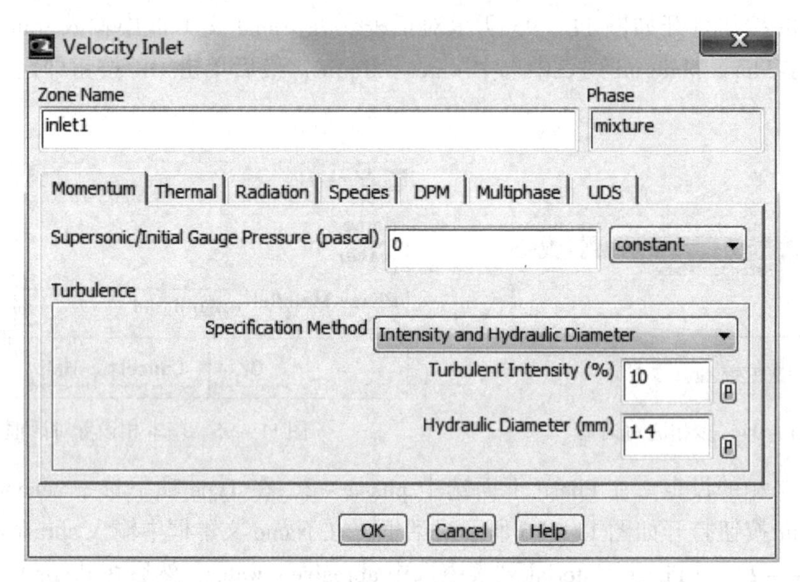

图 11－98　inlet1 区域混合相边界条件设置

二是关于基本相（水）的速度设置。在图 11－97 所示的对话框的 Phase 下拉列表选中 water，然后单击 Edit 按钮，可以看到如图 11－99 所示的对话框，在 Momentum 项，Velocity Magnitude 文本框对应的是入口处的水流速度，此处设定为 30。单击 OK 按钮确认设置。

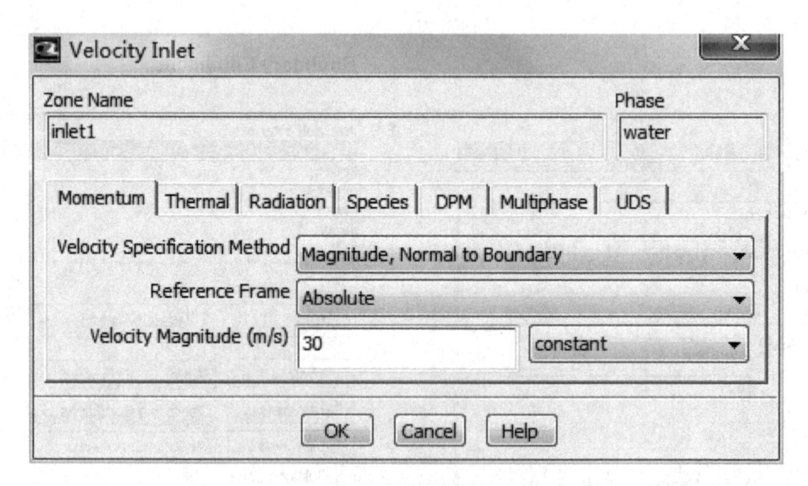

图 11－99　inlet1 区域基本相边界条件设置

三是关于第二相的设置。在图 11－97 所示的对话框的 Phase 下拉列表选中 abrasive－water，然后单击 Edit 按钮，可以看到如图 11－100 所示的对话框，在 Momentum 项，Velocity Magnitude 文本框对应的是入口处第二相 abrasive－water 的速度，此处设定为 0；在

Multiphase 项，将 Volume Fraction 后面数值设为 0（如图 11－101 所示），物理意义是 inlet1 处为水，没有磨料。单击 OK 按钮确认设置。

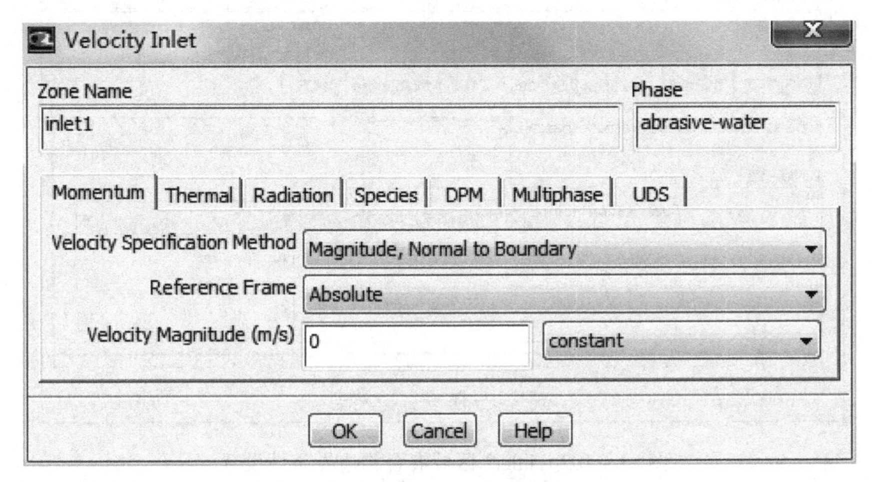

图 11－100　inlet1 区域第二相速度设置

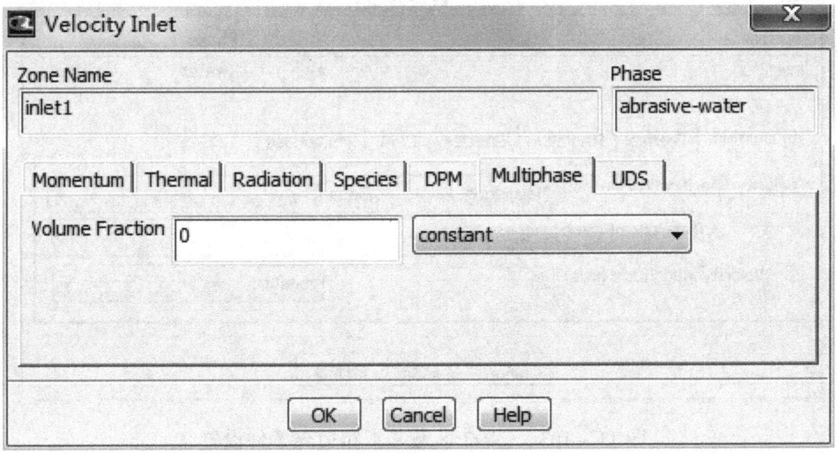

图 11－101　inlet1 区域第二相体积分数设置

（2）设置 inlet2 的边界条件。在图 11－97 所示的 Zone 列表中选择 inlet2，也就是磨料水入口，可以看到它对应的边界条件类型为 velocity－inlet，这个区域设置有三种情况。

一是 Mixture 的设置。在图 11－97 所示的对话框的 Phase 下拉列表选中 mixture，然后单击 Edit 按钮，可以看到如图 11－102 所示的对话框。在 Turbulence（湍流强度）→Specification Method 中选 Intensity and Hydraulic Diameter，相应项 Turbulent intensity 及 Hydraulic Diameter 分别设置为 10 及 2，单击 OK 按钮退出。

二是关于基本相（水）的速度设置。在图 11－97 所示的对话框的 Phase 下拉列表选中 water，然后单击 Edit 按钮，可以看到如图 11－103 所示的对话框，在 Momentum 项，Velocity Magnitude 文本框对应的是磨料入口处的水流速度，此处设定为 20。单击 OK 按钮确认设置。

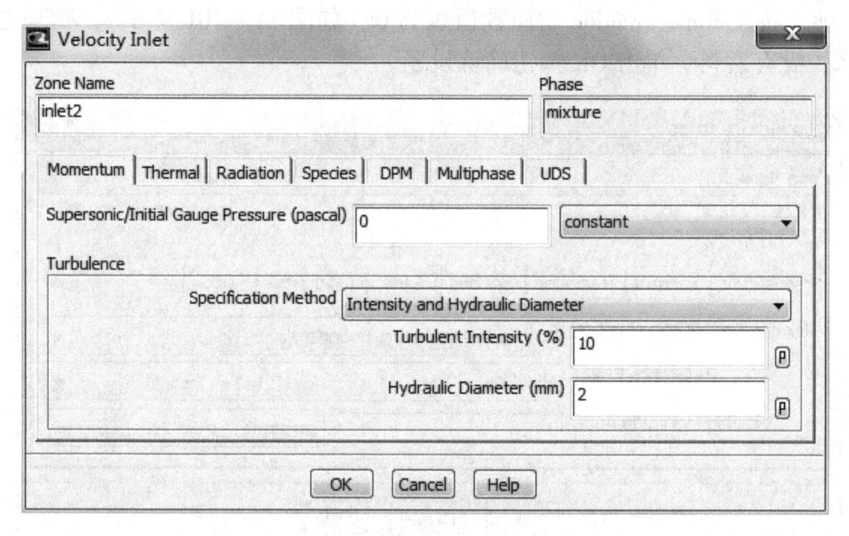

图 11－102　inlet2 区域混合相边界条件设置

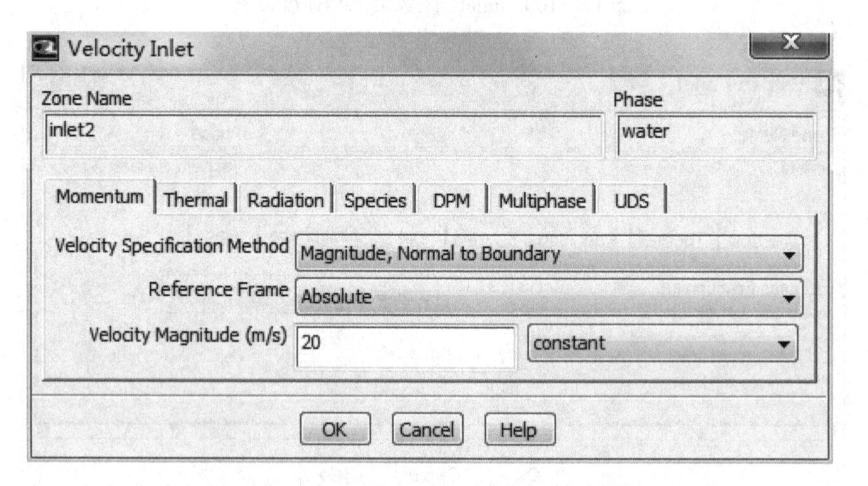

图 11－103　inlet2 区域基本相边界条件设置

三是关于第二相的设置。在图 11－97 所示的对话框的 Phase 下拉列表选中 abrasive－water，然后单击 Edit 按钮，可以看到如图 11－104 所示的对话框，在 Momentum 项，Velocity Magnitude 文本框对应的是入口处第二相磨料的速度，此处设定为 18；在 Multiphase 项，将 Volume Fraction 后面数值设为 0.3（如图 11－105 所示），物理意义是 inlet2 处为磨料体积分数为 0.3。单击 OK 按钮确认设置。

（3）设置 inlet3 的边界条件。所有设置与 inlet2 相同。

（4）设置 outlet 的边界条件。在图 11－97 所示的 Zone 列表中选择 outlet，也就是混合器的出口，可以看到它对应的边界条件类型为 pressure－outlet，这个区域设置有两种情况。

一是混合相的设定。在图 11－97 所示的对话框的 Phase 下拉列表选中 mixture，然后单击 Edit 按钮，可以看到如图 11－106 所示的对话框。其中 Gauge Pressure 文本框对应的是出口处的表压强，出口为大气压，此处应设定为 0。Backflow Turbulent Intensity 和 Backflow Hydraulic Diameter 对应值分别为 10 和 2.8，单击 OK 按钮确认设置。

Velocity Inlet
Zone Name
inlet2
Phase
abrasive-water
Momentum
Thermal
Radiation
Species
DPM
Multiphase
UDS
Velocity Specification Method
Magnitude, Normal to Boundary
Reference Frame
Absolute
Velocity Magnitude (m/s)
18
constant
OK
Cancel
Help

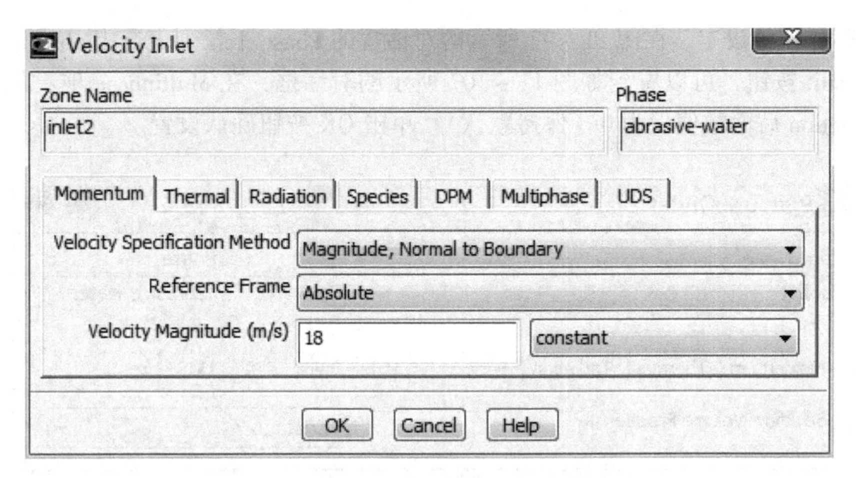

图 11 - 104　inlet2 区域第二相速度设置

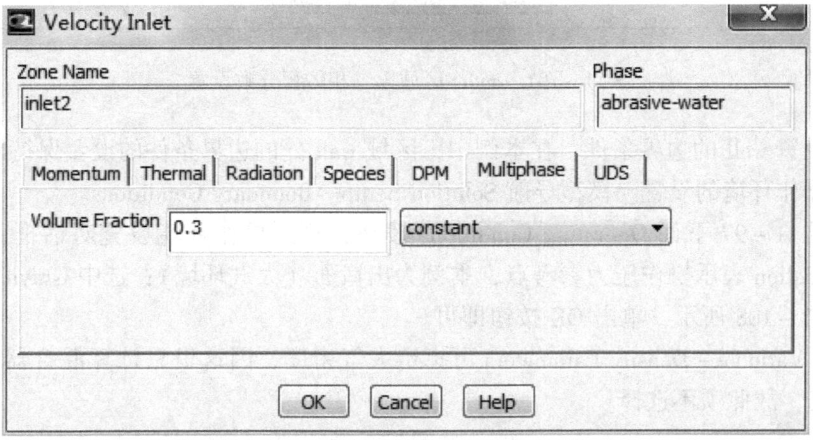

Velocity Inlet
Zone Name
inlet2
Phase
abrasive-water
Momentum
Thermal
Radiation
Species
DPM
Multiphase
UDS
Volume Fraction
0.3
constant
OK
Cancel
Help

图 11 - 105　inlet2 区域第二相体积分数设置

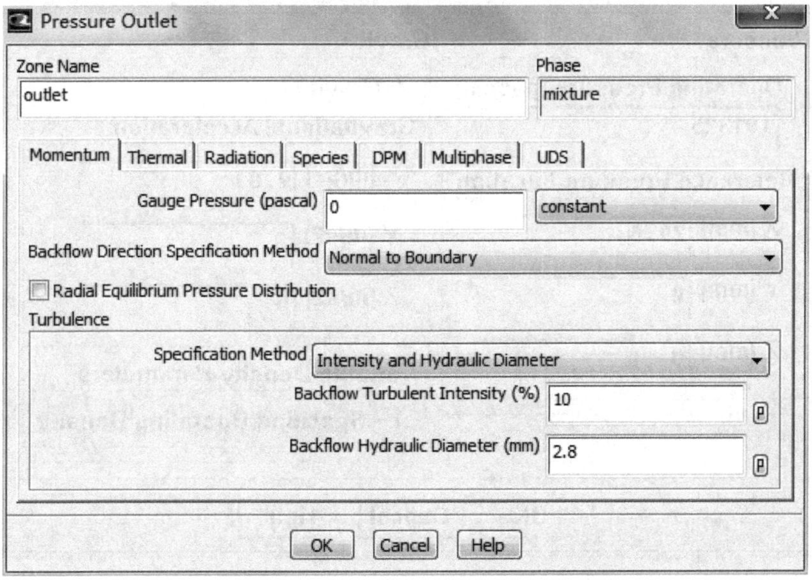

Pressure Outlet
Zone Name
outlet
Phase
mixture
Momentum
Thermal
Radiation
Species
DPM
Multiphase
UDS
Gauge Pressure (pascal)
0
constant
Backflow Direction Specification Method
Normal to Boundary
Radial Equilibrium Pressure Distribution
Turbulence
Specification Method
Intensity and Hydraulic Diameter
Backflow Turbulent Intensity (%)
10
Backflow Hydraulic Diameter (mm)
2.8
OK
Cancel
Help

图 11 - 106　outlet 区域混合相边界条件设置

二是第二相的设定。在图 11－97 所示的对话框的 Phase 下拉列表选中 abrasive－water，然后单击 Edit 按钮，可以看到如图 11－107 所示的对话框，在 Multiphase 项，将 Backflow Volume Fraction 后面数值设为 0（保持默认）。单击 OK 按钮确认设置。

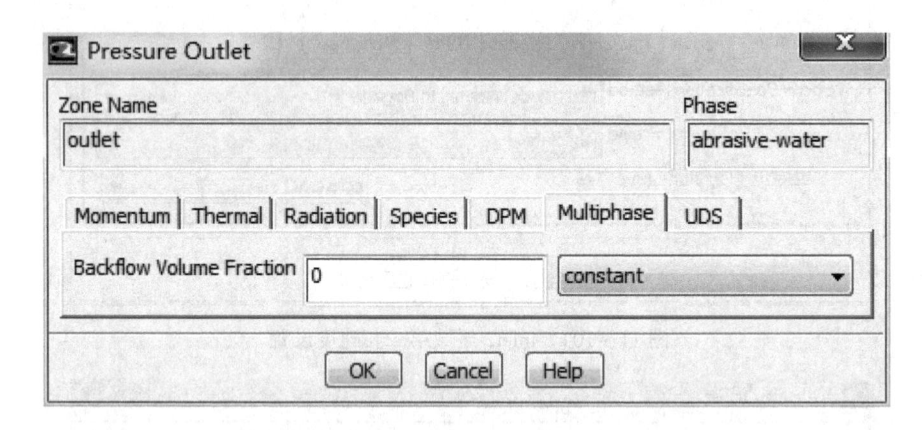

图 11－107 outlet 区域第二相体积分数设置

（5）设置 wall 的边界条件。在本例中，区域 wall 处的边界条件的设置保持默认。

（6）操作环境的设置。模型导航 Solution Setup→Boundary Conditions。

点击图 11－97 下面 Operating Conditions 按钮，打开操作环境设置对话框，Reference Pressure Location 表示操作压力参考点，本例为出口面（大气环境）；选中 Gravity 项，具体设置如图 11－108 所示，单击 OK 按钮即可。

注意：Variable－Density Parameters 可指定大气密度，因这里只计算混合器内部流场，不涉及空气，故此项不选择。

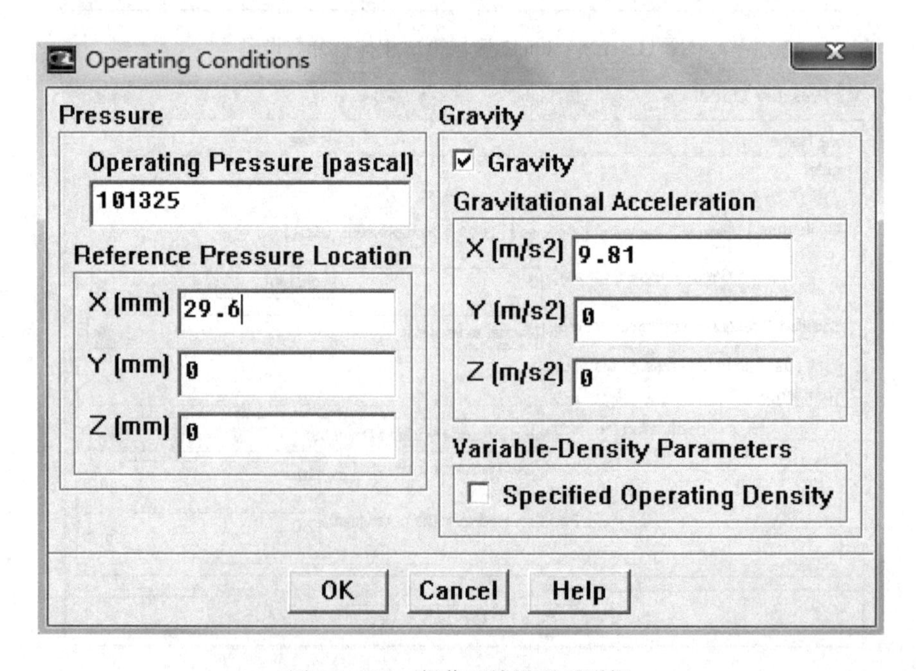

图 11－108 操作环境设置对话框

步骤 7：求解方法的设置及其控制

（1）求解方法。模型导航 Solution→Solution Methods。

打开 Solution Methods 设置的对话框，设置如图 11－109 所示。

（2）求解控制。模型导航 Solution→Solution Controls。

打开 Solution Controls 设置的对话框，设置如图 11－110 所示。

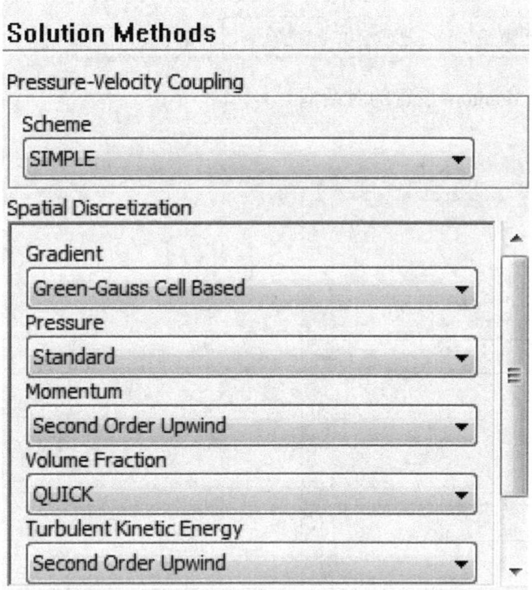

图 11－109　Solution Methods 设置对话框

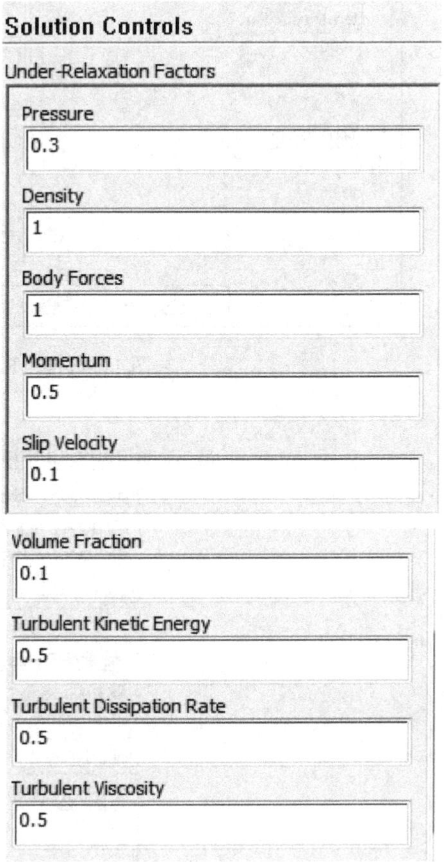

图 11－110　Solution Controls 设置对话框

（3）打开残差图。模型导航 Solution→Monitors→Residuals。

打开残差对话框，选择 Options 后面的 Plot，从而在迭代计算时动态显示计算残差；Convergence 对应的数值是计算结果的残差要满足的最低要求，数值越小说明计算的精度要求越高，具体设置如图 11－111 所示。最后单击 OK 按钮确认以上设置。

（4）初始化。模型导航 Solution→Solution Initialization→Initialize。

打开如图 11－112 所示的 Solution Initialization 对话框。设置 Compute from 为 inlet1，Initial Values 下面的 abrasive－water Volume Fraction 对应的值为 0，说明初始时刻整个计算区域充满了水（没有磨料）。单击 Initialize 按钮。

（5）保存当前 Case 及 Data 文件。File→Write→Case&Data，通过这个操作保存前面所做的所有设置。

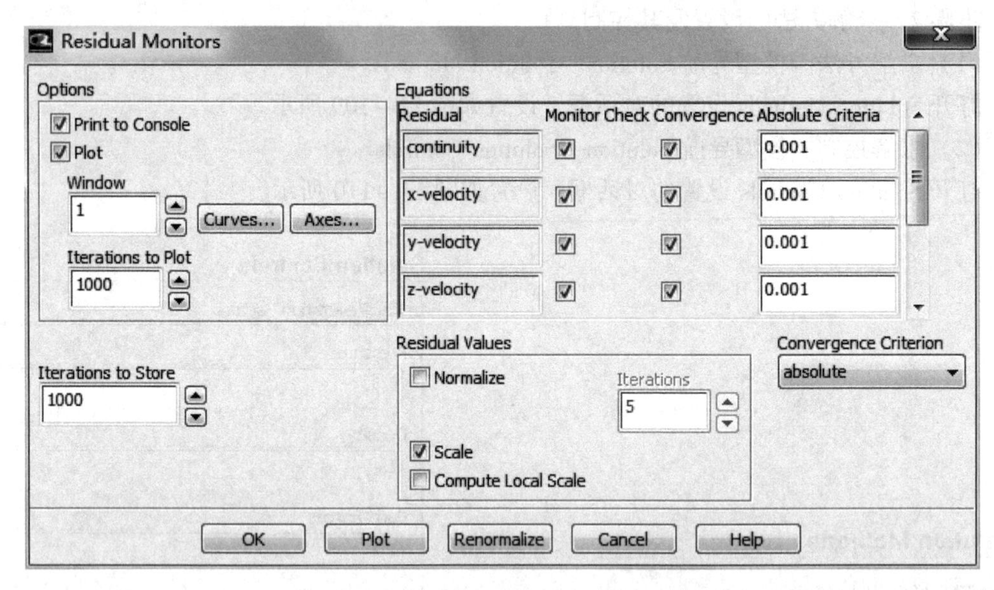

图 11－111　Residual Monitors 设置的对话框

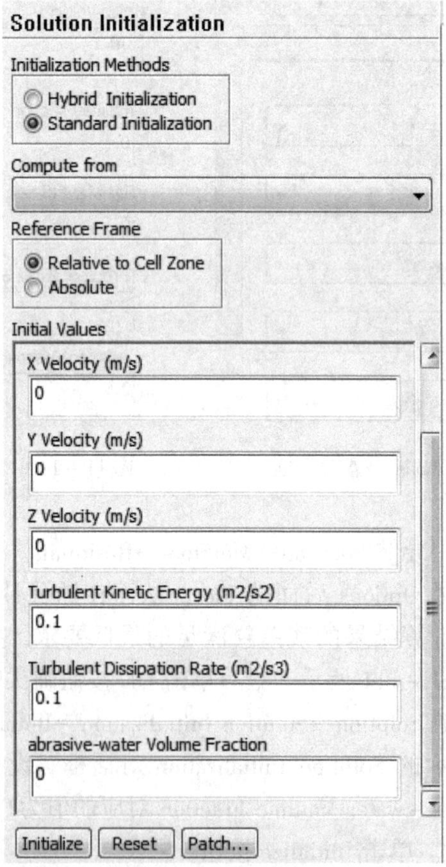

Solution Initialization
Initialization Methods
Hybrid Initialization
Standard Initialization
Compute from
Reference Frame
Relative to Cell Zone
Absolute
Initial Values
X Velocity (m/s)
0
Y Velocity (m/s)
0
Z Velocity (m/s)
0
Turbulent Kinetic Energy (m2/s2)
0.1
Turbulent Dissipation Rate (m2/s3)
0.1
abrasive-water Volume Fraction
0
Initialize　Reset　Patch...

图 11－112　Solution Initialization 设置的对话框

步骤 8：求解

模型导航 Solution→Run Calculation。

保存好所作的设置以后，就可以进行迭代求解了，迭代的设置如图 11－113 所示。单击 Calculate，Fluent 求解器就会对这个问题进行求解了。

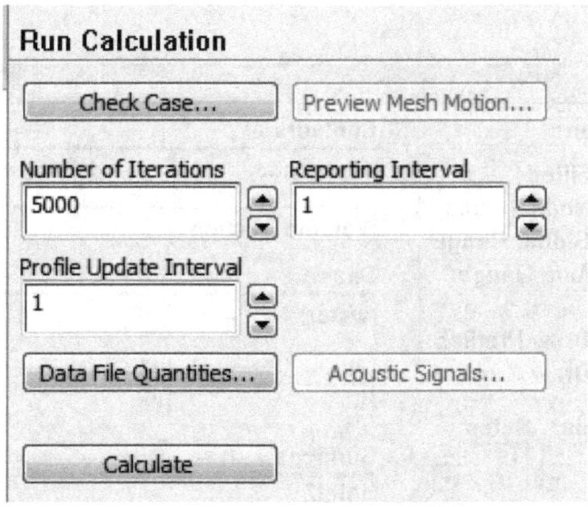

图 11－113　Calculation 对话框的设置

步骤 9：结果显示

（1）创建等（坐标）值面。为显示 3D 模型的计算结果，需要创建一些面，并在这些面上显示计算结果。下面来创建一个 $z=0$ 的平面，命名 z－surf1。

Surface→Iso－Surface，打开如图 11－114 所示等值面设置的对话框。在 Surface of Constant 下拉列表中选择 Grid 和 Z－Coordinate；点击 Compute，在 Min 和 Max 栏将显示区域 z 值的范围；在 Iso－Values 项填 0；在 New Surface Name 项填 z－surf1；最后点击 Create，点击 Close 关闭对话框。

此平面为通过各进口、出口的中间平面。

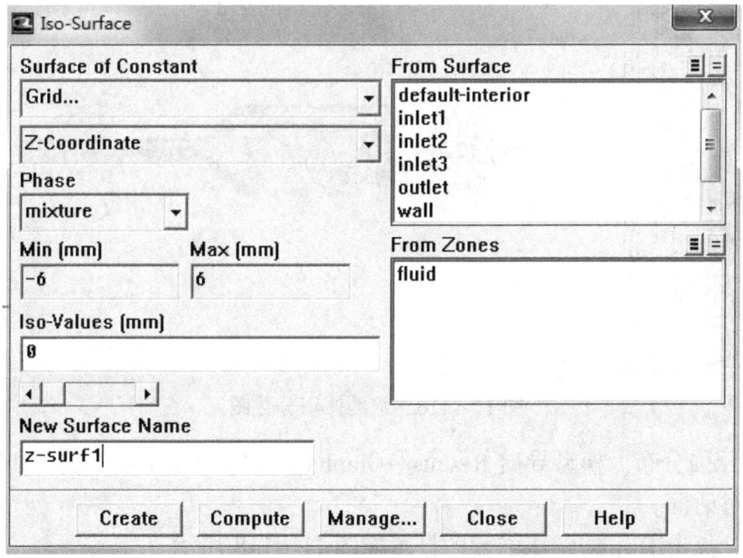

图 11－114　等值面设置的对话框

（2）水的体积分数云图显示。模型导航 Results→Graphics and Animations。

迭代结束以后，打开如图 11－34 所示 Contours 对话框，在 Option 项，勾选 Filled，表示云图显示。在 Contours of 项选择 Phases 及 Volume fraction，Phase 项选 water，Surfaces 项选择 z－surf1，其他设置如图 11－115 所示。设置好后，点击 Display，水的体积分数的显示如图 11－116 所示。

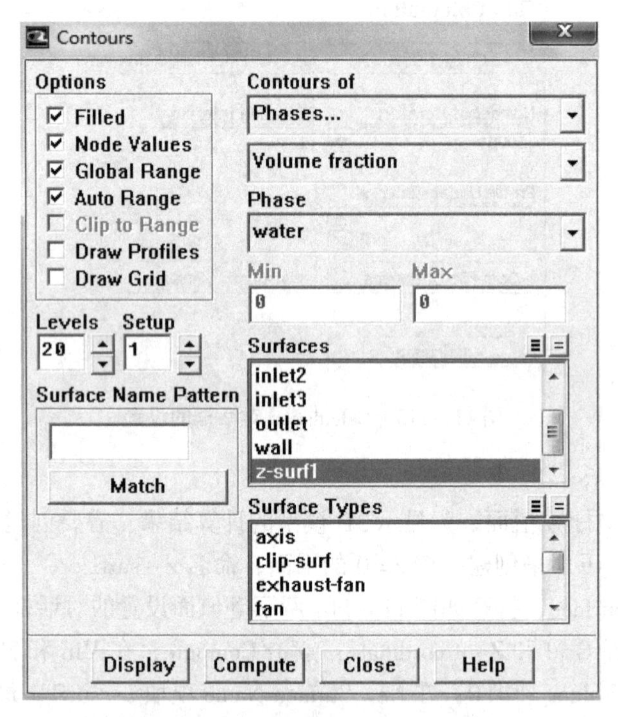

图 11－115　水的体积分数显示的设置

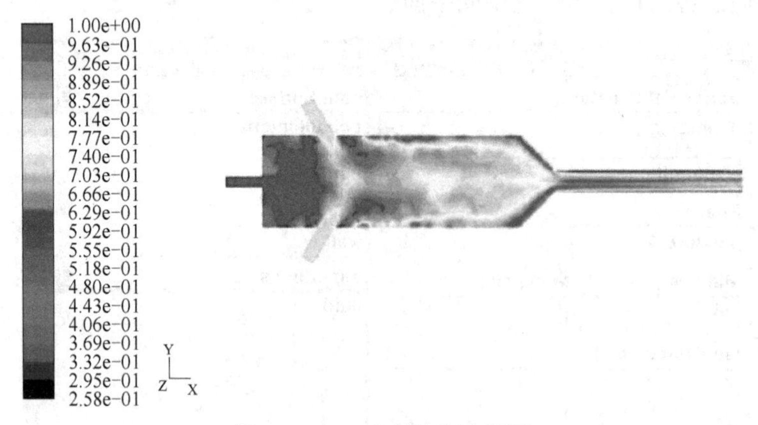

图 11－116　水的体积分数图

（3）显示压强分布。模型导航 Results→Graphics and Animations，进入如图 11－117 所示的 Contours 对话框。

设置好后，点击 Display，压强云图显示如图 11－118 所示。

（4）显示速度矢量。模型导航 Results→Graphics and Animations。

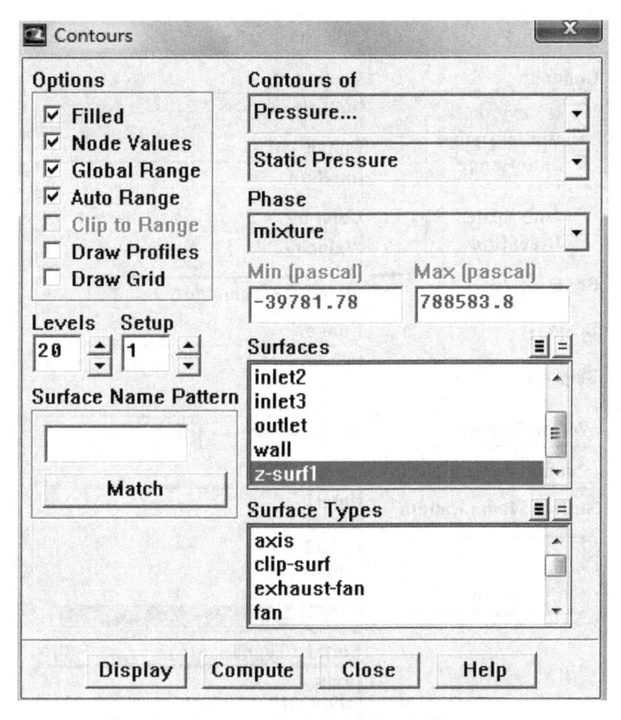

图 11－117　压强云图显示设置

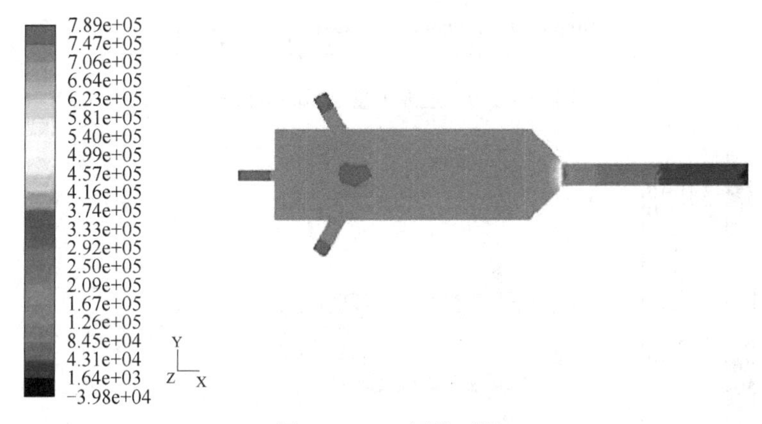

图 11－118　压强云图

迭代收敛以后，进入如图 11－119 所示 Vectors 对话框。

速度矢量的显示如图 11－120 所示。

（5）绘制 *XY* 曲线显示结果。*XY* 曲线可用来描述利用 CFD 求解的结果，例如速度、温度及压强等沿直线上的分布。

第 1 步：在流场内定义一条线，绘制物理量在此线的分布。Surface→Line/Rake。

打开 Line/Rake Surface 对话框，如图 11－121 所示。在 Type 下拉表中选中 Line；End Points 起点（高压水进口）$x_0 = -39.4$，$y_0 = 0$，$z_0 = 0$；终点（出口）$x_1 = 29.6$，$y_1 = 0$，$z_1 = 0$；在 New Surface Name 命名 center－axis－line 为线的名称。点击 Create，最后点击 Close 关闭对话框。

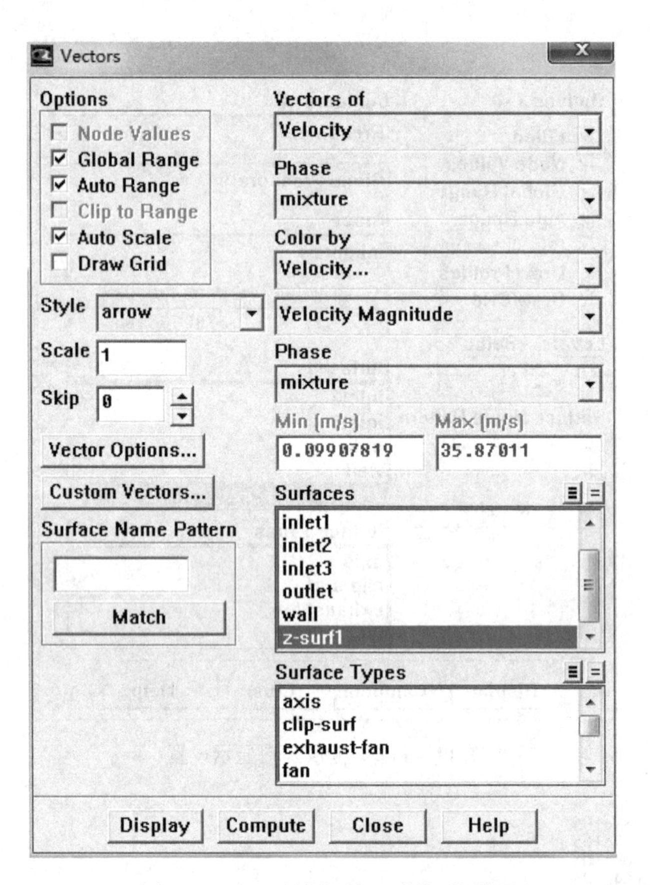

图 11－119 速度矢量显示的对话框

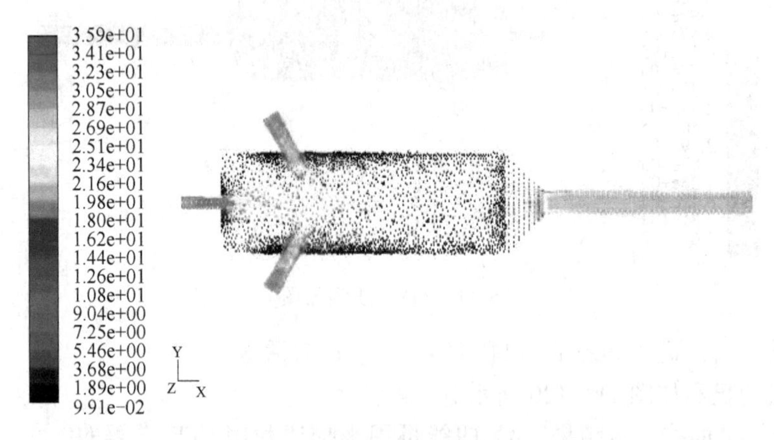

图 11－120 速度矢量图

第 2 步：绘制沿此线的压强分布。模型导航 Results→Plot→XY Plot。

打开 Solution XY Plot 对话框，如图 11－122 所示。在 Y Axis Function 下拉列表中选中 Pressure 和 Static Pressure；在 Surfaces 列表中选中 center－axis－line；在 Plot Direction 项，设 $x=1$，$y=0$，$z=0$，沿 x 轴显示。点击 Plot 按钮，则压强分布曲线如图 11－123 所示。

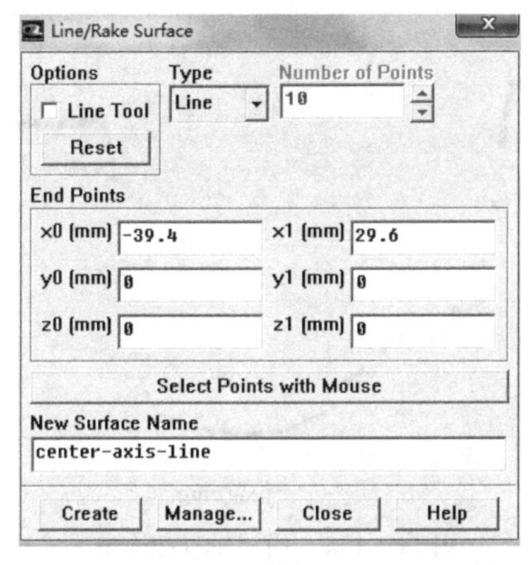

图 11－121　Line/Rake Surface 对话框

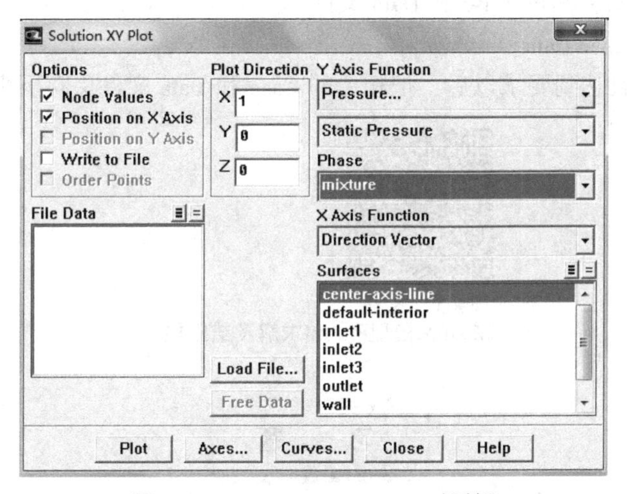

图 11－122　Solution XY Plot 对话框

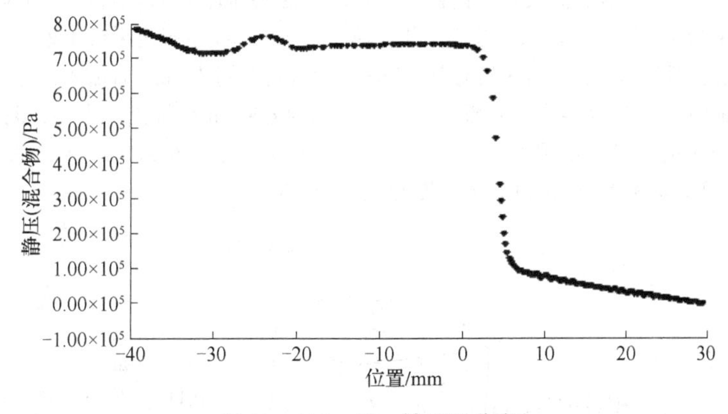

图 11－123　沿 x 轴压强分布

第 3 步：绘制沿此线的速度分布。模型导航 Results→Plot→XY Plot。

打开 Solution XY Plot 对话框，在 Y Axis Function 下拉列表中选中 Velocity 和 Velocity Magnitude；在 Surfaces 列表中选中 center－axis－line；在 Plot Direction 项，设 $x=1$，$y=0$，$z=0$，沿 x 轴显示。点击 Plot 按钮，则速度分布曲线如图 11－124 所示。

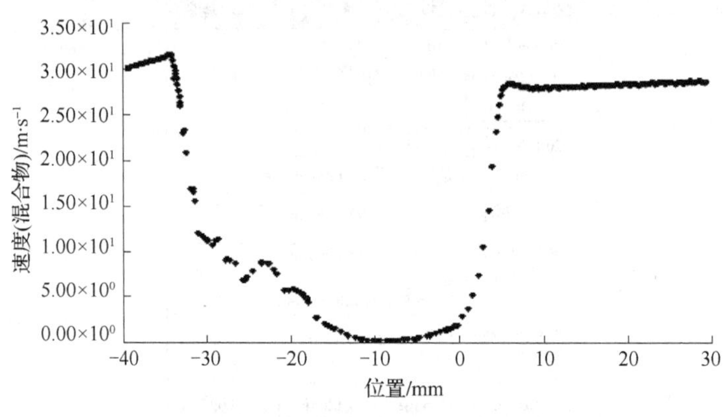

图 11－124 沿 x 轴速度分布

步骤 10：保存计算后的 Case 和 Data 文件

File→Write→Case&Data。

当迭代完成并且达到要求以后，把相关的 Case 和 Data 文件保存下来，退出 Fluent。

视频11-5
Mixture模型Fluent求解及结果显示

习　　题

11－1　某地城市广场有一喷泉，其喷管垂直朝上，喷口直径 20mm，喷口水流速度为 30m/s。在标准大气下，试用 Fluent 软件 VOF 模型建立多相流模型，来计算喷泉所能达到高度。

11－2　一个气体混合器的内部流动与多相流混合问题。氮气自左侧 ϕ40mm 管流入，与上侧 ϕ40mm 小喷管嘴流入的氢气在混合器内进行混合后，自右侧的 ϕ50mm 小管流出大气，混合器（600mm × 600mm × 400mm）结构如图所示。氮气及氢气入口压力分别为 0.3MPa、0.2MPa，试用 Fluent 软件 Mixture 模型计算稳态时出口的氮气及氢气体积分数。

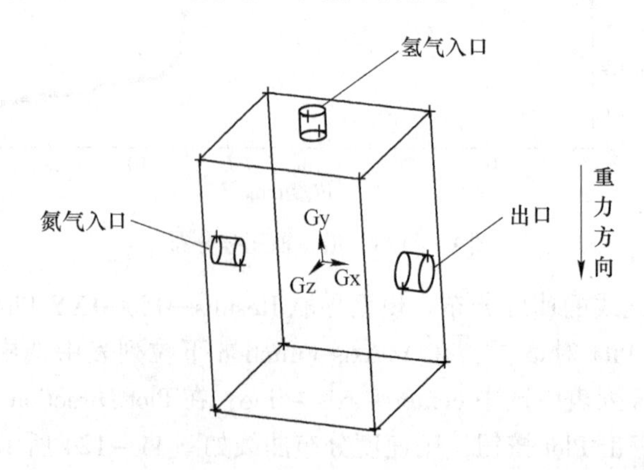

12 Tecplot 软件

教学目的：

（1）了解 Tecplot 功能。

（2）了解 Tecplot 软件界面及工具使用。

（3）掌握 XY 图形绘制。

（4）掌握 2D 图形的编辑。

（5）掌握 3D 图形的编辑。

第12章课件

12.1 Tecplot 概述

Tecplot 是 Amtec（现为 Tecplot）公司推出的一个功能强大的科学绘图软件。它提供了丰富的绘图格式，包括 x－y 曲线图，多种格式的 2－D 和 3－D 面绘图，以及 3－D 体绘图格式，而且软件易学易用，界面友好。而且针对 Fluent 软件有专门的数据接口，可以直接读入 *. cas 和 *. dat 文件，也可以在 Fluent 软件中选择输出的面和变量，然后直接输出 tecplot 格式文档。

Tecplot 是绘图和数据分析的通用软件，对于进行数值模拟、数据分析和测试是理想的工具。作为功能强大的数据显示工具，Tecplot 通过绘制 XY，2－D 和 3－D 数据图以显示工程和科学数据。具体表现方式有等值线、流线、网格、向量、剖面、切片、阴影、上色等。

Tecplot 软件主要有以下功能：

（1）可直接读入常见的网格、CAD 图形及 CFD 软件（PHOENICS、FLUENT、STAR－CD）生成的文件。

（2）能直接导入 CGNS、DXF、EXCEL、GRIDGEN、PLOT3D 格式的文件。

（3）能导出的文件格式包括了 BMP、AVI、FLASH、JPEG、WINDOWS 等常用格式。

（4）能直接将结果在互联网上发布，利用 FTP 或 HTTP 对文件进行修改、编辑等操作，也可以直接打印图形，并在 MICROSOFT OFFICE 上复制和粘贴。

（5）可在 WINDOWS 和 UNIX 操作系统上运行，文件能在不同的操作平台上相互交换。

（6）利用鼠标直接点击即可知道流场中任一点的数值，能随意增加和删除指定的等值线（面）。

（7）ADK 功能使用户可以利用 FORTRAN、C、C++ 等语言开发特殊功能。

随着功能的扩展和完善，在工程和科学研究中 Tecplot 的应用日益广泛，用户遍及航空航天、国防、汽车、石油等工业以及流体力学、传热学、地球科学等科研机构。

12.2 Tecplot 使用

Tecplot 的数据可视化功能十分强大，在这里对它的一些常用功能进行介绍。为了对 Tecplot 有一个整体的把握，本章以 Tecplot360 EX 版本为例，先简单介绍各菜单及其基本选项的主要功能，然后介绍边框工具栏的基本用法，最后通过一维、二维及三维图形的数据处理来说明 Tecplot 图形的处理方法。

12.2.1 Tecplot 软件界面

Tecplot 的操作界面如图 12－1 所示。界面共分成四个区：菜单栏、工具栏、工作区和状态栏。

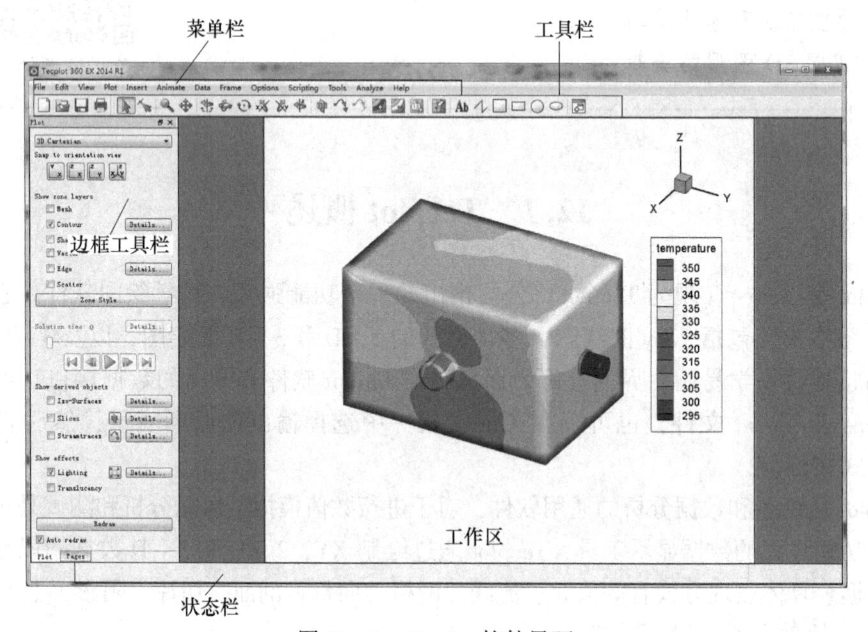

图 12－1 Tecplot 软件界面

12.2.2 菜单介绍

12.2.2.1 File 菜单

File 菜单各项如图 12－2 所示，主要用于图表和数据文件的读入与写出操作。各子菜单的功能分别介绍如下。

(1) New Layout：退出现有的图形文件（frame），进而创建一个新的图形框，然后进行图形操作。

(2) Open Layout：打开先前曾保存过的图形文件。

(3) Save Layout As：以一个新的文件名来保存当前正在操作的图形文件。

(4) Load Data File(s)：读入数据文件，从而利用这些数据创建相应的图形文件。

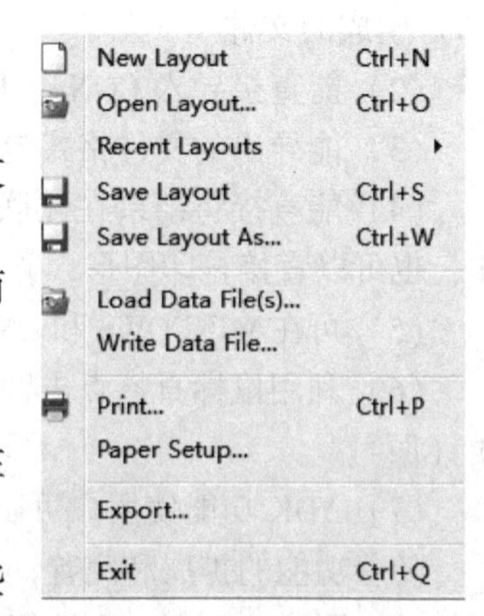

图 12－2 File 子菜单

（5）Export：把在图形区域处理好的图形输出为各种格式的图形文件，例如常用的wmf格式，可以将此格式的图形文件插入到另外的文档中。

12.2.2.2 Edit 菜单

可以运用编辑菜单来对绘图进行重排列、拷贝、删除某图块，而不需要重新建立一个绘图。

（1）Select all：在弹出的对话框中为选择框、图域、文本、几何、线条等提供选择。

（2）Push：把已选择的项目推到当前图片堆的底部。往往 Tecplot 图是把位于图片堆的从底部到顶部的图块依次显示在屏幕上。如文本、几何体、二维或 xy 网格、文本框这几种类型都有可能被推进栈内。

（3）Pop：用于把现有图片堆中的已选项从堆中取出，如文本、几何体、二维图形或 xy 网格域、文本框就有可能被弹出。

（4）Copy layout to clipboard：把当前的图案复制到剪贴板上去。

12.2.2.3 View 菜单

使用视图菜单可以控制当前图形的视图效果。具有对视图进行缩放、调整其大小等功能。

（1）Redraw：用以刷新当前的图片框，以显示出所有的那些悬而未决的变化。

（2）Zoom：可以对图形进行交互的放缩。

（3）Fit to full size：放大图形使之填满整个图片框。

（4）Center：可以把文本框的图形置于中心位置。

（5）Last：可以恢复 Tecplot 视图栈中先前的一个视图。

（6）3D rotate：用以实现对一个三维视图的旋转，在弹出的对话框中可以选择一个所希望做的旋转模式、旋转速度等项。

12.2.2.4 Plot 菜单

利用如图 12－3 所示的 Plot 菜单对图形显示方式进行设置，注意其中的子菜单是对应于三维显示方式的。常用的子菜单功能介绍如下：

（1）Axis：设置 X、Y、Z 轴的显示与陈列情况。

（2）Contour：对等值线进行具体的设置。

（3）Vector：对速度矢量的显示方式进行具体的设置。

12.2.2.5 Insert 菜单

用 Insert 菜单可以进行一些几何图形的绘制。由于绘制图形比较简单并且它不是 Tecplot 的优势所在，这里不详细介绍。

12.2.2.6 Data

可以利用 Data 菜单来控制 Tecplot 数据，在这个菜单的诸选项中，可以对数据进行一定的修饰。其主要功能介绍如下：

图 12－3 Plot 菜单

（1）Alter：它包括一些转换其原始数据的选项，可以对读入的原始数据进行处理。

（2）Ceate zone：它包括一些建立新区域或数据设置的选项。

（3）Extract：主要包括一些从当前数据集中挑选数据的选项。

（4）Interpolate：包括对每个 Tecplot 图的插补方法的若干选项。

（5）Data Information：对一些区域的名称进行改动。

（6）Spread Sheet：显示当前图形的具体的数据信息。

12.2.2.7 Frame 框架菜单

利用它可以对图形框进行修改、移动、建立、删除等操作。

（1）Create New Frame：用于建立一个新的图形框。

（2）Edit current frame：调整图形框的大小、位置、格式等属性。

（3）Push current frame：把当前图形框推到框堆栈的底部。

（4）Fit all frames to paper：修改图形框使它与当前绘图区的尺寸大小相匹配。

（5）Delete current frame：删除当前的图形框。

12.2.2.8 Options 菜单

运用此菜单来控制 Tecplot 绘图空间的显示，它包括显示网格与标尺，色彩地图的规范，纸、文本框与工作空间的匹配，还有工作空间视图的控制。主要包括以下选项：

（1）Performance：性能参数。

（2）Ruler/Grid：控制标尺和网格是否显示以及怎样显示。

（3）Colormap：用以控制 Tecplot 的彩色图，彩色地图一般是用来控制等值线图块或多彩网格、分散图或矢量图内的颜色。

12.2.2.9 Scripting 菜单

（1）Play Macro/Script：打开运行宏/脚本。

（2）Record Macro：记录宏。

（3）Quick Macros：快速宏。

12.2.2.10 Tools 菜单

运用工具菜单栏下的选项，可以打开快捷宏面板，快速地进入先前曾定义过的快捷宏面板，也可进入 Tecplot 的活动菜单。Tecplot 可以允许激活一些区域、一维图形、等值线水平等，它主要有以下诸选项：

（1）FEA Post－Processing：有限元后处理。

（2）Advanced Quick Edit Tool：先进的快速编辑工具。

（3）Tensor Eigensystem：张量特征系统。

（4）Probe To Create Time Series Plot：时间序列图。

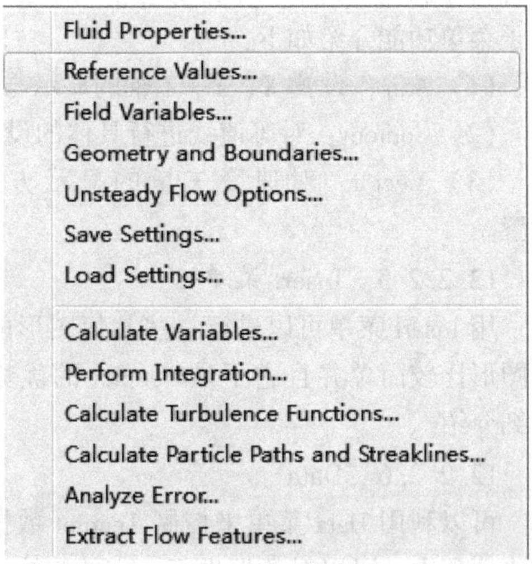

12.2.2.11 Analyze 菜单

Analyze 菜单包含项如图 12－4 所示，主

Fluid Properties...
Reference Values...
Field Variables...
Geometry and Boundaries...
Unsteady Flow Options...
Save Settings...
Load Settings...
Calculate Variables...
Perform Integration...
Calculate Turbulence Functions...
Calculate Particle Paths and Streaklines...
Analyze Error...
Extract Flow Features...

图 12－4 Analyze 菜单

要功能如下：

（1）Fuid Properties：流体特性。

（2）Reference Values：参考值。

（3）Field Variables：流场变量。

（4）Geometry and Boundaries：几何及边界。

（5）Unsteady Flow Options：非定常流动选项。

（6）Save Setting：保存设置。

（7）Load Setting：读取设置。

（8）Calculate Variables：计算变量。

（9）Perform Integration：数据积分。

（10）Calculate Turbulence Functions：计算湍流功能。

（11）Analyze Error：分析误差。

（12）Extract Flow Features：提取流动特征。

12.2.3　边框工具栏选项介绍

在图 12－1 所示的界面的左上部可以看到五种图形显示方式，如图 12－5 所示。其中比较常用的是 XY Line、2D Cartesian、3D Cartesian，它们分别对应的是一维、二维、三维显示方式。

图 12－5　图形显示方式

图 12－6 所示的工具可以视图显示方位、控制网格、矢量的显示与否，并且可通过 Zoom Style 设置控制显示方式的具体参数。Redraw All 可以刷新当前的屏幕，以便显示做过属性变动之后的视图。

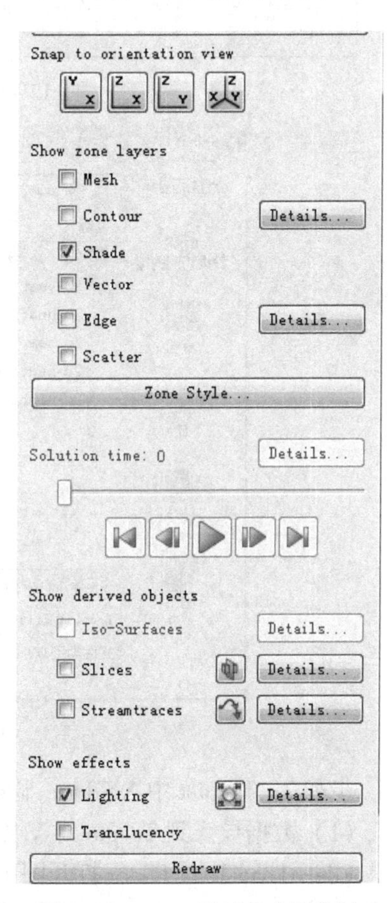

图 12－6　Zone 显示方式的控制

12.2.4　XY 图形绘制实例

步骤 1：从 Fluent 中导出 Tecplot 格式的数据

这里以第 11 章温度场计算为例，来说明从 Fluent 中导出 Tecplot 格式的数据过程。

（1）结果文件的读入。选择 File→ Read→ Case&Data。首先启动 Fluent 2d 求解器。打开文件导入对话框，找到 2d－heat transfer 文件，单击 OK 按钮。

（2）从 Fluent 中导出 Tecplot 格式的数据。File→ Export，打开如图 12－7 所示的对话框。其中的 File Type 项下列出了 Fluent 可以导出的数据类型，选中 Tecplot 单选按钮；Surfaces 选项下面列出了计算区域的各个部分，从中选择要输出的数据所在的区；Functions to Write 列出了所有的物理量和有关函数，选择关心的物理量。

按照当前对话框中的设置，可以得到出口处的速度数据口，单击 Write 按钮，如图 12－8 所示，输入导出的数据文件的名称 2d－heat transfer－velocity，单击 OK 按钮就可以保存好 Tecplot 格式的数据，导出数据后缀为 . plt。数据文件默认情况下是和 Case 文件在同一文件夹中。

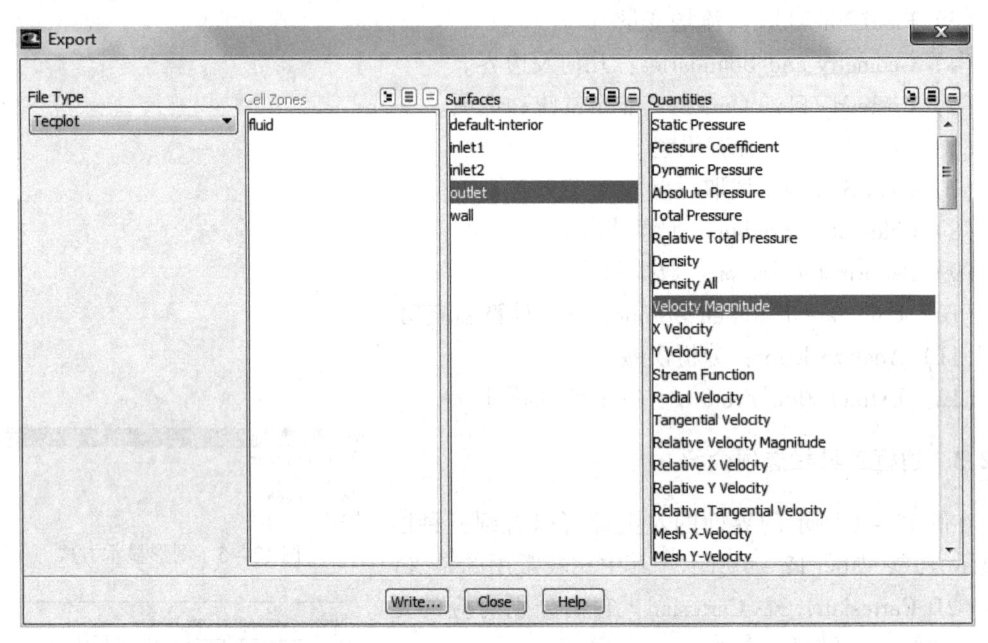

图 12－7 Tecplot 格式数据导出对话框

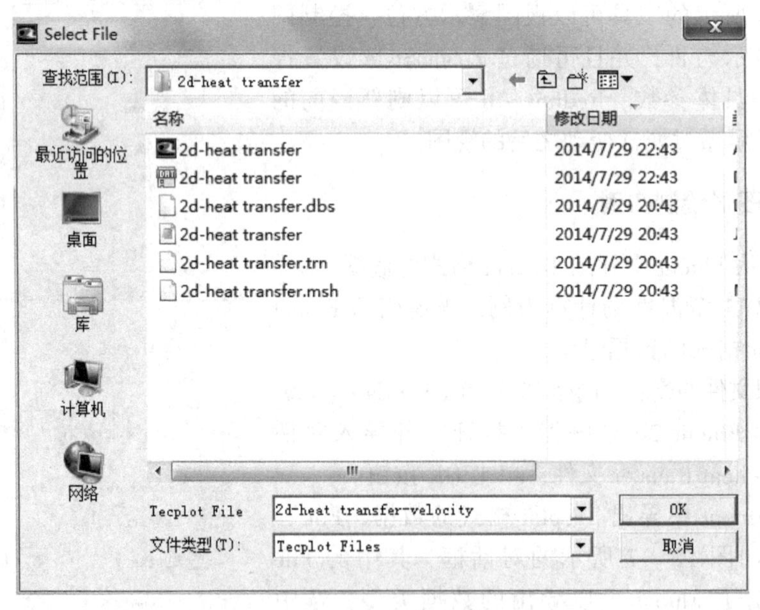

图 12－8 数据输出设置

步骤 2：Tecplot 中 XY Line 显示

（1）数据导入到 Tecplot 中。双击 Tecplot360 EX 的快捷方式可以打开 Tecplot 软件。File→Load Data File，打开图 12－9 所示的对话框。打到数据文件所在文件夹后选中数据文件，单击“Open”按钮就可以将数据导入到 Tecplot 中。

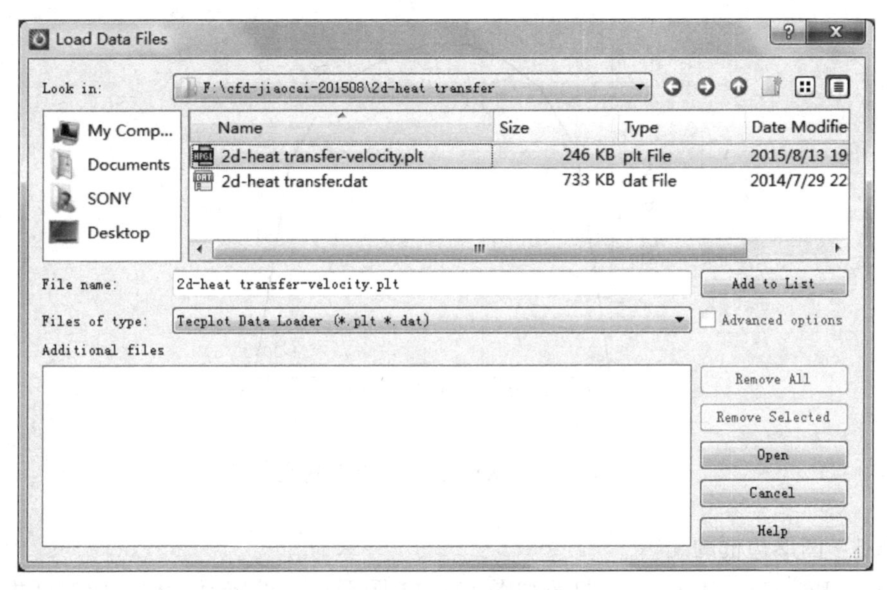

图 12－9 数据文件的导入

（2）数据的显示类型选择。数据导入后，Tecplot 软件的提示如图 12－10 所示，要求选择数据显示方式。在边框工具栏中 Plot 下拉菜单选择 XY Line 方式，即 XY 图形显示方式，在 Show mapping layers 项勾选 Lines，即以线来显示图。首次选择 XY Line 后，会弹出图 12－11 XY 图形显示方式设置对话框，要对显示的坐标轴及范围进行设置。本例是要显示出口的速度大小，原图在 Y 方向的速度，故本图设置 X－Axis：Coordinate Y（原来在 Fluent 坐标方向）；Y－Axis：Velocity－magnitude Dataset。设置后，在工作区显示如图 12－12 所示。

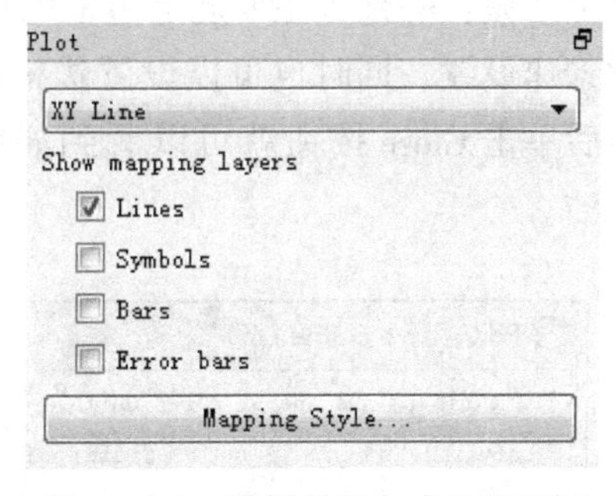

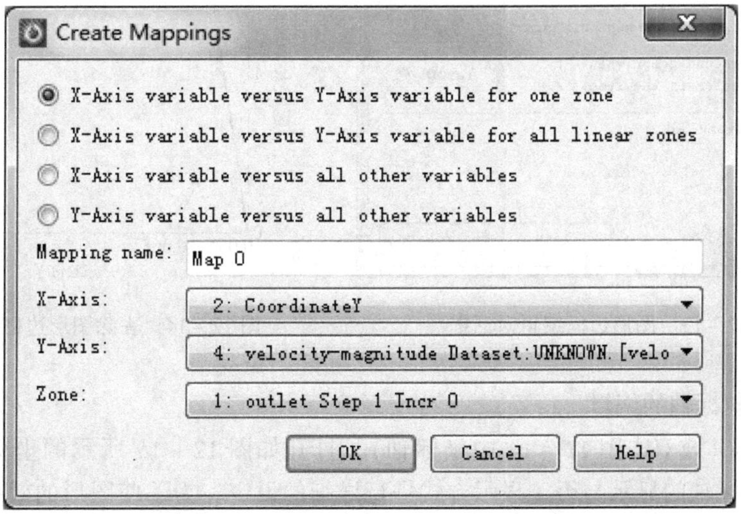

图 12－10 数据显示方式的对话框

Create Mappings
X-Axis variable versus Y-Axis variable for one zone
X-Axis variable versus Y-Axis variable for all linear zones
X-Axis variable versus all other variables
Y-Axis variable versus all other variables
Mapping name: Map 0
X-Axis: 2: CoordinateY
Y-Axis: 4: velocity-magnitude Dataset:UNKNOWN.[velo
Zone: 1: outlet Step 1 Incr 0
OK Cancel Help

图 12－11 XY 图形显示方式设置对话框

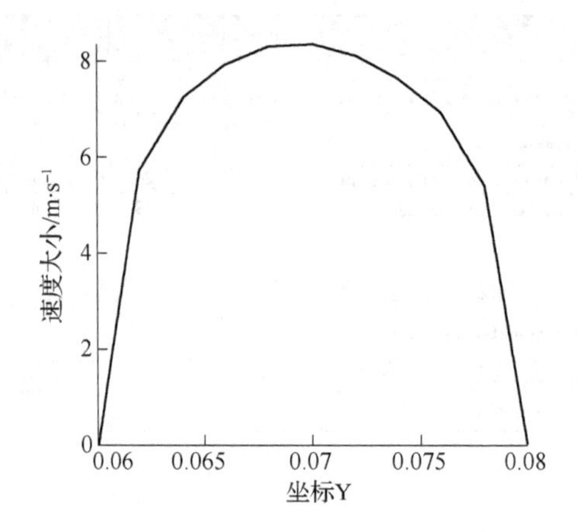

图 12－12　XY 图形显示出口速度

步骤 3：图形边框的编辑

Frame→Edit Current Frame，打开如图 12－13 图形边框编辑对话框。此对话框主要分两个区域：一部分主要规定边框的尺寸与位置，另一部分可以对是否显示边界线、题头、背景作设置，同时也可以设置边框的颜色等。本次操作中取消对 Show Border 项的勾选，然后单击 Close 按钮就可以看到如图 12－14 所示的效果，它的显示要比原来的显示要简洁。

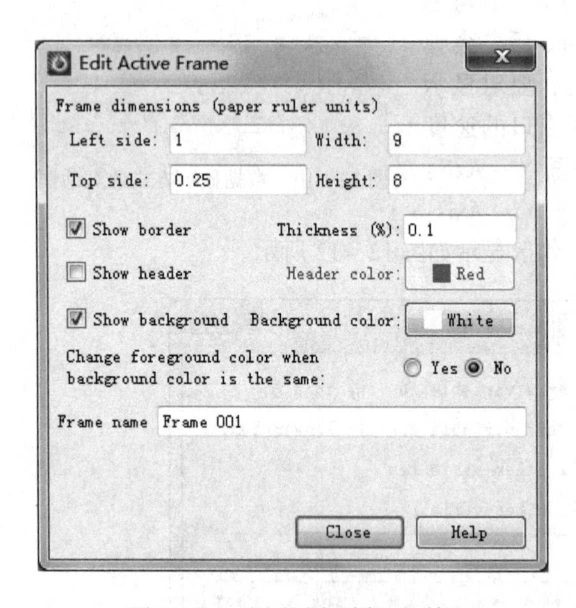

图 12－13　图形边框编辑对话框

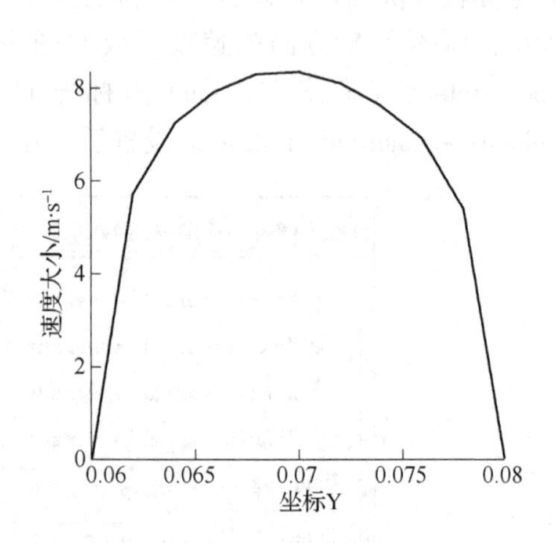

图 12－14　去除图形边框的效果图

步骤 4：坐标轴的编辑

Plot→Axis（或双击图 12－14 中坐标轴），打开如图 12－15 所示的坐标轴编辑对话框，可以对坐标轴的显示与否、显示方式进行详细的设定。为了使图形的效果更好，下面介绍如何对坐标轴进行编辑。

（1）图形边界的显示。在图 12－15 Line 选项卡对应的设置中选中 Show grid border 就会看到如图 12－16 所示的效果。

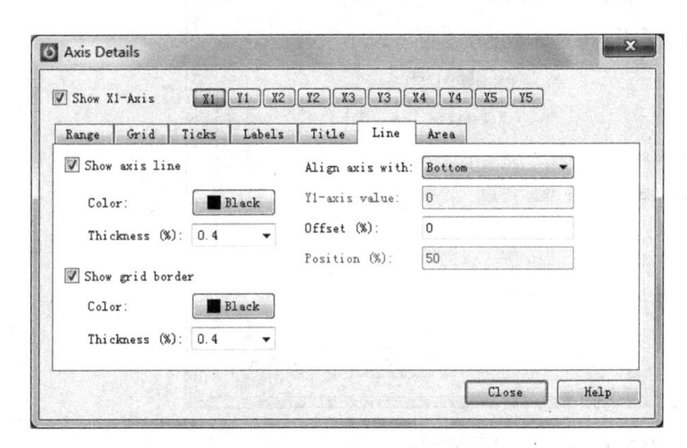

图 12－15　坐标轴编辑对话框

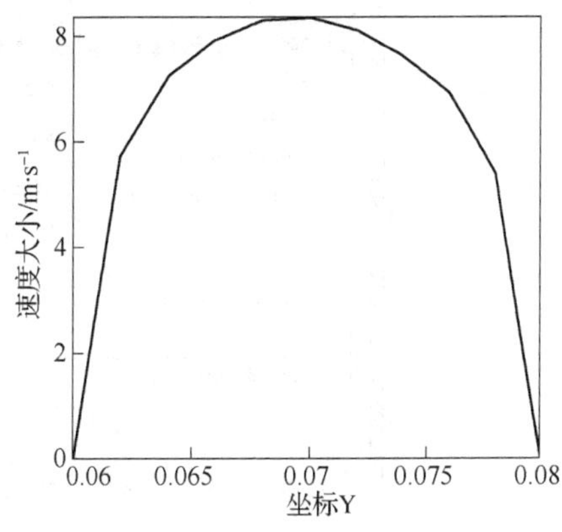

图 12－16　添加了图形边界以后的效果图

（2）坐标变量的编辑。通过如图 12－17 所示的对话框对坐标变量进行设置，可以看到图 12－16 所示的图形的 Y 坐标上数字与变量名称靠得非常近，最后打印出来的效果不好。通过把图 12－17 中的 Offset from line 文本框中的值改为 8，可以看到如图 12－18 所示的效果图。在选项中，若对字体的大小和类型不满意，可以通过 Font 选项进行具体的设置。

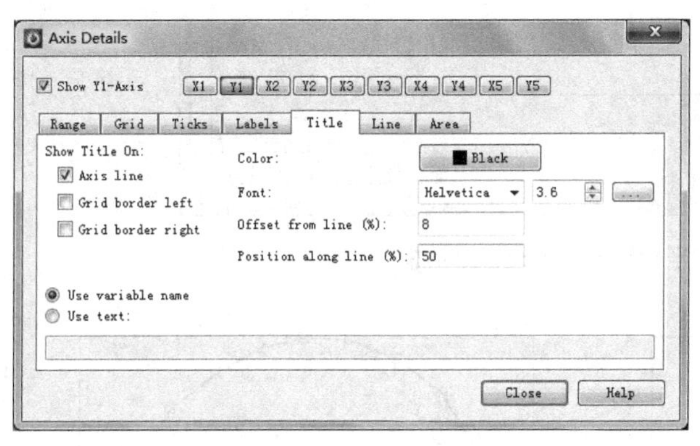

图 12－17　坐标变量的显示设置

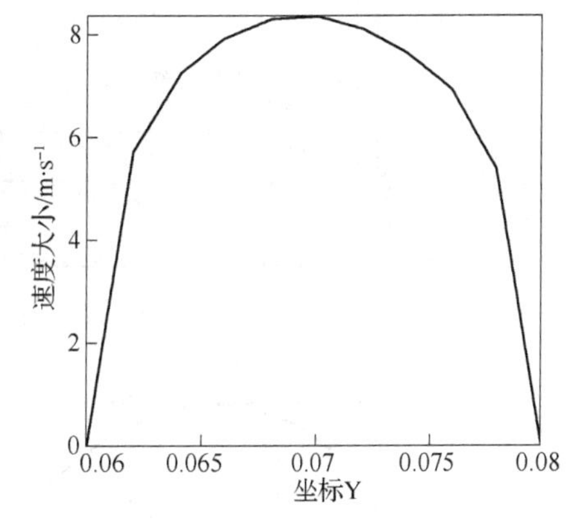

图 12－18　变量与坐标轴的相位置移动

如果对坐标变量名称进行修改，在图 12－19 中将 x 轴的标题修改为 Outlet distance（出口距离，单位 m），图 12－20 将 y 轴的标题修改为 Outlet velocity（出口速度，单位 m/s）。设置后变量显示如图 12－21 所示。

步骤 5：图形中 symbol 的编辑

对于 XY Line 显示方式，Tecplot 提供了 symbol 显示方法，利用它可以标出数据点。只要在 Tecplot 界面左边的 Show mapping layers 下面选中 symbol，就会看到如图 12－22 所示的效果图。

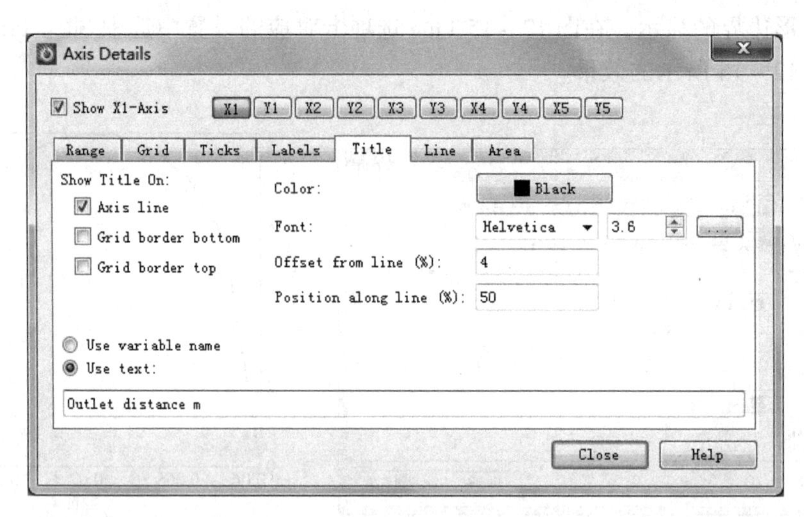

图 12－19 坐标轴 x 变量设置对话框

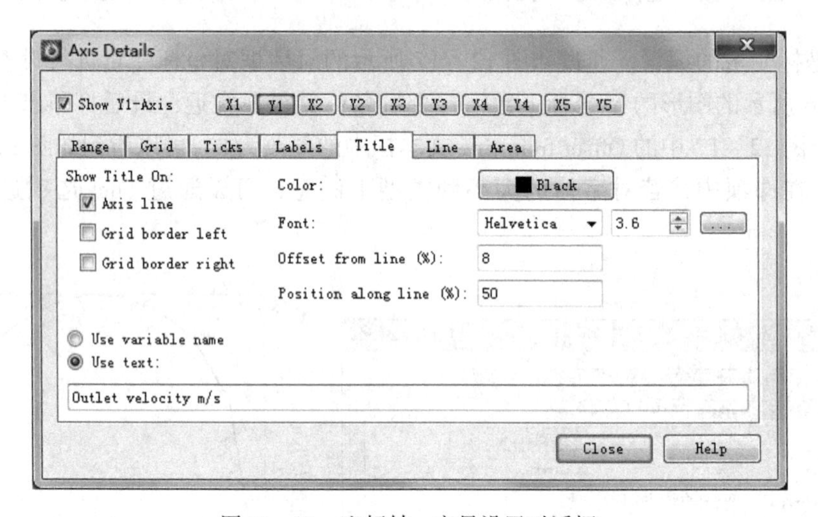

图 12－20 坐标轴 y 变量设置对话框

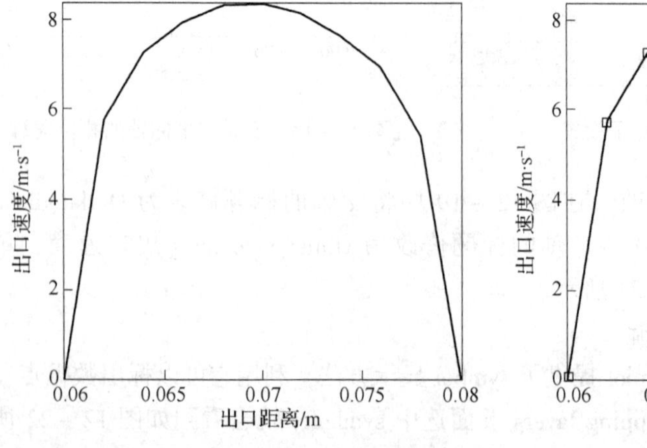

图 12－21 坐标轴 x、y 变量设置显示图

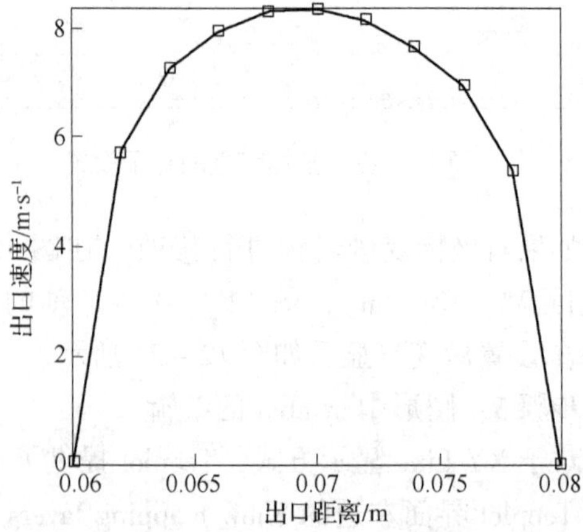

图 12－22 symbol 显示效果图

Plot→Mapping Style（或边框工具栏）可以打开如图 12－23 所示的对话框，其中有许多选项，Show Symbols 用来设置 Symbol 的显示与否；Symbol Shape 用来设置 Symbol 的形状；Outline Color 用来设置 Symbol 轮廓线的颜色；Fill 表示对每个 Symbol 内部填充与否，同时也可设置其填充的颜色。单击图 12－23 Symbol Shape 选项，在 Square 右键选中 Circle 就可以看到图中的 Symbol 形状变为圆形，如图 12－24 所示。

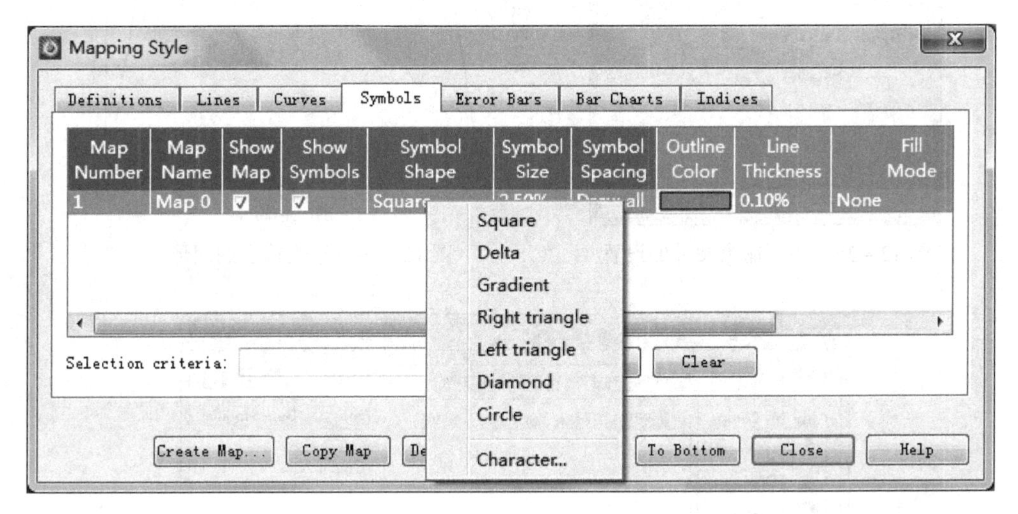

图 12－23　Symbols 编辑对话框

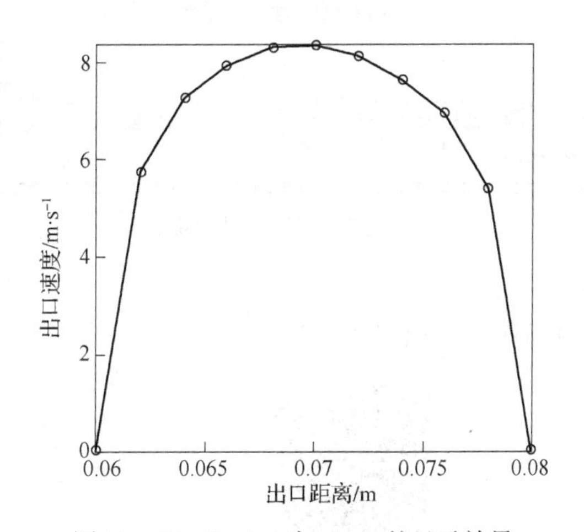

图 12－24　Symbol 为 Circle 的显示效果

步骤 6：图形文件的导出

利用 File→Export 可以打开 Export 对话框，并且在 Export Format 列表中选中 TIFF，对应的 Color 选项也取消勾选，其他的设置如图 12－25 所示。然后单击 OK 按钮可以导出如图 12－26 所示的图形文件。

步骤 7：编辑后的图形文件的保存

File→Save Layout as，打开如图 12－27 所示的对话框保存文件。注意保存图形文件时，文件类型最好是 . lpk。单击“保存”按钮即可。

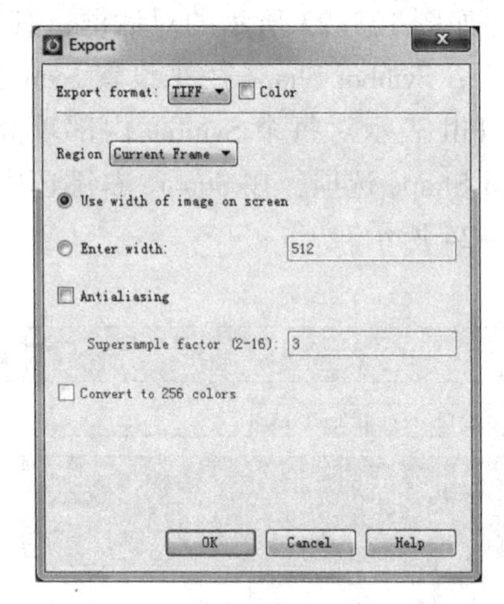

图 12－25 图形输出文件的设置

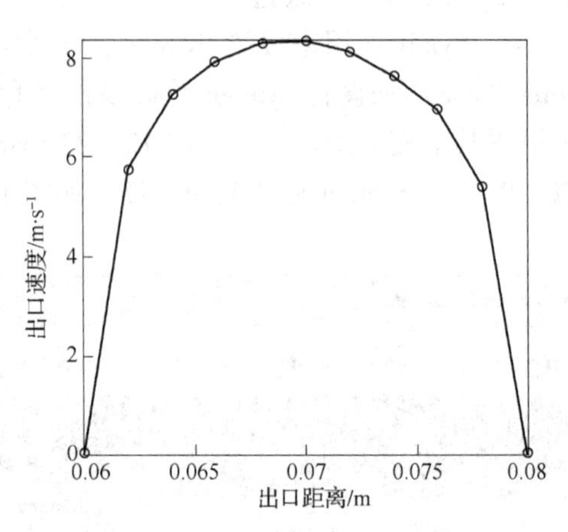

图 12－26 编辑输出的图形

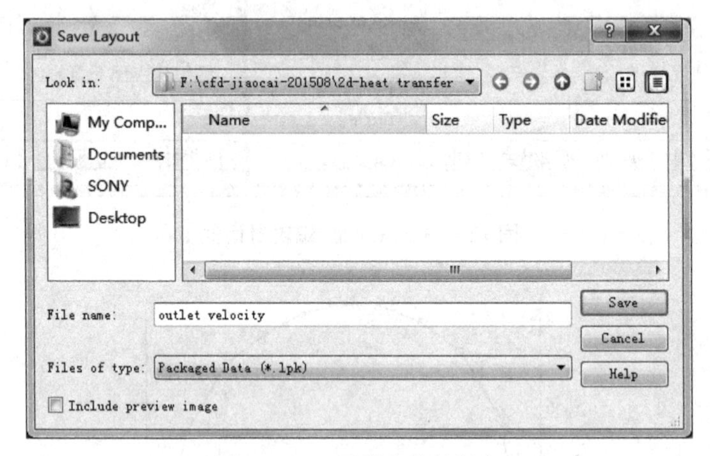

图 12－27 图形文件的保存

步骤 8：退出 Tecplot

File→Exit，完成所有操作后，退出 Tecplot。

视频12-1
Tecplot XY图形绘图实例

12.2.5 2D 图形的编辑

步骤 1：从 Fluent 中导出 Tecplot 格式的数据

这里以第 11 章温度场计算为例，来说明从 Fluent 中导出 Tecplot 格式的数据过程。

（1）结果文件的读入。选择 File→Read→Case&Data。

首先启动 Fluent 2d 求解器。打开文件导入对话框，找到 2d－heat transfer 文件，单击 OK 按钮。

（2）从 Fluent 中导出 Tecplot 格式的数据。

File→Export，打开如图 12－28 所示的对话框。其中的 File Type 项下列出了 Fluent 可以导出的数据类型，选中 Tecplot 单选按钮；Surfaces 选项下面列出了计算区域的各个部分，本例要导出二维区域所有温度值，此处不选择表示导出所有数据；Functions to Write 列出了所有的物理量和有关函数，选择关心的 Static Temperature。输入导出的数据文件的名称 2d－heat transfer－tem，单击 OK 按钮就可以保存好 Tecplot 格式的数据，导出数据后缀为 . plt。数据文件默认情况下是和 Case 文件在同一文件夹中。

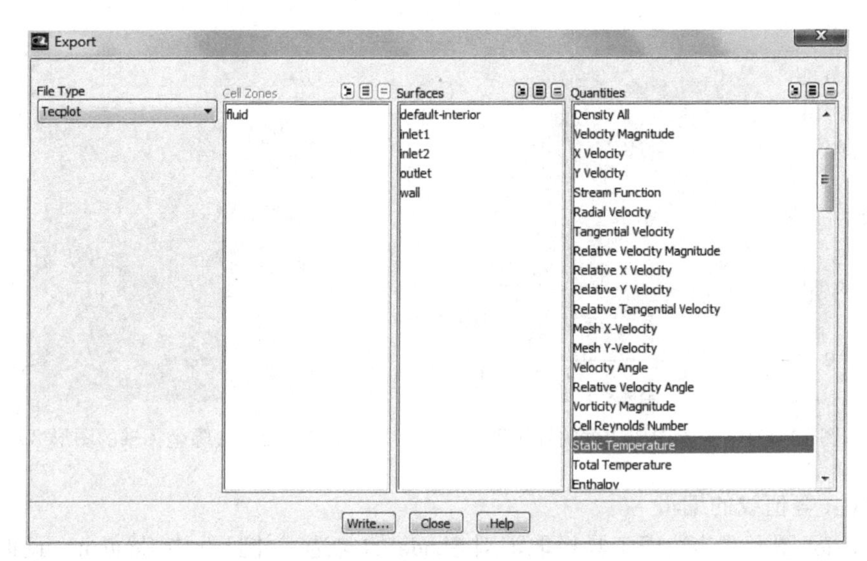

图 12－28　Tecplot 格式数据导出对话框

步骤 2：数据文件的导入

File→Load Data File(s)，同上面线图的操作一样，可导入数据文件 2d－heat transfer－tem。

步骤 3：图形显示方式的选择

数据文件导入到 Tecplot 中后，Tecplot 会弹出如图 12－29 所示的对话框，提示进行图形显示方法的选择。由于这个数据文件是 2d 图，所以默认选择 2D Cartesian 方式，就可以看到如图 12－30 所示的图形，它仅仅是灰度图形。

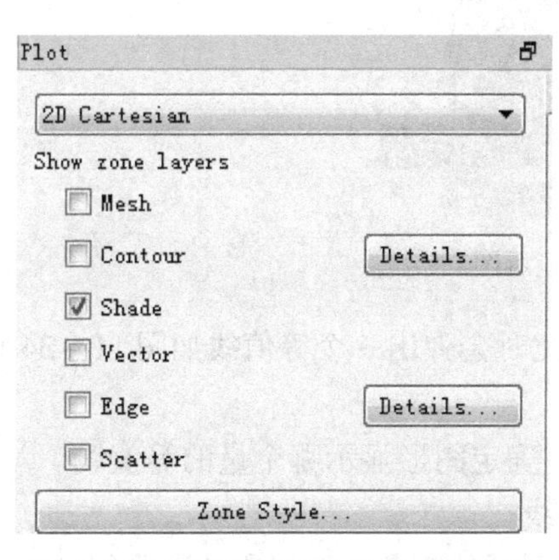

图 12－29　最初图形显示方式的选择

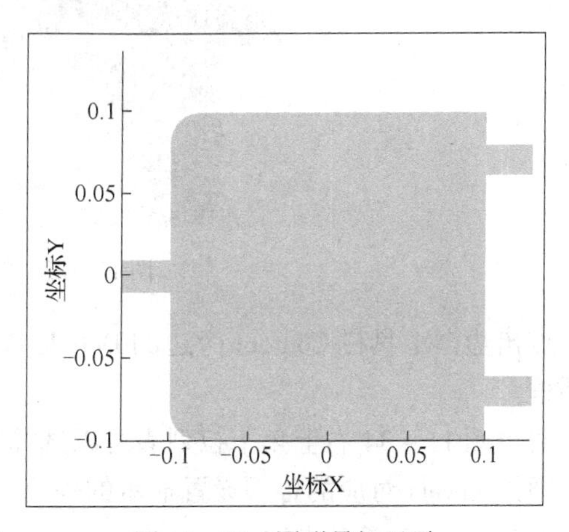

图 12－30　图形最初显示

步骤 4：图形边框的编辑

Frame→Edit Current Frame，与前面 XY Plot 图形的处理方式相同，可取消对 Show Border 项的勾选，然后单击 Close 按钮就可以看到如图 12－31 所示的效果，它的显示要比原来的显示要简洁。

步骤 5：坐标轴的编辑

Plot→Axis，打开坐标轴编辑对话框，在这个对话框中分别取消 Show X1 axis 和 Show Y1 axis 勾选，可以看到如图 12－32 所示的效果图。

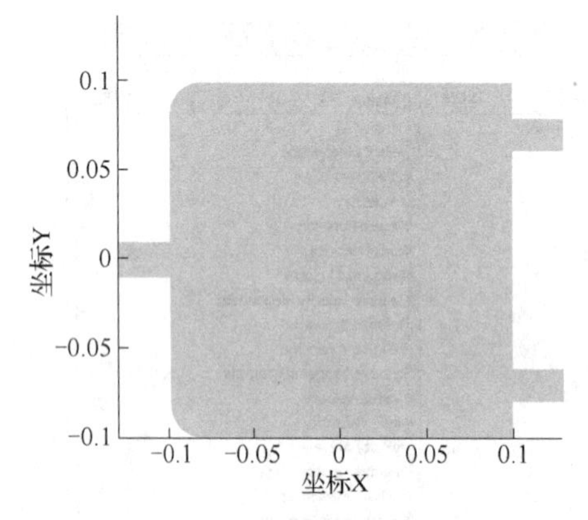

图 12－31 去除图形边框的效果图

图 12－32 去除坐标轴的图形区域

步骤 6：等值线的编辑

在 Tecplot 图形左边边框工具栏取消对 Shade 的勾选，并且选中 Contour，此时图形如图 12－33 所示。

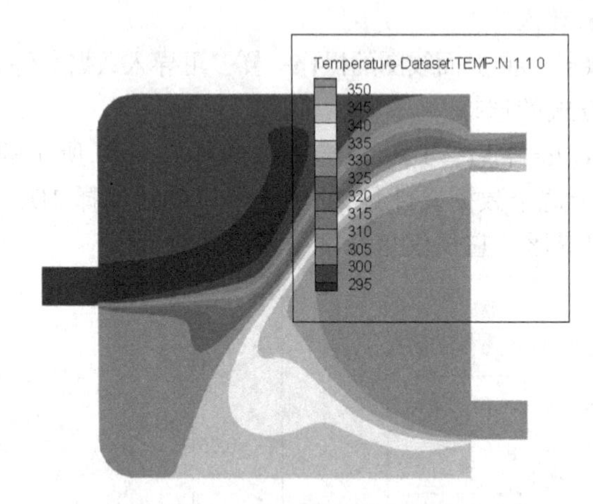

图 12－33 等值线显示图

点击边框工具栏 Contour 旁边的 Details 按钮，此时会弹出一个等值线如图 11－34 设置对话框。

对过图 11－34 右上角下拉列表可以选择变量，确定图形显示哪个量的等值线。

通过 Levels 对应的各项设置显示的等值线的条线。

通过 Legend 项对应的 Show contour legend 标示图形的颜色深度对应的数量值。

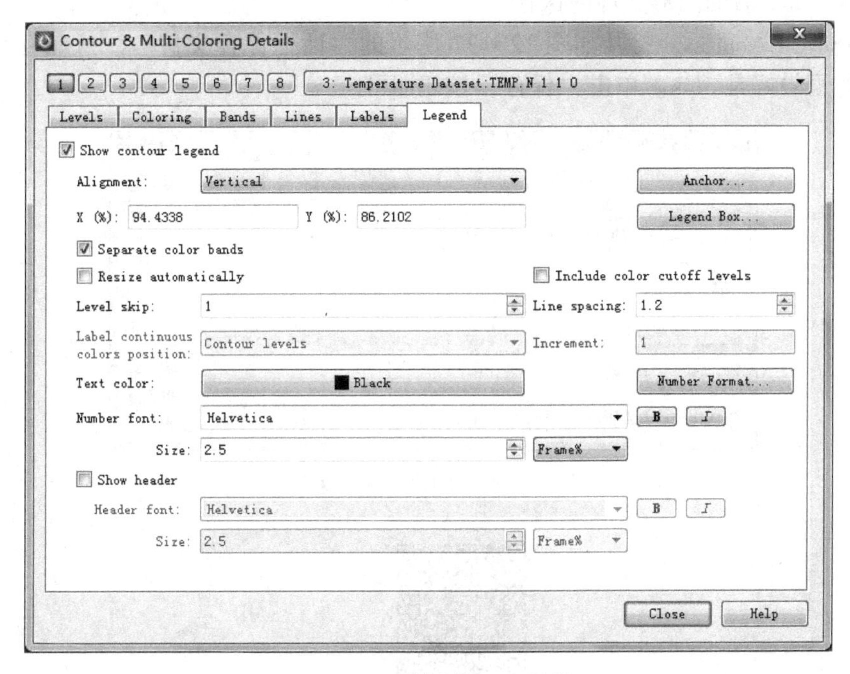

图 12-34　等值线设置对话框

假如 Legend 项对应的 Show contour legend 被选中，可以看到如图 12-35 所示的效果图。可用鼠标左键单击 legend，对它进行拖动，调整它的位置到满意为止。

步骤 7：图形文件的导出

利用 File→Export 可以打开 Export 对话框，并且在 Export Format 列表中选中 TIFF，对应的 Color 选项勾选，其他的设置如图 12-36 所示。然后单击 OK 按钮可以导出如图 12-35 所示的图形文件。

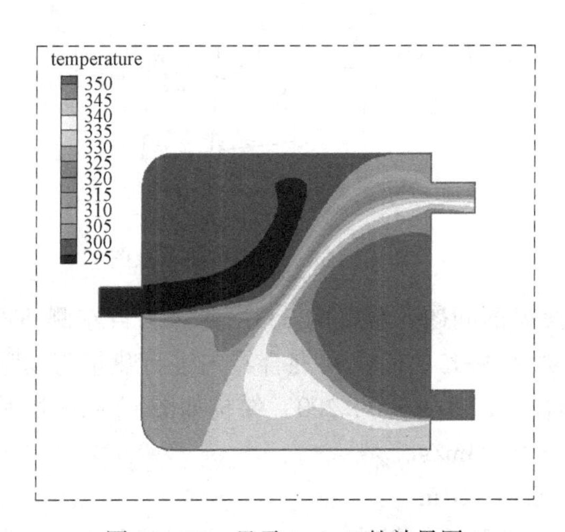

图 12-35　显示 Legend 的效果图

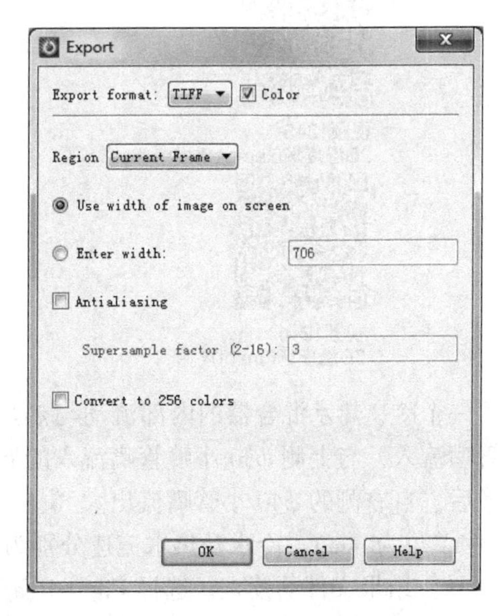

图 12-36　图形输出文件的设置

步骤 8：编辑后的图形文件的保存

File→Save Layout as，打开如图 12－37 所示的对话框保存文件。注意保存图形文件时，文件类型最好是 . lpk。单击“保存”按钮即可。

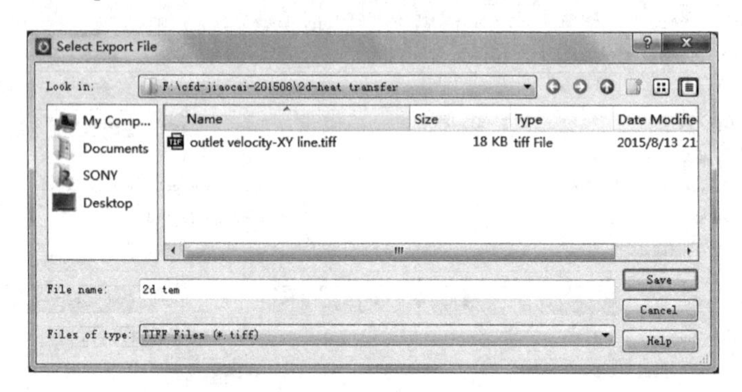

图 12－37　图形文件的保存

视频12-2
Tecplot 2D 图形编辑

12.2.6　3D 图形的编辑

步骤 1：从 Fluent 中导出 Tecplot 格式的数据

这里以三维传热计算为例（如图 12－38 所示），来说明从 Fluent 中导出 Tecplot 格式的数据过程。

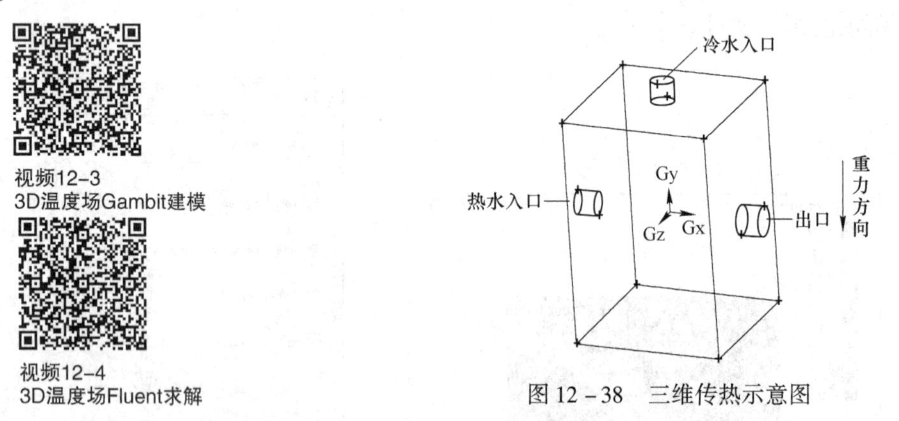

图 12－38　三维传热示意图

一个冷、热水混合器的内部流动与热量交换的问题。温度为 353K 的热水自左侧 $\phi30$ 小管嘴流入，与上侧 $\phi30$ 小喷管嘴流入的温度为 293K 的冷水在混合器内进行热量与动量交换后，自右侧的 $\phi40$ 小管嘴流出大气，混合器（$200 \times 300 \times 200$）结构如图 12－38 所示（图中单位为 mm）。冷水及热水流速分别为 2m/s、3m/s。

（1）结果文件的读入。选择 File→Read→Case&Data。

首先启动 Fluent 3d 求解器。打开文件导入对话框，找到 3d－heat transfer 文件，单击

OK 按钮。

（2）从 Fluent 中导出 Tecplot 格式的数据。File→Export，打开如图 12 – 39 所示的对话框。其中的 File Type 项下列出了 Fluent 可以导出的数据类型，选中 Tecplot 单选按钮；Surfaces 选项下面列出了计算区域的各个部分，选择要导出区域的速度；Functions to Write 列出了所有的物理量和有关函数，选择关心的 Velocity Magnitude、X Velocity、Y Velocity、Z Velocity 及 Static Temperature。输入导出的数据文件的名称 3d – heat transfer，单击 OK 按钮就可以保存好 Tecplot 格式的数据，导出数据后缀为 . plt。数据文件默认情况下是和 Case 文件在同一文件夹中。

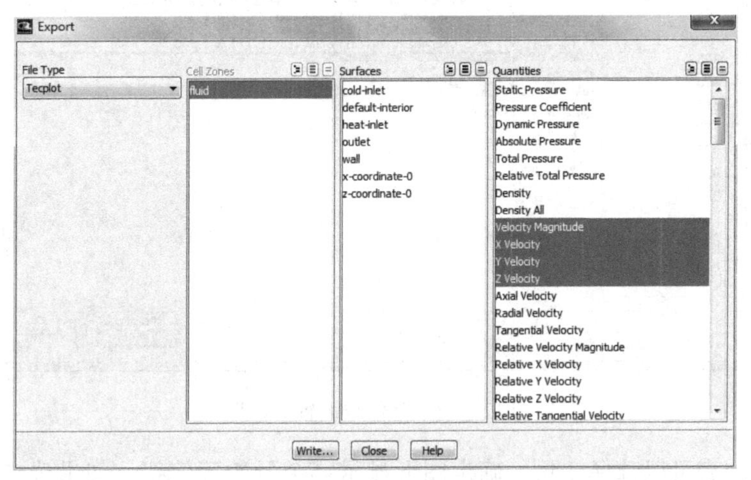

图 12 – 39　Tecplot 格式数据导出对话框

步骤 2：数据文件的导入

File→Load Data File(s)，同上面线图的操作一样，可导入数据文件 3d – heat transfer。

步骤 3：图形显示方式的选择

数据文件导入到 Tecplot 中后，Tecplot 默认选择 3D Cartesian、Shade 方式显示（如图 12 – 40 所示），就可以看到如图 12 – 41 所示的图形，它仅仅是网格图形。

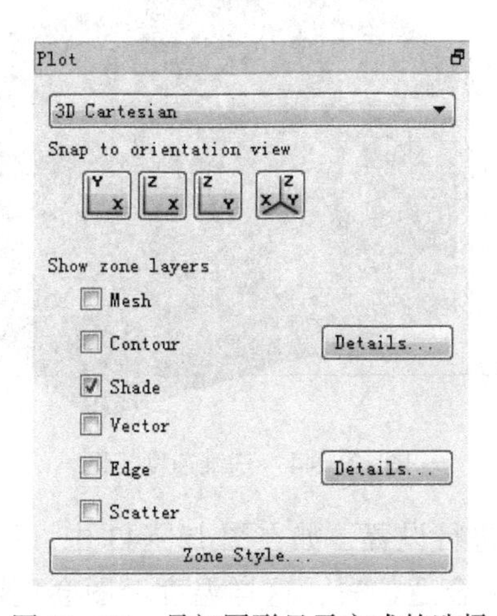

图 12 – 40　最初图形显示方式的选择

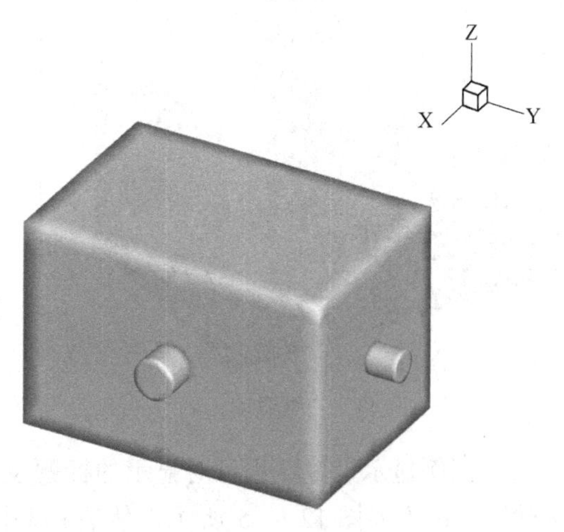

图 12 – 41　Shade 的 3D Cartesian 显示

步骤4：等值线的显示

（1）等值线显示设置。在 Tecplot 图形左边的 Zone 取消对 Shade 的勾选，选中 Contour，然后点击 Contour 旁边 Details，此时会弹出一个等值线的设置对话框，如图 11－42 所示。

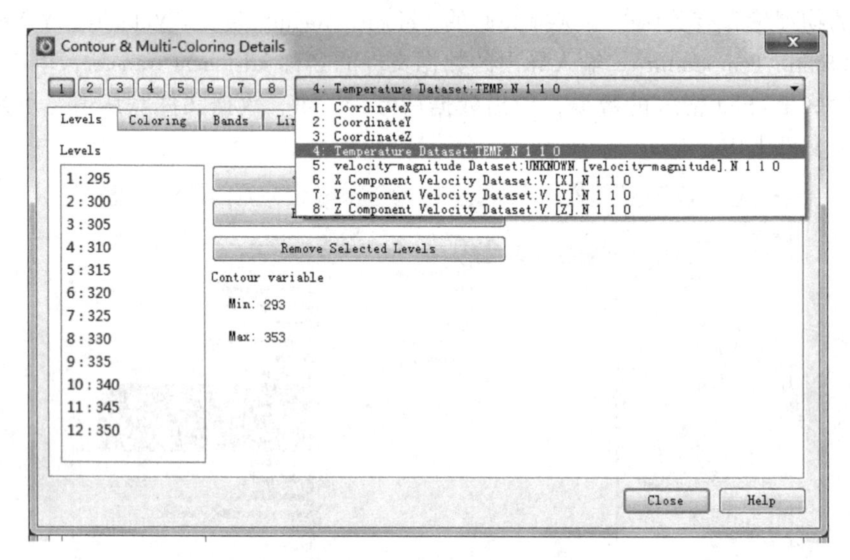

图 12－42　等值线设置对话框

通过 Var 列表可以选择变量，确定图形显示哪个量的等值线。如果选择 Temperature，就会显示整个区域的等值温度云图，如图 11－43 所示。如果选择 velocity－magnitude，就会显示整个区域的速度大小云图，如图 11－44 所示。

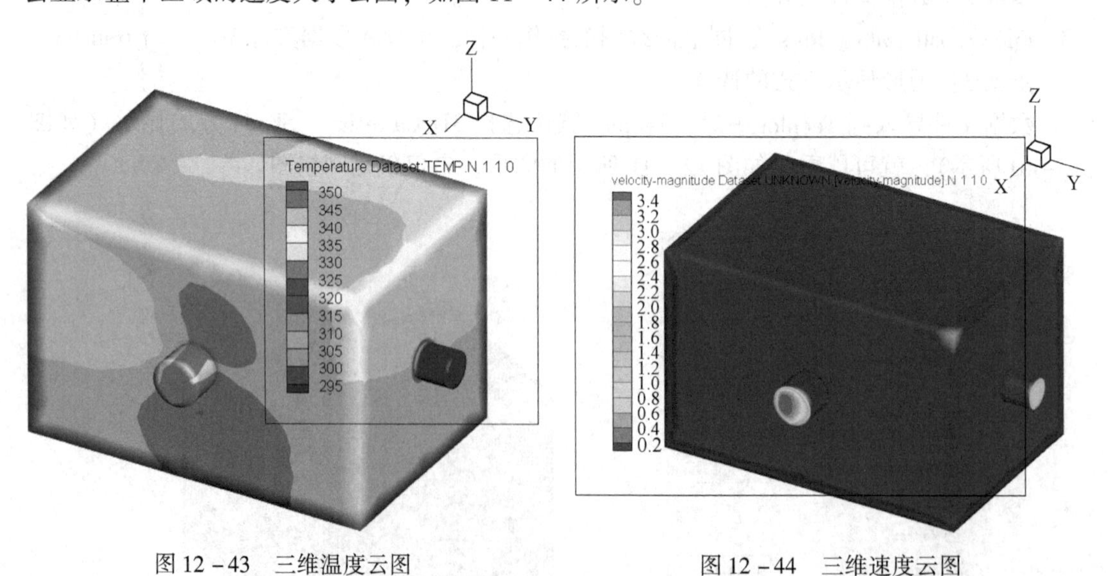

图 12－43　三维温度云图　　　　图 12－44　三维速度云图

（2）图例显示设置。也可对显示的标题及图例进行设置，如在图 12－43 中，不显示图例标题，设置如图 12－45 所示，然后移动图例到合适位置，这样温度云图会更清晰，如图 12－46 所示。

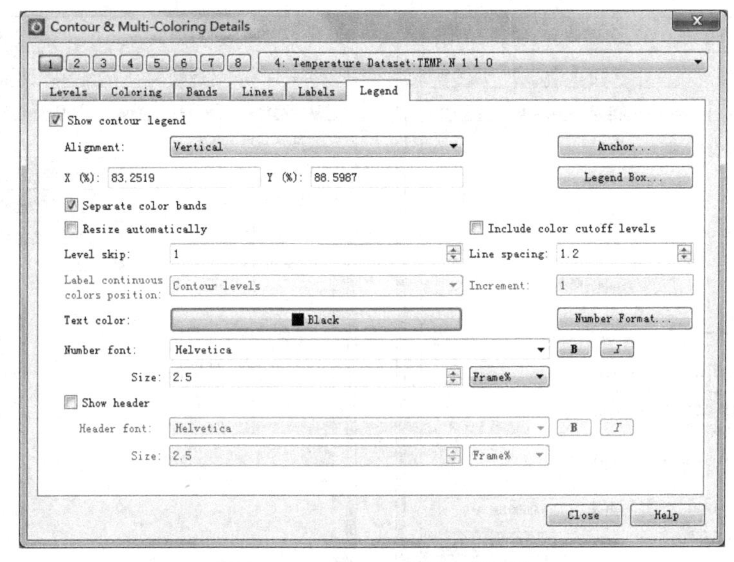

图 12－45　Legend 设置对话框

（3）图形文件的导出。利用 File→Export 可以打开 Export 对话框，并且在 Export Format 列表中选中 TIFF，对应的 Color 选项勾选，然后单击 OK 按钮可以导出相应的图形文件（如温度及速度云图等）。

步骤 5：剖面图的显示

在处理三维图形时，会发现内部数据显示不方便。对于这种情况，处理方法是用一些截面上的数据来了解。在 Tecplot 边框工具栏（如图 12－47 所示）Show derived objects 勾选 Slices，然后点击其旁边的 Details，会弹出图 12－48 Slice Details 设置对话框。如果在 X－Planes 显示内部数据，就勾选 Show Group，可移动 Show primary slice 滑动条或其后数值输入来调整剖面的位置，也可点击 来动态调整剖面的位置。可在图 12－49 选项中对等值线显示进行设置，图 12－50 为 X＝0 平面温度等值线云图。

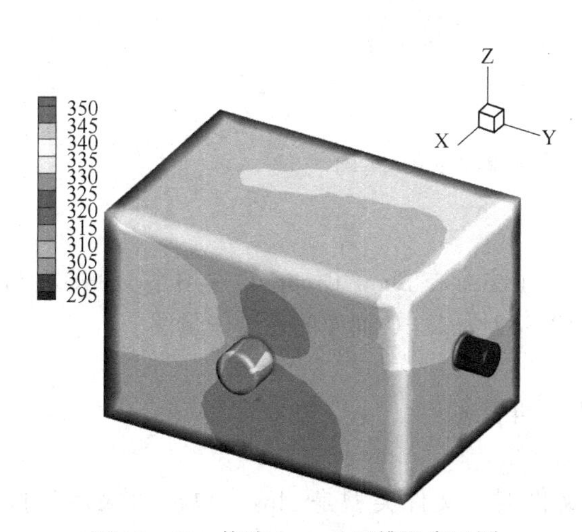

图 12－46　修改 Legend 三维温度云图

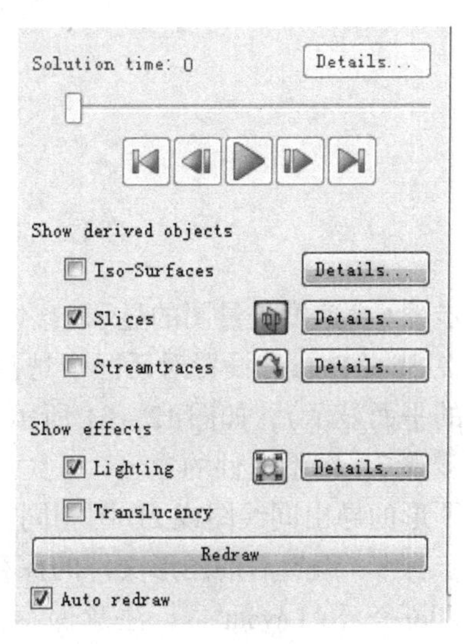

图 12－47　剖面设置对话框

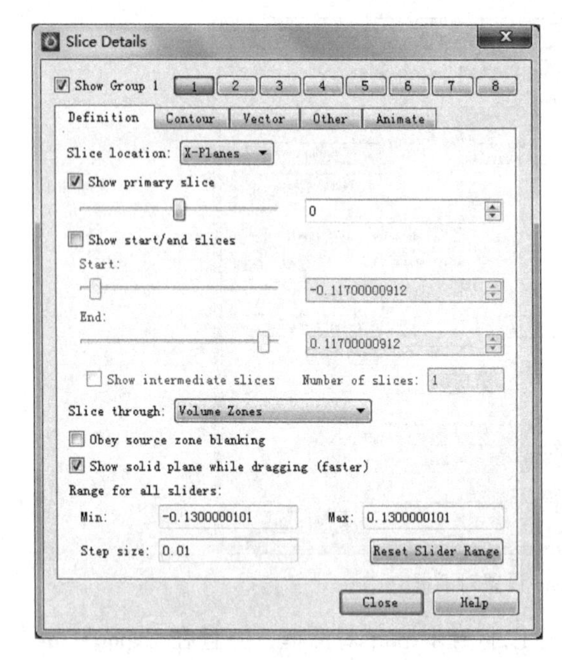

图 12－48　Slice Details 设置对话框

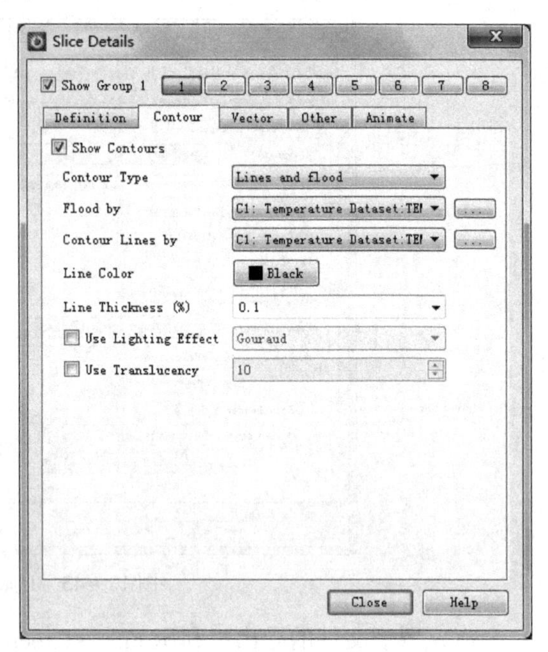

图 12－49　等值线图设置对话框

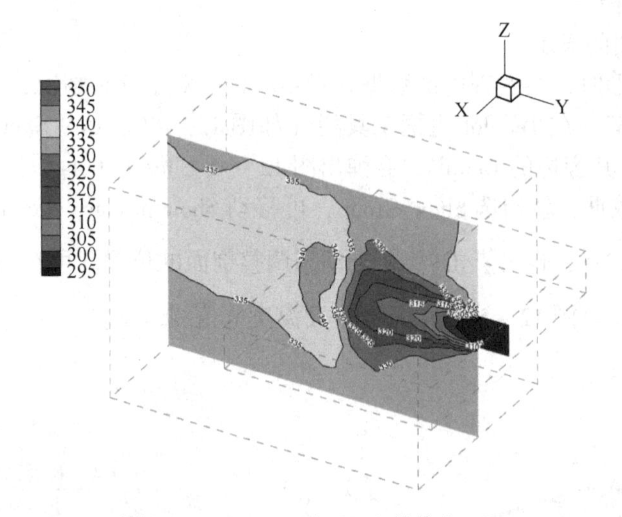

图 12－50　X＝0 平面温度等值线云图

步骤 6：速度矢量图的显示

在 Slice Details 设置对话框中选择 Vector（注意在 Show Group 勾选项是 1，即在与 X 垂直的平面显示），如图 12－51 所示，图 12－52 为 X＝0 剖面的速度矢量图。

步骤 7：图形文件的导出

图形的导出同线图或 2D 图相同，这里不再赘述。

步骤 8：编辑后的图形文件的保存

File→Save Layout as，注意保存图形文件时，文件类型是 . lpk。单击“保存”按钮即可。

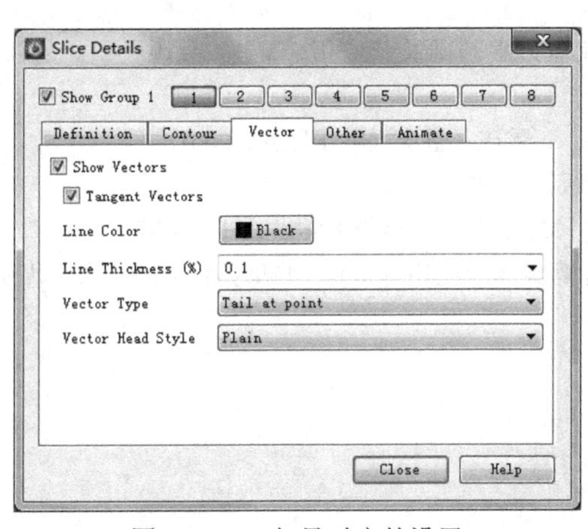

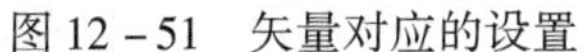

图 12 - 51　矢量对应的设置

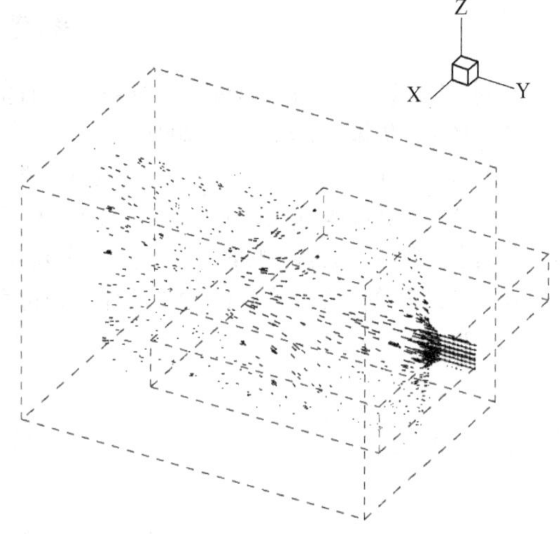

图 12 - 52　速度矢量图

视频12-5
Tecplot 3D图形的编辑

习　题

12 - 1　试用 Tecplot 对第 10 章温度场计算中，对 10 - 1 题二维温度场出口温度、速度进行 XY 图形绘制、2D 图形的编辑及显示。

12 - 2　试用 Tecplot 对第 10 章温度场计算中，对 10 - 2 题三维温度场进行 3D 图形的编辑及显示。

参考文献

[1] [美] 约翰 D. 安德森（JohnD. Anderson）. 计算流体力学基础及其应用 [M]. 吴颂平，刘赵森，译. 北京：机械工业出版社，2007.

[2] 龙天渝，苏亚欣，向文英，等. 计算流体力学 [M]. 重庆：重庆大学出版社，2007.

[3] 韦斯林. 计算流体力学原理 [M]. 北京：科学出版社，2006.

[4] 王瑞金，张凯，王刚. Fluent 技术基础与应用实例 [M]. 北京：清华大学出版社，2007.

[5] 韩占忠，王敬，兰小平. FLUENT 流体工程仿真计算实例与应用 [M]. 北京：北京理工大学出版社，2004.